Java 核心编程

从问题分析到代码实现

（第 3 版　下册）

[美]约翰·迪恩（John Dean）　　雷蒙德·迪恩（Raymond Dean）　　著

姜振东　郭一恒　胡晓晔　张亚飞　译

中国水利水电出版社

www.waterpub.com.cn

·北京·

John Dean，Raymond Dean

INTRODUCTION TO PROGRAMMING WITH JAVA: A PROBLEM SOLVING APPROACH, THIRD EDITION

ISBN 978-1-259-87576-2

Copyright ©2021 by McGraw-Hill Education.

北京市版权局著作权合同登记号： 01-2021-4643

图书在版编目（ＣＩＰ）数据

Java核心编程从问题分析到代码实现 ：第3版 ：全两册 /
（美）约翰·迪恩,（美）雷蒙德·迪恩著；姜振东等译. -- 北京：
中国水利水电出版社，2022.5
书名原文：INTRODUCTION TO PROGRAMMING WITH
JAVA: A PROBLEM SOLVING APPROACH, THIRD EDITION
ISBN 978-7-5226-0445-9

Ⅰ. ①J… Ⅱ. ①约… ②雷… ③姜… Ⅲ. ①JAVA语
言—程序设计 Ⅳ. ①TP312.8

中国版本图书馆CIP数据核字(2022)第019771号

书　　名	Java 核心编程从问题分析到代码实现（第 3 版 下册） Java HEXIN BIANCHENG CONG WENTI FENXI DAO DAIMA SHIXIAN (DI 3 BAN)（XIACE）
作　　者	[美]约翰·迪恩（John Dean） [美]雷蒙德·迪恩（Raymond Dean）　著 姜振东 郭一恒 胡晓晔 张亚飞 译
出 版 发 行	中国水利水电出版社 （北京市海淀区玉渊潭南路 1 号 D 座 100038） 网址：www.waterpub.com.cn E-mail: zhiboshangshu@163.com 电话：（010）62572966-2205/2266/2201（营销中心）
经　　售	北京科水图书销售有限公司 电话：（010）68545874、63202643 全国各地新华书店和相关出版物销售网点
排　　版	北京智博尚书文化传媒有限公司
印　　刷	河北文福旺印刷有限公司
规　　格	190mm×235mm　16 开本　58.75 印张（总）　1558 千字（总）
版　　次	2022 年 5 月第 1 版　2022 年 5 月第 1 次印刷
印　　数	0001—3500 册
总 定 价	198.00 元（全两册）

凡购买我社图书，如有缺页、倒页、脱页的，本社营销中心负责调换

版权所有·侵权必究

目录

第 13 章

聚合、组合和继承 537

第 14 章

继承和多态 579

第 15 章

异常处理 628

第 19 章

GUI 编程：其他 GUI 组件、事件处理程序和动画 813

补充在线资源

第 11 章

递归

目标

- 理解递归的基本概念。
- 理解停止条件的重要性。
- 描述具有递归关系的循环计算。
- 使用追踪准确地显示递归情况。
- 循环实现和递归实现之间的转换。
- 学习手动计算短递归。
- 递归法实现二分搜索有序数据数组。
- 递归法合并—排列无序数据数组。
- 递归法解决汉诺塔拼图。
- 将 GUI 问题划分为模型、视图和控件问题。
- 递归法实现生物树建模为分形。
- 估计性能并熟悉大 O 表示法。

纲要

11.1　引言

　　要理解本章内容，读者需了解如何编写多方法程序。对于第 11.6 节和第 11.7 节，需要了解数组，除此之外，还需要阅读第 9.1 至第 9.8 节。第 11.9 节分析了第 9 章和第 10 章以及本章中的算法。对于与 GUI 相关的第 11.10 节，需要了解面向对象编程，因此也需要阅读第 6 章。

　　在前面的章节中，有很多示例介绍了方法的调用，但是没有关于方法调用自身的例子。如果读者不熟悉该方法，将会感到困惑。虽然对于一种方法来说，调用自身并不常见，但该技术可以用于解决较复杂的问题。调用自身的方法被称为*递归*（recursive）方法，一个程序如果依赖于*递归*方法调用，则称其为递归程序。

　　一般来说，递归是描述某种事物的概念，这种描述依赖于原始事物的较小的版本。较小的版本通过依赖更小的版本描述自己，以此类推。图 11.1 所示为递归图片。在图 11.1 中，你看到报纸上的照片了吗？这是一个原来的照片的较小版本。

图 11.1　女性阅读报纸的递归图片

Courtesy of Rafael de Sant'Anna Neri.

　　如果仔细观察，应该能够识别图 11.1 的报纸上的图片中包含一个更小版本的原始图片。在本章的最后，有一节描述了如何使用 Java 绘制递归图片。但在那一节之前，包括这一节，重点不是绘制递归图片，而是使用递归解决问题。首先考虑一个非编程问题的递归解决方案。

　　自古以来，船只一直依靠旗帜在它们之间传递信息。在战斗中，这种旗帜信号特别有用。不像无线电信号，可以被敌人从远处拦截，旗帜信号只能由足够近的能看得到它们的船只读取。

　　在战斗中，海军上将可能想要确定他的舰队的伤亡人数。如果舰队的船只在一条航线上，海军上将的船只在这条航线的一端，可以通过升起一个标识（或一组旗帜）启动确定伤亡人数的过程，该标识标志着对伤亡信息的请求。该请求传播到航线的另一端。最后一艘船返回一个旗帜信号，告诉前一艘船其伤亡人数。然后，前一艘船将这一数字添加到自己的伤亡人数中，并使用另一个标识信号将这一数值传回它的上一艘船。直到总伤亡人数传回海军上将的船上。

这里描述的海军旗帜信号过程是递归的，因为每艘船都有相同的任务——统计自己的船上的伤亡人数，加上前一艘船的伤亡人数。递归的另一个原因是，每艘船必须依靠下一艘船收集所需的总信息的一个子集——离得较远的船的伤亡是所有船伤亡的子集。标识信号过程与一个方法的过程并行，该方法进行一系列递归方法调用。每个方法调用都有相同的任务，每个方法调用依赖下一个方法调用收集所需最终信息的子集。

由于刚开始程序员常常很难在递归的问题上保持头脑清醒，在本章的前半部分，坚持基本原则——编写递归方法所需的步骤以及递归方法和迭代/循环方法的比较。为了便于理解，使用相对简洁的程序说明这些基本概念。在本章的后半部分，将向读者展示递归程序，更好地说明递归的真正用途。会涉及很多项目，但值得为其付出努力。如果没有递归，程序就很难编写。这些程序很自然地实现了递归算法。一旦读者了解了算法的递归性质，程序实现就相当简单了。

11.2 编写递归方法的指南

本节将提供编写递归方法的指南。在第 11.3 节中，当你可以使用该指南作为编写实际递归方法的基础时，将体现出它们的意义。

如果给定一个问题，假设存在着一个递归的解决方案，那么找到这样的解决方案的第一步是弄清楚如何将问题分割成连续的子问题。每个子问题必须要解决的是与原问题相同类型的问题，但它必须使用比前一个问题的数据集更小的数据集来解决它的问题。下一步是确定一个条件，称为 *终止条件* 或 *基准条件*，这表明当前的问题足够小，可以解决它，而不必进一步细分问题。此时能想到前面描述的海军旗帜信号程序中的终止条件吗？即当最后一艘船收到海军上将的请求，并返回该船上的伤亡人数，解决了找到伤亡人数的问题。不需要担心在更远的船上发现的伤亡人数，因为不存在任何遗漏。

在实现递归的解决方案时，需要定义至少含有一个参数的方法，在每次连续的递归方法调用中，该参数的值更接近于终止条件的值。如果没有这样的参数，递归方法调用将无法满足终止条件。在递归方法的主体中，需要使用 if 语句来验证终止条件。if 主体中应该包含最简单形式的问题解决方案，else 主体中应该包含对相同方法的一个或多个调用，其参数值更接近于终止条件的值。当调用该方法时，该方法继续递归地调用自身，参数值逐渐接近终止条件的值。当终止条件满足时，即调用终止方法。

当满足终止条件时，该方法解决最简单的子问题。然后，该方法将返回值返回到上一级执行的方法中，即该方法执行生成该子问题的值。将较简单的子问题的返回值返回到上一级方法执行的过程继续返回到原始执行的方法中，即把返回值返回到原始问题。

11.3 一种递归阶乘方法

11.3.1 计算阶乘：背景细节

在本节中，将使用上节中描述的指南，并提出一个递归方法，可以计算给定数字的阶乘。在研究递归方法之前，回顾一下阶乘是什么。通过把 1 和给定数之间的所有数值依次相乘来计算该数的阶乘。更正式地说，数 n 的阶乘公式为

$$n! = n\,(n-1)\,(n-2) \times \cdots \times 2 \times 1$$

感叹号是阶乘的数学表示符号，所以 $n!$ 为 n 的阶乘。如果 n 等于 5，那么

$$5! = 5 \times 4 \times 3 \times 2 \times 1 = 120$$

在提出递归方法的解决方案时，首先要弄清楚如何将阶乘问题分解成连续较小的阶乘问题。在看 5 的阶乘公式时，注意方程的右边是 4 的阶乘的 5 倍。毕竟，4×3×2×1 不就是 4 的阶乘吗？所以 5 的阶乘可以写成

$$5! = 5 \times 4!$$

同样，4 的阶乘可以写成

$$4! = 4 \times 3 \times 2 \times 1 = 4 \times 3!$$

这个模式告诉我们，任何数（n）的阶乘都可以通过 n 乘以（$n-1$）的阶乘来计算。公式如下：

$$n! = n\,(n\text{-}1)!$$

这个公式是一个阶乘的*递归关系*。递归关系将一个问题划分为更小的子问题。找到递归关系是解决递归问题的第一步。

下一步是确定终止条件。在计算正数 n 的阶乘时，终止条件是当 $n=1$，因为当你把这些数相乘时，这个条件是相乘的数的最小值。但也应该处理计算 0 的阶乘的情况。要做到这一点，应该测试 n 是否等于 0，并在这种情况下返回 1（因为 0 的阶乘是 1）。不需要计算负数的阶乘，因为负数的阶乘没有定义。

11.3.2　递归阶乘方法

如图 11.2 所示，研究它的递归阶乘方法。在方法标题中，请注意参数 n，需要计算该参数的阶乘。另外，注意包含递归方法调用的语句：

```
nF = n * factorial(n-1);
```

factorial(n-1) 是一种递归方法调用，因为它在一个名为 factorial 的方法中，它调用 factorial 方法。它调用参数值为 n-1 的 factorial 方法，以匹配前面描述的循环关系：$n! = n(n-1)$。注意 Java 代码中的 n。即使 n* 出现在 factorial(n-1) 的左边，JVM 在执行乘法之前执行递归方法调用。因此，JVM 对方法调用返回的值执行乘法运算。在一个方法中编写一条语句，它依赖于另一个方法 X 的执行，这似乎很奇怪。这种依赖的基本要求是相信方法 X 的其他执行将正常跳转。请放心，如果方法的其余部分写得正确，那么它将正常运行。起初，你可能会对程序跳转不太放心，但如果做得足够好，希望你能学会热爱递归的"魔力"。还记得你第一次骑自行车时没有辅助轮，也没有人指导吗？很吓人，但骑了一会儿后，你意识到你的动力会让你保持前进。递归的程序跳转就是这样。

```
 1    import java.util.Scanner;
 2
 3    public class Factorial
 4    {
 5      public static void main(String[] args)
 6      {
 7        Scanner stdIn = new Scanner(System.in);
 8        int num;
 9
10        System.out.print("Enter a nonnegative number: ");
```

图 11.2　利用递归计算整数的阶乘

```
11        num = stdIn.nextInt();
12        if (num >= 0)
13        {
14          System.out.println(factorial(num));
15        }
16    } // main 结束
17
18    //************************************************************
19
20    private static int factorial(int n)
21    {
22      int nF; // n 的阶乘
23
24      if (n == 1 || n == 0)  ◄────  终止条件
25      {
26        nF = 1;
27      }
28      else                         递归方法调用
29      {
30        nF = n * factorial(n-1);
31      }
32      return nF;
33    } // factorial 结束
34 } // Factorial 类结束
```

示例会话:
Enter a nonnegative number: 5
120

图 11.2　（续）

作为正确编写的递归方法的一部分，必须具有终止条件。注意图 11.2 中的终止条件。if 语句表示如果 n 等于 1 或 0，则 JVM 将 1 赋给 nF（nF 存储 n 的阶乘）。这是有意义的，因为 1!=1 且 0!=1。factorial 方法的最后一条语句返回 nF，因此对阶乘的前一个调用将得到 n 的阶乘。

11.3.3　追踪递归阶乘方法

图 11.3 显示了图 11.2 中的 Factorial 程序的追踪，用户根据提示 "Enter a nonnegative number:" 输入 5。观察程序，在第 14 行可以看到 main 方法调用 factorial 方法，其参数为 5。接下来的四次对 factorial 方法调用来自第 30 行的 factorial 方法，参数分别为 4、3、2 和 1。当将参数 1 传递给 factorial 时，满足终止条件，nF 在第 26 行被分配值 1。

然后开始返回过程。第五次 factorial 调用的参数 1 返回到第四次 factorial 调用，在第 30 行中，将其乘以 2 并返回 2。将此值返回到第三次 factorial 调用，在第 30 行中，将其乘以 3 并返回 6。将此值返回到第二次 factorial 调用，在第 30 行中，将其乘以 4 并返回 24。将此值返回到第一次 factorial 调用，在第 30 行，将它乘以 5 并返回 120。将此值返回到第 14 行 main 方法中 println 语句的参数中并输出计算值。在这个问题中，达到终止条件后，所有有用的工作都是在返回序列中完成的。

在图 11.2 的程序中包含了局部变量 nF，这只是为了给追踪提供一些实例。希望它可以帮助你可视化递归调用，深入到最简单的情况并在嵌套方法中返回后续结果的积累。然而，在实践中，经验丰富的程序员不会使用局部变量 nF。相反，他们可能会编写如图 11.4 所示的 factorial 方法。

输入

5

行号	Factorial										输出
	factorial		factorial		factorial		factorial		factorial		
	n	nF	n	nF	n	nF	n	nF	n	nF	
14	5	?									
30			4	?							
30					3	?					
30							2	?			
30									1	?	
26										1	
30							2				
30						6					
30		24									
30		120									
14											120

图 11.3　图 11.2 中的 Factorial 程序的追踪

```
// 先决条件：方法参数不是负数

public static int factorial(int n)
{
  if (n == 1 || n == 0)
  {
    return 1;
  }
  else
  {
    return n * factorial(n-1);
  }
} // factorial 结束
```

图 11.4　factorial 方法的简单实现

11.3.4　无限递归循环

在编写递归方法时，初级程序员有时只关注程序的递归方法调用，而忽略终止条件。根据方法的性质，这可能导致无限递归循环。无限递归循环是指程序在不终止的情况下不断地调用方法自身。每次调用都要求 JVM 将信息（如调用执行前的程序状态）保存在计算机内存中的一个特殊位置——调用堆栈中。为了防止调用堆栈耗尽计算机的整个内存，调用堆栈的大小是有限的。如果使用无限递归循环运行程序，调用堆栈最终将填满并生成堆栈溢出运行时错误，导致程序崩溃。如果你想体验这种崩溃，则可以将图 11.2 中的 factorial 方法替换为下面的代码，并运行程序：

```java
public static int factorial(int n)
{
  return n * factorial(n-1);
} // factorial 结束
```

11.4　递归和循环的比较

11.4.1　一种循环阶乘方法

在第 11.3 节中，首先给出了 n 的阶乘：

$$n! = n\,(n-1)(n-2) \times \cdots \times 2 \times 1$$

在查看上述公式的重复性质（这是一系列乘法）时，可能你已经发现可以使用有规律的循环来计算阶乘，实际上并不需要使用递归。我们使用递归不是因为必须这样做，而是因为想要一个关于问题的简单的解决方案。递归在刚开始时可能很难掌握，最好从一个相对容易的问题开始学习，如找到阶乘形式，就像在跑步前先学会走路一样。

无论如何，现在你已经在学习递归的过程中"学会了走路"，让我们后退一步，展示阶乘方法的迭代/循环实现。图 11.5 显示了这样的方法。图 11.5 中的方法没有像图 11.4 中一样在方法的底部使用递归方法调用，而是使用一个循环将数字 1 乘到 n，每次循环执行一次乘法操作。本来可以通过从 n 开始向下乘到 1 来模拟递归实现，但是从 1 开始向上乘到 n 更有意义。在图 11.5 中，如果参数 n 是 0 或 1，能看出会发生什么吗？for 循环并不执行，方法返回 1。当你意识到 0!= 1 和 1!= 1 时，就能明白了。

```java
public static int factorial(int n)
{
  int fact = 1; // factorial 到目前为止的值

  for (int i=2; i<=n; i++)
  {
    fact *= i;
  }
  return fact;
} // factorial 结束
```

图 11.5　factorial 方法的循环实现

11.4.2　递归的特点

递归并没有增加独特的功能。如图 11.5 所示的阶乘示例，所有递归程序都可以转换为循环程序，其使用循环而不是递归方法调用。那么为什么要使用递归呢？因为对于一些问题，递归解决方案更容易理解。一些数学概念，如数字的阶乘是由递归定义的，它们很好地提供了使用递归的编程解决方案。许多难题用递归思维最容易解决，它们也很好地提供了使用递归的编程解决方案。例如，汉诺塔问题与迷宫遍历，我们将在本章后面介绍。

注意：递归有一个缺点。递归程序往往很慢，因为它们生成大量的方法调用，而方法调用具有大量的开销。开销是计算机必须完成的超出程序代码所描述的工作。对于每个方法调用，计算机必须做到：保存调用模块的局部变量；找到方法；复制按值调用的参数；传递参数；执行方法；查找调用模块；释放调用模块的局部变量。所有的工作都需要时间。这就是为什么一些递归实现可能会慢得令人望而却步。当有大量递归调用时，应该考虑用循环实现。

递归有不同的类型。*互递归*是指两个或多个方法在递归方法调用的循环中相互调用。例如，如果方法 A 调用方法 B，方法 B 调用方法 C，方法 C 调用方法 A，这就是互递归。你需要了解互递归，但本书不介绍互递归程序，因为这些程序并不常见。最常见的递归类型是一个方法调用自身。如果一个方法的主体包含两个（或多个）递归调用，并且该方法执行这两个调用，那么该方法被称为*二元递归*。将在本章后面介绍二元递归程序的示例。

如果一个方法只对自身执行一个递归调用，那么该方法被认为是*线性递归*。因为它只对自身执行一个递归调用，所以图 11.4 中的 factorial 方法是线性递归。*尾递归*是线性递归的特例，即递归方法执行其递归调用作为其最后一次操作。在后续小节中将介绍一个尾递归的示例，但首先要仔细地检查 factorial 方法，它不显示尾递归。不过由于它的递归调用位于其方法主体的底部，factorial 方法似乎表现出了尾递归。然而，尾递归重要的不仅仅是递归调用的位置，还有递归调用的顺序。factorial 方法的递归调用语句如下：

```
return n * factorial(n-1);
```

在执行语句时，JVM 首先递归调用 factorial，然后乘以 n 次 factorial 的返回值。所以最后是一个乘法运算，而不是递归调用。

在所有不同类型的递归中，尾递归最容易转换为循环实现：只需使用不断变化的递归参数作为循环索引，并使用递归终止条件作为循环终止条件。下一小节研究尾递归示例时，这种技术效果应该会更加明显。

11.4.3　将循环方法转换为递归方法

在之前介绍阶乘时，介绍了将递归方法转换为循环方法的示例。现在让我们换一种方式——将循环方法转换为递归方法。

注意图 11.6 中的 printReverseMessage 方法。它接收字符串参数 msg 并按相反顺序输出字符串。因此，"Hedgehogs rock!" 将输出为 "!kcor sgohegdeH"，它使用一个循环遍历 msg 中的每个字符，从最右边的字符开始，到最左边的字符结束。现在的挑战是将循环方法重写为递归方法。

如前所述，编写递归方法的第一步是弄清楚如何将问题分成连续的较小的子问题。输出消息最右边的字符后，还有什么子问题有待解决？输出消息中的其他字符，当然！解决这个子问题需要处理原始消息的子字符串，从消息最左边的字符到消息倒数第二个字符的子字符串[①]。在进入下一阶段之前，尝试使用该解释作为自己编写递归 printReverseMessage 方法的基础。

---

①　倒数的意思是"最后一个的旁边"。说"倒数"不比"最后一个的旁边"更有趣吗？塞斯奎达人肯定会同意的！

```
/*****************************************************************
 * PrintReverseMessageIterative.java
 * Dean & Dean
 *
 * 这个程序以相反顺序输出给定的字符串
 *****************************************************************/

import java.util.Scanner;

public class PrintReverseMessageIterative
{
  public static void main(String[] args)
  {
    Scanner stdIn = new Scanner(System.in);
    String msg; // 用户输入的信息

    System.out.print("Enter a message: ");
    msg = stdIn.nextLine();
    printReverseMessage(msg);
  } // main 方法结束

  //*************************************************************

  private static void printReverseMessage(String msg)
  {
    int index; // 要输出的字符的位置

    index = msg.length() - 1;
    while (index >= 0)
    {
      System.out.print(msg.charAt(index));
      index--;
    }
  } // printReverseMessage 方法结束
} // PrintReverseMessageIterative 类结束
```

图 11.6 以相反顺序输出字符串的循环实现

下面的代码片段是编写递归 printReverseMessage 方法的第一次尝试：

```
private static void printReverseMessage(String msg)
{
  int index = msg.length() - 1;
  System.out.print(msg.charAt(index));
  printReverseMessage(msg.substring(0, index));
}
```

注意 index 如何分配消息最后一个字符的位置。然后使用该 index 值输出消息的最后一个字符。注意 substring 方法的调用。还记得 substring 方法调用是如何工作的吗？它返回其调用对象字符串的子字符串（本例中为 msg），这样返回的字符串从其第一个参数的位置（本例中为 0）跨越到其第二个参数的左边的位置（本例中为 index）。因此，第三行调用 printReverseMessage，它具有一个子串参数，从消息的最左边字符到消息的倒数第二个字符。这是递归调用的目标。

结束了吗？这个递归 printReverseMessage 方法完成了吗？为了回答这个问题，请思考一下当用 cow 作为 msg 值来调用它时会发生什么。JVM 输出 w 并以参数值 co 递归调用该方法。然后，JVM 输出 o 并以参数值 c 递归调用该方法，然后 JVM 输出 c 并以参数值空字符串递归调用该方法。然后，JVM 将-1 分配给 index 变量，当它试图执行 msg.charAt(-1)时会崩溃。

那么问题是什么？解决办法是什么？当 msg 参数一直缩小到空字符串时，该方法需要一个终止条件来停止递归。参考图 11.7 中更正的递归 printReverseMessage 方法。需要特别注意的是方法的 if 语句。如果 msg 非空，则 JVM 输出 msg 的最后一个字符并递归调用 printReverseMessage。如果 msg 包含空字符串，则 JVM 不会递归地调用 printReverseMessage，它只是返回。递归方法通常使用 if-else 语句，但在这种情况下，当 msg 包含空字符串时，不需要做任何特殊的事情，因此不需要 else 块。

```
private static void printReverseMessage(String msg)
{
  int index; // msg 中最后一个字符的位置

  if (!msg.isEmpty())
  {
    index = msg.length() - 1;
    System.out.print(msg.charAt(index));
    printReverseMessage(msg.substring(0, index));
  }
} // printReverseMessage 方法结束
```

图 11.7　printReverseMessage 方法的递归实现

由于 printReverseMessage 是一种递归方法，在递归过程满足其终止条件后返回（与所有递归过程相同）。但它又能得到什么呢？因为它是一个 void 方法，所以它<u>什么也不返回</u>！这就像海军上将发出命令，让所有船右转 90°。"没有商量。就这么做!"没有任何信息返回。

递归 printReverseMessage 方法将其递归调用作为最后一个操作执行，因此它表现出尾递归。对于尾递归，JVM 执行其有用的工作，同时继续进行递归调用。对于 printReverseMessage 方法，它的"有用的工作"包括输出一个字符。另外，递归 factorial 方法并不将其递归调用作为最后一次操作，JVM 在从递归调用返回时执行其有用的工作（乘法）。

在更复杂的问题中，有时一些操作发生在递归调用之前（或发生在调用过程中），而其他操作发生在递归调用之后（或发生在返回过程中）。在这样的问题中，递归算法通常比循环算法更容易理解和实现。

11.5　递归方法的评估练习

之前在第 3 章中对表达式进行了评估与练习。在第 3 章中已编写了一个表达式，然后在随后的行中重复该表达式，数值逐渐取代它们上方行中的变量或函数。

11.5.1 用函数表示的递归算法

手动评估递归算法时，通常用数学函数重写该方法并使用方法名称的一个字母缩写来表示函数。例如，回顾图 11.2 中的 factorial 程序。在追踪方法调用 factorial(5) 时，将它重写为 $f(5)$，其中 f 代表 factorial 函数。使用数学函数表示法，以下是一个切合阶乘算法的描述：

$$f(n) = \begin{cases} nf(n-1) & n > 1 \\ 1 & n \leq 1 \end{cases}$$

请注意，该算法规范同时提供了递归关系和终止条件。

要手动计算递归方法调用，首先使用函数表示法编写算法（见前面的表达式）。对于递归追踪的第一行，用被初始数字替换的变量编写递归关系。在此基础上，编写第一个从属方法调用的递归关系，并在方程的左侧和右侧用适当改变的数字替换变量。继续这样的过程，直到到达终止条件。在调用序列中，由递归方法调用可能返回的值还是未知数。它们对应于图 11.3 中的问号。终止条件产生一个已知的值。在随后的行中，按相反的顺序重写之前在上面的行中所写的内容，用已知值替换右侧的未知数。最终，这将为原始递归调用产生一个已知的值。

下面演示如何使用上面的过程调用 factorial 方法，其中 $n = 5$。

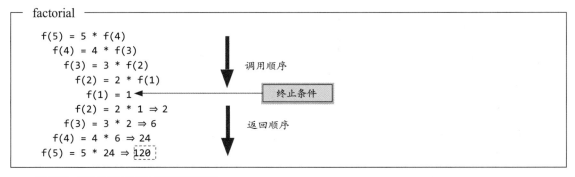

底部的虚线框着重显示了理想答案。

例如，考虑一种方法，在 n 个相等的定期存款 D 之后，返回银行账户中的余额 b，其利率为存款之间的时间段。借用 Java 约定，使用小写字母表示变量，大写字母表示常量。以下是算法的数学描述，其中 b 代表余额函数。

$$b(n, D, R) = \begin{cases} D + (1+R)b(n-1) & n \geq 1 \\ 0 & n < 1 \end{cases}$$

假设每笔存款的金额为 $D=10$，利率为 $R=0.1$。如果想知道 $n=3$ 时的余额，计算过程如下：

```
余额
  b(3, 10, 0.1) = 10 + 1.1 * b(2, 10, 0.1)
    b(2, 10, 0.1) = 10 + 1.1 * b(1, 10, 0.1)        调用顺序
      b(1, 10, 0.1) = 10 + 1.1 * b(0, 10, 0.1)
        b(0, 10, 0.1) = 0                            终止条件
      b(1, 10, 0.1) = 10 + 1.1 * 0 ⇒ 10
    b(2, 10, 0.1) = 10 + 1.1 * 10 ⇒ 21              返回顺序
  b(3, 10, 0.1) = 10 + 1.1 * 21 ⇒ 33.1
```

11.5.2 更多练习

为了提高递归方法调用评估技能，需要进行更多练习。在提供额外的练习题时，将以数学函数表示法开始每个问题（每一种非空的 Java 方法都是一个数学函数）。请注意，在现实世界中，在评估递归方法调用时，需要构造数学函数、构建递归关系并设置终止条件。

以下是一个练习题，它的函数有两个参数（x 和 y）：

$$f(x,y) = \begin{cases} f(x-3, y-1) + 2 & x > 0, x > y \\ f(y, x) & x > 0, x \leqslant y \\ 0 & x \leqslant 0 \end{cases}$$

函数名为 f，其中 f 是函数的一般名称。为了看看它是如何工作的，用其对 $f(5, 4)$ 进行评估。

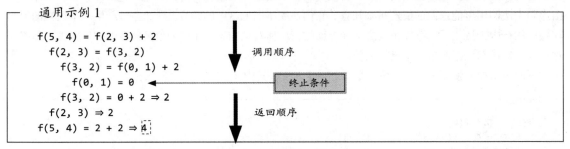

本例中有一个充分的终止条件。但有时终止条件是不充分的。例如，假设有这种递归关系：

$$f(x, A) = \begin{cases} Af(x-2, A) & x > 1 \\ A & x = 1 \end{cases}$$

注意这个符号并不区分赋值和等号。括号左边的等号表示赋值，右边的等号表示相等。这种递归规范希望读者能进行区分。下面是 $f(4, 3)$ 的评估方法。

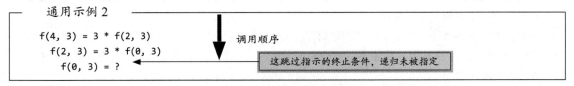

由于 x 在每次循环中减去 2，当 x 的初始值为偶数时，它会错过指定的终止条件。这个问题是隐式存在的，因为指定的终止条件只在初始值为奇数时起作用。另外，如果初始值 x 是浮点数呢？一般来说，不等式提供了比等式更好的终止条件。

这里还有一个例子：

$$f(x) = \begin{cases} f(x/2) & x > 0 \\ 0 & x \leqslant 0 \end{cases}$$

不等式处理可能存在跳过 0 的情况。假设从 $x=4$ 开始，需要多少次循环才能达到终止条件？让我们看看，4，2，1，0.5，0.25，0.125……当遇到这种问题时，你可能会将终止条件更改为略大于 0 的数，类似于 $x \leqslant 0.000001$。

这里还有一个例子：

$$f(x) = \begin{cases} f(x)+1 & x < 3 \\ 4 & x \geq 3 \end{cases}$$

至此，可以看出，充分的终止条件是指某种最低限度。终止条件不需要是最小值，它也可以是最大值，所以终止条件是最大值这一事实并没有错。但还是有些不对劲。是什么？函数变大了，但终止条件并没有考虑函数。它只考虑 x 且 x 并不改变。

11.5.3　用循环实现递归关系

一些递归关系本身可以用循环实现，其从终止条件开始循环并从此处向前移动。如图 11.5 的前面所示，计算阶乘可以得到循环解。另一个例子是斐波那契数列，数学家可以用以下递归关系来描述它：

$$f(n) = \begin{cases} f(n-1) + f(n-2) & n > 1 \\ 1 & n = 1 \\ 0 & n = 0 \end{cases}$$

与前面的示例一样，可以使用它实现递归解决方案，然后将该解决方案转换为循环解决方案，如在第 11.4 节中所做的那样。但大多数人会跳过递归步骤，将使用递归关系的终止条件作为初始值，并应用它的一般公式，例如：

```
斐波那契数列

    f(0) = 0
    f(1) = 1
    f(2) = f(1) + f(0) = 1 + 0 ⇒ 1
    f(3) = f(2) + f(1) = 1 + 1 ⇒ 2      前向求解
    f(4) = f(3) + f(2) = 2 + 1 ⇒ 3
    f(5) = f(4) + f(3) = 3 + 2 ⇒ 5
    f(6) = f(5) + f(4) = 5 + 3 ⇒ 8
    ⋮
    ⋮
```

使用上面的计算作为一个模式，这是在位置 n 处找到斐波那契值的循环实现。假设斐波那契是一个至少有 $n+1$ 个元素的数组。

```
fibonacci[0] = 0;
fibonacci[1] = 1;
for (int i=2; i<=n; i++)
{
  fibonacci[i] = fibonacci[i-1] + fibonacci[i-2];
}
```

11.6　二分搜索

目前已经学了几种形式的递归，下面会面对一些更长的递归程序。希望大家能够理解递归的解决方案，能够明白其比使用循环实现的程序更优雅。在本节的示例中，完成所有有用的工作之后，会有一个递归调用。这是另一个尾递归的例子。

问题是：假设你想在数组中找到特定值的位置。这是一个常见的数据库操作。如果数组没有排序，最好是使用顺序搜索并单独查看每项。如果数组很短，那么顺序搜索也是最快的搜索方式，因为顺序搜索非常简单。然而，如果数组很长，且相对稳定，那么对数组进行排序然后使用*二分制*（binary）搜索通常会更快。

回到 9.7 节，在图 9.12 中展示了如何用 while 循环实现二分搜索。这里使用递归来实现二分搜索。这能够更加清楚地比较递归实现和循环实现。图 11.8 显示了该算法的实现。代码中的输出语句已用阴影效果着重显示，以显示代码执行时做了什么。在调试程序之后，可删除所有阴影语句。

图 11.9 显示了一个驱动程序，演示了图 11.8 中实现的二分搜索算法。在图 11.9 的输出部分，阴影区域是由图 11.8 中的阴影语句生成的输出。在递归中，真正的工作是在这个过程深入到终止条件时才完成。注意 first 和 last 是如何在匹配上收敛的，或者如果匹配存在，它将在哪里收敛。答案是满足终止条件时生成。嵌套返回只需将此答案传递回去。当从图 11.8 中删除阴影语句时，那么图 11.9 中的输出结果将不含阴影部分。

```
/****************************************************
 * BinarySearch.java
 * Dean & Dean
 *
 * 使用递归在升序排序数组中查找目标值的索引。如果没有找到，结果为-1
 ****************************************************/

public class BinarySearch
{
  public static int binarySearch(
    int[] arr, int first, int last, int target)
  {
    int mid;
    int index;

    System.out.printf("first=%d, last=%d\n", first, last);
    if (first == last) // 终止条件
    {
      if (arr[first] == target)
      {
        index = first;
        System.out.println("found");
      }
      else
      {
        index = -1;
        System.out.println("not found");
      }
    }
```

图 11.8　递归二分搜索算法的实现

```
         else // 继续递归
         {
           mid = (last + first) / 2;
           if (target > arr[mid])
           {
             first = mid + 1;
           }
           else
           {
             last = mid;
           }
           index = binarySearch(arr, first, last, target);
           System.out.println("returnedValue=" + index);
         }
         return index;
     } // binarySearch 结束
 } // BinarySearch 类结束
```

做一些工作

逐渐深入

图 11.8　（续）

```
/**************************************************************
 * BinarySearchDriver.java
 * Dean & Dean
 *
 * BinarySearch 类的驱动程序
 **************************************************************/

public class BinarySearchDriver
{
  public static void main(String[] args)
  {
    int[] array = new int[] {-7, 3, 5, 8, 12, 16, 23, 33, 55};

    System.out.println(BinarySearch.binarySearch(
      array, 0, (array.length - 1), 23));
    System.out.println(BinarySearch.binarySearch(
      array, 0, (array.length - 1), 4));
  } // main 结束
} // BinarySearchDriver 类结束
```

输出：
```
first=0, last=8
first=5, last=8
first=5, last=6
first=6, last=6
found
returnedValue=6
returnedValue=6
returnedValue=6
```

缩小范围并继续深入

仅返回计算值（答案）

图 11.9　图 11.8 中的 BinarySearch 类的驱动程序

```
6
first=0, last=8
first=0, last=4
first=0, last=2
first=2, last=2
not found
returnedValue=-1
returnedValue=-1
returnedValue=-1
-1
```

图 11.9　（续）

　　在递归二分搜索中，通过将数组划分为两个几乎相同大小的数组来简化问题。然后继续划分，直到每一半包含不超过一个元素，便终止条件。

　　为什么二分搜索比顺序搜索快？顺序搜索所需的步骤数等于 *array*.length，而二分搜索所需的步骤数仅等于 $\log_2(array.length)$。例如，如果数组中有 100 万项，则顺序搜索需 100 万步，但二分搜索大约需 20 步。即使典型的二分搜索步骤比顺序搜索步骤更复杂，但当数组非常长时，二分搜索明显更快。

　　正如在第 9.7 节中，二分搜索的一个先决条件是必须对搜索的数据进行排序。第 9.8 节实现了一个简单的选择排序算法。可以使用它为以前的循环二分搜索或现在的递归二分搜索准备数据。然而，在第 11.7 节中将会展示一个更有效的合并排序算法，这将是一个更好的选择。

11.7　合并排序

　　第 11.6 节中介绍的二分搜索是在大量数据集合中找到某值的一种有效方法。但是要使二分搜索可用，数据必须已经排序。在第 9.8 节中，描述了较简单的"选择排序"技术。选择排序对于小的数据集合来说，它是高效的，但对于大的数据集合来说，它是低效的。由于二分搜索适用于大型数据集合，因此要为二分搜索做准备，需要使用一种适用于大型数据集合的排序方法，那么合并排序是一个很好的选择。

　　合并排序的基本策略是熟悉的分治法。在这方面，合并排序就像二分搜索。但这一次，它没有只对两半中的一半进行递归调用，而是对这两者进行递归调用。在这些递归调用中，它将当前部分分成两半，对两个较小的部分进行递归调用，以此类推，直到一个部分只有一个元素。这就是这部分递归分支的终止条件。

　　返回序列通过一次合并两个部分将事物放在一起。每个返回步骤将一个部分中的所有元素与另一个部分中的所有元素合并，形成一个更大的部分，直到所有的元素都汇集在一个整体中。

　　图 11.10a 显示了递归 mergeSort 方法。该参数是一个未排序的数组，称为 array。局部变量声明了两个从属数组，即 sub1 和 sub2。如果 array 的长度是偶数，则 sub1 和 sub2 的长度都等于数组长度的一半。如果 array 的长度是奇数，则 sub2 比 sub1 多一个元素。每当 array 的长度变为 1 或 0 时，递归操作终止。数组长度不存在负值。每当终止条件发生时，返回的数组与参数数组相同。

```
/*****************************************************
 * MergeSort.java
 * Dean & Dean
 *
 * 执行递归合并程序
 *****************************************************/

import java.util.*;

public class MergeSort
{
  public static int[] mergeSort(int[] array)
  {
    int half1 = array.length / 2;
    int half2 = array.length - half1;
    int[] sub1 = new int[half1];
    int[] sub2 = new int[half2];

    if (array.length <= 1)        ◄—— 终止条件
    {
      return array;
    }
    else
    {
      System.arraycopy(array, 0, sub1, 0, half1);
      System.arraycopy(array, half1, sub2, 0, half2);
      sub1 = mergeSort(sub1);  ◄
      sub2 = mergeSort(sub2);  ◄—— 两个递归方法调用
      array = merge(sub1, sub2);
      return array;
    }
  } // mergeSort 方法结束
```

图 11.10a MergeSort 程序——A 部分
这显示了 mergeSort 方法，它递归地调用自身。

如果参数数组的长度是两个或两个以上，则执行落在 if-else 语句中的 else 部分。在 else 子句中，对 System's arrayCopy 方法的一对调用分别用数组的上半部分和下半部分的值填充从属数组 sub1 和 sub2（在第 9.5 节中讲解了 arrayCopy 方法）。然后，mergeSort 方法递归地调用自身两次——一次对 sub1 数组进行排序，一次对 sub2 数组进行排序。两次递归调用之后，mergeSort 方法调用 merge 辅助方法。merge 方法将 sub1 和 sub2 的数组元素按排序顺序复制到一个新数组中，该数组的长度等于 sub1 和 sub2 的长度和。mergeSort 方法返回新数组，它包含与原始数组相同的元素，但已按顺序排序。

图 11.10b 中的 merge 方法将它的两个数组参数 sub1 和 sub2 合并，将 sub1 和 sub2 的值复制到一个新的组合数组中，使新数组的值按升序排序。当 merge 接收 sub1 时，它的元素已经按升序排列，这使得这个过程变得更简单，sub2 也是如此。如图 11.10b 所示，merge 方法循环遍历 sub1 和 sub2 中的元素，对于每次循环，它将两个元素中较小的元素（从 sub1 或 sub2）复制到新的组合数组。当循环比较过程

继续进行时，组合数组首先填充较小的值，最后填充较大的值。

```java
//********************************************************

// 先决条件：参数按升序排序
// 后置条件：返回值按升序排序

private static int[] merge(int[] sub1, int[] sub2)
{
  int[] array = new int[sub1.length + sub2.length];
  int i1 = 0, i2 = 0;

  for (int i=0; i<array.length; i++)
  {
    // 两个从属数组都有元素
    if (i1 < sub1.length && i2 < sub2.length)
    {
      if (sub1[i1] <= sub2[i2])
      {
        array[i] = sub1[i1];
        i1++;
      }
      else          // sub2[i2] < sub1[i1]
      {
        array[i] = sub2[i2];
        i2++;
      }
    }
    else          // 只有一个子数组有元素
    {
      if (i1 < sub1.length)
      {
        array[i] = sub1[i1];
        i1++;
      }
      else          // i2 < sub2.length
      {
        array[i] = sub2[i2];
        i2++;
      }
    } // 只有一个子数组有元素结束
  } // 所有数组元素结束
  return array;
} // merge 方法结束
```

复制两个从属数组中的较小元素到组合数组中

遍历两个从属数组中的一个数组中的元素后，复制较小元素到组合数组中

图 11.10b　MergeSort 程序——B 部分

这显示了 merge 方法，它将两个排序的部分合并成一个已排序的整体。

当一个从属数组中的所有元素都被复制到组合数组中时，循环停止，并且其他从属数组中的所有剩余元素被复制到组合数组中未填充的较高索引的元素中。然后，merge 方法将组合数组返回到 mergeSort。

图 11.10c 包含 mergeSort 程序的其余部分，即 main 方法和名为 printArray 的辅助方法。printArray 方法输出其传入数组参数的内容。此外，如图 11.10c 所示，它使用传入的 msg 参数输出数组的描述。有了这种方法，在开发和调试程序时，可以很容易地在代码的任何地方插入临时的诊断输出语句。

MergeSort 程序的 main 方法使用一个 Random 对象来创建一个可重复的随机数序列。在测试和调试过程中，复制随机数是非常方便的。如果还不熟悉这个功能，可以回顾一下第 5.8 节中的相关知识。提到测试，可以用不同大小的数组来测试 MergeSort 程序。在图 11.10c 中可以看到数组的长度值为 19。我们还测试了长度值为偶数的数组和长度值为 0 的数组。所有的测试都得出了理想的结果。同样，当你编写自己的程序时，应该花时间用各种各样的数据测试你的程序。

```java
//**********************************************************

private static void printArray(String msg, int[] array)
{
  System.out.println(msg);
  for (int i : array)
  {
    System.out.printf("%3d", i);
  }
  System.out.println();
} // printArray 方法结束


//**********************************************************

public static void main(String[] args)
{
  Random random = new Random(0);
  int length = 19;
  int[] array = new int[length];

  for (int i=0; i<length; i++)
  {
    array[i] = random.nextInt(90) + 10;
  }
  printArray("initial array", array);
  printArray("final array", mergeSort(array));
} // main 方法结束
} // MergeSort 类结束
示例会话：
initial array
  70 98 59 57 45 93 81 31 79 84 87 27 93 92 45 24 14 25 51
final array
  14 24 25 27 31 45 45 51 57 59 70 79 81 84 87 92 93 93 98
```

图 11.10c　MergeSort 程序——C 部分

显示了程序的驱动程序和辅助方法。

11.8　汉诺塔

1883 年，法国数学家爱德华·卢卡斯提出了一个基于古代传说的谜题。以下是这个传说的一个版本：河内一座寺庙的一个房间里有 64 个金色的圆盘，每个圆盘的直径不同，每个圆盘的中心都有一个洞。圆盘堆叠在 3 个塔柱上。开始时，所有的圆盘都堆叠在其中一根柱子上，底部是直径最大的圆盘，顶部是直径最小的圆盘。图 11.11 显示了这个问题的简化版本，只有 4 个圆盘，而不是 64 个。

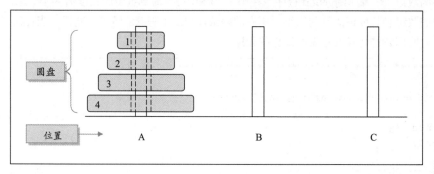

图 11.11　汉诺塔问题的设置

寺庙的僧侣们应该按照以下要求将所有圆盘从 A 柱（初始位置）转移到 C 柱：每次将一个圆盘从一个柱子移动到另一个柱子，永远不要将任何圆盘放置在较小的圆盘之上。

现在的任务是给他们一个指定最佳转移序列的计算机程序，帮助僧侣们尽早从劳动中解脱出来。诀窍是找到一个简单的算法。

如果试图用循环实现解决方案，可能会造成混乱。但是如果使用递归，会更有可能成功。每当需要移动的时候，需要识别一个源位置 s、一个目标位置 d 和一个临时位置 t。对于总体目标，s 代表 A，d 代表 C，t 代表 B。当朝着最终的解决方案前进时，你将会有从属目标，使 s、d 和 t 有不同的位置。以下是一个一般的算法，它适用于从圆盘 n 到圆盘 1 的任何子集，其中 n 是从圆盘的最大数目到 1 中的任何数字。

- 将圆盘 n 上方的圆盘堆栈从 s 移到 t。
- 将圆盘 n 移动到 d。
- 将先前位于圆盘 n 之上的圆盘堆栈从 t 移到 d。

图 11.12 显示了该算法的一个实例（这个例子恰好是解决方案的最后几个步骤）。左边的配置是一个在目标实现前不久就存在的条件，右边的配置是最终条件，虚线箭头表示上述 3 种操作中的每种操作，适用于最简单的特殊情况，其中圆盘 2 上方只有一个圆盘。普通情况是终止条件。当将顶部圆盘 1 从源位置移动到目标位置时（见图 11.12 中的最后一步），这恰好是最后的终止条件，但正如我们将看到的，一个解决汉诺塔问题的程序将达到终止条件，并在其执行过程中自动重新启动多次。

假设评估过程当前位于图 11.12 的左侧框架中。下一个操作使用参数(2, A, C, B)调用下面的 move 方法。在此方法中，else 子句的第一个从属 move 方法调用使用参数(1, A, B, C)来实现图 11.12 中的倒数第 3 步，随后的 printf 语句实现了图 11.12 倒数第 2 步，else 子句的第二个从属 move 方法调用使用参数(1, B, C, A)来实现图 11.12 中的最后一步。

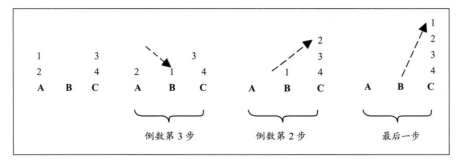

图 11.12　汉诺塔算法的动作说明

```java
private static void move(int n, char s, char d, char  t)
{
  if (n == 1)                 // 递归终止条件
  {
    System.out.printf("move %d from %s to %s\n", n, s,  d);
  }
  else
  {
    move(n-1, s, t, d);       // 从源位置到临时位置
    System.out.printf("move %d from %s to %s\n", n, s, d);
    move(n-1, t, d, s);       // 从临时位置到目标位置
  }
}
```

对递归方法的初始调用应该建立总体目标，即将整个塔从位置 A 移动到位置 C。要先将最大的圆盘移动到新的位置，应该从最大可能的 n 开始。可以通过以下过程实现首先将从属圆盘集（即圆盘 1、2和 3）从源位置 A 移动到临时位置 B，之后将圆盘 4 从源位置 A 移动到目标位置 C，再将圆盘 1、2 和 3从临时位置 B 移动到目标位置 C，从而将它们放在最大的圆盘 4 的顶部。这个过程的问题是规定一次只能移动一个圆盘。因此，要移动圆盘 1、2 和 3，必须递归地调用相同的方法来移动圆盘 1 和 2，而要做到这一点，必须再次递归地调用相同的方法来移动圆盘 1。

当然，第一个要移动的圆盘是圆盘 1，但很难知道该把它放在哪里。应该把它移动到位置 B 还是位置 C？这个程序的目的是告诉读者如何操作，如图 11.13 所示。阴影语句不是解决方案的一部分，最终应该从代码中删除。插入它们只是为了更方便地追踪理解递归活动。对于每个方法调用，它们都会在调用该方法之后且在返回之前即刻输出，以便展示程序正在进行的详细操作。

图 11.14 显示了输出结果。阴影行是图 11.13 中的阴影语句输出的行。正如之前所说，它们只是为了更方便地追踪理解递归活动，不作为解决方案的一部分。解决方案如无阴影部分所示。追踪递归算法最困难的部分是从发生调用的地方追踪，从而在返回后恢复执行的地方。正如在图 11.13 中所指出的，有时调用是从"源到临时"语句发出的，有时调用是从"临时到目标"语句发出的。幸运的是，如果正确地定义递归算法，就可以忽略它在程序执行过程中如何发挥作用的细节。

```
/*****************************************************************
 * Towers.java
 * Dean & Dean
 *
 * 采用递归算法解决汉诺塔问题
 *****************************************************************/

public class Towers
{
  public static void main(String[] args)
  {
    move(4, 'A', 'C', 'B');
  }

  // 借用临时位置 t 将 n 个圆盘从源位置移动到目标位置
  private static void move(int n, char s, char d, char t)
  {
    System.out.printf(
      "call n=%d, s=%s, d=%s, t=%s\n", n, s, d, t);
    if (n == 1)                // 递归终止条件
    {
      System.out.printf("move %d from %s to %s\n", n, s, d);
    }
    else
    {
      move(n-1, s, t, d);   // 从源位置到临时位置
      System.out.printf("move %d from %s to %s\n", n, s, d);
      move(n-1, t, d, s);   // 从临时位置到目标位置
    }
    System.out.println("return n=" + n);
  }
} // Towers 类结束
```

两个返回点

图 11.13　汉诺塔问题解决方案

阴影语句用于追踪理解。移除它们以供最终实现。

```
输出：
call n=4, s=A, d=C, t=B
call n=3, s=A, d=B, t=C
call n=2, s=A, d=C, t=B
call n=1, s=A, d=B, t=C
move 1 from A to B
return n=1
move 2 from A to C
call n=1, s=B, d=C, t=A
```

图 11.14　图 11.13 中的 Towers 程序的输出结果

阴影部分用于追踪理解，无阴影部分为解决方案。

```
move 1 from B to C
return n=1
return n=2
move 3 from A to B
call n=2, s=C, d=B, t=A
call n=1, s=C, d=A, t=B
move 1 from C to A
return n=1
move 2 from C to B
call n=1, s=A, d=B, t=C
move 1 from A to B
return n=1
return n=2
return n=3
move 4 from A to C
call n=3, s=B, d=C, t=A
call n=2, s=B, d=A, t=C
call n=1, s=B, d=C, t=A
move 1 from B to C
return n=1
move 2 from B to A
call n=1, s=C, d=A, t=B
move 1 from C to A
return n=1
return n=2
move 3 from B to C
call n=2, s=A, d=C, t=B
call n=1, s=A, d=B, t=C
move 1 from A to B
return n=1
move 2 from A to C
call n=1, s=B, d=C, t=A
move 1 from B to C
return n=1
return n=2
return n=3
return n=4
```

图 11.14   （续）

建议大家剪出 4 个不同大小的圆盘，用 1 到 4 将它们从小到大进行编号，并在左边的 A 位置建造一座塔。然后每次移动圆盘（见图 11.14 中的阴影部分）。你会发现塔实际上是从 A 位置移动到 C 位置，完全符合特定的规则。这很有效，因为最终的移动是由目标信息在之前的方法调用中决定的。

图 11.14 显示，如果只有 4 个圆盘，僧侣们至少需要移动 15 次才能完成任务。64 是 4 的 16 倍，因此，如果最小移动数随圆盘数量线性增加，僧侣将至少需要移动 16×15=240 次才能完成任务。在编写这本书时，世界仍然存在，也许计算有什么问题？也许随着圆盘数量的增加，移动次数增加得更加迅猛？

维基百科显示，有 64 个圆盘，最少移动次数为（$2^{64}-1$），即移动 18446744073709551615 次。如果僧侣们每秒可以移动一次，每天 24 小时都不停地移动，他们总共需要 5850 亿年来完成这项任务。但是维基百科的公式正确吗？你能想出一个方法来检验公式的有效性吗？章末一个练习要求大家用计算机模拟和推理来验证公式。

11.9　用性能分析解决问题

*性能*是描述效率的另一个词。效率很重要，因为如果提出的解决方法不能在可用时间或可用的计算机内存中执行，那么它就不可用。许多应用程序对时间都很敏感。例如，如果在第 11.10 节的程序中加快树的生长速度，那么最终该程序将崩溃。通常，有几种不同的方法解决一个问题。本节将回顾和介绍性能分析技术，以帮助大家决定哪种方法是最好的。

通过测量或计算执行时间或所需的空间（内存）量化算法的性能。高性能意味着较短时间和较小空间。时间和空间需求是部分相关的。通常，在分析算法时，相比空间分析更注重时间分析，在本节中遵循该模式。具体来说，将专注于分析实现算法所需的计算步骤数作为数据的函数。知道一个算法的计算步骤数是*时间复杂度*分析的关键部分（时间复杂度分析是研究算法执行速度的正式术语）。

自第 4 章以来，已经介绍了许多循环的示例，典型的 for 循环标题通常已告知最大循环次数。例如，如果有一个循环数组，则循环次数等于数组的长度。如果每次循环需要相同的时间，循环数组所需的时间随着数组长度线性增加。有时一个循环包括另一个嵌套在里面的循环。那么总的循环次数就是外部循环的循环次数乘以内部循环的循环次数。

图 11.15 中的代码说明了这一点，因为它实现了一种被称为*插入排序*的算法。有些人会用它代替选择排序。

```
public static void insertionSort(int[] list)
{
  int itemToInsert;
  int j;

  for (int i=1; i<list.length; i++)
  {
    itemToInsert = list[i];
    for (j=i; j>0 && itemToInsert<list[j-1]; j--)
    {
      list[j] = list[j-1]; //shift up previously sorted items
    }
    list[j] = itemToInsert;
  } // for 结束
} // insertionSort 结束
```

图 11.15　插入排序算法

在插入排序算法中，它们注意循环的内部如何从外部循环的当前索引开始，并向下循环先前排序的项，随着循环的进行向上移动它们，直到要插入的项小于之前排序的项，然后将新项目插入。数组中已经排序的部分会随着外围 for 循环的进行而增长。

如果数组已经排序，则条件 itemToInsert < list[j-1]始终为 false，并且内部循环从不执行。在这种最好的情况下，步骤总数等于通过外部循环的步骤数。因为外部 for 循环中的循环次数是 list.length -1，在这种最好的情况下，步骤总数为：

<最小步骤数> = list.length -1

如果数组最初是反向顺序，那么 itemToInsert < list[j-1]始终为 true，并且内部循环总是向上移动先前排序的项目。在最坏的情况下，步骤总数为：

<最大步骤数> = (list.length - 1) * list.length/2

如果数组最初是按随机顺序排列的，平均而言，内部循环会向上移动大约一半先前排序的项。在这种平均情况下，步骤总数为：

<平均步骤数> = (list.length - 1) * list.length/4

上述分析表明，性能不仅取决于算法的性质，而且取决于数据的状态。第 10.8 节中的实验测量和讨论确定了另一个混杂因素。计算机硬件执行特定操作所需的时间是它执行该操作的次数的函数。例如，期望获取或设置 ArrayList 元素的时间与列表长度无关。相反，由图 10.8 显示并与图 10.8 相关联的测试结果表明，随着 ArrayList 的长度从 100 增加到 1000 再增加到 10000，get 和 set 的平均时间从 401 纳秒减少到 156 纳秒再减少到 74 纳秒。此外，预期获取或设置链表元素的时间随着列表长度线性增加。测试结果表明，随着 LinkedList 的长度从 100 增加到 1000 再增加到 10 000，get 或 set 的平均时间从 1248 纳秒增加到 1861 纳秒再增加到 8597 纳秒。这是一般的增加，并不完全是线性的。

这些难以预测的性能变化表明，当进行性能分析时，不应过于精确。为了模拟性能，尝试用以下语句近似表示执行任务所需的总时间或空间：

<时间复杂度> ≈ a * f(n) + b

在这个公式中，n 是元素的总数，f(n)表示 "n 的函数"，a 是一个比例系数，表示每个 n 所需的时间或空间。b 是一个常量，它可能表示一个固定的设置时间或一般内存空间。例如，可以使用 b 来模拟上一段中描述的最短列表的出乎意料的高测量到的 get 和 set 时间。但通常情况下，通过删除 a 和 b 来简化公式，可写为

<时间复杂度> ≈ O(n)

这个方程的右边即是大 O 表示法。这个术语中的 O 代表 "数量级"。一个大 O 函数告诉我们时间或空间需求是如何随着 n（算法输入数据的大小）的增长而增长的。具有较小的大 O 函数的算法往往运行得更快或使用较少的内存；具有较大的大 O 函数的算法往往运行得较慢或使用更多的内存。如果所有 n 所需的时间或空间大致相同，则可以说 "问题是有序的"，或者更简单地说 "它是 O(1)"，其中 O 是字母，而不是数字 0。

随着 n 的增加，如果 f(n)接近对 n 的线性依赖，则可以说 "问题是 n 阶的"，或者更简单地说 "它是 O(n)"。如果 f(n)接近对 n 的抛物线依赖，则可以说 "它是 $O(n^2)$"。如果 f(n)接近对 n 的立方依赖，则可以说 "它是 $O(n^3)$"。像这样继续下去，当 f(n)接近对数 n 的依赖时，则可以说 "它是 $O(\log_2 n)$"。当 f(n)接近 nlog₂n 这样的依赖时，则可以说 "它是 $O(n\log_2 n)$"。对于一些真正复杂的问题，增长率可能会呈指数增长，则可以说 "它是 $O(2^n)$"，或者说 "它是 $O(n^n)$"。

表 11.1 显示了这些大 O 增长率以及它们如何影响 n 的几个值。对于对数，则以 2 为底。#NUM!符号意味着计算的数字大于计算机所能容纳的范围。显然，O(1)和 $O(\log_2 n)$的增长率是缓慢的，而

$O(2^n)$ 和 $O(n^n)$ 的增长率较快，以至于计算机科学家称指数依赖是难以解决的。难以解决意味着对于大 n 来说，几乎不可能得到确切的答案。

表 11.1　大 O 增长率及其如何影响 n 的几个值
对数以 2 为底，#NUM! 意味着这个数字大于计算机所能容纳的范围。

n	$O(1)$	$O(\log n)$	$O(n)$	$O(n \log_2 n)$	$O(n^2)$	$O(n^3)$	$O(2^n)$	$O(n^n)$
4	1	2	4	8	16	64	16	256
16	1	4	16	64	256	4 096	65 536	1.8 E19
64	1	6	64	384	4 096	2.6 E5	1.8 E19	3.9 E115
256	1	8	256	2 048	65 536	1.7 E7	1.2 E77	#NUM!
1 024	1	10	1 024	10 240	1.1 E6	1.1 E9	#NUM!	#NUM!

与进行详细分析相比，确定大 O 性能相对容易。

以下是一些例子，摘自第 9~11 章的材料。

- [第 9.7 节]顺序搜索：$O(n)$。
- [第 9.7 节]二分搜索：$O(\log_2 n)$。
- [第 9.8 节]选择排序：$O(n^2)$。
- [第 9.9 节]二维数组填充：$O(n^2)$。
- [第 10.2 节]List 的 contain 方法：$O(n)$。
- [第 10.7 节]ArrayList 的 get 和 set 方法：$O(1)$。
- [第 10.7 节]LinkedList 的 get 和 set 方法：$O(n)$。
- [第 10.7 节]List 的索引 remove 和 add 方法：$O(n)$。
- [第 10.9 节]ArrayDeque 的 remove 和 add 方法：$O(1)$。
- [第 10.10 节]HashMap 的 put、get、contains 和 remove 方法：$O(1)$。
- [第 10.10 节]TreeSet 的 add 和 get 方法：$O(\log_2 n)$。

除了方法调用开销的额外负担外，递归计算的性能就像循环对应的性能一样。

- [第 11.4 节]factorial：$O(n)$。
- [第 11.4 节]printReverseMessage：$O(n)$。
- [第 11.6 节]二分搜索：$O(\log_2 n)$。
- [第 11.7 节]合并排序：$O(n\log_2 n)$。
- [第 11.8 节]汉诺塔：$O(2^n)$。
- [第 11.9 节]插入排序：$O(n^2)$ 或 $O(n)$，如果已经排序或基本排序。
- [第 11.10 节]drawBranches：$O(n)$，其中 n 是分支的数量。

11.10　GUI 跟踪：用分形算法绘制树（可选）

在第 8.7 节中关于软件工程的介绍中，确定了一种称为 MVC 的特定设计模式，它代表模型—视图—控制器。本节将介绍一个具有 MVC 模式的程序，其中包含三个关注点（模型、视图和控制器），每个关注点分别对应一个类。

11.10.1 模型

活体树中的所有原生细胞都含有完全相同的 DNA。这种相同的 DNA 使细胞能够自我繁殖，并在其他细胞中复制自己的属性。当一棵树生长时，它的细胞决定何时开始新的分支，以及这些分支应该采取什么角度。由于整棵树中的细胞具有相似的属性，它们往往会作出相同的决定。持续的环境因素也会影响这些决定。如果一棵树的一边得到更多的阳光，则它的那一边将生长得更快。强风影响着生长方向。类似因素都会造成重复的不对称。

计算机递归是一种类似于生物体中相似模式的重复。因此，可以很自然地使用递归来描述这种有机体，可以使用递归来描述树模型的时间增长和空间扩展。在时间上建模增长，就像在第 11.3 节中计算阶乘那样按时间增长进行建模。

一个方法是在一年内模拟增长模型，调用自身表示上一年的增长，以此类推，直到回到种植年份。然后，随着递归调用返回，年增长将累积。对于任何一年的增长，将使用第 6.13 节中运用的 *Logistic 方程* 的变体。

在任意给定的时间，将用一个简单的几何图形模拟二元递归在空间中的扩展——直线部分随后是一个带有两个分支的分叉。左支将向左延伸 30°，长度等于直线段长度的 75%。右支将向右延伸 50°，长度等于直线段长度的 67%。当其长度等于或小于某一最小长度时，每个递归分支将终止。通过在不同尺度上重复一个图形而产生的物体称为*分形*。数学分形在所有尺度上都表现出*自相似性*。

自相似性只存在于有限区间。一棵树随着时间的推移从最初的大小长到某个最大尺寸。在任意给定的时间，树的组成部分的大小从树干的大小到最小树枝的大小不等。这些限制将建立递归的开始和终止条件。

图 11.16 在 TreeModel 类中对树进行建模。它导入 Java API 的 Line 类来表示树的主干和分支。ANNUAL_GROWTH_RATE 指定树的初始年增长率，MAX_TRUNK_LENGTH 限制树的大小。getTrunkLength 方法使用逻辑生长公式来模拟从一棵树的种植年份到现在树干长度的生长。树的年龄每次调用的参数都不相同。与第 11.3 节中的递归阶乘方法一样，该参数以最高值（当前年份减去种植年份）开始，并递减[①]到终止条件（age==0）。

接下来看看 drawBranches 方法。第一个参数是对 TreeView 类的引用，它将调用此方法。这种不变的公共引用使得该方法的所有递归表现都很容易将图形信息发送回原始调用者。接下来的四个参数是当前分支的起始位置、长度和角度。这些参数随着递归的进行而改变。

drawBranches 方法中的第一个声明将角度转换为弧度。第二个声明计算当前分支外端的 x 位置。第三个声明计算当前分支外端的 y 位置。由于计算机显示的 y 像素是向下增加的 y，当 y1 大于 y0 时，将使用一个负号使 y1 显示在 y0 的上方。

[①] 重要的是，在使用它作为递归调用中的参数之前要减少年龄。正如在第 12.5 节中解释的那样，如果试图使用年龄作为最终的递归参数，所调用的方法将使用未减少的年龄，递归将"永远"继续下去，直到计算机堆栈溢出。

```
/*****************************************************************
 * TreeModel.java
 * Dean & Dean
 *
 * 定义了计算树大小和形状的递归
 *****************************************************************/

import javafx.scene.shape.Line;

public class TreeModel
{
  private static final double ANNUAL_GROWTH_RATE = 0.125;
  private static final double MAX_TRUNK_LENGTH = 100;

  //***************************************************************

  public static double getTrunkLength(
    double startLength, int age)
  {
    double prevLength;

    if (age < 0) return 0.0;               // 输入错误
    else if (age == 0) return startLength; // 终止条件
    else
    {
      age--;
      prevLength = getTrunkLength(startLength, age);
      return prevLength + ANNUAL_GROWTH_RATE *
        prevLength * (1.0 - prevLength / MAX_TRUNK_LENGTH);
    }
  } // getTrunkLength 结束

  //***************************************************************

  public static void drawBranches(TreeView view,
    double x0, double y0, double length, double angle)
  {
    double radians = angle * Math.PI / 180;
    double x1 = x0 + (length * Math.cos(radians));
    // 对 y 取反以表示垂直翻转图形
    double y1 = y0 - (length * Math.sin(radians));

    if (length > 2)                        // 停在树枝
    {
      view.getChildren().add(new Line(x0, y0, x1, y1));
      drawBranches(view, x1, y1, length * 0.75, angle + 30);
      drawBranches(view, x1, y1, length * 0.67, angle - 50);
    }
  } // drawBranches 结束
} // TreeModel 类结束
```

图 11.16　TreeModel 类计算树的大小和形状

如果长度参数是两个或更少，则绘制分支方法中的 if 条件使方法返回而不做任何事情。这是递归终止条件，它对应于树枝。在 if 子句中，第一条语句绘制当前分支，接下来的两条语句递归地调用相同的方法来绘制向左和向右分叉的从属分支。左分支的长度为当前分支长度的 75%，右分支的长度为右分支长度的 67%。因此，随着递归从主干向细枝推进，分支不断变短。

11.10.2 视图

图 11.17 展示了 TreeView 类，它执行程序的显示操作。该类导入显示组件的 JavaFX line 和 Text 类。它导入 JavaFX Group 类以包含这些组件。TreeView 扩展了 Group 以获取 Group 本身的功能。这使得 TreeView 实例成为*场景*（scene），包含舞台场景中所有内容的*场景图*。

```
/****************************************************************
 * TreeView.java
 * Dean & Dean
 *
 * TreeView 类显示一组树
 ****************************************************************/

import javafx.scene.shape.Line;
import javafx.scene.text.Text;
import javafx.scene.Group;

public class TreeView extends Group
{
  private final int WIDTH = 630, HEIGHT = 400;
  private final double MIN_TRUNK_LENGTH = 3;
  private int[] location = {125, 225, 325, 425};
  private int[] plantingYear = {30, 52, 45, 0};

  public TreeView (int currentYear)
  {
    getChildren().addAll(
      new Line(0, HEIGHT-75, WIDTH, HEIGHT-75), // 地平面
      new Text(WIDTH-100, HEIGHT-50, "<-- age in years"),
      new Text(WIDTH-80, HEIGHT-25, "year = " + currentYear));
    for (int i=0; i<location.length; i++)
    {
      int age = currentYear - plantingYear[i];
      double trunkLength;

      if (age > 0)                              // 已被种植
      {
        getChildren().add(new Text(
          location[i]-5, HEIGHT-50, Integer.toString(age)));
        trunkLength =
```

图 11.17 TreeView 类显示一组树

```
          TreeModel.getTrunkLength(MIN_TRUNK_LENGTH, age);
        TreeModel.drawBranches(
          this, location[i], HEIGHT-75, trunkLength, 90);
      } // if planted 结束
    } // for locations 结束
  } // constructor 结束
} // TreeView 类结束
```

图 11.17 　（续）

WIDTH 和 HEIGHT 常数间接地确定了场景图的初始宽度和高度，从而确定了场景和舞台的初始宽度和高度。它们通过建立最大初始水平组件（line 表示地平面）的左端和宽度与最低组件（标识当前时间的 Text 对象）的垂直位置来实现这一点。

MIN_TRUNK_LENGTH（如 MAX_TRUNK_LENGTH）在逻辑上是 TreeModel 类的一个属性，但我们将其转移到 TreeView 类，以使该程序的变体更容易种植大于幼苗的树。location 和 plantingYear 数组在当前版本的程序中确定树的数量、位置及其种植年份。但是，添加 get 和 set 方法相对容易，这些方法允许控制器通过对 TreeView 的 location 和 plantingYear 实例变量进行不同的分配来指定不同的数量、位置和种植时间。

TreeView 构造器中的 currentYear 参数与 plantingYear 的元素具有相同的起始年份。因此，差值（currentYear–plantingYear[i]）代表位置 i 处的树的年龄。

构造器（扩展 Group）通过添加子元素创建场景图。首先，它添加了三个常见的子元素：一条表示地平面的水平 line 和两个显示在右下角的 Text 项目。然后使用 for 循环遍历 location 数组的元素。for 循环的第一条语句在当前位置声明并初始化树的年龄，第二条语句声明了一个 trunkLength 变量。

如果一棵树的年龄大于 0，说明它已经被种植并生长了至少一年。我们把 Text 放在树的下方，以显示其年龄。我们调用 TreeModel 类的 getTrunkLength 方法来确定当前主干长度；调用 TreeModel 类的 drawBranches 方法，为主干和每个（从属）分支添加一个单独的 Line 组件到 TreeView 的子列表中。一棵老树会提供大量这样的 Line 组件，即 TreeView 的子树列表。

11.10.3　控制器

图 11.18 显示了 TreeController 类。这是实现此程序 GUI 的类。因此，它导入 JavaFX 的 Application、stage、Scene 和 TextInputDialog 类，并导入 Java 的 Optional 类以从 TextInputDialog 类中获取结果。通常，该类 extends Application 唯一的方法是强制重写 start 方法。

start 方法包含一个 for 循环，该循环通过 currentYear 的值 10、15、20、25、30、35、40、45、50、55、60、65、70 和 75。对于其中的每一个，它实例化一个 TextInputDialog，以 currentYear 作为默认输入。要看一组树在一个粗糙的延时"电影"中生长、发育和成熟，请按 Enter 键或单击 OK 按钮 14 次。当 14 个窗口一个接一个地出现时，将看到每个新窗口替换前一个窗口。或者，也可以输入任何特定的年份值，以查看一个新窗口，显示当前树的外观。只要输入的年份值不大于 75，则可以无限次地执行此操作以查看当前年末的情况。如果输入的年份值大于 75，则将获得对应年份的新窗口，但对话框将消失，当关闭该窗口时，执行将终止。在任何给定的树接近 80 岁时，它几乎会达到完整的尺寸，而且不会再生长太多。

```
/*****************************************************************
* TreeController.java
* Dean & Dean
*
* 管理模拟生长的树
*****************************************************************/

import javafx.application.Application;
import javafx.stage.Stage;
import javafx.scene.Scene;
import javafx.scene.control.TextInputDialog;
import java.util.Optional;

public class TreeController extends Application
{
  public void start(Stage stage)
  {
    TextInputDialog input;
    Optional<String> result;

    for (int currentYear = 10; currentYear<=75; currentYear += 5)
    {
      input = new TextInputDialog(Integer.toString(currentYear));
      input.setX(0);
      input.setY(0);
      input.setHeaderText(null);
      input.setContentText("Current year: ");
      result = input.showAndWait();
      if (result.isPresent())
      {
        currentYear = Integer.parseInt(result.get());
        stage.setScene(new Scene(new TreeView(currentYear)));
        stage.setTitle("Growing Trees");
        stage.show();
      } // if 结束
    } // for 结束
  } // start 结束
} // TreeController 类结束
```

图 11.18　TreeController 类驱动 TreeView 和 TreeModel

只要在单击 OK 按钮之前在 Confirmation 对话框中的 "Current year:" 之后输入一个整数，图 11.18 中的代码就可以运行得很好（见图 11.19）。但是，如果在 "Current year:" 之后碰巧输入了非整数（或空白字符），随后再单击 OK 按钮，则会导致程序崩溃。第 15 章介绍了可以避免这种崩溃的方法。

图 11.19 显示了当用户接收所有默认的当前年份值并连续单击 OK 按钮 11 次后窗口的外观。右边的树大约在其最大尺寸的 5% 以内。

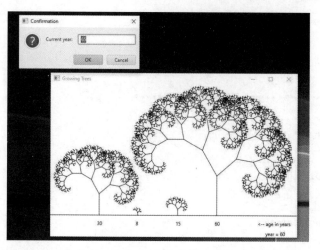

图 11.19　单击 OK 按钮 11 次后获得的模拟树生长视图

总结

● 递归方法通过调用自身来重复给定的行为模式，直到它达到终止条件。
● 可以用递归关系来描述阶乘的计算 n! =n*(n-1)!和终止条件 if(n == 1 || n == 0)。
● 递归的轨迹重申与更改了变量值和未知数问号的递归关系，直到它达到终止条件。然后返回，将先前确定的值替换为问号，直到它从第一次递归调用返回。
● 如果一个方法的主体只包含一个对自身的递归调用，并且调用出现在方法的主体的末尾，则称为尾递归。将尾递归转换为循环计算相对来说更容易。
● 二分搜索是一种有效的搜索有序数组的技术。二分搜索很适合递归，即二分搜索是在原始数组的两部分上进行的。
● 合并排序是对大型数组进行排序的有效技术。合并排序本身很适合递归，其中合并排序是在原始数组的两个部分上进行的。
● 汉诺塔拼图从不同大小的圆盘开始，堆叠在一个位置，较小的圆盘在较大的圆盘上方。任务是将所有圆盘移动到另一个位置，每次移动一个，永远不能将任何圆盘放置在较小圆盘的顶部，并且只能使用另一个位置作为临时位置。有一个递归的解决方案能够以相对简单的方式解决这个难题。
● 通过估计作为数据量函数所需的计算步骤数来表征时间性能。这往往取决于数据的条件，但为了简单起见，我们经常忽略这一点，也忽略了具有大 O 表示的加法和乘法因素。
● 要生成一个 GUI 动画来模拟生长的树，可以将任务划分为模型类、视图类和控制器类。为了模拟每棵树的生长，可以使用递归分形算法。

复习题

§11.2　编写递归方法的指南

1. 填空："递归方法需要在后续的方法调用中至少有一个值是＿＿＿＿的参数。"
2. 当满足终止条件时，递归方法会调用自身。（对/错）

§11.3　一种递归阶乘方法

3. 为阶乘的递归计算编写一个充分的终止条件。

4. 在图 11.2 的阶乘计算中，在调用序列期间（在到达终止条件之前），当 n 等于 2 时，nF 的值是多少？

§11.4　递归和循环的比较

5. 填空："如果方法的主体包含两个递归调用，并且方法执行两个调用，则该方法表示_____。"

6. 如果用循环和递归一样容易解决问题，那么哪种解决方案更可取？为什么？

7. 在图 11.7 的 printReverseMessage 方法中，哪个变量随着递归的发展而变化？终止条件是什么？

§11.5　递归方法的评估练习

8. 使用函数表示法 $f(x)$ 编写阶乘的递推关系。

9. 以下终止条件有什么问题？

$$f(x) = \begin{cases} f(x-2) + x & x > 0 \\ x - 2 & x = 0 \end{cases}$$

§11.6　二分搜索

10. 对于长度为 1000 的数组，二分搜索需要多少次递归方法调用？

11. 因为二分搜索使用尾递归，所以很容易将其转换为循环解决方案。（对/错）

§11.7　合并排序

12. 递归合并排序算法采用二分搜索递归。（对/错）

13. 在递归合并排序中，递归终止条件是什么？

14. 在合并排序中，进入合并数组的下一个元素是两个从属数组中最小的元素中较小的一个。当两个从属数组中的一个变为空时会发生什么？

§11.8　汉诺塔

15. 用于移动底部圆盘为任意圆盘 n 的圆盘堆栈的算法是什么？

16. 根据当前方法的参数描述 15 题中的算法中第一个递归方法调用所使用的参数。

§11.10　GUI 跟踪：用分形算法绘制树（可选）

17. 什么是分形？

18. 在 TreeController 程序中，模型是做什么的？

19. 在 TreeController 程序中，视图是做什么的？

20. 在 TreeController 程序中，控制器是做什么的？

练习题

1. [§11.2] 文本说："else 主体中应该包含对相同方法的一个或多个调用，其参数值更接近于终止条件的值。"但是在 11.1 节的船舶行示例中，标识信号不太可能包含任何"更接近于停止条件的值"的值。在这种情况下，终止条件不能通过方法参数计算。确定递归方法是确定终止条件的另一种方法。

2. [§11.2] 以下递归方法有什么问题？

```
long sum(long n)
{
  return n + sum(n+1);
}
```

3. [§11.3] 许多时候，你会使用 Scanner 方法来读取和解析键盘输入。还可以使用相同的 Scanner 方法来读取和解析普通字符串。下面的程序使用了 Scanner 类中的 next 方法，但是这次它从字符串中读取而不是通过键盘读取。当执行 next 方法时，会有一个内部游标，它可以记住到目前为止处理了多少字符串，以及还需要处理多少字符串。程序使用 Scanner 类的 hasNext 方法来检查是否还有尚未处理的字符串。研究以下代码，程序输出显示什么？注意递归 return 语句后面的注释，并解释该语句是如何工作的。

```java
import java.util.Scanner;

public class Recurse
{
  public static String recurse(Scanner scan)
  {
    String item = "";

    if (scan.hasNext())
    {
      item = scan.next() + " ";
    }

    if (item.equals(""))
    {
      return item;
    }
    else
    {
      if (scan.hasNext())
      {
        scan.next();
      }
      return item + recurse(scan);        // 解释
    }
  } // recurse 结束
  //*********************************************************
  public static void main(String[] args)
  {
    String string = "Jack and Jill went up the hill"
      + " to fetch a pail of water";
    Scanner scan = new Scanner(string);

    string = recurse(scan);
    System.out.println(string);
  } // main 结束
} // Recurse 类结束
```

4. [§11.4] 修改前一个练习的递归程序，使其使用尾递归。尽量减少代码更改。读者应该能够使用数量和顺序完全相同的语句来完成此操作，并且只对主方法中的一行和递归方法中的三行进行修改。

5. [§11.4] 修改前一个练习的程序，以便它使用循环而不是递归。不要使用数组。

6. [§11.4] 更改图 11.2 的递归阶乘程序，使其使用尾递归。

7. [§11.4] 回文是一种字符串，从两个方向上读起来都是一样的。例如，mom、kayak 和 avid diva 都是回文。写一个递归的方法命名为 isPalindrome，它检测一个字符串是否为回文。更具体地说，如果给定的字符串参数（名为 string）是一个回文，则方法应该返回 true，否则应该返回 false。使用此方法签名：

```
public static boolean isPalindrome(String string)
```

在递归方法中，使用 String 的 length 方法来确定传入字符串的长度，在进行尾递归调用之前，使用 String 的子字符串方法之一来删除参数字符串的第一个字符和最后一个字符。

8. [§11.5] 以下方法有什么问题？

```
public double sum(double x)
{
  if (x >= 0.5)
  {
    return x;
  }
  else
  {
    return sum(x) + Math.random();
  }
} // sum 方法结束
```

9. [§11.5] 考虑到以下递归关系和终止条件。

$$y(k, A) = \begin{cases} (1+A) - Ay(k-1, A) & k > 0 \\ 0 & k \leq 0 \end{cases}$$

使用第 11.5 节中给出的格式手动计算 $y(3, 0.1)$。

10. [§11.5] 提供一个名为 fibonacci 的三参数尾递归静态方法，该方法生成斐波那契序列中的数字。它应该是下面所示的单参数 fibonacci 方法的重载变化。

```
import java.util.Scanner;

public class Fibonacci
{
  public static void main(String[] args)
  {
    Scanner stdIn = new Scanner(System.in);

    System.out.print(
      "Enter max value in Fibonacci sequence: ");
    fibonacci(stdIn.nextInt());
  } // main 结束
  //***********************************************
  public static void fibonacci(int max)
  {
    if (max < 0)
    {
      System.out.println("not defined");
    }
    else
    {
      System.out.print("0");
      if (max > 0)
      {
```

```
            System.out.print(" 1");
            fibonacci(max, 1, 0);
            System.out.println();
        }
    }
} // fibonacci 结束
```
<在此插入三参数的 fibonacci 方法>
```
} // Fibonacci 类结束
```

示例会话：
```
Enter max value in Fibonacci sequence: 45
0 1 1 2 3 5 8 13 21 34
```

11. [§11.5] 以下递归关系称为 *Logistic* 方程。

$$y(k) = y(k-1) + gain \times y(k-1)(1.0 - y(k-1))$$

这是在第 6 章末尾的可选问题解决部分中用于模拟增长的方程。此练习要求读者使用递归来评估 Logistic 生成的连续值方程式。为了便于读者开始，这里有一个 main 方法来驱动 gain 参数不同值的递归：

```
public static void main(String[] args)
{
    Scanner stdIn = new Scanner(System.in);
    // 在 gain = 2.0 处避免完美的周期解决方案
    for (double gain=0.05; gain<3.5; gain+=0.1)
    {
        System.out.println("gain = " + gain);
        logistic(gain, 0.01, 3.0);
        System.out.println();
    } // for gain 结束
} // main 结束
```
提供一个 Logistic 类，其中包括上述的 main 方法加上一个名为 logistic 的静态方法，代码如下：
```
private static void logistic(
    double gain, double y, double oldAbsDy)
{
    double dy = gain * y * (1.0 - y);
    double absDy = Math.abs(dy);
```
logistic 方法应该是尾递归的，包括以下终止条件：
```
if (absDy < 0.000001)
{
    System.out.println("\nTerminal value = " + y);
}
else if (y > 0.67 && absDy > oldAbsDy)
{
    System.out.println("\nNot converging");
}
```
在运行程序后，使用不同的输入运行它，并描述 $y(k)$ 如何收敛于不同的增益（gain）范围。

12. [§11.6] 指定使本章的二分搜索方法在字符串值数组中搜索特定字符串所需的所有更改。

13. [§11.7] 修改本章的合并排序类，使其对字符串数组中的字符串进行排序。

14. [§11.9] 修改 Towevs 程序，以帮助确定其算法效率。声明一个名为 moveCount 的静态变量，该变量跟踪移动总步数。删除（或注释掉）所有记录移动的输出语句，并用增加 moveCount 变量的语句替换它们。在 main 方法中，提示用户圆盘数量，并将用户输入分配给一个名为 disks 的本地变量。接下来，调用 move 方法，但将 disks 作为参数传递，而不是原始程序的硬编码四参数。在 main 方法调用 move 方法后，添加一条语句，输出 disks 的值和 moveCount 变量的最终值。将这些输出值与表 11.1 中的值进行比较，并确定汉诺塔问题的大 O 增长率。

复习题答案

1. 递归方法需要在后续的方法调用中至少有一个值是变化的参数。

2. 错。在终止条件下，递归方法返回而不进行另一个递归调用。

3. 阶乘递归计算的充分的终止条件是 n==1|| n==0，另一个充分的终止条件是 n<=1。

4. 在达到终止条件之前，nF 的值是未知的。

5. 如果方法的主体包含两个递归调用，并且方法执行两个调用，则该方法表示二分搜索递归。

6. 循环解决方案更可取，因为它需要较少的开销。

7. 在 printReverseMessage 方法中，变化的变量为 msg，终止条件为 msg.isEmpty();。

8. 使用函数符号的阶乘的递归关系是 $f(x) = xf(x-1)$。

9. 如果 x 小于零，为奇数或非整数，则忽略终止条件。

10. 由于 2^9=512 和 2^{10}=1024，所以需要 10 个递归方法调用来搜索长度为 1000 的数组。

11. 对。递归二分搜索使用尾递归，9.7 节中的图 9.12 显示了一个直接的循环实现。

12. 对。递归合并排序算法采用二分搜索递归。

13. 递归合并排序中的终止条件是当数组长度为 1 时。

14. 在合并排序中，当两个从属数组中的一个变为空时，合并数组将按已排序的顺序从另一个从属数组中获取所有剩余元素。

15. 用递归方法实现移动一堆圆盘的算法如下：
（1）将圆盘 n 上方的堆栈移动到临时位置 t。
（2）将圆盘 n 移动到目标位置 d。
（3）将移动的圆盘堆栈从临时位置移动到目标位置。

16. 在第一次递归调用[见 15 题答案的（1）]中，使用 $n-1$ 表示堆底移动，使用 s 表示源位置，使用 t 表示目标位置，使用 d 表示临时位置。

17. 分形是在一系列尺度上显示自相似性的对象或量。

18. 在 TreeController 程序中，模型方法指定了分支的相对长度和角度，以及主干大小如何随着时间生长。

19. 在 TreeController 程序中，视图指定在任何特定的时间显示屏幕。

20. 在 TreeController 程序中，控制器在特定时间创建和定位新的树实例，并随着时间的推移管理屏幕显示的更新。

第 12 章

类型细节和可选编码机制

目标

- 提高对原始数据类型之间的关系和差异的理解，并认识到它们各自的局限性。
- 理解字符的数值编码。
- 学习自动类型转换的规则和显式类型转换的风险。
- 理解后缀和前缀嵌入式自增/自减运算符。
- 理解嵌入式赋值表达式。
- 了解在何处以及如何用条件运算符表达式缩短代码。
- 查看短路运算如何避免复杂的操作。
- 查看空语句如何工作。
- 了解如何在循环中使用 break 语句。
- 创建并使用 enum。
- 了解 Java 流管道。
- 使用方法引用和 lambda 表达式进行编程。
- 在 GUI 应用程序中使用 Unicode 字符（可选）。

纲要

12.1 引言

在第 3 章和第 4 章中, 你已经学习了 Java 语言的基础知识。除此之外, 你还了解了数据类型、类型转换和控制语句。本章将描述一些额外的数据类型和类型转换, 以及一些替代的控制语句编码机制。

第 3 章介绍了一些 Java 的整数和浮点数类型, 第 5 章介绍了如何查找它们的范围限制。在本章中, 你将看到另外两个整数类型, 对于所有的数字类型, 你将学习它们所需的存储空间、可提供的精度, 以及如何进行范围限制。第 3 章介绍了字符类型 char 的使用。在本章中, 你将看到每个字符背后都有一个对应的数字值, 并学习如何使用这些值。第 3 章介绍了使用强制类型转换运算符进行类型转换。在本章中, 你将学习更多关于类型转换的知识。第 3 章介绍了自增和自减运算符。在本章中, 你会发现可以通过移动这些运算符的位置 (在变量之前或之后) 来控制它们的执行步骤。第 3 章介绍了赋值运算符。在本章中, 你将看到如何在表达式中嵌入赋值语句以使代码更紧凑。

第 4 章介绍了几种条件运算方法。在这一章中, 你将学习可以接收 boolean 条件的两个可能值中的任意一个的条件运算符。你还将了解短路运算, 它可以通过在某些情况下停止 "危险的" 条件运算来防止错误。此外, 你还将学习更多关于循环的知识。具体而言, 你会看到空循环和从内部终止的循环, 以及 for 循环标题的替代编码技术。

本章的内容将有助你理解 Java 中的一些细微的差别。这将帮助你在第一时间避免问题, 帮助你创建更有效和更容易维护的代码, 还将帮助你调试有问题的代码, 这些代码可能是你自己的, 也可能是别人写的。作为一名合格的程序员, 你必须学会和其他人的代码打交道, 必须能够理解这些代码是做什么的。

这一章的许多内容本可以穿插到前面的章节中。但到目前为止, 略过这些内容对我们的学习并没有影响, 之所以推迟到现在, 是为了不妨碍先前的演示。在本书的当前阶段将这些细节组合成一章, 为我们提供了一个很好的复习机会。当你读这一章的时候, 把新内容和已经学过的内容结合起来, 能够丰富你对这些主题的理解。

本章的最后一节将介绍一个名为 GridWorld 的扩展示例, 它提供了一个大型程序的例子, 我们将通过介绍它来展示新的话题。

12.2 整数类型和浮点数类型

本节补充了你在第 3.13 节学习的数字数据类型的内容。

12.2.1 整数类型

整数类型存储整数 (整数是没有小数点的数字)。图 12.1 显示了四种基本整数类型。这些类型是按照需要占用内存的大小来排序的。byte 类型变量只需要 8 位, 占用的存储空间最少。如果你的程序占用了太多的内存空间, 你可以使用较小类型的变量来保存较小的值, 较小类型意味着需要更少的内存。现在内存已经变得相对便宜, 因此已经很少使用 byte 和 short 类型了。

类　型	存　储	包装器类的 MIN_VALUE	包装器类的 MAX_VALUE
byte	8 位	−128	127
short	16 位	−32768	32767
int	32 位	−2147483648	2147483647
long	64 位	$\approx -9 \times 10^{18}$	$\approx 9 \times 10^{18}$

图 12.1　Java 整数类型的属性

要访问整数的最小值和最大值，请使用整数包装器类附带的 MIN_VALUE 和 MAX_VALUE 命名常量。正如你在第 5 章中学到的，Integer 和 Long 是 int 和 long 数据类型的包装器类。据此你可以自行推断出 Byte 和 Short 是 byte 和 short 数据类型的包装器类。下面是输出最大 byte 值的语句：

```
System.out.println("Largest byte = " + Byte.MAX_VALUE);
```

整数常量的默认类型是 int，但你可能需要一个对于 int 来说太大的整数常量。在这种情况下，可以通过给整数常量添加 l 或 L 后缀来显式地强制其为 long 类型。例如，假设你正在编写一个太阳系程序，你想将地球的年龄存储在一个名为 ageOfPlanet 的变量中。地球的年龄是 45.4 亿年，而 45.4 亿大于 Integer.MAX_VALUE 的 2147483647，以下语句将生成一个编译错误：

```
long ageOfPlanet = 4_540_000_000;
```

加上 L 后缀就没问题了：

```
long ageOfPlanet = 4_540_000_000L;
```

⚠ 当你声明一个数值变量时，请确保你选择的类型足够大，以处理程序可能放入其中的最大值。如果一个值不能装入所提供的内存空间，则称为*溢出*。溢出错误非常严重，如图 12.2 中的 ByteOverflowDemo 程序所示。

整数溢出会将符号反转，因此 ByteOverflowDemo 程序输出−128，而不是 128 这个正确的结果。在这个例子中，这个错误的严重程度大约是弄错最大允许值的两倍！溢出也会导致 short、int 和 long 类型的符号反转。在这种情况下，编译器不会发现问题，JVM 也不会发现问题。Java 照常运行程序，丝毫意识不到生成了一个巨大的错误。最后，决定权在你。如果存在任何疑问，请使用较大的类型！

```
/**********************************************************
 * ByteOverflowDemo.java
 * Dean & Dean
 *
 * 这演示了整数溢出
 **********************************************************/

public class ByteOverflowDemo
{
  public static void main(String[] args)
  {
    byte value = 64;

    System.out.println("Initial byte value = " + value);
    System.out.println("Byte maximum = " + Byte.MAX_VALUE);
```

图 12.2　ByteOverflowDemo 程序演示了溢出问题

```
        value += value;
        System.out.println("Twice initial byte value = " + value);
    } // main 结束
} // ByteOverflowDemo 类结束

输出:
Initial byte value = 64
Byte maximum = 127
Twice initial byte value = -128  ◄———— 这是一个非常严重的错误
```

图 12.2 （续）

12.2.2 浮点数类型

如你所知，浮点数是允许小数点右边有非 0 数字的实数。这意味着你可以使用浮点数来保存小于 1 的分数值。图 12.3 显示了两种浮点数类型——float 和 double。

类　型	存　储	精　度	包装器类的 MIN_NORMAL	包装器类的 MAX_VALUE
float	32 位	6 位数	$\approx 1.2 \times 10^{-38}$	$\approx 3.4 \times 10^{38}$
double	64 位	15 位数	$\approx 2.2 \times 10^{-308}$	$\approx 1.8 \times 10^{308}$

图 12.3　Java 浮点数类型的属性

注意图 12.3 的精度一栏。精度是指该类型能够准确表示的数值的位数。例如，float 类型的精度为 6 位数，如果你试图将 1.2345678 存储在 float 变量中，实际上存储的是一个进位的版本，如 1.234568。前 6 位（1.23456）是精确的，但其余的数字是不精确的。double 值有 15 位数的精度，比 float 的 6 位数精度要好很多。当你将两个数值相近的值相减时，float 相对较低的精度会导致严重的进位误差。如果两个数足够接近，那么它们的差就是一个非常小的值，连最右边的一位数都相差无几。当你进行重复计算时，这种进位误差将会更加严重。由于内存现在相对便宜，你应该将 float 视为一种过时的数据类型，尽量避免使用它。但指定颜色时是个例外。Java API Color 类中的几个方法使用 float 类型的参数或返回值。

请注意，在精确度方面，浮点数比整数差。例如，在比较 32 位 float 类型和 32 位 int 类型时，浮点数类型的精度较差。float 类型的精度为 6 位数，而 int 类型的精度为 9 位数。同样，在比较 64 位 double 类型和 64 位 long 类型时，浮点数类型的精度较差。double 类型的精度为 15 位数，而 long 类型的精度为 19 位数。为什么会出现这样的情况呢？因为浮点数中的一些比特数用于指定指数，该指数允许这些浮点数拥有比整数大得多的范围。这减少了可用于提供精度的比特数。

正如你在第 5 章学到的，Float 和 Double 是 float 和 double 数据类型的包装器类。要访问浮点数类型的最小值和最大值，请使用 Float 和 Double 类的 MIN_NORMAL 和 MAX_VALUE 命名常量。MAX_VALUE 是浮点数类型的最大正值，而 MIN_NORMAL 是浮点数类型中最小的全精度正值。浮点数的 MIN_NORMAL 与整数的 MIN_VALUE 有本质上的不同。浮点数 MIN_NORMAL 是一个很小的正小数，而不是一个大的负数。那么负浮点数的极限是什么？浮点数变量可以保存的最小值为-MAX_VALUE；可以安全存储的最大值为-MIN_NORMAL，一个绝对值很小的负小数。

实际上，浮点数变量可以保存绝对值小于 MIN_NORMAL 的数，例如像浮点数 MIN_VALUE 那样小的值，对于 float 大约为 1.4×10^{-45}，对于 double 大约为 4.9×10^{-324}。但浮点数 MIN_VALUE 的精度只有一个比特位，这可能会在计算结果中产生重大误差，而且没有任何明显的指示表明这一误差的存在。这是一种最糟糕的错误，因为它可以隐藏很久。因此对于浮点数，总是使用 MIN_NORMAL，而不是 MIN_VALUE。

默认的浮点常数类型是 double。如果声明变量为 float 类型，就必须将 f 或 F 后缀添加到所有浮点常数中。例如：

```
float gpa1 = 3.22f;
float gpa2 = 2.75F;
float gpa3 = 4.0;          编译错误，因为 4.0 是 double 类型
```

由于后缀为 f 和 F，3.22f 和 2.75F 是 32 位 float 值，因此将它们赋给 32 位的 gpa1 和 gpa2 float 变量是合法的。但是 4.0 是一个 64 位的 double 值，试图将其分配给 32 位 gpa3 float 变量将生成编译错误。

要用科学计数法写出浮点数，请将 e 或 E 放在以 10 为底数的指数值之前。如果指数为负，则在 e 或 E 与指数值之间插入一个负号；如果指数是正数，可以在 e 或 E 后面加一个加号，但这不是标准做法。注意在任何情况下都不能有空格。例如：

```
double x = -3.4e4;          相当于-34000.0
double y = 5.6E-4;          相当于 0.00056
```

12.2.3　BigInteger 和 BigDecimal

最大整数类型（long）和最大分数类型（double）对于大多数应用程序都足够了。然而有时候，应用程序需要的数据对于这些数据类型来说太大了。比如一些顶级数据加密方案依赖于比 long 更长的整数。对于非常大的数字，java.math 包定义了 BigInteger 和 BigDecimal 类。它们可以表示任意大小的整数和浮点数。

与 ArrayList 一样，BigInteger 或 BigDecimal 也会自动展开以适应其数据。BigInteger 构造器允许你使用 String 和 byte 数组，或者指定比特位数的随机数创建任意大的整数值。下面的语句用字符串初始化一个 BigInteger 值：

```
BigInteger bigInt = new BigInteger("242424242424242424242424242425");
```

BigDecimal 构造器允许你使用 BigInteger、long、int、double、String 或 char 数组创建任意精度的小数值。BigInteger 和 BigDecimal 有 doubleValue()、intValue()、longValue()或 toString()方法，它们转换并返回我们更熟悉的数据类型。

BigInteger 数学方法包括：negate()、add(BigInteger augend)、subtract(BigInteger subtrahend)、multiply (BigInteger multiplicand)、divide(BigInteger divisor)、remainder(BigInteger divisor)和 pow(int n)。

BigDecimal 提供了类似的方法和相关参数。

不幸的是，BigDecimal 的一些数学方法，比如 divide 可以生成一个小数位无限循环的结果，比如 0.333333……如果发生这种情况，JVM 会报错：

```
Exception in thread "main" java.lang.ArithmeticException:
    Non-terminating decimal expansion; no exact representable decimal result.
```

线程"main"java.lang.Arithmetic 异常：无穷小数扩张；没有精确的十进制结果。

为了帮助你避免这个潜在的问题，BigDecimal 提供了额外的构造器和方法，允许你指定小数位数（比例）、有效位数（精度）和进位方式。例如，下面是 BigDecimal 的两个 divide 方法的 API 标题：

```
public BigDecimal divide(
    BigDecimal divisor, int scale, RoundingMode roundingMode)

public BigDecimal divide(BigDecimal divisor,
    new MathContext(int precision, RoundingMode roundingMode))
```

scale 参数决定在返回的 BigDecimal 商值中，小数点右侧有多少位数字。roundingMode 参数是一种枚举类型。枚举类型将在本章的后面介绍，但现在请注意，对于标准进位，请使用 RoundingMode.HALF_UP 作为 roundingMode 参数的值。precision 参数确定返回的 BigDecimal 商值中有多少位有效数字。

BigInteger、BigDecimal、RoundingMode 和 MathContext 都在 java.math 包中，所以只要导入它就可以执行全部这些操作。尽管 BigDecimal 比较复杂，但它为用户提供了对小数点位置、有效位数和进位方式的全面控制——比 double 的控制多得多。本书中有几个用 double 表示金额的例子，这对于非正式工作来说已经够用。但 double 不适合用于正式的会计工作，因为不可预测的进位有时会产生意料之外的输出。通常情况下，会计喜欢精确到每一分钱。因此，当正确结果应该是 20 亿美元时，显示 1999999999.99 美元的计算机程序绝对无法令他们满意。

BigDecimal 对进位的显式控制使你能够防止这种偏差。因此，原则上，你可以安全地使用 BigDecimal 进行严肃的会计工作。但是，BigDecimal 很麻烦，而且效率相对较低。高级财务会计应该使用整数，并将金额用美分表示。若要将浮点数输入转换为整数，可将输入值乘以 100，并强制转换为整数。想得到以美元和美分计的结果，使用除法（如/100）表示美元部分，再使用模数除法（即%100）表示美分部分。如果 int 不够大，则使用 long。long 类型可以容纳非常大的金融数额（如美国的债务总额）。对于大多数科学计算来说，一个普通的 double 已经足够了，因为很难找到比 double 精度更高的测量仪器。没有测量的科学就不是科学。

12.3 char 类型和 ASCII 字符集

本节补充了你在第 3.20 节学习过的 char 类型的内容。

12.3.1 基础数值

对于包括 Java 在内的大多数编程语言，每个字符背后都有一个基础数值。例如，字符 A 的基础十进制值是 65，字符 B 的基础十进制值是 66。包括 Java 在内的大多数编程语言从美国信息交换标准代码（ASCII）字符集中获得字符对应的数值。ASCII 字符集中的所有字符都显示在附录 1 中，如图 A1.1a 和 A1.1b 所示。

那么，为字符设置基础数值有什么意义呢？通过使用基础数值，JVM 可以更容易地确定字符的顺序。例如，因为 A 的值是 65，B 的值是 66，所以 JVM 可以很容易地确定 A 在 B 之前。知道字符的顺序是字符串排序操作的必要条件。例如，假设给一个排序方法提供了字符串 peach、pineapple 和 apple。排序方法比较单词的第一个字符 p、p 和 a，在这样做的过程中，JVM 在 ASCII 表中查找字符。因为 p 的值是 112，a 的值是 97，所以 apple 排在前面。然后排序方法比较 peach 和 pineapple 中的第二个字符。因为 e 的值是 101，i 的值是 105，所以 peach 应该排在 pineapple 之前。

有时，你也可以按照需要灵活使用字符的基础数值。例如，假设一个程序有一个名为 code 的 char 变量，它的值决定了接下来发生的事情。如果 code 的值为 p，程序输出一份报告；如果 code 的值为 q，则退出程序。还有一种情况是，如果 code 的值为数字字符（0~9），程序可以利用 code 的数字字符所对应的数值（0~9）进行数学运算。要使用数字字符所对应的数值，首先需要获取它，这需要做一些工作。假设 digit 已声明为 int 变量，下面的程序用于获取 code 的数字字符所对应的数值：

```
digit = code - '0';
```

正如 ASCII 表所示，零字符（0）的基础十进制值是 48。如果 code 存储的是字符 6，其基础十进制值是 54，然后 6 将被赋给 digit 变量，这样就对了。这个字符到数字的代码段之所以能够工作，是因为 ASCII 字符集对数字字符 0 到 9 使用连续的基础数值（48~57）。

你也可以用下面的代码完成同样的事情：

```
digit = code - 48;
```

然而，在程序中使用 48 是不够优雅的。为什么？因为这会导致代码难以理解（要理解它，必须知道 48 是 0 字符的基础数值）。相反，使用 0 会更容易理解。这是一个自文档化代码的例子。

12.3.2　控制字符

ASCII 字符集中的大多数字符表示可输出的符号。例如，字符 f 表示可输出字母 f。但是 ASCII 字符集的前 32 个字符和最后一个字符是不同的——它们是*控制字符*。控制字符执行非输出操作。例如，起始字符（ASCII 基础数值为 1）有助于将数据从一台计算机发送到另一台计算机。更具体地说，它标志着传输数据的开始。当你输出控制字符时，你可能会对屏幕上出现的内容感到惊讶。bell 字符（ASCII 基础数值为 7）通常会发出声音，但不显示任何内容，这很容易理解，但起始字符显示的东西就不那么直观了。当你输出起始字符时，你将在不同的环境中得到不同的结果。例如，在 Windows 环境下的控制台窗口中[①]，会显示一个笑脸；而在其他环境中，会显示一个空白方格。注意下面的代码段在 Windows 环境下的控制台窗口中的相关输出：

```
char ch;
for (int code=1; code<=6; code++)
{
  ch = (char) code;
  System.out.print(ch + " ");
}
```

输出：
☺ ☻ ♥ ♦ ♣ ♠

在上面的代码段中，(char)强制转换运算符使用 ASCII 表返回与 code 数值相关联的字符。因此，如果 code 的值是 1，那么(char) code 将返回起始字符。

12.3.3　Unicode 字符集

大多数情况下，ASCII 字符集完全可以胜任工作，但在某些情况下却不行。有时你需要 ASCII 字符集之外的字符和符号。例如，假设你想显示一个对号标记（✓）或圆周率符号（π）。这两个字符不是

[①] 关于如何在控制台窗口中运行程序，请参阅第 1.9 节。

ASCII 的一部分。它们是新的编码方案 Unicode 的一部分，Unicode 是 ASCII 的超集。在第 12.16 节中，我们将向你展示如何访问对号标记、圆周率符号以及 Unicode 标准中枚举的许多其他字符。

12.3.4　对 char 使用+运算符

还记得如何使用+运算符将两个字符串连接在一起吗？我们也可以使用+运算符将字符与字符串连接起来。请看下面这个例子：

```
char first = 'J';
char last = 'D';
System.out.println("Hello, " + first + last + '!');
```

输出：
Hello, JD!

当 JVM 看到 + 运算符旁边的字符串时，它首先将 + 运算符另一侧的操作数转换为字符串，然后进行连接。因此，在上面的示例中，JVM 将第一个变量转换为字符串，然后将得到的 J 连接到 Hello 的末尾，形成 "Hello, J"。JVM 对它看到的接下来的两个字符（最后一个存储字符和'!'）执行相同的操作。它将每个字符转换为字符串，再将它们与其左边的字符串相连接。

请注意，如果对两个字符使用+运算符，则+运算符不会执行连接，而是使用字符的基础 ASCII 值执行数学加法。请看下面这个例子：

```
char first = 'J';
char last = 'D';
System.out.println(first + last + ",What's up?");
```

输出：
142, What's up?

我们预期的输出应该是 "JD，What's up?"为什么代码段输出 142，而不是 JD？JVM 从左到右计算 + 运算符（以及大多数其他运算符），因此在对 println 的参数进行运算时，它首先计算 first + last。因为 first 和 last 都是 char 变量，所以 JVM 使用字符的基础 ASCII 值执行数学加法。first 中的字符为 J，而 J 的基础 ASCII 值是 74。last 中的字符为 D，而 D 的基础 ASCII 值是 68。所以 first + last 等于 142。

有两种方法可以修复上述代码。你可以像这样将前两行改为字符串初始化：

```
String first = "J";
String last = "D";
```
或者你可以在 println 参数的左边插入一个空字符串，像这样：

```
System.out.println("" + first + last + ", What's up?");
```

12.4　类型转换

本节补充了你在第 3.19 节中学过的强制类型转换的内容。

Java 是*强类型*的语言，因此，程序中的每个变量和值都被定义为具有特定的数据类型。与所有强类型语言一样，在与多种类型的数据打交道时需要格外小心。在本节中，你将了解一些（但不是全部）数据类型是如何转换为其他数据类型的。Java 自动进行一些类型转换，并允许你强制进行其他类型转换。不管怎样都要小心，不适当的类型转换会导致问题。

要了解哪些类型转换是允许的，请学习图 12.4 中的类型转换序列。粗略地说，图 12.4 显示了哪些类型可以"容纳"其他类型。例如，一个 8 位（bits）的 byte 值可以放入一个保存 16 位的 short 变量中，因为一个 8 位的实体比一个 16 位的实体"窄"。我们喜欢用更窄或更宽来描述类型的大小，但请注意，这些并不是正式的术语，其他人可能不会这样说。注意 boolean 类型没有出现在图 12.4 中。不能在数字类型和 boolean 类型之间进行转换。

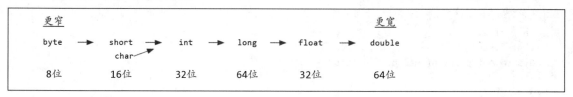

图 12.4　类型转换序列

12.4.1　自动类型转换

类型转换包括*类型提升*（自动类型转换）和*类型重塑*（强制类型转换）两种。你已经看到了强制类型转换，我们稍后还会进一步介绍它，现在我们先来看看自动类型转换。

自动类型转换是一种隐性的转换，是指操作数的类型无须使用强制转换运算符就能自动转换。当你想在本应使用更宽类型的地方使用更窄的类型时，就会出现这种情况，也就是说，这种自动转换依据的是图 12.4 中箭头的方向。自动类型转换通常发生在赋值语句中。如果赋值语句右边的表达式运算得出的类型比左边变量的类型窄，那么在赋值过程中，右边的窄类型会提升为左边的宽类型。请看以下这些自动类型转换的例子：

```
long x = 44;
float y = x;
```

在第一条语句中，44 是一个 int 型。int 型的 44 比 long 型的 x 窄，所以 JVM 将 44 提升为 long，然后执行赋值。在第二条赋值语句中，x 是一个 long 型。long 型的 x 比 float 型的 y 窄，因此 JVM 将 x 提升为 float，然后执行赋值。

接下来还有一些例子：

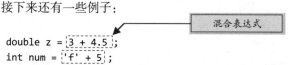

```
double z = 3 + 4.5 ;
int num = 'f' + 5 ;
```

右边的表达式是*混合表达式*。混合表达式是包含不同数据类型操作数的表达式。在混合表达式中，较窄的操作数自动提升为较宽操作数的类型。在上面的第一条语句中，int 型的 3 比 double 型的 4.5 更窄，所以 JVM 在将 3 添加到 4.5 之前将其提升为 double。在上面的第二条语句中，你知道哪个操作数（f 还是 5）被提升以匹配另一个操作数吗？f 是 char 类型，而 5 是 int 类型，根据图 12.4 的箭头方向所示，char 类型比 int 类型更窄。因此，JVM 将 f 提升为 int。更具体地说，因为字符 f 的基础数值为 102（见图 A1.1b），JVM 将 f 提升为 102，再将 102 与 5 相加，并将最终得到的值 107 赋给 num。

自动类型转换通常出现在赋值语句、混合表达式和方法调用中。你已经看到了赋值语句和混合表达式的例子，现在让我们来看看方法调用中的自动类型转换。如上所述，任何时候在需要更宽类型的地方尝试使用更窄的类型都会发生转换。因此，如果将实参传递给方法，而该方法定义的形参类型比实参的类型更宽，则实参的类型将自动提升，从而与形参的类型匹配。图 12.5 的程序提供了这种行为的一个例子。你能指出这个项目中有哪些自动类型转换吗？参数 x 是一个 float 型，它提升为一个 double 型；参数 3 是一个 int 型，它也提升为一个 double 型。

```
/**********************************************
 * MethodPromotion.java
 * Dean & Dean
 *
 * 在方法调用中转换类型
 **********************************************/

public class MethodPromotion
{
  public static void main(String[] args)
  {
    float x = 4.5f;

    printSquare(x);
    printSquare(3);                    自动转换
  }

  private static void printSquare(double num)
  {
    System.out.println(num * num);
  }
} // MethodPromotion 类结束


输出:
20.25
9.0
```

图 12.5 程序演示了方法调用中的自动类型转换

12.4.2 强制类型转换

强制类型转换是一种显式的类型转换。当使用强制转换运算符转换表达式的类型时，就会发生这种情况。下面是使用强制转换运算符的语法：

(类型) 表达式

使用强制转换运算符将任何数字类型转换为任何其他数字类型都是合法的，也就是说，在图 12.4 的序列中，转换可以朝任意方向进行。例如，下面的代码段将 double x 转换为 int y：

```
double x = 12345.6;
int y = (int) x;
System.out.println("x = " + x + "\ny = " + y);
```

如果省略(int)强制转换运算符会发生什么呢？你将得到一个编译错误，因为在图 12.4 的序列中，没有从 double 类型到 int 类型的箭头，所以直接将一个 double 类型赋值给一个 int 类型是被禁止的。为什么将 double 直接赋给 int 是非法的？因为 double 可以有小数，而 int 不能处理小数。

你知道上面的代码段会输出什么吗？x 保持不变，尽管用(int)对它进行了强制转换。而 y 得到的是 x 的整数部分，x 的小数部分被直接砍掉，不采取任何进位。所以输出结果是这样的：

```
x = 12345.6
```

　　y = 12345

图 12.6 中的程序进一步说明了强制转换运算符的使用。它提示用户输入一个 ASCII 值（0 ~ 127 的整数），然后输出与该 ASCII 值相关联的字符以及 ASCII 表中的下一个字符。程序中的两个强制转换排序方案符是做什么用的呢？第一个返回 int 型变量 asciiValue 的 char 版本。第二个返回 asciiValue + 1 的 char 版本。需要强制转换操作将 ch 和 nextCh 输出为字符，而不是整数。如果省略强制转换运算符，将发生编译时错误，因为图 12.4 中的排序方案禁止把一个 int 变量直接赋值给一个 char。

```
/*****************************************************************
* PrintCharFromAscii.java
* Dean & Dean
*
* 对 ASCII 码值的操作进行说明
*****************************************************************/

import java.util.*;

public class PrintCharFromAscii
{
  public static void main(String[] args)
  {
    Scanner stdIn = new Scanner(System.in);
    int asciiValue; // 用户输入的 ASCII 值
    char ch;        // asciiValue 的相关字符
    char nextCh;    // ASCII 表中 ch 后面的字符

    System.out.print("Enter an integer between 0 and 127: ");
    asciiValue = stdIn.nextInt();
    ch = (char) asciiValue;                    ┐  注意(char)强制转换运算符
    nextCh = (char) (asciiValue + 1);          ┘
    System.out.println("Entered number: " + asciiValue);
    System.out.println("Associated character: " + ch);
    System.out.println("Next character: " + nextCh);
  } // main 结束
} // PrintCharFromAscii 类结束

示例会话:
Enter an integer between 0 and 127: 67
Entered number: 67
Associated character: C
Next character: D
```

图 12.6　程序说明了如何使用强制类型转换将字符的基础数值转换为字符

　　为什么把数字变量的内容直接赋给 char 变量是非法的？你可能会认为把一个小的整数，如一个 8 位的 byte 赋给一个 16 位的 char 是安全的。实际上不允许将数字变量的内容直接赋值给 char 是因为数字可以是负数，而 char 不能处理负数（char 变量的基础数值是 0 ~ 65535 的正数）。

12.5 自增/自减运算符的前缀/后缀模式

本节补充了你在第 3.17 节第一部分学习的内容，它使用了你在第 3.18 节（GUI 跟踪）中学习的技术。📖

自增运算符有两种不同的模式，即前缀模式和后缀模式。前缀模式是将++放在要递增的变量之前。使用前缀模式会导致变量在使用变量值之前递增。例如：

```
y = ++x    相当于    x = x + 1;
                     y = x;
```

后缀模式是当你把++放在要递增的变量之后。使用后缀模式会导致变量在使用变量值之后递增。例如：

```
y = x++    相当于    y = x;
                     x = x + 1;
```

为了更好地理解它是如何工作的，可以追踪以下代码段：

```
1 int x, y;
2
3 x = 4;
4 y = ++x;
5 System.out.println(x + " " + y);
6 x = 4;
7 y = x++;
8 System.out.println(x + " " + y);
```

追踪结果如下：

行号	x	y	输出
1	?	?	
3	4		
4	5		
4		5	
5			5 5
6	4		
7		4	
7	5		
8			5 4

这里有一个可以帮助你提高调试技能的小练习。**如果 println 参数是(x + ' ' + y)，输出会是什么？它会将空格指定为字符，而不是字符串，同时计算机会将这个参数作为数学表达式，而不是字符串的连接。** 因为 x 和 y 是整数，它会把空格字符自动转换为它的基础数值 32（参见附录 1 中的图 A1.1b）。第一条输出语句将 5、32 和 5 相加，输出 42。第二条输出语句将 5、32 和 4 相加，输出 41。

注意这段文字。

自减运算符的前缀模式和后缀模式与自增运算符的工作方式相同，但它们是减 1 而不是加 1。要了解它们是如何工作的，请追踪以下代码段：

```
1 int a, b, c;
2
3 a = 8;
4 b = --a;
5 c = b-- + --a;
6 System.out.println(a + " " + b + " " + c);
```

行号	a	b	c	输出
1	?	?	?	
3	8			
4	7			
4		7		
5	6			
5			13	
5		6		
6				6 6 13

让我们进一步研究第 5 行：

　　c = b-- + --a;

正如你可能已经猜到的那样，在执行这条语句时，JVM 首先执行 a 的自减。如附录 2 中的运算符优先级表所示，自减运算符具有很高的优先级。JVM 也会执行 b 的自减，但它的执行包括使用 b 的原始值，然后将 b 递减。运算符优先级表显示 + 运算符的优先级高于 = 运算符，因此 JVM 接下来将 b 的原始值加到 a 的自减值上。最后，JVM 将和赋值给 c。

　　对于许多人来说，第 5 行是难以理解的。我们向你展示这个示例，是因为你可能会在别人的代码中遇到它。但如果你希望自己的代码尽可能优雅，我们不建议你这样写。也就是说，不要在其他表达式中嵌入++或--表达式。与其尝试在一条语句中完成第 5 行所做的所有事情，不如将第 5 行拆分为三个单独的语句，这样更容易理解：

```
5a a--;
5b c = b + a;
5c b--;
```

JVM 以单独的步骤执行运算，因此这样写不会导致任何性能损失。虽然它会占用页面上更多的空间，但大多数人都认为它更容易阅读。

　　在编写代码时，使用前缀模式还是后缀模式取决于代码的其余部分。通常为了避免混淆，你会将自增和自减运算放在单独的一行上。在这种情况下，使用哪种模式都可以，但后缀模式更为常见。

12.6　嵌入式赋值

　　这部分补充了你在第 3 章和第 4 章学到的内容。具体而言，它补充了第 3.11 节中赋值语句的内容和第 4.8 节中 while 循环的内容。

12.6.1　在一条赋值语句中嵌入另一条赋值语句

　　赋值有时会作为表达式嵌入到更大的语句中。当这种情况发生时，请记住：①赋值表达式的运算结果为赋值变量的值；②赋值运算符显示从右到左的结合性。要理解这些概念的实际用法，请研究以下代码段：

```
1 int a, b = 8, c = 5;
2
3 a = b = c;          ← 即 a = ( b = c );
4 System.out.println(a + " " + b + " " + c);
```

第 3 行显示了嵌入在较大赋值语句中的赋值表达式。JVM 首先执行两个赋值运算符中的哪一个？因为赋值运算符显示从右到左的结合性，所以 JVM 首先执行右边的赋值操作。那么 b = c 表达式的值是多少？它的值是 5，因为赋值变量是 c，而 c 的值为 5。在求第 3 行时，将语句的 b = c 部分替换为 5，将语句简化为：

```
a = 5;
```

以下是代码段的追踪结果。

行号	a	b	c	输出
1	?	8	5	
3		5		
3	5			
4				5 5 5

12.6.2　在循环条件中嵌入赋值语句

除了像 a = b = c 这样的纯多重赋值，最好避免将多重赋值作为表达式嵌入到其他语句中，因为这会使代码难以理解。然而，将单个赋值作为表达式嵌入到循环条件中是相当常见的。例如，图 12.7 中的程序对一组输入的分数取平均值。注意 while 循环条件中的（ score = stdIn.nextDouble() ）赋值语句。

例如，如果用户根据提示输入 80，score 将得到 80 这个值，括号中的赋值表达式计算结果为 80，while 循环标题将变成：

```
While (80 != -1)
```

因为条件为 true，所以 JVM 执行循环体。如果赋值表达式没有嵌入 while 循环条件中，那么它必须出现两次：一次出现在循环标题上方，另一次出现在循环底部。将赋值嵌入到条件中可以改善循环的结构。

```
/***************************************************************
 * AverageScore.java
 * Dean & Dean
 *
 * 这个程序计算输入分数的平均值
 ***************************************************************/

import java.util.Scanner;

public class AverageScore
{
  public static void main(String[] args)
  {
    double score;
    double count = 0;
    double totalScore = 0;
    Scanner stdIn = new Scanner(System.in);

    System.out.print("Enter a score (or -1 to quit): ");
    while ((score = stdIn.nextDouble()) != -1)
    {
      count++;
```

嵌入式赋值

图 12.7　AverageScore 程序演示了如何使用嵌入式赋值

```
            totalScore += score;
            System.out.print("Enter a score (or -1 to quit): ");
        }
        if (count > 0)
        {
            System.out.println("Average score = " + totalScore / count);
        }
    } // main 结束
} // AverageScore 类结束
```

图 12.7　（续）

有时你还会在方法参数和数组索引中看到嵌入的赋值。这使得代码更加紧凑。紧凑通常是一件好事，因为它可以使代码更简洁，从而更易读。但是，不要一味地压缩代码，因为过度紧凑有时反而会导致代码难以理解。一些程序员从编写尽可能紧凑的"灵巧"程序中获得乐趣。如果你是这样的人，试着把你的努力转向让程序尽可能易于理解。你仍然可以使用紧凑的代码，但目的是帮助而不是阻碍人们理解程序。

12.7　条件运算符表达式

本节补充了你在第 4.3 节中学过的 if 语句的内容。

12.7.1　语法和语义

当你需要一个逻辑条件来判断两个可选值中的哪一个适用时，可以使用条件运算符表达式，而不是使用 if 语句中的 if-else 形式。条件运算符是 Java 唯一的三元运算符，包括三个操作数与两个符号（?和:）。?位于第一个和第二个操作数之间，:位于第二个和第三个操作数之间。

语法如下：

条件 ?表达式 1 : 表达式 2

如果条件为 true，则条件运算符表达式的计算结果为表达式 1 的值，而忽略表达式 2。如果条件为 false，则条件运算符表达式的计算结果为表达式 2 的值，而忽略表达式 1。可以将表达式 1 看作 if-else 语句判断条件为 true 的部分。把表达式 2 看作 if-else 语句判断条件为 false 的部分。

例如，思考这个表达式：

(x > y) ? x : y

条件外部的括号不是必需的，因为>的优先级高于?:对，但我们依然建议使用括号，因为它提高了程序的可读性。当 JVM 看到这个表达式时，它会做什么？

- 它比较 x 和 y。
- 如果 x 大于 y，则表达式的值为 x。
- 如果 x 小于 y，则表达式的值为 y。

你知道这个表达式实现了什么通用的功能吗？它可以求取两个数之间较大的值。你可以通过代入样本数来证明这一点。假设 x = 2，y = 5。下面是表达式如何计算得到较大值 5 的过程：

(2 > 5) ? 2 : 5 ⇒
(false) ? 2 : 5 ⇒
5

12.7.2 使用条件运算符

条件运算符表达式不能单独出现在一行中，因为它不是一条完整的语句，只是一个陈述的一部分，是一个表达式。下面的代码段包含了两个嵌入条件运算符表达式的例子：

```
int score = 58;
boolean extraCredit = true;

score += (extraCredit ? 2 : 0);
System.out.println(
  "grade = " + ((score>=60) ? "pass" : "fail"));
```

那么它是如何工作的呢？因为 extraCredit 为 true，所以第一个条件运算符的计算结果为 2。score 增加 2，从初始值 58 变成 60。因为(score>=60)的计算结果为 true，所以第二个条件运算符计算结果为 pass。然后 println 语句输出：

```
grade = pass
```

在上面的代码段中，包含括号的表达式很容易理解，但是为了锻炼你的调试技能，让我们看看如果省略每对括号会发生什么。如附录 2 中的运算符优先级表所示，条件运算符的优先级高于+ =运算符。因此，省略 += 赋值语句中的括号是合法的。在 println 语句中，条件运算符的优先级低于+ 运算符，因此必须保留条件运算符表达式外部的括号。因为>=运算符的优先级高于条件运算符，因此省略 score>=60 条件外部的括号是合法的。注意我们在 score>=60 条件中省略了空格，而在分隔条件运算符表达式的三个组件的？和：中保留了空格。这样可以增加程序的可读性。

你可以使用条件运算符来替代 if 语句。因为源代码较短，条件运算符代码看起来可能比 if 更高效，但其实它生成的字节码通常较长。你可能会在别人的代码中看到这样的写法，但是因为它相对来说很难理解，我们建议你在自己的代码中有节制地使用。例如，上面代码段中的语句 score += (extraCredit ? 2 : 0);相当晦涩。用这种方式增加 score 变量会更好：

```
if (extraCredit)
{
  score += 2;
}
```

12.8 表达式运算综述

到目前为止，你已经在本章中学习了相当多的数据类型和运算符知识。了解这些知识不但能帮助你调试有问题的代码，还能帮助你规避问题。为了确保你真正理解了它们，让我们做一些表达式计算练习。

> 计算可以帮助你更好地理解。

12.8.1 字符和字符串连接的表达式计算练习

请看下面三个表达式。在看后面的答案之前，先试着自己计算一下。在执行计算时请记住，如果表达式中有两个或多个具有相同优先级的运算符，请使用从左到右的结合性（即先执行左边的操作）。因此，在第一个表达式中，在尝试执行第二个 + 运算之前，应该执行'1' + '2'中的 + 运算。

1. '1' + '2' + "3" + '4' + '5'

2. 1 + 2 + "3" + 4 + 5
3. 1 + '2'

答案如下：

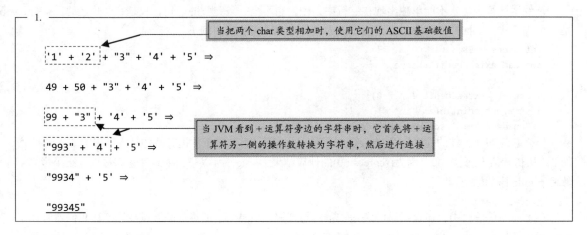

12.8.2　使用类型转换和各类运算符的表达式求值练习

已知：

```
int a = 5, b = 2;
double c = 3.0;
```

在看后面的答案之前，试着自己计算下面的表达式：

1. (c + a / b) / 10 * 5
2. a + b++
3. 4 + -- c
4. c = b = a % 2

答案如下：

1.
```
(c + a / b) / 10 * 5 ⇒

(3.0 + 5 / 2) / 10 * 5 ⇒

(3.0 + 2) / 10 * 5 ⇒

5.0 / 10 * 5 ⇒

0.5 * 5 ⇒

2.5
```

混合表达式：int 类型被提升为 double 类型

/和*运算符拥有相同的优先级。先执行左边的运算

2.
```
a + b++ ⇒

5 + 2 ⇒

7
```

表达式中使用 b 的原始值 2 进行计算，之后再将 b 的值增加为 3

3.
```
4 + --c ⇒

4 + 2.0 ⇒

6.0
```

c 的值先减小为 2，再代入表达式中进行计算

4.
```
c = b = a % 2 ⇒

c = b = 5 % 2 ⇒

c = b = 1 ⇒

c = 1 ⇒

1.0
```

不要将值代入赋值表达式左边的变量中

赋值表达式 b = 1 的运算结果为 1

c 是 double 类型，所以结果也是 double 类型

12.8.3 更多表达式计算练习

已知：

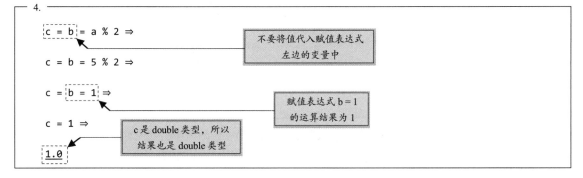

```
int a = 5, b = 2;
double c = 6.6;
```

在看后面的答案之前，试着自己计算下面的表达式：

1. `(int) c + c`
2. `b = 2.7`
3. `('a' < 'B') && ('a' == 97) ? "yes" : "no"`
4. `(a > 2) && (c = 6.6)`

答案如下：

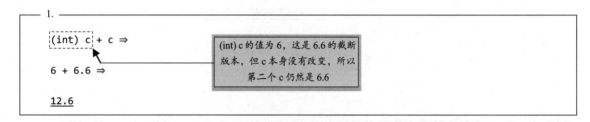

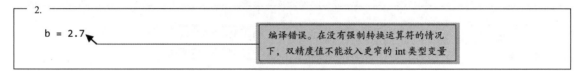

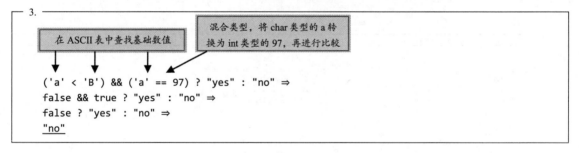

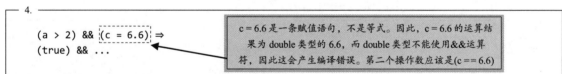

12.9　短路运算

本节补充了在第 4.4 节中学习的 && 逻辑运算符，以及在第 4.5 节中学习的 || 逻辑运算符。

请看图 12.8 中的程序。它计算篮球运动员的投篮命中率并输出相关信息。请注意 if 语句的标题，为了方便起见，这里重复了一遍。请特别注意 attempted 作为分母的除法运算。

```
if ((attempted > 0) && ((double) made / attempted) >= .5)
```

对于除法，你应该经常想到并尽量避免除数为 0 的情况。如果 attempted 等于 0，JVM 会尝试除以 0 吗？不会！而这要归功于短路运算。

```
/****************************************************************
 * ShootingPercentage.java
 * Dean & Dean
 *
 * 这个程序处理篮球运动员的投篮命中率
 ****************************************************************/

import java.util.Scanner;

public class ShootingPercentage
{
  public static void main(String[] args)
  {
    int attempted;  // 投篮次数
    int made;       // 命中次数
    Scanner stdIn = new Scanner(System.in);
    System.out.print("Number of shots attempted: ");
    attempted = stdIn.nextInt();
    System.out.print("Number of shots made: ");
    made = stdIn.nextInt();

    if ((attempted > 0) && ((double) made / attempted) >= .5)
    {
      System.out.printf("Excellent shooting percentage - %.1f%%\n",
        100.0 * made / attempted);
    }
    else
    {
      System.out.println("Practice your shot more.");
    }
  } // main 结束
} // ShootingPercentage 类结束
```

如果 attempted 为 0，不会
出现除数为 0 的情况

使用 "%%" 来输出百分比符号

示例会话：
Number of shots attempted: *0*
Number of shots made: *0*
Practice your shot more.

第二个示例会话：
Number of shots attempted: *12*
Number of shots made: *7*
Excellent shooting percentage - 58.3%

图 12.8 展示短路运算的程序

*短路运算*意味着，只要表达式的结果确定下来，JVM 就停止求值。更具体地说，如果&&表达式的左侧计算结果为 false，则表达式的结果是确定的（false &&任何表达式的计算结果都为 false），从而跳过右侧。同样，如果||表达式的左侧计算结果为 true，则该表达式的结果是确定的（true || 任何表达式的计算结果都为 true），从而跳过右侧。因此，在图 12.8 的 if 语句的条件中，如果 attempted 的结果为 0，则&&运算符的左侧计算结果为 false，右侧被跳过，从而避免将 0 作为除数。

那么短路运算有什么好处呢？

有用的内嵌操作。

（1）避免错误：它可以使你避免在表达式的右侧进行不合法的运算，从而避免错误。

（2）节约性能：因为结果已经确定，计算机不需要浪费时间计算表达式的剩余部分。

顺带一提的是，请注意图 12.8 的 printf 语句中的%%。它是 printf 方法的转换说明符。与其他转换说明符不同，它是一个独立的实体，不包含代入的参数，只用于输出百分比符号。注意图 12.8 的第二个示例会话末尾输出的%。

12.10　空语句

这部分补充了你在第 4 章学习过的循环内容。

有时可以把循环的所有功能都放在循环标题中。例如：

```
for (int i=0; i<1_000_000_000; i++)
{ }
```

Java 编译器要求 for 循环体包含一条语句，即使该语句什么也不做。上面的空大括号（{}）构成一个复合语句 2①，从而满足这个要求。在本节中，你将了解满足该要求的另一种方法——空语句。

12.10.1　使用空语句

*空语句*本身由分号组成。在编译器要求存在语句，但不需要该语句做任何事情的地方，我们可以使用空语句。例如，下面的 for 循环可以作为一种"快速而讨巧"的方法来为程序添加一个延迟：

```
monster.display();
for (int i=0; i<1_000_000_000; i++)
    ;
monster.erase();
```

> 编码规约：将空语句单独放在一行上并缩进它

在这里使用空语句很合适，因为所有的工作都是在 for 循环标题中完成的，其中 i 的计数高达 10 亿。所有这些计算都需要时间。根据你的计算机速度，可能需要从几分之一秒到 5 秒不等。

那么，为什么要在程序中添加延迟呢？假设你正在编写一个游戏程序，需要让怪物只在特定的时间间隔内出现。要实现该功能，需要输出怪物，执行延迟循环，然后删除怪物。

你可以将上述代码段作为实现延迟的初步尝试，但不要将其应用于最终实现。为什么？因为它引入的延迟依赖于运行程序的计算机速度。在不同的延迟下，怪物会在速度慢的计算机上停留得太久，而在速度快的计算机上消失得太快。在最终的实现中，你应该使用 Thread 类的 sleep 方法来实现延迟。sleep 方法允许你精确地指定以毫秒为单位的延迟。如第 3.24 节所述，因为 sleep 方法可能会抛出 InterruptedException，因此你需要将 throws Exception 包含在内。你也可以使用 try 和 catch，我们将在第 15 章中对它们进行介绍。②

在上面的代码段中，请注意虚线框中强调的编码风格。想一想我们为什么要把空语句单独放在一行

---

① 在第 4 章中定义的复合语句指的是一组（0 条或多条）用大括号括起来的语句。

② 这会增加 1000 毫秒（等于 1 秒）的延迟：

```
try {Thread.sleep(1000);}
catch (InterruptedException e) { }
```

里？因为把空语句单独放在一行并缩进它会更加醒目，如果将空语句放在上一条语句的末尾，读者可能根本不会看到它。只有看到代码才能够理解代码，只有理解了代码才能够更好地维护它。

12.10.2 避免错误使用空语句

对于程序员来说，意外地创建空语句是相当常见的错误。因为在大多数 Java 代码的末尾都要输入分号，所以很容易养成在每一行代码的末尾都按分号键的习惯。如果你在循环标题的末尾这样做，它会生成一个空语句。你的代码可能在编译和运行时没有报错，但它会产生非预期的结果。比如下面这个例子：

```
System.out.print("Do you want to play a game (y/n)? ");
while (stdIn.next().equals("y"));        ← 这个分号创建了一个空语句
{
    <这里是玩游戏的代码>
    System.out.print("Play another game (y/n)? ");
}
```

while 循环标题末尾的分号并没有造成编译错误，这个分号充当 while 循环中唯一的语句（空语句）。后面的大括号构成一个复合语句。复合语句不是 while 循环的一部分，它在 while 循环结束后执行。

那么这个代码的运行结果是什么？首先，假设用户输入 n。在 while 循环标题中，JVM 将输入的 n 值与 y 进行比较。循环条件为 false，因此 JVM 跳过 while 循环的循环体，即空语句。然后 JVM 执行复合语句并开始游戏。这样就产生了一个逻辑错误：即使用户输入 n，JVM 也会开始游戏。

现在假设用户输入 y，在 while 循环标题中，JVM 将输入的 y 值与 y 进行比较。循环条件为 true，JVM 执行 while 循环的循环体，即空语句。然后 JVM 返回到循环标题再次执行 stdIn.next() 方法调用，并等待用户输入另一个值，但因为没有提示，用户并不知道自己应该输入内容。这是一个特别令人讨厌的逻辑错误，因为程序不会产生错误输出和错误消息。这意味着很难确定哪里出了问题，更不用说找到解决问题的方法了。

在 if、else if 或 else 标题后面加上分号也会产生相同类型的逻辑错误。这些创建空语句的分号通常是在程序开发或调试过程中偶然引入的。任何时候看到空语句都要警惕，请抱着怀疑的态度仔细检查它！更好的做法是在开始的时候尽量谨慎，这样可以避免之后的混乱。

欲速则不达？

12.11 使用 break 退出循环

这部分补充了你在第 4 章中所学习的循环内容。break 语句可以立即终止循环，并将控制权转移到循环之后的下一条语句。

图 12.9 中的 DayTrader 程序演示了所谓的"当日交易"。这是一种赌博形式，人们每天在股市上买卖股票，希望从短期股票波动中获利。这个程序追踪一名当日交易者在三个月期间（day = 1 ~ 90）的股票余额。原来的余额是 1000 美元。在我们的简单模型中，每天开始时，当日交易者保留一半的初始余额用于储蓄，另一半投资于股票市场。在一天结束时返回的钱等于投资乘以一个 0 ~ 2 的随机数。因此，回报率从零到原始投资的两倍不等。每天，当日交易者都将返回的钱以储蓄的形式加到余额中。如果余额低于 1 美元或高于 5000 美元，当日交易者退出。

在研究图 12.9 中的 break 语句之前，先看一看最后一个 printf 语句中的(day − 1)参数。它位于 for 循环之后，所以 day 的作用域需要大于 for 循环。这就是为什么我们在 for 循环之前，就对它和其他局部变量进行声明。但是为什么我们要在 printf 语句中减去 1 呢？因为 for 循环标题第三部分的 day++操作，会在将余额添加到最终值的交易完成后，将 day 额外加 1。如果我们忘记在 printf 语句中减去 1，就会出现偏差为 1 的错误。

```java
/***************************************************************
 * DayTrader.java
 * Dean & Dean
 *
 * 模拟了股票市场的日内交易
 ***************************************************************/

public class DayTrader
{
  public static void main(String[] args)
  {
    double balance = 1000.00; // 储蓄的钱
    double moneyInvested;       // 投资的钱
    double moneyReturned;       // 一天结束时挣的钱
    int day;                    // 当前日期，取值范围为 1 ~ 90

    for (day=1; day<=90; day++)
    {
      if (balance < 1.0 || balance > 5000.0)
      {
        break;
      }
      balance = moneyInvested = balance / 2.0;
      moneyReturned = moneyInvested * (Math.random() * 2.0);
      balance += moneyReturned;
    } // for 结束

    System.out.printf("final balance on day %d: $%4.2f\n",
      (day - 1), balance);
  } // main 结束
} // DayTrader 结束
```

图 12.9　DayTrader 程序，演示了 break 语句的用法

现在看一看 DayTrader 程序的 break 语句。如果余额超出了 1 ~ 5000 美元的范围，程序控制会立即跳转到 for 循环之后的下一条语句。如果你多次运行该程序，就会发现有时这会导致循环在 day 达到 90 之前提前终止。每次运行该程序都会得到不同的结果，因为该程序使用 Math.random 生成一个 0.0 ~ 1.0 的随机数。

请注意，使用 break 语句来提前终止循环永远不会是唯一的选择。例如，你可以通过修改 for 循环标题来替代 if 和 break 语句的功能：

```java
for (day=1; day<=90 && !(balance < 1.0 || balance > 5000.0); day++)
```

不要过于频繁地使用 break 语句。通常，阅读程序的人只会通过查看循环标题来确定循环如何结束。在使用 break 语句时，你迫使人们查看循环内部的循环终止条件，导致你的程序更难理解。尽管如此，

在某些情况下，break 语句反而可以提高程序的可读性。DayTrader 程序的 break 语句就是这样一个例子。

12.12　for 循环标题的详细信息

本节补充了你在第 4.10 节中学习过的 for 循环内容。

12.12.1　省略一个或多个 for 循环标题组件

虽然不是很常见，但是省略 for 循环标题中的第一个或第三个组件是合法的。例如，要从用户输入的数字输出倒计时，可以使用以下代码：

```
System.out.print("Enter countdown starting number: ");
count = stdIn.nextInt();
for (; count>0; count--)
{                              ────────────  没有初始化组件
    System.out.print(count + " ");
}
System.out.println("Liftoff!");
```

实际上，只要括号中仍然出现两个分号，省略 for 循环标题三个组件中的任何一个都是合法的。例如，你甚至可以这样写一个 for 循环标题：

```
for ( ; ; )
```

当省略 for 循环头的条件组件（第二个组件）时，该条件在循环的每次迭代中都被认定为 true，从而形成一个无限循环和逻辑错误。但情况并非总是如此。你可以使用 break 语句来终止它，例如：

```
for ( ; ; )
{
    ...
    if ( 条件 )
    {
        break;
    }
}
```

你应该能够理解上面的例子，以防在别人的程序中看到类似的代码。但它过于晦涩难懂，因此应该避免以这种方式编写自己的代码。

12.12.2　多个初始化和更新组件

对于大多数 for 循环，只需要一个索引变量。但有时，需要两个或更多的索引变量。为了满足这种需要，可以在 for 循环标题中包含由逗号分隔的初始化列表。初始化需要注意的是，它们的索引变量必须是相同的类型。为了配合逗号分隔的初始化，还可以在 for 循环标题中包含逗号分隔的更新列表。下面的代码段和相关的输出展示了我们所介绍的内容。在 for 循环标题中，注意两个索引变量 up 和 down，以及它们的由逗号分隔的初始化和更新组件：

```
System.out.printf("%3s%5s+n", "Up", "Down");
for (int up=1,down=5; up<=5; up++,down--)
{
    System.out.printf("%3d%5d+n", up, down);
}
```

```
输出：
Up Down
 1   5
 2   4
 3   3
 4   2
 5   1
```

与本章介绍的许多技术一样，在 for 循环中使用多个初始化和更新组件有点像一门艺术。它会使代码更加紧凑，这可能是一件好事，也可能是一件坏事。如果紧凑的代码更容易理解，就使用它；如果紧凑的代码更晦涩难懂，就不要使用它。

12.13　枚举类型

要声明原语变量，可以使用原始类型，如 int 或 double。要声明引用变量，通常使用类作为其类型。Java 还支持另一种类型——*枚举类型*（也称为 *enum 类型*），它可以用来限制一个变量存储由程序员定义的一组固定值中的一个。枚举类型有点像 boolean 类型，boolean 类型限制变量只保留 true 或 false。但是对于枚举类型，你需要指定枚举类型的名称，并指定枚举类型的可能值的名称。

12.13.1　一周内的每一天

枚举类型的一个典型用法是当你需要追踪一周内的每一天时，可以将 day 变量声明为 int 类型，并使用值 0 ~ 6 来表示周日到周六。这种方式可以正常工作，但编译器不会阻止你意外地将 day 赋值为 7（这可能会导致逻辑错误）。更好的解决方案是使用保留字 enum 来定义 Day 枚举类型，例如：

```
public enum Day
{
    SUNDAY, MONDAY, TUESDAY, WEDNESDAY, THURSDAY, FRIDAY, SATURDAY
}
```

注意 SUNDAY，MONDAY，…，SATURDAY 要全部大写。由于枚举类型的值是命名常量，编码规约中要求使用大写。

定义 Day 之后，你可以用它来声明一个 day 变量：

```
Day day;
```

然后，你可以像这样把一个枚举值赋给 day：

```
day = Day.FRIDAY;
```

这个赋值语句说明了在使用枚举值时，通常需要在枚举值（本例中为 FRIDAY）之前加上枚举类型名（本例中为 Day）。

12.13.2　课程的分数等级

假设你想要追踪一个学生在一系列课程中获得的分数（以字母表示），可以使用 Grade 枚举类型来实现：

```
private enum Grade {F, D, C, B, A}
```

请注意 Grade 枚举类型和之前的 Day 枚举类型之间的区别。考虑到可能会有多个类使用 Day 类型声明变量，Day 使用 public 访问修饰符；而考虑到只有一个类（定义 Grade 的类）需要用 Grade 类型声明变量，Grade 使用 private 访问修饰符。Day 和 Grade 的另一个区别是，Day 使用了 4 行代码，而 Grade 仅使用了 1 行。这只是风格差异。如果枚举常量占用了大量空间，那么将它们放在单独的一行或几行中。如果它们并不会占用太多空间，则将它们与枚举类型放在同一行。

　　要了解如何在完整程序中使用 Grade 类型，请学习图 12.10a 和 12.10b 中的 GradeMangement 程序。GradeMangement 程序读取一系列的课程成绩，并计算每门课程对应的字母成绩和所有课程的平均绩点（GPA）。在一个循环中，main 方法调用 getGrade 来获得一门课程的字母成绩。getGrade 方法提示用户输入课程的总体百分比，并使用百分比值将适当的字母等级枚举值分配给 grade 变量（声明为 Grade 枚举类型）。如果用户输入一个负数（即退出），那么 grade 将保持其初始值 null。getGrade 方法将 grade 返回给 main。main 方法使用一个 switch 表达式来检查 grade 值，并根据 grade 是 A、B、C、D 还是 F，将 4、3、2、1 或 0 加到 totalPts 变量中。当用户输入−1 退出时，main 的循环终止，然后 main 通过用 totalPts 除以输入百分比成绩的课程数量来确定 GPA。

```
/*****************************************************************
 * GradeManagement.java
 * Dean & Dean
 *
 * 该程序读取课程百分比分数，并计算 GPA
 *****************************************************************/

import java.util.Scanner;

public class GradeManagement
{                                              ┌──────────────┐
                                               │ 定义枚举类型 │
                                               └──────────────┘
  private enum Grade {F, D, C, B, A}   // 按从低到高的顺序排列

  //************************************************************

  public static void main(String[] args)
  {
    int numOfCourses = 0;            // 输入成绩的课程数量
    Grade grade;                     // 存储一门课的评分等级
    int totalPts = 0;                // 输入的所有课程的总分数
    do
    {
      grade = getGrade();

      // null 表示用户想退出
      if (grade != null)
      {
        numOfCourses++;
        totalPts += switch (grade)            ┌──────────────────┐
        {                                     │ 将不同的枚举类型   │
          case A -> 4;                        │ 值作为事件标签     │
          case B -> 3;                        └──────────────────┘
```

图 12.10a　GradeManagement 程序——A 部分

```
            case C -> 2;
            case D -> 1;
            case F -> 0;
         }; // switch 结束
      } // if 结束
   } while (grade != null);
```

图 12.10a　（续）

```
      if (numOfCourses == 0)
      {
        System.out.println("No scores were entered.");
      }
      else
      {
        System.out.printf("Overall GPA: %.2f",
          (float) totalPts / numOfCourses);
      }
   } // main 结束

   //*********************************************************

   // 提示用户输入该课程的百分比分数并转换为对应的等级。如果用户想退出，返回 null

   private static Grade getGrade()
   {
     Scanner stdIn = new Scanner(System.in);
     float percentage;     // 一门课程的总百分比
     Grade grade = null;  // 课程成绩

     System.out.print(
       "Enter course overall percentage (-1 to quit): ");
     percentage = stdIn.nextFloat();

     if (percentage >= 90.0)
       grade = Grade.A;
     else if (percentage >= 80.0)
       grade = Grade.B;
     else if (percentage >= 70.0)
       grade = Grade.C;
     else if (percentage >= 60.0)
       grade = Grade.D;
     else if (percentage >= 0.0)
       grade = Grade.F;

     return grade;
   } // getGrade 结束
} // GradeManagement 类结束
```

要访问枚举类型的值，请在它前面加上枚举类型的名称，然后加上点

图 12.10b　GradeManagement 程序——B 部分

```
示例会话：
Enter course overall percentage (-1 to quit): 77
Enter course overall percentage (-1 to quit): 82
Enter course overall percentage (-1 to quit): 60
Enter course overall percentage (-1 to quit): -1
Overall GPA: 2.00
```

图 12.10b （续）

我们之前提到，通常必须在枚举类型的值之前加上其枚举类型名。在 GradeMangement 程序中，要把 A 赋值给 grade，我们用 grade = Grade.A;。但是 switch 结构的 case 标签是不同的。如果你想使用枚举类型的值作为 case 标签，必须使用枚举类型值的简单形式，如 A，而不是全名 Grade.A。要查看示例，请在图 12.10a 中查找 case A:。

12.13.3　比较枚举类型值

你可以使用 == 或 != 运算符验证两个枚举类型值是否相等。下面是一个使用 == 运算符的例子：

```
if (grade == Grade.F)
{
  System.out.println(
    "If this is a required course, you must retake it.");
}
```

有时，你可能不想测试是否相等，而是想测试某个特定枚举类型值是否小于另一个枚举类型值，其中"小于"意味着在枚举类型的原始定义中，一个枚举类型值出现在另一个枚举类型值的左侧。参见图 12.10a 中 Grade 的枚举类型定义。在定义中，你可以看到 F、D、C、B 和 A 是按照这个指定顺序排列的。所以你可能会认为 Grade.F < Grade.D 的运算结果为 true。遗憾的是，不能这样直接进行比较。

要使用 <、>、<=或>= 比较两个枚举类型值，首先必须从两个枚举类型值中提取基础整数。还记得每个 char 值都有一个对应的基础整数值吗？类似地，每个枚举类型值都有一个基础整数值。最左边的枚举类型值与 0 关联，左边第二个枚举类型值与 1 关联，以此类推。

要检索整数值，需要调用 ordinal 方法。例如：

```
if (grade.ordinal() < Grade.C.ordinal())
{
  System.out.println("If this is a prerequisite course for" +
    " a required course, you must retake it.");
}
```

12.13.4　作为类的枚举类型

在 GradeManagement 程序中，请注意 Grade 枚举类型的首字母是大写的。参照编码规约，这表明我们将枚举类型看作一个类（尽管是一种特殊类型的类）。因为枚举类型是一个类，所以可以将它与其他类分开，在它自己的文件中定义它。当你保存这样一个文件时，需要使用.java 文件扩展名。当你编译它时，编译器会生成一个.class 文件。这些都是类的特征。

如果你只是想定义一个用于变量值的固定名称列表，那么没有必要将枚举类型视为类。但如果你想定义一个可用于变量值的固定对象列表，那么你需要更多地了解枚举类型与类有关的性质。在本小节中，我们将对这些性质进行描述。

将枚举类型定义为固定的对象列表需要三个基本步骤。了解如何将这些步骤应用到实际程序中是很重要的，因此在我们解释这些步骤时，请研究步骤 1、步骤 2 和步骤 3 的代码，如图 12.11a 方框中的标注所示。

步骤 1：提供对象的名称列表，并在每个名称后面加上用括号括起来的值列表。在最后一个对象的括号后面附加一个分号。

步骤 2：提供用于存储每个对象值的实例变量列表。通常，实例变量声明应该使用 public 和 final，这样就可以在枚举类型定义之外访问实例变量，而不会存在更改它们的风险。

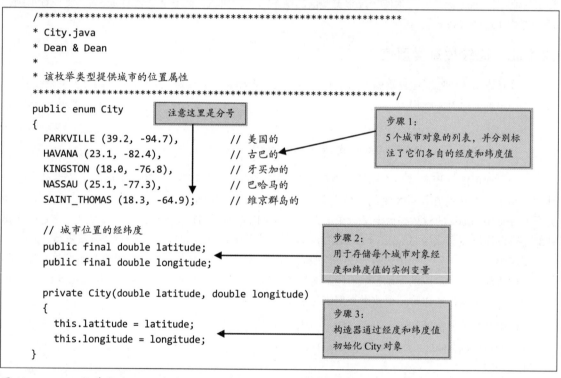

```
/*****************************************************
 * City.java
 * Dean & Dean
 *
 * 该枚举类型提供城市的位置属性
 *****************************************************/
public enum City
{                          注意这里是分号                           步骤1：
                                                                 5个城市对象的列表，并分别标
    PARKVILLE (39.2, -94.7),      // 美国的                        注了它们各自的经度和纬度值
    HAVANA (23.1, -82.4),         // 古巴的
    KINGSTON (18.0, -76.8),       // 牙买加的
    NASSAU (25.1, -77.3),         // 巴哈马的
    SAINT_THOMAS (18.3, -64.9);   // 维京群岛的

    // 城市位置的经纬度
    public final double latitude;                               步骤2：
    public final double longitude;                              用于存储每个城市对象经
                                                                度和纬度值的实例变量

    private City(double latitude, double longitude)
    {                                                           步骤3：
        this.latitude = latitude;                               构造器通过经度和纬度值
        this.longitude = longitude;                             初始化 City 对象
    }
}
```

图 12.11a　City 枚举类型——A 部分

步骤 3：提供一个 private 构造器，用于初始化对象的每个实例变量。编译器要求构造器为 private，因此不可能从枚举类型定义之外调用枚举类型构造器（并创建新的枚举类型对象）。如果不允许从外部调用构造器，那应该从哪里调用呢？从枚举类型的定义内部！如步骤 1 所述，枚举类型定义包含一个对象名称列表，每个名称后面都有括号。列表中的每一项都是一个构造器调用。例如，在图 12.11a 的 City 枚举类型定义中，PARKVILLE(39.2,-94.7)调用 City 的构造器，将 39.2 传递给 latitude 参数，将-94.7 传递给 longitude 参数。

如果想对枚举类型的值进行操作，可以使用驱动程序检索该值并在驱动程序中操作它们。但如果你认为有很多程序可能会涉及这种操作，那么就应该考虑在枚举类型的定义中通过 public 方法实现该操作。

例如，参见图 12.11b 中的 getDistance 方法。它计算两个 City 对象之间的距离，这两个对象分别是调用 getDistance 的 City 对象和作为参数传递给 getDistance 的 City 对象。可能会有许多程序需要知道城市之间的距离，因此我们选择将该方法放在 City 枚举类型的定义中，而不是放在驱动类中。

```
//***************************************************

// 这个方法返回两个城市之间的距离（千米）

public double getDistance(City destination)
{
  final double R = 6371; // 地球的平均近似半径（千米）

  double lat1, lon1;        // 出发地城市的经纬度
  double lat2, lon2;        // 目的地城市的经纬度
  double a;                 // haversine 公式中使用的中间值

  // 后面的三角函数使用弧度，而不是角度
  lat1 = Math.toRadians(this.latitude);          ◄──── 获取 City 对象的 latitude
  lon1 = Math.toRadians(this.longitude);                 和 longitude 属性
  lat2 = Math.toRadians(destination.latitude);
  lon2 = Math.toRadians(destination.longitude);

  a = Math.pow(Math.sin((lat2 - lat1) / 2), 2) +
      Math.pow(Math.sin((lon2 - lon1) / 2), 2) *
      Math.cos(lat1) * Math.cos(lat2);

  return (2 * Math.atan2(Math.sqrt(a), Math.sqrt(1-a))) * R;
} // getDistance 结束
} // City 结束
```

图 12.11b　City 枚举类型——B 部分

尽管 getDistance 方法出现在枚举类型定义中，但它的语法与在常规类中定义的方法相同。为了说明这一点，请注意如何使用调用对象（this.latitude）或参数对象（destination.latitude）访问纬度值。这看起来应该很眼熟，因为访问枚举类型对象中的值就像访问任何其他对象值一样使用点运算符。

getDistance 方法中用于寻找测地线距离（曲面上两点之间的最短距离）的算法相当复杂。它将城市的纬度值和经度值输入 haversine 公式。对 haversine 公式的解释超出了本书的范围，但如果你好奇，那就去搜索一下吧。另外，考虑到全球定位系统（GPS）的普及，每个人都应该对经纬度有所了解，所以我们从这里开始。

纬度值从赤道的 0 度（0°）开始。从这里向北，角度从 0°到+90°。从这里向南，角度从 0°到-90°。北极为+90°，南极为-90°。经度值从本初子午线的 0°开始，穿过英国格林威治的皇家天文台。从这里向东，角度从 0°到 180°是正方向。从这里向西，角度从 0°到-180°是负方向。正、负 180°经线在反子午线会合，也被称为国际日期变更线。国际日期变更线是新一天开始的第一个地方，它主要经过太平洋的开放水域，但也经过俄罗斯、斐济以及南极洲的部分地区。

现在我们来看看驱动程序如何使用 City 枚举类型。图 12.12 的 CityTravel 程序确定了密苏里州的帕

克维尔（Parkville）和牙买加的金斯顿（Kingston）之间的距离，这是 City 枚举类型中的两个城市。该程序旨在协助帕克大学刚刚成立的海洋学和计算机科学系。实验课上，系里把学生从帕克维尔的私人机场送到西印度群岛的各个岛屿城市。

```
/************************************************************
 * CityTravel.java
 * Dean & Dean
 *
 * 这个类输出两个城市之间的距离
 ************************************************************/

public class CityTravel
{
  public static void main(String[] args)
  {
    final double KM_TO_MILES = 0.62137;                  // 单位转换因子
    City origin = City.PARKVILLE;
    City destination = City.KINGSTON;
    double distance = origin.getDistance(destination); // 单位为千米  ◄────

    System.out.printf("%s to %s: %.1f km, or %.1f miles",
      origin, destination, distance, distance * KM_TO_MILES);
  } // main 结束
} // CityTravel 结束
```
```
                                              City.PARKVILLE 调用
                                              getDistance
```
```
输出:
PARKVILLE to KINGSTON: 2922.1 km, or 1815.7 miles
```

图 12.12　CityTravel 程序

12.13.5　检索枚举类型中的所有对象

有时你可能需要检索枚举类型中的所有对象。可以通过调用枚举类型的 values 方法来实现。[①]它生成枚举类型对象的数组。然后可以使用标准循环或 for-each 循环处理生成的每个数组对象。例如，以下代码是如何从 City 枚举类型检索所有 City 对象的名称并输出它们：

```
for (City city : City.values())
{
  System.out.print(city + " ");
}
```

在 CityTravel 程序中，main 方法使用硬编码值（City.PARKVILLE 和 City.KINGSTON）指定用于距离计算的特定出发地和目的地城市。在本章末尾的一个练习中，要求你通过提示用户输入出发地城市和目的地城市，并在 getDistance 方法调用中使用用户输入的值来改进代码。如果选择完成该练习，你将发现需要循环遍历 City 枚举类型中的所有城市。你可以使用上面的代码段作为起点。

[①]　编译器自动创建与枚举类型定义匹配的 values 方法。

12.14 forEach 方法、lambda 表达式、方法引用和流

简单的 OOP 已经是老生常谈，现在让我们来了解一些不太常见的知识。

12.14.1 forEach 方法及其 Consumer 参数

让我们回顾一下在第 10.4 节中给出的 BearStore 程序。在图 10.5b 中，BearStore 类的 displayInventory 方法如下：

```
public void displayInventory()
{
  for (Bear bear : bears)
  {
    bear.display();
  }
} // displayInventory 结束
```

因为 bears 是一个 ArrayList，所以我们可以用 forEach 方法调用来替换这个方法的 for-each 循环。forEach 方法携带一个参数。这个参数不是原始数值，甚至不是对象。而是实现 Consumer 函数式接口的<u>方法</u>。*函数式接口*是只包含一个*抽象方法*的接口，抽象方法是一个没有方法主体的方法签名。在函数式接口的语境中，抽象方法被称为*函数式方法*。Consumer 函数式接口定义了一个带有 Object 参数的 accept 函数式方法：

```
void accept(Object object)
```

在实现*函数式接口*时，实现方法的签名必须与函数式接口的函数式方法的签名相同。因此，实现 Consumer 接口的方法必须有一个参数，且该参数必须是 Object。我们将在第 14 章详细介绍接口。

问题是，既然 forEach 的参数是一个方法，与其相匹配的参数类型，即 Consumer 函数式接口是什么？这里涉及两种技术：用 *lambda* 表达式匿名定义方法；用*方法引用*标识一个已经写好的外部方法。下面的介绍提供了非 GUI 语境下的 lambda 表达式和方法引用的介绍，你将在第 17～19 章中看到更多这两种结构体作为 GUI 事件处理程序的内容。

下面是 BearStore2 的 displayInventory 方法的代码，该方法使用 forEach 方法调用来遍历 bears ArrayList 的元素。forEach 参数使用 lambda 表达式实现了 Consumer 接口。

```
public void displayInventory()
{
  bears.forEach((bear) -> bear.display());
} // displayInventory 结束
```

lambda 表达式乍一看很奇怪，但仔细想想，它的含义就很清楚了。它是在说："对于每个 bear 元素，调用它的 display 方法。"

注意，我们在 lambda 表达式的 bear.display()方法调用后面没有使用分号。当 forEach 参数的 Consumer 实现只有一条语句时可以这样做。但如果 forEach 参数的 Consumer 实现有不止一条语句时，我们用分号结束每条语句，并将它们全部括在一对大括号中，例如：

```
bears.forEach(
  (bear) -> {bear.display();
             System.out.println("Hug me!");}
);
```

注意上面的代码中 lambda 表达式的语句是如何缩进的。当语句相对较短时，这种方法可以正常工

作，但当语句较长时，将导致换行。为了避免这种情况，下面是 lambda 表达式的另一种缩进样式：

```
bears.forEach((bear) -> {
  bear.display();
  System.out.println("Hug me!");
});
```

因为图 10.4 的 Bear 类已经有了一个实现我们最初意图的方法，作为替代，我们可以使用方法引用来实现原始程序的 forEach 版本的 Consumer 参数，例如：

```
public void displayInventory()
{
  bears.forEach(Bear::display);
} // displayInventory 结束
```

在这段代码的 forEach 参数中，双冒号将左边的类名与右边的方法名分开。类名指示方法的位置。被引用的方法可以是 Java API 中任何符合要求的方法（如果当前程序隐式或显式导入它的包），也可以是你定义的方法。如果被引用的方法与调用它的 forEach 方法在同一个类中，则 forEach 参数中双冒号之前的类标识符可以简化为保留字 this。

当一个 Consumer 实现很复杂，或者你希望使用多个 forEach 方法多次调用它，比起使用 lambda 表达式，最好将该实现放在一个单独的方法中，并通过方法引用来访问它。

现在让我们来看另一个例子，它乍看之下似乎很简单，实际上更加复杂。在第 9.11 节中，我们给出了一个带有 for-each 循环的代码段，该循环遍历并输出 int 原始数组的元素。代码如下：

```
int[] primes = {2, 3, 5, 7, 11, 13};

for (int p : primes)
{
  System.out.println(p);
}
```

如果尝试用相应的 forEach 方法调用来替换这段代码的 for-each 循环，我们会遇到以下两个障碍：①尽管像 ArrayList 这样的 Iterable 集合提供了 forEach 方法，但普通数组却不提供；②对于实现 Consumer 接口的方法，它的参数必须是一个对象，而不是一个原始数组。

我们需要将代码段的 primes 数组转换为 List，因为 List 实现了 Iterable 接口，所以可以提供 forEach 方法。为了实现这种转换，我们添加以下这条 import 语句：

```
import java.util.Arrays;
```

为了将代码段的原始数组转换为相应的 Integer 对象数组，我们将代码段的声明改为：

```
Integer[] primes = {2, 3, 5, 7, 11, 13};
```

现在我们可以将代码段的 for-each 循环替换为一条语句，该语句使用 forEach 方法，其参数是 lambda 表达式：

```
Arrays.asList(primes).forEach((p) -> System.out.println(p));
```

或者，我们可以用另一条语句替换代码段的 for-each 循环，该语句使用 forEach 方法，其参数是一个特殊的方法引用：

```
Arrays.asList(primes).forEach(System.out::println);
```

双冒号左边的 System.out 是 System 类名后面跟着一个字段 out，它引用自 Java API 的 PrintStream 类；双冒号右边的 println 标识 PrintStream 的一个方法。

大多数人不会选择使用 forEach 来遍历原始数组，因为 forEach 会强制将原始数组转换为对象集合，其中集合（如 List）实现了 Iterable 接口。但是，如果初始结构是实现 Iterable 接口的类，forEach 方法就很有吸引力。从图 10.15 中可以看出，任何实现 Collection 接口的类都实现了 Iterable 接口。

12.14.2 流

Oracle 的 Java 文档将 Java 流描述为："支持顺序和并行聚合操作的元素序列。"通常，流可以产生与数组或集合相同的结果。但流不是数据结构，它是在数据结构上操作的进程的集合。例如，图 12.13 显示了一个 StockAverage2 程序，它使用 Stream 来处理输入到 ArrayList 中的数据。

除了少了 stockSum 的声明，图 12.13 中的 StockAverage2 程序与图 10.3 中位于 while 循环之前的 StockAverage 程序十分相似。但在 StockAverage 程序的 while 循环之后，一个 for 循环先计算 stockSum 的值，然后一个 if 语句计算并输出平均股票值（如果 ArrayList 的大小不为 0）。而现在的 StockAverage2 程序中，只有一条输出语句。这条输出语句与前一个程序的输出语句的区别仅仅在于它所输出的值的性质。

```
/*****************************************************************
 * StockAverage2.java
 * Dean & Dean
 *
 * 这个程序将用户输入的股票价值存储在 ArrayList 中，然后转换为流，从而计算平均值和避免错误
 *****************************************************************/

import java.util.Scanner;
import java.util.ArrayList;

public class StockAverage2
{
  public static void main(String[] args)
  {
    Scanner stdIn = new Scanner(System.in);
    ArrayList<Double> stocks = new ArrayList<>();
    double stock;                              // 股票价值

    System.out.print("Enter a stock value (-1 to quit):");
    stock = stdIn.nextDouble();
    while (stock >= 0)
    {
      stocks.add(stock);
      System.out.print("Enter a stock value (-1 to quit):");
      stock = stdIn.nextDouble();
    } // while 结束
    System.out.printf("\nAverage stock value = $%.2f\n",
      stocks.stream()                          // 源操作
        .mapToDouble(Double::doubleValue)     // 中间操作
        .average()                             // 终端操作
        .orElse(0.0));                         // 避免错误
  } // main 结束
} // StockAverage2 类结束
```

图 12.13 StockAverage2 程序

它通过使用流处理 ArrayList 数据来模拟图 10.3 中的 StockAverage 程序。

StockAverage 程序输出的值是计算的平均值：stockSum/stocks.size()。当前程序的输出值是一个 stocks.stream()方法调用，该方法将 ArrayList 转换为一个 Stream 对象，紧随其后的是一系列 Stream 方法调用：

```
.mapToDouble(Double::doubleValue).average().orElse(0.0)
```

第一个方法使用方法引用将 Stream 元素从 Double 转换为 double，并返回一个 double 元素的 DoubleStream。第二个函数计算 DoubleStream 中 double 元素的平均值，并返回一个 OptionalDouble 对象。OptionalDouble 的 orElse 方法完成 StockAverage 程序的 if 语句的工作。通常，它只返回平均值，但如果 ArrayList 源的长度为 0，则其未装箱的元素的平均值是不确定的，于是 orElse(0.0)方法返回它自己的参数值(0.0)。

StockAverage2 程序比图 10.3 中的 StockAverage 程序要短得多。这是因为 StockAverage2 程序的输出语句中的链式流操作替换了 StockAverage 程序末尾 for 循环中的 10 行代码和 if 语句。[1] Java 流的一个重要特性是它们提供了大量的数据处理替代方案。

当你执行一个包含一个或多个相关流的 Java 程序时，计算机将这些流组织成一个被称为*管道*的代码束，它"为穿过其中的项的集合安排了一系列操作"。[2]序列中的每一个操作可以是*源操作*、*中间操作*、*终端操作*之一。StockAverage2 程序展示了其中的每一种。一个管道只能有一个终端操作，并且在终端操作之前什么也不会发生。管道代码在最后一刻一次性读取全部源数据。尽管如此，普通代码可以通过一个管道的终端操作捕获返回的结果，并将其保存在一个普通变量、数组或集合中，它们可以与管道的源相同，管道代码本身不能改变其源数据。管道的终端操作会自动删除管道中的所有内容，从而避免对它的重用。因此，与其他 Java 代码相比，流管道更不容易被入侵，寿命也更短暂。

图 12.14a 提供了几种流的源操作方法。它们以几种不同的方式创建流，包括从现有数组和集合转换，通过由逗号分隔的对象序列进行初始化，用 Stream.Builder 对象进行累加，以及连接已存在的流。

如果从数组或集合创建流，请记住流和它的源是独立的对象。你可以以各种各样的方式修改流及其元素。但是，除非你显式地用流的终端操作返回的内容替换源数组或集合，否则当你终止流时，对流所做的任何更改都不会改变流的源。

图 12.14b 列出了几种中间方法。为了方便链接，每个方法都返回另一个流实例。返回的实例通常与调用实例不同，但也可能完全相同。例如，peek 方法可能只会在特定条件发生时才会进行输出等操作。因此，可以使用 peek 进行流调试。

例如，在图 12.13 中的 StockAverage2 程序中，我们可以通过在流的 mapToDouble 方法调用之前或之后插入.peek(System.out::println)来验证捕获的用户输入。

---

[1]　流通常会使代码更紧凑，但往往会消耗掉一些执行时间。为了量化这种时间损失，我们比较了 StockAverage 和 StockAverage2 程序 while 循环之后的所有代码在同一台计算机上的运行时间。StockAverage 程序的部分大约消耗 2.8 毫秒，而 StockAverage2 程序的部分大约消耗 7.9 毫秒。因此（在 2017 年的戴尔 Inspiron 计算机上）更短的流计算使运行时间变成了原来的 3 倍。

[2]　集合框架概述，见 https://docs.oracle.com/javase/8/docs/technotes/guides/collections/overview.html。

```
static Stream<T> Arrays.stream(T[] array)
从对应的数组中创建 Object 元素流

Stream<T> 集合实例.stream()
从对应的集合(如 ArrayList)创建 Object 元素流

static Stream<T> Stream.of(T ... 由逗号分隔的对象)
创建并初始化 Object 元素流

static Stream.Builder Stream.builder()
创建一个 Builder 实例, 该实例构造 Object 元素流

void Stream.Builder 实例.accept(T t)
向 builder 对象添加元素

Stream<T> Stream.Builder 实例.build()
将 builder 对象转换为相应的 Stream 对象

static<T> Stream<T> Stream.concat(Stream<T> a, Stream<T> b)
将流 b 附加到流 a 并返回复合流
```

图 12.14a　一些可选的 Stream 源操作

除了 *集合实例*.stream(), 以上的这些方法针对的是 Object streams。IntegerStream 类为 int 流提供了类似的方法, DoubleStream 类也为 double 流提供了类似的方法。

```
Stream<T> 流实例.distinct()
返回一个流, 其中所有重复元素都从调用流中删除

Stream<T>流实例.filter(Predicate<T> predicate)
返回一个流, 其中只包含满足 predicate 条件的元素

Stream<T>流实例.peek(Consumer<T> action)
在对每个调用流元素执行特定操作后返回流

Stream<T>流实例.sorted(Comparator,<T> comparator)
返回一个流, 它根据 Comparator 规则对调用流元素进行排序, 其中 Comparator 对象可以类似于
static 方法调用所返回的内容:Comparator.comparingInt(Person::getAge())

Stream<R>流实例.map(Function<T, R> mapper)
返回一个流, 其中每个调用流元素都被一个由映射函数标识的元素替换

Stream<R>流实例.flatmap(Function<T, R> mapper)
返回一个流, 其中每个调用流元素都被一个由 mapper 函数标识的从属流中的元素替换, 并在替换完成后删除从属流

DoubleStream<double>流实例.mapToDouble(ToDoubleFunction<T> mapper)
返回一个流, 其元素为原始 double 类型
```

图 12.14b　一些可选的 Stream 中间操作

Predicate、Consumer、Comparator、Function 和 ToDoubleFunction 都是函数式接口, 你可以使用本地 lambda 表达式中定义的方法, 或者方法引用标识的方法来实现这些接口。

如图 12.14b 所示，peek 的参数必须实现 Consumer 接口，而 mapToDouble 的参数必须实现 ToDoubleFunction 接口。Oracle 文档将 Consumer 和 ToDoubleFunction 标识为函数式接口。

要执行流的操作，你必须显式地使用一个终端方法来终止流，如图 12.14c 所示。可以创建一个流变量并在代码的不同位置更新它。但是，经常需要将流的创建、处理和终止组合在一个链式语句中，就像我们在 StockAverage2 程序中所做的那样。在任何一种情况下，最终的流操作应该是一个终端方法调用，如图 12.14c 所示。注意，StockAverage2 程序中的终端流操作是 average 方法调用。StockAverage2 的方法调用链最后一环的 orElse 不是流方法。终端<u>流</u>方法返回 OptionalDouble 对象，OptionalDouble 对象调用了 orElse 方法。

```
long 流实例.count()
返回流中元素的总数

Optional<T> max(Comparator<T> comparator)
返回一个对象，该对象包含具有比较器指定的最大值的对象，如 Comparator.comparing(Person::getAge)返回
的内容

OptionalDouble DoubleStream 实例.average()
返回一个对象，该对象存储调用流中所有 double 元素的平均值或空集，可以选择使用 orElse 处理空集的情况

boolean 流实例.anyMatch(Predicate<T> predicate)
遍历流，并在第一次出现 predicate == true 时返回 true

boolean 流实例.noneMatch(Predicate<T> predicate)
遍历流，并在第一次出现 predicate == true 时返回 false

void 流实例.forEach(Consumer<T> action)
对流中的每个元素执行特定的操作。(这是 peek 的终端版本。)

Object[]流实例.toArray()
创建并返回包含流元素的数组

Collection<T, C>流实例.collect(Collectors.toCollection(ArrayList::new))
将 T 的流转换为 T 的集合 C，如 ArrayList<T>、Set<T>等。
```

图 12.14c　一些可选的 Stream 终端操作

有些终端方法会生成一个简单的结果，如当前元素计数。有些返回 Optional 的其他方法，从而可以优雅地处理空集的情况；有些终端方法返回一个 boolean 值，指示所有或任意元素是否满足某个条件；还有一些终端方法返回更持久的流版本，如数组或各种 Java 集合中的任何一种。结果可以变成一个全新的对象，也可以用来替换作为源的数组或集合。如果终端方法除了对之前所有的流方法发起执行外什么也不做，则使用:forEach(e ->{})。这个 forEach 参数的 lambda 表达式指定了一个什么也不做的匿名方法。

我们将通过图 7.7 的 Person 类的另一个版本——图 12.15a 中的 Person2 类来显示 Comparator 是如何工作的，并查看一个重要的 lambda 表达式的实际运行情况。

```
/**********************************************
 * Person2.java
 * Dean & Dean
 *
 * 检索创建的人的姓名和年龄
 **********************************************/

public class Person2
{
  private String name;
  private int age;

  public Person2(String name, int age)
  {
    this.name = name;
    this.age = age;
  } //构造器结束

  public String getName()
  {
    return name;
  }

  public int getAge()
  {
    return age;
  }
} // Person2 类结束
```

图 12.15a　Person2 类，由图 12.15b 中的 Person2Driver 类使用

Person2 类是图 7.7 中的 Person 类的另一个版本。

　　我们使用图 12.15b 中的 Person2Driver 类来驱动 Person2 类。在 Person2Driver 中，peek 的参数使用了一个 lambda 表达式，因为 Person2 没有提供默认字符串。现在假设我们回到 Person2 类并添加以下方法：

```
public String toString()
{
  return name;
}
```

在 Person2Driver 类中，peek 的参数也可以是一个方法引用：

```
.peek(System.out::println)
```

这是可行的，因为（你可能还记得）如果尝试用 println 语句（或 print 或 printf）输出引用变量，引用变量的 toString 方法将被自动调用。

```
/**************************************************************
 * Person2Driver.java
 * Dean & Dean
 *
 * 这演示了 Stream 的 sorted、peek 和 max 函数
 **************************************************************/

import java.util.stream.Stream;
import java.util.Comparator;

public class Person2Driver
{
  public static void main(String[] args)
  {
    Stream<Person2> stream = Stream.of(
      new Person2("Pitts", 44), new Person2("Stevens", 12),
      new Person2("Mayberry", 66), new Person2("Duval", 22));
    int maxAge =
      stream.sorted(Comparator.comparing(Person2::getName))
        .peek(p -> System.out.println(p.getName()))
        .max(Comparator.comparingInt(Person2::getAge))
        .orElse(new Person2("", 0))
        .getAge();
    System.out.println("maxAge= " + maxAge);
  } // main 结束
} // Person2Driver 类结束

示例会话：
Duval
Mayberry
Pitts
Stevens
maxAge= 66
```

图 12.15b　Person2Driver 类，它使用图 12.15a 中的 Person2 类

它演示了 Comparator 的使用以及两种函数式接口的实现。

12.15　十六进制、八进制和二进制数

　　普通的数用 10 的幂表示，但因为计算机是二进制的，而 16 是 2 的简单幂（$16 = 2^4$），所以用 16 为基数（使用 16 的幂）来表示计算机数量比用 10 为基数（使用 10 的幂）更加常见。以 10 为基数的数称为十进制数。以 16 为基数的数称为*十六进制数*。十进制数中的位称为*十进制数字*（digits）。十六进制数中的位称为*十六进制数字*（hexits 或者 hexadecimal digits）。十进制数使用 10 个计数符号：0、1、2、3、4、5、6、7、8 和 9。十六进制数使用 16 个计数符号：0、1、2、3、4、5、6、7、8、9、a、b、c、d、e、f（也可以使用大写的 A 到 F）。因此，十六进制数字通常包括一个或多个前六个字母字符，以及一个或多个普通数字字符。除了以 10、2 和 16 为基数，机器数有时会以 8 为基数表示。基数 8 称为*八进制*，使

用 0 ~ 7 这 8 个数字来表示。

在 Java 中，你可以用十进制、十六进制、二进制或八进制形式写出任何整数。如果你想要一个数字被解释为十六进制，你必须在前面加上 0x 或者 0X。如果你想要一个数字被解释为二进制，你必须在前面加上 0b 或 0B。八进制没有相应的前缀。如果你想要一个数字被解释为八进制，你必须在它前面加上一个 0（没有额外的字符）。例如，如果你看到 0x263A，你可以认出它是一个十六进制数。类似地，如果你看到 0b01010111，你可以将它识别为二进制数。如果你看到 042，你可以认出它是一个八进制数。对我们大多数人来说，十六进制、八进制和二进制数字不是很直观。然而，如果你能写出想要转换的数字（如十进制、十六进制、八进制或二进制），则进行转换会非常容易。只需使用 Integer 的双参数 toString 方法：

```
Integer.toString( 原始数, 使用的进制);
```

起始数是要转换的数。

例如，如果你想看到 0x263A 的十进制等效值，可以使用：

```
System.out.println(Integer.toString(0x263A, 10));
```

这就产生了 9786 的输出。反之，你可以使用格式化的输出语句输出十六进制值：

```
System.out.printf("%x\n", 9786);
```

这就产生了 263a 的输出。注意，该方法的输出不包括 0x 前缀，并且使用小写字母表示十六进制数的字母部分。

类似地，可以使用 printf 的转换说明符输出与十六进制、十进制或八进制等值的十六进制、十进制或二进制数。因此，可以使用以下语句输出与二进制数 0b01010111 等值的十六进制、十进制和八进制数：

```
System.out.printf("%x\n", 0b01010111);
System.out.printf("%d\n", 0b01010111);
System.out.printf("%o\n", 0b01010111);
```

它们分别输出 57、87 和 127。

反过来，如果你想要查看十进制数 9786 的十六进制、八进制和二进制等效值，则可以使用以下三个输出语句：

```
System.out.println(Integer.toString(9786, 16));
System.out.println(Integer.toString(9786, 8));
System.out.println(Integer.toString(9786, 2));
```

它们分别输出 263a、23072 和 10011000111010。

12.16 GUI 跟踪：Unicode（可选）

通过前面的学习你已经了解，字符从 ASCII 字符集获得其基础数值。这对 ASCII 中的 128 个字符是正确的，但世界上的字符远远不止 128 个。ASCII 字符集包含拉丁字母表中 A ~ Z 的字符，但不包含其他字母表中的字符。例如，它不包含希腊字母表、西里尔字母表和希伯来字母表中的字符。Java 语言的设计者希望 Java 是通用的，因此他们希望能够使用不同的字母表为不同的语言生成文本输出。为了处理额外的字符，Java 设计人员必须使用比 ASCII 字符集更大的字符集。因此，他们采用了*统一码*（*Unicode*）标准。Unicode 标准定义了包含 65536 个字符的庞大字符集的基础数值。

为什么 Unicode 标准中有 65536 个字符？因为 Unicode 标准的设计者（Unicode 联盟）认为，16 位已经足够代表一个计算机程序所需的所有字符。[1]16 位可以代表 65536 个字符。下面是前四个字符和最后一个字符的二进制表示：

```
0000 0000 0000 0000
0000 0000 0000 0001
0000 0000 0000 0010
0000 0000 0000 0011
...
1111 1111 1111 1111
```

注意每一行都是 0 和 1 的不同排列。如果你编写所有这样的排列，你将看到 65536 行。因此使用 16 位可以表示 65536 个字符。确定排列数（也就是行数和字符数）的公式是 2 的位数次方，即 $2^{16} = 65536$。你可以使用相同的方法来理解为什么 ASCII 字符集中有 128 个字符。早在 1963 年（古老的打孔计算机在地球上横行的年代），设计 ASCII 字符集的人认为 7 位就足以代表计算机程序中所需的所有字符。$2^7 = 128$，所以 7 位可以代表 128 个值。

因为 ASCII 表在过去和现在都是许多编程语言中非常流行的标准，所以 Unicode 设计者决定使用 ASCII 字符集作为 Unicode 字符集的子集。他们在 Unicode 字符集的前 128 个槽中插入 ASCII 字符集的字符。这意味着程序员可以通过引用一个简单的 ASCII 表来找到这些字符的数值，而不需要费力地浏览庞大的 Unicode 字符集。

12.16.1　Unicode 转义序列

无论何时写入整数，都可以使用十进制格式或十六进制格式。同样，你可以通过以十进制格式或十六进制格式编写其基础数值，然后使用 char 类型转换运算符进行强制类型转换来指定字符。Java 还提供了另一种指定字符的方法。你可以使用 *Unicode 转义序列*。Unicode 转义序列是 \u 随后紧跟着一个十六进制数的十六进制数字。例如：

`'\u####'` ◄──────── 这是一个单独的字符

每个 # 代表一个十六进制数字。我们选择用单引号而不是双引号来表示，以强调 6 个元素的转义序列只是一个字符，而不是字符串。不过，它就像任何其他转义序列一样，所以你可以在字符串的任何地方嵌入 \u####。u 必须是小写的，并且必须有 4 个十六进制数字。[2]

12.16.2　在 Java 程序中使用 Unicode

如果想使用 Unicode 转义序列输出字符，可以使用 System.out.println 在基于文本的环境中输出前 128

---

[1]　我们关注的是最初的 Unicode 标准，它是当前 Unicode 标准的一个子集。最初的 Unicode 标准对于几乎所有的 Java 编程来说都是足够的。最初的 Unicode 标准用 16 位来存储所有字符。当前的 Unicode 标准使用额外的位来表示原来 Unicode 集合的 65536 个值无法容纳的额外字符。欲了解更多详情，请参见 https://www.unicode.org/standard/standard.html。

[2]　补充 Unicode 字符具有需要超过 4 个十六进制数字的数值。要指定这些补充字符中的一个，请使用该字符的十进制或十六进制 int 表示，或在 4 个最低有效十六进制数字的 \u 表示前再添加一个适当的 \u 表示，范围为 \uD800 ~ \uDFFF。这个称为代理符的前缀没有与之相关联的字符（更多信息请参阅 Java 的 Character 类和 https://www.unicode.org/Public/UNIDATA/Blocks.txt 文档）。还有另一种代理方案，它用一个 8 位基值和多个 8 位代理符来表示字符。后一种方案用于通信。

个字符，但对于其他字符，System.out.println 在基于文本的环境中不能稳定地工作。这是因为基于文本的环境只识别 Unicode 表的 ASCII 部分，即前 128 个字符。要输出 Unicode 表中的所有字符，需要在 GUI 环境中使用图形用户界面（GUI）命令。

图 12.16 中的程序提供了一个 GUI 窗口，并使用它来演示可用的许多字符的一个小样本。start 方法的声明部分为 int 代码值创建了一个 codes 数组，这些 int 代码值对应着我们想要显示的字符块的第一个字符的 Unicode 转义序列。在初始化过程中，这些 Unicode 转义序列自动从 char 类型提升到 int 类型。随后的 descriptions 数组用每一个字符块的 String 描述进行初始化。

```java
/****************************************************
 * UnicodeDisplay.java
 * Dean & Dean
 *
 * 输出 Unicode 字符
 ****************************************************/

import javafx.application.Application;
import javafx.stage.Stage;
import javafx.scene.Scene;
import javafx.scene.control.TextArea;
import javafx.scene.text.Font;

public class UnicodeDisplay extends Application
{
  public void start(Stage stage)
  {
    final int WIDTH = 600, HEIGHT = 400;
    int[] codes = {'\u0391', '\u0410',
      '\u2200', '\u2500', '\u2700'};
    String[] descriptions = {"Greek", "Cyrillic (Russian)",
      "mathematical operators", "box drawing", "dingbats"};
    Font font = new Font(12);
    TextArea area = new TextArea("\nFont Name and Size: " +
      font.getName() + ", " + font.getSize() + "\n");
    Scene scene = new Scene(area, WIDTH, HEIGHT);

    stage.setTitle("Some Unicode Characters");
    area.setWrapText(true);
    area.setEditable(false);
    for (int i=0; i<codes.length; i++)
    {
      area.appendText("\n0x" + Integer.toString(codes[i], 16) +
        " " + descriptions[i] + ":\n");
      for (int j=0; j<=72; j++)
      {
        area.appendText((char) (codes[i] + j) + " ");
      }
    }
```

图 12.16　使用 GUI 显示 Unicode 字符样本的程序

```
    area.appendText("\n");
      }
    stage.setScene(scene);
    stage.show();
  } // start 结束
} // UnicodeDisplay 结束
```

图 12.16　（续）

　　在创建特定字体之后，下一个声明创建一个名为 area 的 TextArea 对象，并使用先前创建的字体信息对其进行初始化。然后将这个 area 对象添加到一个 600 像素 × 400 像素的 Scene 中。声明之后的第一条语句提供了一个阶段标题；接下来的两条语句将 area 配置为文本自动换行，并且不需要用户编辑。

　　接下来，一个外部循环遍历五个 Unicode 块。在每次遍历开始时，area 对象调用它的 appendText 方法来添加对这个特定 Unicode 块的描述。然后在嵌套的 for 循环中，area 再次调用 appendText 方法来添加该块中的前 73 个字符。在 appendText 方法的参数中，请注意如何将嵌套循环的索引变量 j 添加到初始 Unicode 值，从而将每个单独的 Unicode 值标识为 int。然后将该 int 类型强制转换为 char 类型。最后，我们将" "与字符相连接，这将产生一个字符串，该字符串与 appendText 方法的参数类型相匹配。

　　图 12.17 显示了这个程序生成的 GUI 输出。图 12.16 中 codes 数组中的字符是图 12.17 中每个字符块中的第一个字符的 Unicode 转义序列。请注意，希腊文和西里尔文块都包含大写与小写字符，它们还分别包含一些超出 Ω（ω）和 Я（я）的标准终值的额外字符。使用这些字母的语系中的某些语言需要用到这些额外（或其他）的字符。当然，图 12.17 中显示的字符只是 Unicode 中所有字符的一小部分。

　　注意，图 12.17 中显示的不同字符通常有不同的宽度。要获得固定宽度的字符，你必须将字体类型更改为 Courier New 之类。你还可以将样式改为粗体，字号改为 10，方法是插入这样的语句：

```
    area.setFont(new Font("Courier New", Font.BOLD, 10));
```

　　假设你想要使用≈的 Unicode 值。这是图 12.17 中显示的最后一个数学运算符。正如 Unicode 展示程序中的第三个字符值所示，第一个数学运算符的 Unicode 十六进制值为 0x2200。图 12.16 中内部 for 循环的最大值是 72。72 的十六进制值是 $4 \times 16 + 8 = 0x0048$。因此，图 12.17 中显示的最后一个数学运算符的 Unicode 十六进制值是 $0x2200 + 0x0048 = 0x2248$。有时，你可以使用文字处理器来查找你感兴趣的符号的 Unicode 值。例如，在 Microsoft Word 中，选择"插入→符号→数学运算符"，然后选择≈。可以从符号窗口底部附近的"字符代码"中读取选定符号的 Unicode 十六进制值。这里显示≈字符的 Unicode 十六进制值是 0x2248。

　　在 https://unicode.org 网站中，你可以找到关于 Unicode 的一切。如果你浏览这个网站，找到代码图表（Code Charts）链接，然后单击它。这将带你进入一个页面，该页面允许你在巨大的 Unicode 表中探索各种子表。试着找出基本的拉丁字符链接。此链接将带你到基础拉丁字母子表，它等价于我们在附录 1 中给出的 ASCII 表。这个特殊的 Unicode 子表称为 Latin，因为它包含拉丁字母 a、b、c 等。访问其他一些子表以了解可用的内容。在每个子表中，你将看到一组字符，对于每个字符，你将看到其等效的 Unicode 值。

　　还有其他几个标准可以为字符分配基础数值。计算机应用程序有时包括翻译表，以便在它们自己的字符编码方案和 Unicode 之间进行转换。然而这些翻译表并不总是如你所愿，而且当你将带有特殊字符的文本从一个应用程序转移到另一个应用程序时，字符可能会发生令人惊讶的变化。

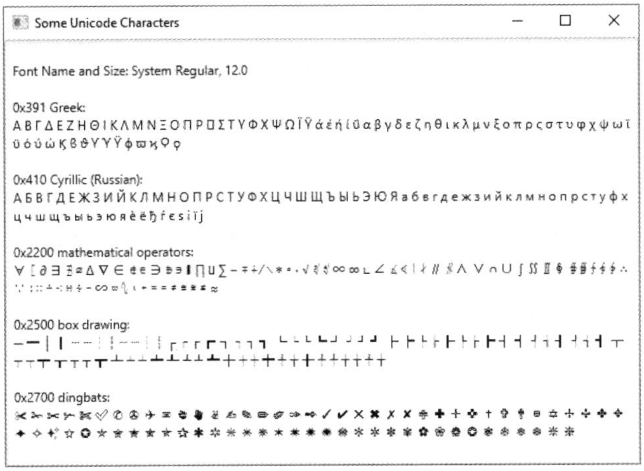

图 12.17　图 12.16 中的程序产生的输出

©Oracle/Java

12.17　GridWorld 案例分析介绍（可选）

　　本节将介绍一个扩展示例，称为 GridWorld（网格世界），[①]它展示了不同的 Java 类如何在更大的程序中协同工作。因为本案例分析中的类分布在几个不同的包中，所以在进一步研究之前，你可能需要查看附录 4。

　　GridWorld 是一个 GUI 程序，但它是在引入 JavaFX 之前编写的。因此，它提供了一个大型旧版本 Java GUI 示例。因为我们对 GridWorld 的扩展也是依靠旧版本的 Java GUI，你可以把这部分内容、第 11 章末尾的相关内容和本章以及接下来两章中末尾的一些练习作为演示如何使用旧版本 Java GUI 的选读内容。

　　登录　https://apstudent.collegeboard.org/apcourse/ap-computer-science-a/about-the-exam/gridworld-case-study/，在计算机上安装 GridWorld 软件和文档，然后下载并解压 GridWorldCode.zip 文件。这个文件包含一个 framework 目录（GridWorld 程序使用的核心类的源代码），一个 javadoc 目录（文档描述在第 8.3 节和附录 6）和一个 projects 目录（特定的 GridWorld 程序驱动程序的源代码）。GridWorldCode.zip 文件还包含 gridworld.jar 文件，其中包含 GridWorld 程序使用的核心类的字节码。这个字节码在四个包中：info.gridworld.actor、info.gridworld.grid、info.gridworld.GUI 和 info.gridworld.World。要导入这些包，编译器必须知道它们的位置。你可以通过在 gridworld.jar 文件中包含路径作为每次调用 javac 编译器时的选项，从而告诉编译器这些包的位置。（详情请参阅上述网站的安装指南。）

　　GridWorld 中的"网格"是一个二维的"棋盘"，其中包含称为"角色"的部件。安装了 GridWorld 软件之后，就可以试着打开它。找到 projects 目录，然后找到 firstProject 目录，在那里你会发现一个名

[①]　GridWorld 软件是由 Cay Horstmann 编写的，GNU General Public License 用于大学理事会高级课程（AP）计划，https://www.gnu.org/gnu/gnu.html。这个程序对任何人都是开源的，没有人可以阻止任何人使用它，尽管人们可能会对它们的特定交付形式收费。因此，这个软件是 free 的。这个 free 应该理解为言论自由（free speech）中的 free，而不是免费啤酒（free beer）中的 free。

为 BugRunner 的文件，这个文件是介绍性演示的驱动程序。编译 BugRunner，然后执行它。这将生成一个 GUI 显示画面，画面中有一块随机定位的石头和一只随机定位的瓢虫，瓢虫的头部朝上。单击屏幕左下角的 Step 按钮将使瓢虫向前移动。当瓢虫移动时，会将花留在它的身后，随着时间的推移，这些花会变暗。图 12.18 显示了一个典型的示例，瓢虫从屏幕底部开始，移动了 16 步。当瓢虫遇到石头或边界之类的障碍物时，它不是向前移动，而是向右转 45°，并需要两步才能转 90°。

这个程序导入的代码定义了三种类型的角色：石头、瓢虫和花。程序初始化自动创建并随机定位一块黑色的石头和一只红色的瓢虫。单击 Run 按钮会使瓢虫以重复的步骤向前移动。你可以通过拖动速度滑块来控制瓢虫移动的速度。一旦你单击 Run 按钮，浅色的 Stop 按钮就会变亮。然后，你可以单击 Stop 按钮使瓢虫停止移动。

单击左上角的小图标可以移动、调整大小、最大化、最小化或关闭窗口。单击 World 可以更改网格的尺寸或退出。默认情况下，程序的初始位置为左上角，并给它一个较暗的边界。单击 Location 使你能够移动选定的位置，并在所选位置上编辑、放置或删除角色，或者对角色进行放大或缩小。Help 下的一个选项描述了各种鼠标操作的效果和相应的键盘快捷键。在网格中，单击一个空位置将显示一个构造器列表。单击其中一个构造器，就可以将石头、瓢虫或花插入到那个方块中。单击被占用的位置将显示当前处于该位置的角色可以调用的方法列表。

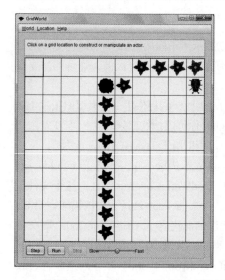

图 12.18　GridWorld 的第一个程序展示
执行 BugRunner 并单击 Step 按钮 16 次后产生的效果。起始点是随机的，所以每次执行会得到不同的结果。
©Oracle / Java

在接下来的两章中，可选的阅读和练习将帮助你研究现有的程序结构和行为，并帮助你修改程序代码以改变其行为。

总结

- 数值溢出会产生明显的错误。当赋值有可能超出某种类型的存储能力时，请更改为更大的类型。
- 浮点数的范围大于整数，但对于给定的内存量，浮点数的精度小于整数。
- ASCII 字符集为标准键盘上的符号提供数值。
- 因为字符有对应的基础数值，因此计算 char 变量 ch1 + ch2 的结果为 ch1 和 ch2 的 ASCII 值之和。

- 类型强制转换允许将数值放入不同类型的数值变量中，但要注意在进行强制转换时不要出现溢出或不必要的截断。
- 用作前缀时，自增（++）或自减（--）运算符在变量参与其他表达式操作之前更改该变量的值。当作为后缀使用时，自增或自减运算符在变量参与其他表达式操作后更改该变量的值。
- 如果一条语句包含多个赋值运算符，则从最右边的赋值运算符开始计算。
- 在条件中嵌入赋值有时很有帮助，但应该避免过度使用嵌入的自增、自减和赋值操作。
- 条件运算符表达式提供紧凑的条件求值。如果?前面的内容为 true，运行紧跟在?后面的内容；否则，运行:后面的内容。
- 短路运算意味着，表达式的结果一旦确定，JVM 就会停止求值。使用该特性可以避免非法操作。
- 请谨慎使用 break 语句提前终止循环。
- enum 是由不同常量，或者具有不同标识符和 final 实例值的固定对象组成的固定集合。它确定了一组有限的选择。
- -> 符号表示一个 lambda 表达式，该表达式实现了一个函数接口，并通过将箭头左侧的参数提供给箭头右侧定义的匿名方法立即执行。
- :: 符号表示对实现函数接口的现有 Java API 或程序员定义的方法引用。
- 流是支持顺序和并行源操作、中间操作和终端操作的元素序列。
- 最初的 Unicode 标准提供了超过 65000 个不同字符的数字代码。可以将它们指定为十进制或十六进制整数，或使用 Unicode 转义序列。要查看 127 以上代码的 Unicode 字符，必须在 GUI 窗口中显示它们。

复习题

§12.2　整数类型和浮点数类型

1. 对于每个整数类型，分别使用多少位存储？
2. 小数 1.602×10^{-19} 作为 double 类型时如何表示？
3. 每个浮点数类型的近似精度（精确的十进制数字的位数）是多少？

§12.3　char 类型和 ASCII 字符集

4. 基本 ASCII 字符集能识别多少不同的字符？
5. 将哪个数字添加到一个大写 char 变量，可以将其转换为小写？

§12.4　类型转换

6. 假设声明：

```
public final double C = 3.0E10; // 光速(厘米/秒)
```

编写 Java print 语句，使用强制转换运算符以如下格式显示 C 的值：

```
30000000000
```

7. 这条语句是正确的，还是会生成编译时错误？（对/错）

```
float price = 66;
```

8. 这条语句是正确的，还是会生成编译时错误？（对/错）

```
boolean done = (boolean) 0;
```

9. 这条语句是正确的，还是会生成编译时错误？（对/错）

```
float price = 98.1;
```

§12.5　自增/自减运算符的前缀/后缀模式

10. 以下语句执行后，z 的值是多少？

```
int z, x = 3;
z = --x;
z += x--;
```

§12.6　嵌入式赋值

11. 编写一条 Java 语句，使 w、x 和 y 都等于 z 的当前值。

§12.7　条件运算符表达式

12. 假设 x = 0.43。给定以下 switch 构造标题，控制表达式的运算结果是什么？

```
switch (x>0.67 ? 'H' : (x>0.33 ? 'M' : 'L'))
```

§12.8　表达式运算综述

13. 假设：

```
int a = 2;
int b = 6;
float x = 8.0f;
```

使用以下提示计算下列表达式：

- 如第 12.8 节所示，将每个求值步骤放在单独的一行上，并在步骤之间使用 ⇒ 符号。
- 求每个表达式独立于其他表达式的值，换句话说，对每个表达式的求值使用上面假设的值。
- 表达式计算问题可能很棘手。我们鼓励你通过在计算机上运行测试代码来检查你的工作。
- 如果会出现编译错误，请注明"编译错误"。

（1）a + 25 / (x + 2)

（2）7 + a * --b / 2

（3）a * --b / 6

（4）a + b++

（5）a - (b = 4) % 7

（6）b = x = 23

§12.9　短路运算

14. 假设 expr1 和 expr2 是计算 boolean 值的表达式。假设 expr1 的值为 true。当计算机计算下列每个表达式时，它会计算 expr2 吗？如果会，就回答"会"。如果不会，请解释原因，并在解释中使用术语"短路运算"。

（1）expr1 || expr2

（2）expr1 && expr2

15. 假设：

```
int a = 2;
boolean flag = true;
```

计算下列表达式：

```
a < 3 || flag && !flag
```

§12.10　空语句

16. 假设一个成功编译的程序中包含以下代码段。代码段输出了什么？提示：这道题很容易出错，请仔细研究代码。

```
int x = 1;
while (x < 4);
{
  System.out.println(x);
  x++;
}
```

§12.11　使用 break 退出循环

17. 通常，你应该避免在循环中使用 break 语句，因为使用 break 语句会迫使读者在循环体中查找终止条件。（对/错）

§12.12　for 循环标题的详细信息

18. 假设一个成功编译的程序中包含以下代码段。代码段的输出是什么？

```
for (int i=0,j=0; ; i++,j++)
{
    System.out.print(i + j + " ");
}
```

§12.13　枚举类型

19. 声明一组称为 Kingdom 的 private 常量，确定五个 Kingdom：Monera、Protoctista、Fungi、Plantae 和 Animalia。

§12.16　GUI 跟踪：Unicode（可选）

20. 十进制数字 13 的十六进制表示是什么？

21. 字符的 Unicode 值与范围为 0x00 到 0xFF 的 ASCII 值相同。（对/错）

练习题

1. [§12.2] 如果一个 double 值溢出，会发生什么？如果程序除以这个结果会发生什么？是否会产生错误？如果产生了，是什么类型的错误？

2. [§12.2] 下面的程序演示了 BigInteger 和 BigDecimal 的使用。用两个赋值语句替换<*在此插入代码*>行。如输出所示，第一条赋值语句将原始数字除以 3.0，并使用 30 位有效数字显示结果。第二条赋值语句将原始数字除以 3.0，并使显示结果保留到小数点后 4 位。

```
import java.math.*; // Double、BigDecimal、MathContext

public class Big
{
    public static void main(String[] args)
    {
        BigInteger bigI = new BigInteger("242424242424242424242424242425");
        BigDecimal bigD = new BigDecimal(bigI);
        BigDecimal divisor = new BigDecimal(3.0);
        BigDecimal quotient;

        System.out.println("Original number: " + bigI);

        <在此插入代码>

        System.out.println("When divided by 3 and the result uses 30" +
            " significant digits:\n" + quotient);

        <在此插入代码>

        System.out.println("When divided by 3 and the result uses 4" +
            " fractional digits:\n" + quotient); } // main 结束
} // Big 结束
```

输出：

```
Original number: 242424242424242424242424242425
When divided by 3 and the result uses 30 significant digits:
80808080808080808080808080808.33333
When divided by 3 and the result uses 4 fractional digits:
80808080808080808080808080808.3333
```

3. [§12.3] 编写一个健壮的方法 getOddDigit，它提示用户输入一个奇数，并将这个奇数以 int 型返回。将输入作为字符串读取，并验证输入是否为单个奇数。如果用户输入的值无效，请重复提示用户进行输入。

4. [§12.4] 编写程序来读取一行文本，从输入行中检索第一个字符，并显示 ASCII 表中它的下一个字符。

5. [§12.6] 假设 c 和 d 是 boolean 变量，初始化为 false。执行此语句后，它们的值是什么？

```
c = !((c=!(7<=6)) && (d=7>=6));
```

6. [§12.7] 假设：

```
boolean flag = false;
int x = -3;
double y = 5.0;
```

执行下面语句后的 result 值为多少？

```
int result = flag ? x : (int) (y - 0.7);
```

7. [§12.8] 假设：

```
int a = 4;
int b = 13;
double x = -9.1;
```

使用以下提示计算下列表达式：

- 如第 12.8 节所示，将每个求值步骤放在单独的一行上，并在步骤之间使用⇒符号。
- 求每个表达式独立于其他表达式的值，换句话说，对每个表达式的求值使用上面假设的值。
- 表达式计算问题可能很棘手。我们鼓励你通过在计算机上运行测试代码来检查你的工作。
- 如果会出现编译错误，请注明"编译错误"。

（1） a + b--
（2） a = x = -12
（3） 8 + a * ++b / 20
（4） a + 7 / (x + 12.1)
（5） a + (b = 5) % 9

8. [§12.8] 假设：

```
int m = -1;
char c = 'p';
String str = "Go";
```

使用以下提示计算下列表达式：

- 如第 12.8 节所示，将每个求值步骤放在单独的一行上，并在步骤之间使用⇒符号。
- 求每个表达式独立于其他表达式的值，换句话说，对每个表达式的求值使用上面假设的值。
- 表达式计算问题可能很棘手。我们鼓励你通过在计算机上运行测试代码来检查你的工作。
- 如果会出现编译错误，请注明"编译错误"。

（1） str + m + 3
（2） str + (m + 3)
（3） c + m
（4） 7 + '2'

（5）"\'" + str + '!'

9. [§12.9] 考虑下面的代码段。左边是行号：

```
1 int x = 5;
2 boolean y = true;
3 boolean z;
4 z = y && ++x == 6;
5 y = x++ == 3;
6 y = !z;
7 System.out.println(x + " " + y + " " + z);
```

使用下面的追踪设置追踪代码：

行号	x	y	z	输出

第4行会发生短路运算吗，为什么？

10. [§12.9] 假设：

```
boolean x;
boolean y = false;
double z = 9.5;
```

判断以下代码段的输出：

```
x = y || (--z == 8.5);
y = !x && (--z == 7.5);
System.out.println(z + " " + y + " " + x);
```

11. [§12.10]如果你试图编译下面的代码，会发生什么？为什么会发生？

```
public static void main(String[] args)
{
  int number = 4;
  int factorial = 1;

  for (int i=1; i<=number; i++);
  {
    factorial *= i;
  }
  System.out.println("factorial(" + number + ") = " + factorial);
}
```

12. [§12.10] 斐波那契数列是一组数字，前两个数字是0和1，之后的每个数字都是它前面的两个数字之和。因此，以下是斐波那契数列的前9个数字：

```
0 1 1 2 3 5 8 13 21
```

第三个数是1，因为前两个数（0和1）相加是1。第四个数是2，因为它前面的两个数（1和1）相加是2。

编写一段代码，用于输出小于数字 25 的斐波那契数列（如上面所示的数字）。你的代码段必须仅由一个以分号结束的 for 循环标题组成——没有其他内容。提示：使用逗号分隔的初始化和更新组件。可以使用下面的语句作为 for 循环的开始：

```
for (int m=0, n=1, temp;
```

顺便一提的是，我们建议你在实际的程序中避免使用这样的代码。这道练习题只是为了好玩（至少对黑客来说是好玩的）。

13. [§12.12]下面的程序是可行的，但它很不优雅。请用 while 循环对它进行修改，以实现相同的功能。

```
import java.util.Scanner;
```

```
public class Test
{
  public static void main(String[] args)
  {
    Scanner stdIn = new Scanner(System.in);
    String allEntries="";

    for (String entry="";;)
    {
      System.out.print("Make entry or 'q' to quit: ");
      entry = stdIn.nextLine();
      if (entry.equals("q")) break;
      else allEntries += " " + entry;
    } // for 结束
    System.out.println(allEntries);
  } // main 结束
} // Test 类结束
```

14. [§12.13] 正如前面所学习的，枚举类型是一个类（尽管是一种特殊类型的类）。

因此，你可以向它添加一个主方法，并通过该主方法将枚举类型作为程序运行。通过添加一个 main 方法来改进本章的 City 枚举类型，该方法使用 for-each 循环和 printf 语句来显示所有城市及其属性。具体来说，它将显示每个城市的名称，后跟它的纬度值和经度值，例如：

```
PARKVILLE            39.2      -94.7
HAVANA               23.1      -82.4
KINGSTON             18.0      -76.8
NASSAU               25.1      -77.3
SAINT_THOMAS         18.3      -64.9
```

15. [§12.13] 改进 CityTravel 程序，提示用户输入出发地和目的地城市，并在 getDistance 方法调用中使用用户输入的值。如果用户没有正确拼写其中一个枚举城市，则输出错误消息并循环提示用户进行输入，直到用户正确输入其中一个枚举城市。通过编写一个带有以下签名的新方法来做到这一点：

```
public static City getCity(String originOrDestination)
```
并在修改后的 main 方法中，将以下语句：

```
City origin = City.PARKVILLE;
City destination = City.KINGSTON;
```
替换为：

```
City origin = getCity("origin");
City destination = getCity("destination");
```

示例会话：

```
Enter origin city
(PARKVILLE, HAVANA, KINGSTON, NASSAU, or SAINT_THOMAS): Parkville
Invalid entry. Must use exact spelling.
Enter origin city
(PARKVILLE, HAVANA, KINGSTON, NASSAU, or SAINT_THOMAS): PARKVILLE
Enter destination city
(PARKVILLE, HAVANA, KINGSTON, NASSAU, or SAINT_THOMAS): SAINT_THOMAS
PARKVILLE to SAINT_THOMAS: 3689.9 km, or 2292.8 miles
```

16. [§12.14]通过在流的方法调用链中插入一个 .peek 方法调用来修改图 12.13 中的 StockAverage2 程序，该方法调用将输出之前输入的值。使用 lambda 表达式作为 peek 的参数。

17. [§12.16] Σ（大写的希腊字母 σ）的 Unicode 十六进制值是多少？请展示或解释你是如何得到答案的。

18. [§12.17]（案例分析）运行 GridWorld 的 BugRunner 程序。请执行以下操作并回答问题：

（1）把石头移到瓢虫所在的位置。然后将石头移动到位置(6,0)。

当你把石头移到瓢虫的位置时会发生什么？

（2）在位置(3,9)处插入第二块石头。在位置(4,4)处插入一只红色瓢虫。在位置(5,5)处插入一只蓝色瓢虫。调整这两只瓢虫的朝向，使它们面对面。

当它们面对面后，红色瓢虫和蓝色瓢虫的朝向分别是什么？

（3）单击 Step 按钮，看一看会发生什么。然后再单击 Step 按钮，看一看会发生什么。然后单击 Run 按钮，调整速度并注意观察，直到你看到有规律的重复。然后停止瓢虫的移动，并删除其中一只瓢虫。

瓢虫的朝向和运动规律是什么？

花的创建、删除和着色规律是什么？

复习题答案

1. byte = 8 位、short = 16 位、int = 32 位、long = 64 位。

2. 1.602E-19 或 1.602e-19。

3. float 精度≈6 位，double 精度≈15 位。

4. 基本 ASCII 字符集能识别 128 个不同的字符。

5. 要将大写字母转换为小写字母，请添加 32；反之，则减去 32。

6. System.out.println((long) C); // (int) 不够大

7. 正确。

```
float price = 66;
```

8. 该语句生成一个编译时错误，因为在数值和布尔值之间转换是非法的。

```
boolean done = (boolean) 0;
```

9. 该语句会生成一个编译时错误，因为浮点常数默认是 double 类型。

```
float price = 98.1;
```

10. z 的值是 4。第一次自减运算使用前缀模式，因此 x 首先变为 2，然后将 2 赋值给 z。第二次自减运算使用后缀模式，因此 x 在将其值 2 与 z 值相加之后再进行自减运算。

11. w = x = y = z:，或者其他任何 z 在最右边的序列。

12. switch 控制表达式运算结果为 M。

13. 表达式求值：

（1）a + 25 / (x + 2) ⇒
    2 + 25 / (8.0 + 2) ⇒
    2 + 25 / 10.0 ⇒
    2 + 2.5 ⇒
    <u>4.5</u>

（2）7 + a * --b / 2 ⇒
    7 + 2 * --6 / 2 ⇒
    7 + 2 * 5 / 2 ⇒
    7 + 10 / 2 ⇒

```
        7 + 5 ⇒
        12
（3）a * --b / 6 ⇒
        2 * --6 / 6 ⇒
        2 * 5 / 6 ⇒
        10 / 6 ⇒
        1
（4）a + b++ ⇒
        2 + 6 (b 的原始值完成表达式运算后再自增 1，变成 7) ⇒
        8
（5）a - (b = 4) % 7 ⇒
        2 - 4 % 7 ⇒
        2 - 4 ⇒
        -2
（6）b = x = 23 ⇒
        b = 23.0 ⇒
        编译错误（因为 float 型的 23.0 不能在没有强制转换运算符的情况下赋值给 int 型的 b）
```

14. 它会计算 expr2 吗？

（1）不会。由于‖运算符的左侧为 true，短路运算将导致‖运算符的右侧（expr2）被忽略（因为不管 expr2 的值如何，整个表达式的结果都将为 true）。

（2）会。

15. 假设：

```
int a = 2;
boolean flag = true;

a < 3 || flag && !flag ⇒
2 < 3 || true && !true ⇒
2 < 3 || true && false ⇒
true || true && false ⇒
true（短路计算规定"true 或任何东西"的运算结果为 true）
```

16. 它不输出任何东西，因为存在空语句，while 循环标题会无限循环。

17. 对。通常应该避免在循环中使用 break 语句。

18. 代码段生成一个无限循环，因为 for 循环标题中缺失的第二个组件默认为 true。它的输出是：

0 2 4 6 ...

19. private enum Kingdom

```
{
    MONERA, PROTOCTISTA, FUNGI, PLANTAE, ANIMALIA;
}
```

20. 十进制数字 13 的十六进制表示是 d 或 D。

21. 错。它们仅在 0x00 ~ 0x7F 是相同的。

第 13 章

聚合、组合和继承

目标

- 理解事物是如何自然地组织成聚合和组合的。
- 在程序中实现聚合和组合关系。
- 理解如何使用继承来改进既有的类。
- 在程序中实现继承层级结构。
- 学习如何写派生类的构造方法。
- 学习如何重写继承的方法。
- 学习如何防止重写。
- 学习如何用类来表示关联。

纲要

13.1 引言

在本章之前，创建的程序在面向对象方面相对简单，可以用一个类来描述程序中的所有对象。但是对于复杂的程序，你应该考虑实现多个类，分别对应程序中不同类型的对象。本章关注用不同方式组织程序中的多个类。首先学习如何组织一组类，它们是一个大类的各个部分。也就是说，一个类是整体，其他类是整体的各部分，这就形成了一个*聚合*。然后将学习如何组织这样一组类：有一个类作为*基类*，定义一组对象的共同特性，其他类定义了这组对象各自独特的特性。当类这样关联时，就形成了一个继承层级结构。它被称为*继承层级结构*是因为子类从基类继承了特性。

在描述继承时，介绍了处理继承层级结构类的各种技术。具体来说，我们介绍了*方法重写*，让你可以在子类中重新定义在基类中已定义的方法；也介绍了 final 修饰符，让你可以防止基类中定义的方法被子类重写。

作为对聚合和继承概念初释的补充，我们描述了这两种设计策略怎样协同工作。有时很难确定哪种策略是最好的，为了让你练习这种抉择，我们中途会引导你做一个程序设计活动：为一个复杂的纸牌游戏程序开发框架。

随着新概念的引入，章末的练习将它们与 GridWorld 案例研究联系起来。本章末尾的可选部分在 GridWorld 扩展中使用了本章的几个概念。另一个可选部分展示了如何通过创建关联类来改进组织。关联类定义了一组特征，这些特征属于类之间的一种特定关系。

本章通过展示如何组织多个类，提供了解决实际问题所必需的重要工具，毕竟大多数实际工程是大型的，涉及多种类型的对象。正确地组织对象能让程序更容易理解和维护，这正是每个人都想要的！

13.2 组合和聚合

聚合有两种主要形式。如上所述，标准的聚合是一个类也是整体，其他类是整体的组成部分。聚合的另一种形式同样如此，但还有一个额外的约束："整体类"独占"部分类"。这种"独占"意味着"部分类"在被"整体类"拥有时，不能被其他类拥有。这种独占形式的聚合被称为*组合*。在这种形式中，"整体类"被称为"*复合物*"，"部分类"被称为"*组件*"，复合物包含组件。组合被认为是一种加强版的聚合，因为复合物—组合的联系更强（每个组件只有一个所有者，即复合物）。

13.2.1 现实中的组合和聚合

组合的概念并不是为计算机编程创造的，它经常用于描述现实生活中的复杂对象。每一种生物和大部分的制成品都是由部件组成的。通常，每个部件又是一个子系统，也由各自的子部件构成。这整个系统就形成了一个组合层级结构。

图 13.1 展示了人体的组合层级结构。这个特定的组合层级结构的顶部是一个人体的整体。人体是由若干器官所组成的，如大脑、心脏、胃、骨骼、肌肉等，而每个器官由许多细胞组成，每个细胞又由许多细胞器组成，比如细胞核（细胞的"大脑"）和线粒体（细胞的"胃"）。每个细胞器由许多分子组成，而每个器官分子又由许多原子组成。

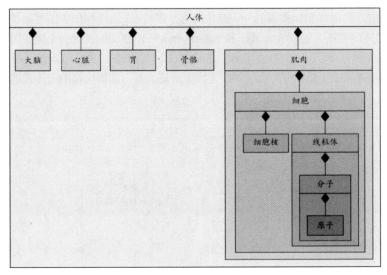

图 13.1 人体组合层级结构的部分表现

在一个组合层级结构中（聚合层级结构也一样），包含类和它的部分类的关系被称为"<u>有一个</u>"关系。例如，每个人体<u>有一个</u>大脑，<u>有一个</u>心脏。记住，在组合关系中，组件部分一次只能有一个所有者。例如，一个心脏一次只能在一个人体内。尽管这种所有权是排他性的，但是也是可以改变的。通过心脏移植，心脏就能更换新的所有者，这时它仍然只有一个所有者。

注意图 13.1 中的菱形，在统一建模语言（UML）中，实心菱形表示组合关系，代表一个整体对一个部分具有排他性的所有权。

再考虑一个聚合的例子，整体不是排他性的所有部分。你可以通过创建学校的整体班级和部分班级（按在学校学习和工作的不同类型人群）来实现聚合关系。这些人不是学校独有的，因为每个人可以是多个聚合中的一部分。例如，一个人可以在两个不同的学校上课，同时成为两个学校聚合的一部分，甚至可以成为不同类型的第三个聚合的一部分（如一个家庭聚合）。

13.2.2 Java 编程中的组合和聚合

下面看一个同时使用两种类关系的例子，它既用到组合（要求排他性所有权），又用到标准聚合（不要求排他性所有权）。假设正在用计算机程序对汽车经销商进行建模。汽车经销商是由若干不同的重要部分组成的，因此将它实现为聚合是一个不错的选择。"整体"（聚合层级结构的顶端）是经销商。通常一个企业有两种"部分"：人员和财产。简单起见，假设该汽车经销商仅有两类员工：管理人员和销售人员；仅有一种财产，即汽车。经销商对员工的控制是有限的，他们可以拥有其他的关系，例如家族成员关系或俱乐部成员关系。经销商并不是对员工排他性地所有，因此经销商和员工之间的关系只是聚合。但是，经销商对其汽车是排他性所有的，因此这种关系是组合。注意，经销商可以将汽车的所有权转移给消费者，这没问题，因为组合允许所有权被转移。使用自底向上的设计方法，先为这三种类型的组件对象定义三个类：Car、Manager 和 SalesPerson；再为整体对象定义一个 Dealership（经销商）类。

在看 Dealership 程序的代码之前，先用 UML 类图看一下总体概念。图 13.2 的 UML 类图展示了 Dealership 程序的四个类以及它们之间的关系，还有 Manager 和 SalesPerson 可能相关的其他两个类。因为现在只关注类间的关系，所以在图中只写了每个类的类名，省略了变量和方法。这是可以的——UML 非常灵活，其标准也允许这样的省略。UML 用类之间的连接线表示其关系，这种连接线的正式名称是*关联线*。

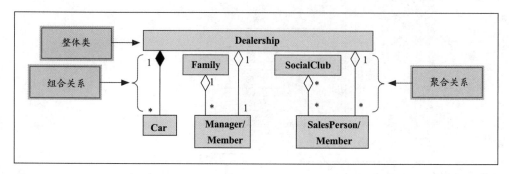

图 13.2　Dealership 程序类图

在图 13.2 中，注意关联线上的菱形。实心菱形（如 Dealership-Car 线上的菱形）表示组合关系；空心菱形（如 Dealership-Manager 或 Dealership-SalesPerson 线上的菱形）表示聚合关系。菱形总是指向整体类，因此图 13.2 的类图表示经销商是整体类。

在关联线旁边有一些数字和星号，它们是*多重性值*（multiplicity），用于说明参与关联的对象数量。Dealership-Manager 线上的两个 1 代表一对一关联，意思是每个经销商只有一个经理。其他线上 1 和*的组合代表一对多关联，"多"表示一个不确定数字，也就是说一个经销商可以拥有很多（或没有）汽车，拥有很多（或没有）销售人员。

现在是时候从概念阶段（重点是经销商的 UML 类图）进入到实现阶段（重点是 Dealership 程序编码）了。注意图 13.3 的 Dealership 类，尤其是其中声明的 manager、people 和 cars 实例变量。

这些实例变量声明实现了"经销商类包含其他三个类"的概念。一般的规则是，想要一个类包含另一个类时，就在包含类中声明一个实例变量，这个实例变量持有一个或者多个被包含类的对象的引用。

同样，在 Dealership 类中，注意对 people 和 car 实例变量的 ArrayList 的使用。一般来说，如果一个类在 UML 类图中的多重性值是*，那么就可以用一个 ArrayList 实现对带星号的类的引用。ArrayList 适合实现*多重性值是因为它可以扩展到容纳任意数量的元素。

仔细看图 13.4 ~ 图 13.6 中的 Car、Manager 和 SalesPerson 类，它们只是简单地存储和检索数据。注意 SalesPerson 中的 sales 实例变量——它跟踪记录销售人员当前年份的总销售额。图中没有用于获取或更新 sales 实例变量的方法（为避免代码混乱而省略了它们），这样可以专注于手头的事情——聚合和组合。但在实际的汽车经销商程序中，你需要提供这些方法。

```
/*****************************************************
 * Dealership.java
 * Dean &  Dean
 *
 * 此类代表一个汽车经销组织
 *****************************************************/
import java.util.ArrayList;

public class Dealership
{
  private String company;
  private Manager manager;
  private ArrayList<SalesPerson> people =
    new ArrayList<>();
  private ArrayList<Car> cars = new ArrayList<>();


  //**************************************************


  public Dealership(String company, Manager manager)
  {
this.company = company;
this.manager = manager;
  }


  //**************************************************


  public void addCar(Car car)
  {
    cars.add(car);
  }

  public void addPerson(SalesPerson person)
  {
    people.add(person);
  }

//**************************************************


  public void printStatus()
  {
    System.out.println(company + "\t" + manager.getName());
    for (SalesPerson person : people)
      System.out.println(person.getName());
    for (Car car : cars)
      System.out.println(car.getMake());
  } // printStatus 结束
} // Dealership 类结束
```

这里实现了包含关系

图 13.3 Dealership 程序的 Dealership 类

```
/****************************
* Car.java
* Dean  &  Dean
*
* 此类实现了一辆汽车
****************************/

public class Car
{
  private String make;

  //**************************

  public Car(String make)
  {
    this.make = make;
  }

  //**************************

  public String getMake()
  {
    return make;
  }
} // Car 类结束
```

图 13.4　Dealership 程序的 Car 类

```
/*********************************************************
* Manager.java
* Dean  &  Dean
*
* 此类实现了一个汽车经销商的销售经理
*********************************************************/

public class Manager
{
  private String name;

  //*****************************************************

  public Manager(String name)
  {
    this.name  = name;
  }

  //*****************************************************
```

图 13.5　Dealership 程序的 Manager 类

```
    public String getName()
    {
      return name;
    }
} // Manager 类结束
```

图 13.5 （续）

```
/***********************************************
 * SalesPerson.java
 * Dean & Dean
 *
 * 此类实现了一个汽车销售人员
 ***********************************************/

public class SalesPerson
{
  private String name;
  private double sales = 0.0;  // sales to date

    //*******************************************

    public SalesPerson(String name)
    {
      this.name = name;
    }

    //*******************************************
    public String getName()
    {
      return name;
    }
} // SalesPerson 类结束
```

图 13.6 Dealership 程序的 SalesPerson 类

看图 13.7 中汽车经销商程序的驱动类。大部分代码很简单，main 方法实例化了一个 Manager 对象，两个 SalesPerson 对象和一个 Dealership 对象，然后将 SalesPerson 和 Car 对象添加到 Dealership 对象中。main 方法中值得进一步关注的是对 Manager 和 SalesPerson 对象使用局部变量，以及对 Car 对象使用匿名对象。

```
/***************************************************
 * DealershipDriver.java
 * Dean & Dean
 *
 * 此类展示了汽车经销商的组成
 ***************************************************/

public class DealershipDriver
```

图 13.7 Dealership 程序的驱动类

```
{
  public static void main(String[] args)
  {
    Manager ryne = new Manager("Ryne Mendez");
    SalesPerson nicole = new SalesPerson("Nicole Betz");
    SalesPerson vince = new SalesPerson("Vince Sola");
    Dealership dealership =
      new Dealership("OK Used Cars", ryne);

    dealership.addPerson(nicole);          ◄──── 对于聚合，传入引用的副本
    dealership.addPerson(vince);
    dealership.addCar(new Car("GMC"));
    dealership.addCar(new Car("Yugo"));    ◄──── 对于组合，创建匿名对象
    dealership.addCar(new Car("Dodge"));
    dealership.printStatus();
  } // main 结束
} // DealershipDriver 类结束


输出：
OK Used Cars        Ryne Mendez
Nicole Betz
Vince Sola
GMC
Yugo
Dodge
```

图 13.7 （续）

为什么会有这种差异呢？因为 Manager 和 SalesPerson 通过聚合与 Dealership 类关联，而 Car 通过组合与 Dealership 类关联。

下面是实现聚合关系的一般规则：当两个类具有聚合关系时，应该将被包含类的对象存储在包含类的实例变量中，还应该将其存储在包含类外部的另一个变量中。这样，这个对象就可以添加到另一个聚合中，并具有两个不同的"所有者"（聚合允许具有两个不同的所有者）。将这条规则应用于 Dealership 程序，DealershipDriver 在实例化 Manager 和 SalesPerson 对象时使用局部变量，使得 Manager 和 SalesPerson 对象能够独立于经销商而存在，这正反映了现实世界的情况。

下面是实现组合关系的一般规则：当两个类具有组合关系时，应该将所包含类的对象存储在包含类的实例变量中，而不应该将其存储在其他地方。这样，对象只能有一个"所有者"（组合要求只有一个所有者）。将此规则应用于在 Dealership 程序中，DealershipDriver 在实例化汽车时创建了匿名对象，这就赋予了经销商对汽车的独有权和完全控制权，这也反映了现实世界的情况。

13.3　继承概述

到目前为止，本章主要关注聚合和组合层级结构，即一个类是整体，其他类是整体的一部分。现在来看分类层级结构，它与组合层级结构有本质区别。组合层级结构描述事物的嵌套，而分类层级结构描述概念的细化。顶部的概念是最通用（泛化）的，而底部的概念是最具体的。

13.3.1 分类层级结构和属性的继承

在研究代码之前，考虑一个现实中的分类例子。图 13.8 描述了当今生活在地球上的生物众多特征中的一部分。图中顶部的是最一般的共性，底部是最具体的特点。尽管这张图只包含了当前生物的特征，但它有助于揭示这些特征的演化存在一个自然的时间顺序：顶部的特征最先衍生出来，底部的特征最后出现。地球上最早的生命类型——细菌出现在大约 40 亿年前，是没有内部分隔的单细胞生物。"有生命的"属性位于最顶部的格子（代表最通用的类）之中，成为下面所有类的共同属性。

约 23 亿年前，细胞核和其他成分出现在细胞内，创造出更复杂的生物体，被称为真核生物。大约 13 亿年前，第一批动物出现了。它们有不止一个细胞，而且是血管性的（有类似动脉、静脉的容器和输送器）。大约 5.1 亿年，一些动物（脊椎动物）发展出脊椎和脑壳。大约在 3.25 亿年前，第一批爬行动物出现了。之后，在大约 2.45 亿年前，第一批哺乳动物出现。因此，在生物属性的分类和它们的发展顺序之间有一种对应关系。

在面向对象编程中，识别相似的对应关系是很有用的：①分类层级结构组织起程序的属性；②从一般到具体的开发顺序，组织起这些属性的实现。从相对简单通用的实现开始，在后续的设计周期增加特殊性和复杂性——这是一种好的做法。后面将呈现一些示例。

> 从通用的
> 开始。

对于组合，某些类包含其他类；而继承没有这样的包含关系。例如，在图 13.8 中，动物在哺乳动物之上，但是动物不包含哺乳动物。动物是一种一般的类别，而哺乳动物是一种特定类型的动物。

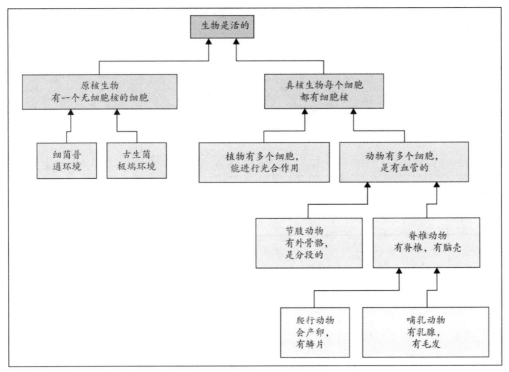

图 13.8 分类（或继承）层级结构的生物学例子

　　每一个生物的后代类型都从它的祖先继承一些属性，同时添加一些自己的新属性。在理想情况下，在层级结构中较高的类型相关的特征，应该是那些"被保留"属性。事实上，这些属性被所有由该类型派生的类型所继承下来。因此，理论上说，层级结构底部的任何一个类型都继承了它上面所有类型的属性。例如，哺乳动物有乳腺和毛发。因为哺乳动物是脊椎动物，继承了脊椎动物有脊椎和脑壳的属性。并且，由于哺乳动物也是动物，继承了动物的属性，即有多个细胞和血管。同时，因为哺乳动物还是真核生物，继承了真核生物每个细胞都有细胞核的属性。

　　生物遗传层级结构中最底部的类型没有出现在图 13.8 中，因为完整的层级结构太大了，难以用一张图来容纳。真正在层级底部的是物种，如智人（人类）。在自然界，繁殖只能在同物种间进行。类似地，在理想的面向对象计算机程序里，只有在继承层级结构最底部的类型才是可实现（可实例化）的。理想情况下，所有在可实例化的类型之上的类型应该是抽象的。第 14 章将学习怎样用 Java 的抽象关键

做只实例化叶子的规划。
字来防止抽象类型的实例化。通过组织继承层级结构使所有可实现（可实例化）的类型只出现于最低层级（层级树的叶子），可以最小化重复性，进而最小化维护和改进的工作量。

13.3.2　继承层级结构的 UML 类图

　　图 13.9 中的类图展现了一个继承层级结构，它记录着与一家便利店相关的人。顶部的类 Person 是一般性的，它包含了层级结构中所有类共有的数据和方法。顶部类下面的类则更加具体。例如 Customer 和 Employee 类，描述了便利店中特定类型的人。因为有两种不同的店员，Employee 类就有两种子类来表示这两种类型：FullTime 类代表全职员工，PartTime 类代表兼职员工。

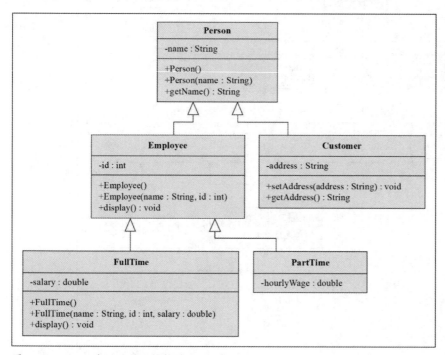

图 13.9　Person 类继承层级结构的 UML 类图

　　在继承层级结构中，下层类继承上层类的成员。因此，Employee 和 Customer 类从 Person 类继承了 name。类似地，FullTime 类和 PartTime 类从 Employee 类继承了 id。继承贯穿继承层级树始终，因此除了从 Employee 类继承 id 之外，FullTime 和 PartTime 类还从 Person 类继承了 name。

　　在继承层级结构中，类是成对关联的。图 13.9 中有四对相关联的类，分别是 Person-Customer、Person-Employee、Employee-FullTime 和 Employee-PartTime。对于每一对关联的类，更一般的类被视为*超类*，更具体的类被视为*子类*。

　　继承超类的变量和方法可以使子类成为其超类的克隆。但创建一个只是克隆的子类是多余的，因为可以直接使用超类。你往往希望子类成为父类的更具体版本，这是通过在子类的定义中创建额外的变量或方法来实现的。例如，在图 13.9 中，Customer 类定义了一个地址的实例变量，这意味着 Customer 对象有一个姓名（继承自 Person 类）和一个地址。客户地址是很重要的，因为百货公司可以通过它每月向客户发送优惠广告。

　　UML 类图通常将超类放在子类之上，但也并非总是如此。对于大型项目，会有很多类和若干不同类型的类间关系。

　　在这种情况下，有时不可能绘制一个"纯净的"类层级结构图，保持传统的超类在子类之上的布局。因此，子类有时出现在左边、右边，甚至在其超类的上边。那么如何区分子类和超类呢？UML 类图使用实线和空心箭头来表示继承关系，箭头指向超类。在图 13.9 中，注意箭头是如何指向超类的。

13.3.3　继承术语

　　不幸的是，术语超类（superclass）和子类（subclass）可能会造成误解。超类中的 super 似乎暗示着超类有更多的能力，而子类中的 sub 似乎暗示着子类能力更少。而事实恰恰相反，除了超类能做的一切，子类还能做得更多。

　　在大多数情况下，我们将坚持使用术语"*超类*"和"*子类*"，因为这些是 Java 语言设计者使用的正式术语，但要注意，还有备选的术语。程序员经常使用术语"*父类*"或"*基类*"指代超类，用"*子孙类*"或"*派生类*"指代子类。类之间的父子关系很重要，因为它决定了继承。在人类亲子关系中，孩子通常会从父母那里继承身体特征。[①]类的父子关系与人类的父子关系相似，但在类的父子关系中，子类不继承金钱，而是继承超类中定义的变量和方法。

　　还有两个与继承相关的术语需要注意。*祖先*类是指继承层级结构中，某特定类之上的任何类。例如，在图 13.9 的继承层级结构中，Employee 和 Person 是 FullTime 的祖先。*后代*类是指继承层级结构中，某特定类下面的任何类。例如，在图 13.9 的继承层级结构中，Employee、Customer、FullTime 和 PartTime 是 Person 的后代。

13.3.4　继承的好处

　　使用类对程序建模的优点是，类可以封装事物。因此，你应该能够明白便利店程序中，既有 Customer 类又有 Employee 类的好处。拥有单独的 Customer 和 Employee 类是很好，但是为什么要给它们一个超类呢？如果 Customer 和 Employee 类没有超类，那么客户和员工共有的东西就必须分别在这两个类中定义。

---

①　身体疾病也可以遗传。作家雷在 30 岁时撕裂了左跟腱，他的儿子斯坦和约翰同样在 30 岁时也经历了跟腱撕裂。

例如，在这两个类中都需要一个 name 实例变量和 getName 方法。但这样就有了冗余代码，调试和升级工作就变得更加烦琐。在一处修改或改进代码之后，程序员还必须记得在另一处也要修改或改进。

在图 13.9 中，注意层级结构中不同级别的类包含不同的实例变量，并且有不同的方法（尽管 Employee 和 FullTime 都有 display 方法，但它们的行为是不同的）。没有功能上的重复，并且最大化*代码可复用性*。代码可复用性是指出现为程序的多个部分都提供功能的代码，典型的例子有将两个类共同的代码放入超类。当想要向现有类添加大量功能时，也可能会产生代码可复用性。假设你想直接向现有类添加代码来实现功能，若这个类运行得很好，你不敢动它，怕把它弄乱；或者，也许是你的"百事通"同事编写了这个类，而你不想冒着激怒他的风险修改代码。没问题，扩展这个类（如创建一个子类）并在扩展类中实现新的功能就行了。

不要试图改变祖先。

你已经看到了继承带来的代码的可重用性，现在应该确信代码可重用性的好处。继承的另一个好处是，它会产生更小的模块（因为类被分成超类和子类）。一般来说小模块更好，因为在搜索 bug 或进行升级时需要费力阅读的代码更少。

13.4　Person/Employee/FullTime 层级结构的实现

为了解释如何实现继承，将实现图 13.9 中的 Person/Employee/FullTime 层级结构，在本节实现 Person 和 Employee 类，在第 13.6 节实现 FullTime 类。

13.4.1　Person 类

图 13.10 包含 Person 类的实现。它将是一个超类，但是在 Person 类中没有特别的代码表明它将是一个超类。特殊代码在后面定义 Person 的子类时出现，将在那时指出 Person 是这些子类的超类。

Person 类做的事情不多，它只提供了一个存储名称的构造方法和一个检索名称的访问器。但是，它包含一个值得注意的地方——零参数构造方法。通常，当驱动程序实例化 Person 类时，驱动程序将通过将姓名参数传递给单参数构造方法来赋值人员的姓名。但是假设用 Person 对象测试程序，并且不想费劲在 Person 对象中存储姓名，可以借助零参数构造方法实现。你知道零参数构造方法创建的 Person 对象将被赋予什么姓名吗？在本例中，name 是一个字符串实例变量，字符串实例变量的默认值是 null。为了避免难看的 null 默认值，请注意 name 是如何初始化为空字符串的。

```
/***************************************************
 * Person.java
 * Dean & Dean
 *
 * 这是继承层级结构的一个基类
 ***************************************************/

public class Person
{
  private String name = "";
```

图 13.10　Person 类——Employee 类的超类

```
//************************************************

public Person()
{ }

public Person(String name)
{
  this.name = name;
}


//************************************************

public String getName()
{
  return this.name;
}
} // Person 类结束
```

记住：一旦编写了构造方法，默认的零参数的构造方法就会消失。如果还需要它，必须显式地编写出来

图 13.10　（续）

快问快答：由于编译器自动提供了一个默认的零参数构造方法，能通过省略零参数构造方法来实现同样的功能吗？不能！记住，一旦编写了任何构造方法，编译器就不再提供默认的零参数构造方法。

13.4.2　Employee 类

图 13.11 包含派生的 Employee 类的实现，它提供了一个 id。注意 Employee 类标题中的 extends 子句。要使用继承，extends 子句必须出现在子类类名的右边。因此，extends Person 出现在 Employee 类类名的右侧。注意，Employee 类只定义了一个实例变量 id，这是否意味着 Employee 对象没有姓名？不是的，Employee 类从 Person 超类继承了 name 实例变量。现在学习如何从 Employee 类中访问 name。

```
/************************************************
 * Employee.java
 * Dean & Dean
 *
 * 本类描述了一名员工
 ************************************************/

public class Employee extends Person
{
  private int id = 0;

  //**********************************************
  public Employee()
  { }
```

这意味着 Employee 类是从 Person 超类派生的

图 13.11　Employee 类——派生自 Person 类

```
    public Employee(String name, int id)
    {
        super(name);
        this.id = id;
    }


    //***************************************

    public void display()
    {
      System.out.println("name: " + getName());
      System.out.println("id: " + id);
    }
  } // Employee 类结束
```

> 这里调用了一个参数的 Person 构造方法

> 由于 name 在另一个类中是 private 的，因此必须使用访问器来获取它。因为 getName 是继承的，所以不需要在它前面使用引用前缀

图 13.11　（续）

　　Employee 类的 display 方法负责打印员工的信息——name 和 id。输出 id 很容易，因为 id 是在 Employee 类中声明的。输出 name 稍微麻烦一点，因为 name 是 Person 超类中的 private 的实例变量，所以 Employee 类不能直接访问 name（这与我们一直以来对 private 的解释相同）。但是 Employee 类可以通过调用 Person 类的 public 的 getName 访问器来访问 name。下面是 display 方法中的相关代码：

```
    System.out.println("name:  " + getName());
```

　　在实例方法中，如果调用的方法在当前所在的类中，可以不写引用变量点前缀。同样，在实例方法中，如果调用的方法位于当前所在类的超类中，该前缀也可以省略。因此，在对 getName 的调用中没有引用变量点前缀。

　　虽然人们对子类对象可以从它的超类访问 private 实例变量的方式（如使用超类的 public 访问器方法）有一致的看法，但对描述这种访问的术语仍存在分歧。一些教科书的作者说，子类对象从它的超类继承 private 实例变量；也有人说，子类对象不会从它的超类继承 private 实例变量。我们属于继承阵营，因为实例化的子类包含来自超类的 private 实例变量。我们这么认为是因为它们可以（通过 public 方法）访问，而不必为超类实例化另一个对象。在一个会让政治家感到满意的解释中，Oracle 首先声称 private 成员是继承的，然后又声称 private 成员不是继承的。别担心，只要知道功能上它是如何运作的就可以，术语并不重要。

13.5　子类中的构造方法

　　现在看图 13.11 中 Employee 的双参数构造方法。目标是将传入的 name 和 id 值赋值给实例化的 Employee 对象中的关联实例变量。赋值给 id 实例变量容易，因为 id 是在 Employee 类中声明的。但是给 name 实例变量赋值比较困难，因为 name 是 Person 超类中的 private 实例变量。Person 中没有 setName 改变对象属性的方法，所以该如何设置 name 呢？请往下读。

13.5.1　使用 super 调用超类的构造方法

Employee 对象从 Person 继承 name 实例变量。因此，Employee 对象应该使用 Person 构造方法初始化它继承的 name 实例变量。但是，Employee 对象如何调用 Person 构造方法呢？要调用超类构造方法，请使用保留字 super 后跟括号和要传递给构造方法的、以逗号分隔的参数列表。例如，以下是图 13.11 的 Employee 构造方法调用单参数的 Person 构造方法：

```
super(name);
```

只允许在一个特定的地方调用 super，它们只能在构造方法中使用，而且必须在构造方法的第一行。这听起来应该很熟悉，在第 7 章学习了关键字 this 的另一种用法，该用法不同于使用 this 点指定实例成员，其语法是：

```
this(参数);
```

这种用法从同一个类的一个构造方法内部，调用了另一个（重载的）构造方法。回想一下，必须在构造方法的第一行进行这样的调用。

顺便问一下，在同一个构造方法中，同时有 this 构造方法调用和 super 构造方法调用合法吗？不合法，因为在同一个构造方法中，同时有两个构造方法调用，意味着只有一个构造方法调用可以在第一行，另一个会违反构造方法调用必须在第一行的规则。

13.5.2　超类构造方法的默认调用

Java 开发人员喜欢调用超类构造方法，因为这样做可以促进软件重用。如果编写一个子类构造方法，但不包含对另一个构造方法的调用（使用 this 或 super），Java 编译器会默认悄悄插入一个超类的零参数构造方法调用。因此，尽管图 13.11 的 Employee 零参数构造方法的方法体是空的，Java 编译器也会在里面自动插入 super();。所以这两个构造方法在功能上是等价的：

```
public  Employee()
{ }

public  Employee()
{
  super();
}
```

显式的 super();调用清楚地说明了发生了什么。如果愿意就可以这么写，以使代码更自文档化。

每当调用构造方法时，JVM 就自动沿着类级树向上找到最大祖父类的构造方法，并先执行它，然后执行它下层的构造方法中的代码，以此类推。最后，执行最初调用的构造方法中其余的代码。[①]

13.6　方法重写

在第 7 章了解了重载方法，即单个类中包含两个或多个具有相同方法名但参数类型序列不同的方法——语义大致相同但语法不同。现在介绍一个相关的概念——*方法重写*，即子类具有与超类中相同

---

① 这一顺序与自然中生物胚胎发育过程发生的顺序相同，最先形成的特征是最古老的特征。

方法名、参数类型序列和返回类型的方法。方法重写具有相同的语法而不同的语义。当你意识到一个重写方法覆盖（或取代）了它关联的超类方法时，就应该明白术语"重写"的意义了。这意味着，默认情况下，子类的对象使用子类的重写方法，而不是超类中被重写的方法。

子类对象使用子类的方法而不是超类的方法，这个概念符合编程的一般原则：局部内容优先于全局内容。你还能想到这个规则适应于哪里吗？如果一个局部变量和一个实例变量同名，在局部变量的方法中，局部变量优先。同理，在参数的方法中，参数优先于实例变量。

13.6.1　方法重写示例

为了解释方法重写，继续介绍 Person/Employee/FullTime 程序的实现。在第 13.4 节实现了 Person 和 Employee 类，在图 13.12 中实现了 FullTime 类。注意 FullTime 类的 display 方法，它的参数类型序列与图 13.11 中的 Employee 类的 display 方法相同。

```
/***********************************************************
 * FullTime.java
 * Dean & Dean
 *
 * 此类描述了一名全职员工
 ***********************************************************/

public class FullTime extends Employee
{
  private double salary = 0.0;

  //*********************************************************

  public FullTime()
  { }

  public FullTime(String name, int id, double salary)
  {
    super(name, id);          ◄—— 此处调用了 Employee 类的双参数构造方法
    this.salary = salary;
  }

  //*********************************************************

  @Override
  public void display()       ◄—— 这个方法重写了 Employee 类中定义的 display 方法
  {
    super.display();          ◄—— 此处调用了 Employee 类中定义的 display 方法
    System.out.printf(
      "salary: $%,.0f\n", salary);
  }
} // FullTime 类结束
```

图 13.12　FullTime 类，展示了方法重写

因为 FullTime 类继承了 Employee 类，所以 FullTime 类的 display 方法重写了 Employee 中的 display 方法。@Override 这个 Java 注解要求编译器确认该方法的确是一个重写方法。该注解不是必需的，但它起到了说明作用，有助于消除误解。

13.6.2　使用 super 调用被重写方法

当重写一个方法时，你依然可以使用被重写的方法所提供的服务，然后只为额外功能提供新代码。为此，你要在新方法开头写一条语句，用 super.前缀加上被重写的方法名来调用被重写的方法。在程序开发期间，你可以尝试在新增方法的方法标题中加 @Override 注解，看是否已经有可以提供所需某些服务的祖先方法存在。如果编译器没发现被重写方法，你就可以放弃这次尝试性的@Override 注解了。

> 不要重新发明轮子。

例如，在图 13.12 的 FullTime 子类中，注意 display 方法是怎样使用 super.display();调用超类中的 display 方法的。

现在再看图 13.12 中 FullTime 类的 super.display()方法调用。如果忘记在方法调用前加 super.前缀，会发生什么呢？没有前缀的话，display();会调用当前类（即 FullTime）中的 display 方法，而不是超类中的 display 方法。在执行 FullTime 类的 display 方法时，JVM 会再次调用 FullTime 类的 display 方法，这个过程会无限循环重复。

另外，可以实现一系列重写方法，即可以重写重写方法。但是，一系列的 super.前缀连续调用是非法的。换句话说，在 Person/Employee/FullTime 这个继承层级结构中，假设 Person 类中的 display 方法被 Employee 类和 FullTime 类重写了，在 FullTime 类中，以下调用 Person 类的 display 方法则是非法的：

```
super.super.display();  ◀── 编译错误
```

想要在 FullTime 类中调用 Person 类的 display 方法，你必须调用 Employee 类的 display 方法，依靠 Employee 类的 display 方法去调用 Person 类的 display 方法。

你是否注意到 super 有两个不同的目的？你可以使用 super.来调用一个被重写的方法，也可以像 super(name)这样，用 super 和括号来调用超类的构造方法。

13.6.3　返回类型必须相同

重写方法必须与其重写的方法具有相同的返回类型。如果重写方法的返回类型不同，编译器会报错。换句话说，如果子类和超类具有方法名、参数类型序列都相同，但返回类型不同的方法，编译器会报错。

这种错误不会经常出现，因为如果方法的方法名和参数类型序列都相同，一般你也会希望返回类型相同。但在你调试时还是会不时地见到这个错误，所以要注意它。另外，如果子类和超类拥有方法名相同但参数类型序列不同的方法，那么返回类型是否相同就不重要了。为什么呢？因为这样的方法并不是重写关系，而是完全不同的方法。

13.7　使用 Person/Employee/FullTime 层级结构

现在，让我们通过观察实例化最低级别派生类型的对象，并使用该对象调用重写方法和继承方法时发生的情况来加强对继承的了解。图 13.13 包含了 FullTime 类的驱动程序，随后的输出显示了它所做的事情。这个驱动程序用 FullTime 类实例化了一个 fullTimer 对象，然后 fullTimer 对象调用它的 display 方法。如图 13.12 所示，这个 display 方法使用 super 调用 Employee 类的 display 方法，该方法输出 fullTimer 的 name 和 id。然后 fullTimer 的 display 方法输出 fullTimer 的 salary。

在图 13.13 中的最后一条语句中，fullTimer 对象调用它的 getName 方法并输出了 fullTimer 的 name。但是，FullTime 类没有 getName 方法，它的超类 Employee 也没有，这段代码似乎在调用一个不存在的方法。这是怎么回事？这是由那些奇妙的小小的 extends 子句产生的继承。因为在它自己的 FullTime 类中没有显式定义的 getName 方法，fullTimer 对象沿继承层级结构向上，直到找到一个 getName 方法并使用这个方法。在本例中，第一个 getName 方法是在 Person 类中找到的，所以这是 fullTimer 对象继承和使用的方法。不需要使用 super. 来访问 getName 方法（但使用 super. 也没问题）。如果某个方法不在当前类中，JVM 会自动向上遍历继承层级结构，并使用它找到的该方法的第一个定义。

```
/***********************************************************
 * FullTimeDriver.java
 * Dean & Dean
 *
 * 这里描述了一名全职员工
 ***********************************************************/

public class FullTimeDriver
{
  public static void main(String[] args)
  {
    FullTime fullTimer = new FullTime("Shreya", 5733, 80000);

    fullTimer.display();
    System.out.println(fullTimer.getName());
  }
} // FullTimeDriver 类结束

输出：
name:   Shreya
id:     5733
salary: $80,000
Shreya
```

图 13.13　继承层级结构中构造方法和方法的驱动程序

注意，以上驱动程序没有实例化任何 Employee 或 Person 对象，它只是用继承层级结构底部的类实例化了一个对象。一个好的继承层级结构就应该这样使用，底层类之上的所有类都是为了简化底层类。但在现实中，我们经常使用底层以上的类来实例化对象。

13.8　final 访问修饰符

现在，你已经学习过使用 final 访问修饰符将变量转换为命名常量了，本节将学习如何使用 final 修饰方法和类。

在方法标题中使用 final 修饰符，能防止子类中的新定义重写该方法。如果你认为你的方法是完美的，并且不希望它的原意"漂移"，你可能会考虑使用 final 来加快一点速度。使用 final 修饰符的方法运行得更快，因为编译器不必为继承的可能性做准备，可以为它们生成更高效的代码。然而，将 final 添加到单个方法中的速度提升是微乎其微的，除非你有一个包含许多子类的大型编程项目，并且经常使用 final，否则可能不会注意到这种提升。

在类标题中使用 final 访问修饰符，则会阻止该类拥有任何子类。如果你有一个良好的、可靠的类，希望保持它的质量并防止它未来的"特性蔓延"，就可能会这样做。顺便说一下，如果一个类被声明为 final 类，那么为它的任何方法指定 final 是没有意义的。final 类不能被扩展，因此不会有重写方法。final 修饰符有助于防止黑客入侵。

尽管很难看到使用 final 带来的明显好处，但你还是应该使用它来提高安全性。即使没有在自己的程序中使用它，也需要理解它，因为你会在 Java API 库类中会经常看到它。例如，Math 类是用 final 访问修饰符定义的，因此扩展 Math 类并重写它的任何方法都是非法的。

13.9　将继承与聚合和组合一起使用

我们已经描述了几种与类相关的方法——聚合、组合和继承。现在考虑综合使用这三种关系。

13.9.1　比较聚合、组合和继承

聚合和组合都实现了"有一个"关系。我们将聚合和组合关系称为 *has-a* 关系，因为它们都是一个类（容器类）中包含一个组件类。例如，在第 13.2 节的 Dealership 程序中，经销商拥有一个销售经理，这种所有权是非排他性的，这就是为什么 Dealership 程序通过聚合实现 Dealership-SalesManager 关系。此外，经销商拥有汽车库存，这种所有权是排他性的，这就是为什么 Dealership 程序通过组合实现了 Dealership-Car 关系。

继承实现了"是一个"关系。称继承关系为 *is-a* 关系，因为它表示一个类（子类）是另一个类的更详细的版本。例如，在 Person//Employee/FullTime 程序中，全职员工是一个员工，这就是该程序用继承来实现 FullTime-Employee 关系的原因。另外，员工也是一个人，这就是程序同样用继承来实现 Employee-Person 关系的原因。

必务记住这一点，聚合、组合和继承不是表示同一种关系的不同方式，它们是表示不同关系的方式。聚合和组合关系是指一个类是由其他类中定义的重要组成部分组成的整体。继承关系是指一个类是另一个类的更详细的版本。更正式地说，继承是一个类（一个子类）从另一个类（一个超类）继承变量和方法，然后用其他的变量和方法对其进行补充。由于组合和继承处理问题的不同方面，许多编程解决方案都包含这两种范式的混合。

13.9.2　结合使用聚合、组合和继承

在实际中，在同一个程序中具有聚合、组合和继承关系是相当常见的。让我们看一个使用这三个类关系的示例。第 13.2 节的 Dealership 程序使用了聚合和组合，这里重用这个例子，简单起见，省略了非经销商相关的聚合关系。

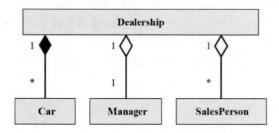

什么样的继承关系可以或应该添加到 Dealership 程序中？如果回头看一看图 13.5（Manager 类）和图 13.6（SalesPerson 类），你将看到 Manager 和 SalesPerson 都声明了相同的实例变量 name，并且它们都定义了相同的实例方法 getName。这是一个不可取的重复的例子，可以使用继承来消除这种重复。在程序中引入继承不会改变原来的整体—部分结构，只是引入了一种互补机制来消除重复。

> 抽出公共代码。

图 13.14 是一个新的 Dealership2 程序的 UML 类图，它对原版本进行了改进和扩展。如果将它与原来的 UML 类图进行比较，可以看到每个类都被实例变量和方法充实了起来。图 13.14 还包括一个 Person 类，以前的 Manager 和 SalesPerson 类现在继承了这个 Person 类的一个变量、两个构造方法和一个方法。继承将 Manager 和 SalesPerson 类精简为更简单的 Manager2 类和 SalesPerson2 类。这些更简单的类不需要显式声明 name 或显式定义 getName，因为它们从 Person 继承了这些成员。请仔细阅读图 13.15 和图 13.16 中缩短的 Manager2 和 SalesPerson2 类的代码。

Car 类与原版本中的没有区别，如果你想看它的代码，请回看图 13.4。Dealership2 和 Dealership2Driver 类分别与图 13.3 和图 13.7 中定义的 Dealership 和 DealershipDriver 类相同，只是 Dealership 改名为 Dealership2，Manager 改名为 Manager2，而 SalesPerson 改名为 SalesPerson2。

在图 13.14 中，添加 Person 类，看起来像是通过添加另一个类使 Dealership2 程序变大了一样。其实添加的 Person 类已经在另一个程序（Person/Employee/FullTime 程序）中定义了。通过从该程序中借用 Person 类，能够缩短另外两个类。能够借用已经编写的类，然后在其他上下文中进行继承，这是面向对象编程的一个重要优点。如果查看 Java API 中预先编写的类，会发现它们之间进行了大量的继承，也可以选择将它们继承到自己的程序中。

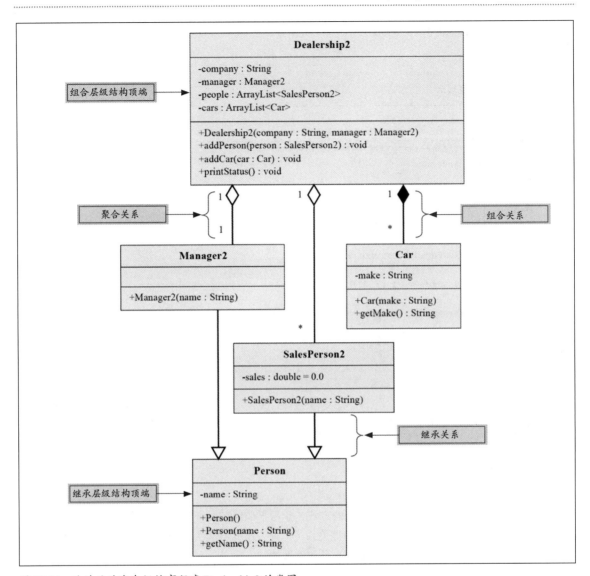

图 13.14 改进后的汽车经销商程序 Dealership2 的类图

```
/**********************************
 * Manager2.java
 * Dean & Dean
 *
 * 这里代表了一个汽车经销商经理
 **********************************/

public class Manager2 extends Person
{
```

图 13.15 Dealership2 程序的 Manager2 类

```
    public Manager2(String name)
    {
      super(name);
    }
} // Manager2 类结束
```

图 13.15　（续）

```
/**********************************************
 * SalesPerson2.java
 * Dean & Dean
 *
 * 这里代表了一个汽车销售员
 **********************************************/

public class SalesPerson2 extends Person
{
  private double sales = 0; // 到目前为止的销售

  //******************************************

  public SalesPerson2(String name)
  {
    super(name);
  }
} // SalesPerson2 类结束
```

图 13.16　Dealership2 程序的 SalesPerson2 类

13.10　设计练习：纸牌游戏

第 13.9 节通过是向现有程序添加继承的方式，学习了如何在一个程序中使用不同类型的类关系，本节将再次使用不同类型的类关系，但这一次你将从头开始设计一个程序，要做大部分的工作，而不仅仅是理解别人是如何做的。

边做边学。

13.10.1　你的任务（请接受它）

你的任务是设计和执行一个通用的纸牌游戏程序。在执行这项任务时，应遵循下列准则：

● 假设这是一款像 *War* 或 *Gin Rummy* 这样的游戏，你有一副牌和两个玩家。

● 设计合适的类，针对每个类绘制一个 UML 类图，并写入类的名字。

● 查找类之间的组合关系，对于每一对组合关系中的类，绘制组合关联线并标注适当的多重性值。

● 对于每个类，设计适当的实例变量。

● 对于每个类，设计适当的 public 方法。

● 寻找共同的实例变量和方法。如果两个或多个类包含一组公共实例变量和方法，则提供一个超类，并将公共实例变量和方法移到超类中。原来包含公共成员的类现在变成了超类的子类。针对每个子类-超类对绘制一条关联线，带有从子类到超类的继承箭头，以指示继承关系。

现在，开始使用这些指引来绘制纸牌游戏程序的 UML 类图吧。因为这是一个重要的练习，所以在尝试自己想出解决方案之前，你可能会忍不住先看一看我们的解决方案。请抵制这种诱惑! 通过实现你自己的解决方案，你会学到更多并意识到一些潜在的问题。

13.10.2 定义类及其关系

你完成类图了吗? 如果已完成，请继续……

在制作类图时，要做的第一件事是设计类本身。不幸的是，这有点像一门艺术。容易设计的类是直接对应于你可以看到的东西的类。在想象纸牌游戏时，你能看到两个人拿着牌，并从放在他们之间的牌堆中摸牌吧? 你应该能看到一个牌堆、两只手、单张的牌和两个人。对于牌堆，使用 deck 类; 对于两只手，使用 Hand 类; 对于单张的牌，使用 Card 类。如果你要实现一款精致的纸牌游戏，其中的玩家具有个性，那就使用 Person 类，否则就不需要 Person 类。我们做简单一点，不实现 Person 类。

从大局考虑，你要问问自己: "什么是游戏? " 游戏是由若干部分组成的，所以将 Game 定义为一个整体类，并将其他类定义为游戏的部分。纸牌由三个组件（部分）组成——一个牌堆和两只手。Deck 和 Hand 是 Game 这个合成类中的部分类。在图 13.17 的类图中，注意连接 Game 和 Deck 的关联线。关联线有一个表示组合的实心菱形，标有一对一的多重性值，表示每个游戏有一个牌堆。Game 和 Hand 的关联线也有一个表示组合的实心菱形，但标的是一对二的多重性值，这表明每个游戏中有两只手。

想出使用 Game 类的想法可能比想出使用 Deck、Hand 和 Card 类的想法更困难。为什么呢? 因为游戏是非触觉的（你无法触碰它），所以很难将其视为一个类。如果将 Deck 和 Hand 对象的声明直接放在 main 方法中仍然可以实现一个纸牌游戏。为什么要费事设计一个 Game 类呢? 因为将声明放在一个 Game 类中会更优雅。通过将它们放在 Game 类中，可以促进达到封装的目的，同时又使 main 方法更加精简。正如你稍后将看到的，如果你定义了一个 Game 类，那么驱动程序的 main 方法只需要实例化一个 Game 对象，然后调用 playAGame 方法。这样是最精简（也是最优雅）的。

对于 Card Game 程序中的每个类，它的成员（即实例变量和方法）是什么? 让我们先来看一看简单的类——Game 和 Card。Game 类需要三个实例变量——一个用于牌堆，另外两个用于两只手。除此之外，它还需要一个玩游戏的方法。Card 类需要两个实例变量——一个用于数字（从 2 到 ace），一个用于花色（从梅花到黑桃）。它需要一个方法来显示牌的数字和花色。作为合理性检查，请验证图 13.17 的 Game 和 Card 成员是否符合我们所描述的内容。

Deck 类需要一个牌数组的实例变量，每一张牌都是一个 Card 对象。此外，还需要一个实例变量来记录牌堆当前的大小。Deck 类需要用于洗牌和发牌的方法。为了帮助调试，还应该包含一个显示牌堆中所有牌的方法。

Hand 类需要一个牌数组的实例变量和一个代表当前牌数量的实例变量。它需要几个方法: 显示所有的牌、向手上添加一张牌，以及从手上打出一张牌。对于大多数纸牌游戏，你还需要一个方法来对手上的牌进行排序。不同的纸牌游戏会使用不同的或额外的 Hand 类的方法，为简单起见先不管这些。

下一步是尝试找出公共成员并将它们移到超类中。Deck 和 Hand 类有三个公共成员: 一个 cards 数组变量、一个 currentSize 变量和一个 display 方法。在将这些成员移到超类之前，该为这样一个超类取什么名字好呢? 它应该是通用的，可以同时用作 Deck 和 Hand 的超类。无论叫作 GroupOfCards 还是直接简单地叫作 Cards 看上去都很不错，我们就用 GroupOfCards 吧。在图 13.17 的类图中，注意连接 Deck 和 Hand 到 GroupOfCards 的继承关联线。

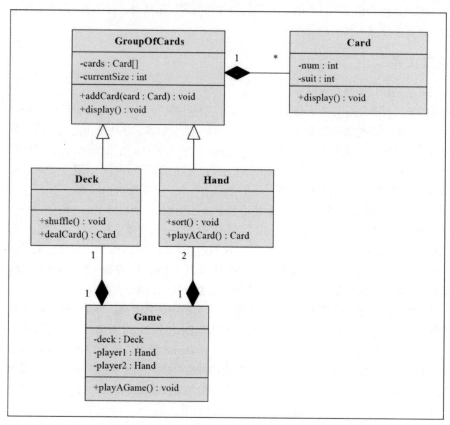

图 13.17　纸牌游戏程序的初步类图

现在，已经检查了纸牌游戏程序中所有五个类的成员，并检查了四个类，即 Game、Deck、Hand 和 GroupOfCards 之间的关系。UML 类图最后一块拼图是 GroupOfCards 和 Card 之间的关系。这是"是一个"还是"有一个"关系呢？这不是"是一个"关系，因为说一组牌是一张牌或一张牌是一组牌是没有意义的。相反，它是"有一个"关系，因为一组牌有一张牌（一组牌通常有不止一张牌，但这与"有一个"并不矛盾）。在图 13.17 中，注意连接 GroupOfCards 和 Card 的"有一个"组合关联线。图 13.17 建议将这个组合实现为一个名为 cards 的数组，但它其实也可以是一个 Arraylist。

注意，图 13.17 的图题中写的是"初步"类图。之所以说它是初步的，是因为对于一个正常规模的应用程序来说，几乎不可能第一次尝试就把类图 100% 画对。当你完成了原型程序的编码和测试（很重要！）之后，应该返回来适当地更新类图。类图有两个用途：在早期的设计过程中，它有助于组织想法，让每个人达成共识；在实现之后的阶段，它能起说明文档的作用，帮助有关各方快速了解应用程序的结构。

设计是一个迭代的过程。

13.10.3 继承与组合的对比

在决定两个类之间的关系时，使用继承还是组合通常是很清楚的。例如，在 Dealership 程序中，一个 Manager 是一个 Person，因此使用继承。在纸牌游戏程序中，一个 Game 有一个 Deck，所以使用组合。

然而，有时情况并不是那么明确。例如，你可以说一个 Deck 是一个 GroupOfCards，也可以说一个 Deck 有一个 GroupOfCards。当继承的"是一个"关系和组合的"有一个"关系都存在时，对于哪种策略更好，人们的看法是不同的。继承的实现往往更容易理解，组合的实现封装性更好（如果对超类的数据使用 protected 修饰符实现继承，子类将对超类数据拥有直接访问权，这在一定程度上打破了超类的封装）。让我们在纸牌游戏程序的语境中比较这两种策略。

图 13.18 的 Deck 类实现了继承关系，图 13.19 的 Deck 类实现了组合关系。我们认为图 13.18 的继承代码比图 13.19 的组合代码更优雅，它少了一行，这是一个优点，但更重要的是它没有包含对 groupOfCards 变量的杂乱引用。在组合的代码中，需要：①声明一个 groupOfCards 变量；②实例化 groupOfCards 变量；③使用 groupOfCards 对象作为 addCard 调用的前缀。在继承的代码中就不必操心这些，可以直接调用 addCard（不需要 groupOfCards 对象），这样一来代码可读性更高。另外，addCard 方法是在 GroupOfCards 类中定义的。通过继承，"它处于 Deck 之外的另一个类中"这件事变成了透明的。换句话说，从 Deck 构造方法中调用 addCard 的方式，与调用 Deck 的任何其他方法一样——并不需要一个调用对象。

```
public class Deck extends GroupOfCards          ← 此处实现继承
{
  public static final int TOTAL_CARDS = 52;

  public Deck()
  {
    for (int i=0; i<TOTAL_CARDS; i++)
    {
      addCard(new Card((2 + i%13), i/13));        ← 使用继承，无须在方法调
    }                                                用前加上对象的引用
  } // constructor 结束
  ...

} // Deck 类结束
```

图 13.18　Deck 类的继承实现

对于一些类对（如 Deck 和 GroupOfCards），使用继承或组合的关系都是合法的，但是对同一个功能点同时使用继承和组合是绝对不行的。

如果 Deck 声明了一个 GroupOfCards 局部变量，同时 Deck 类也继承了 GroupOfCards 类，会发生什么？Deck 对象将包含两组不同的牌，这是错误的！

此时，你可能想到图 13.17 的初步 UML 类图，添加更多细节。我们没有在图 13.17 的类图中使用常量或构造函数。在设计 Deck 类框架时（见图 13.18），很明显需要：①为 Deck 类添加 TOTAL_CARDS 常量；②为 Deck 类添加构造方法；③为 Card 类添加构造方法。作为练习，希望你在更新图 13.17 的类图时记得这些。如果你不想做，也没关系；我们主要是想让你意识到程序设计过程的迭代的特质。试着在一开始就尽可能清晰地组织你的想法，但是

设计是一个渐进的过程。

要准备好在之后调整这些想法。

```java
public class Deck
{
  public static final int TOTAL_CARDS = 52;
  private GroupOfCards groupOfCards;

  public Deck()
  {
    groupOfCards = new GroupOfCards();

    for (int i=0; i<TOTAL_CARDS; i++)
    {
      groupOfCards.addCard(new Card((2 + i%13), i/13));
    }
  } // constructor 结束
  ...

} // Deck 类结束
```

> 使用组合，需要声明 GroupOfCards
> 变量并实例化它

> 使用组合，必须在方法调用前
> 加上一个对象引用

图 13.19　Deck 类的组合实现

13.10.4　带你开始游戏的代码

　　完成了纸牌游戏程序的类图，下一步通常是用 Java 代码实现类。本书不展示类实现的细节，但会展示前文中提出的类是如何由 main 方法驱动的。因为类的设计遵循了合理的面向对象编程设计准则，生成一个优雅的 main 方法就不难了（见图 13.20，注意 main 方法是多么简短和容易理解）。

```java
public static void main(String[] args)
{
  Scanner stdIn = new Scanner(System.in);
  String again;
  Game game;

  do
  {
    game = new Game();
    game.playAGame();
    System.out.print("Play another game (y/n)?: ");
    again = stdIn.nextLine();
  } while (again.equals("y"));
} // main 结束
```

图 13.20　纸牌游戏程序的 main 方法

　　另一个示例将进一步说明程序的其余部分如何使用已完成的类，参考图 13.20 中 main 对 playAGame 的调用。图 13.21 展示了 playAGame 方法的部分实现。想要洗牌，就调用 deck.shuffle()；想要给第一个玩家发一张牌，就调用 player1.addCard(deck.dealCard())。

```
public void playAGame()
{
  deck.shuffle();

  // 把所有的牌发给两位玩家
  while (deck.getCurrentSize() > 0)
  {
    player1.addCard(deck.dealCard());
    player2.addCard(deck.dealCard());
  }
  ...

} // playAGame 结束
```

图 13.21　Game 类的 playAGame 方法的部分实现

我们把这个程序留给你来完成。后文中的两个章末练习和一个项目给出了多方面的补充内容。

13.11　GridWorld 案例研究扩展（可选）

第 12.17 节介绍了 GridWorld 案例研究，图 12.18 里的 GUI 输出就是通过运行以下驱动程序[①]生成的：

```
public class BugRunner
{
  public static void main(String[] args)
  {
    ActorWorld world = new ActorWorld();
    world.add(new Bug());
    world.add(new Rock());
    world.show();
  } // main 结束
} // BugRunner 类结束
```

在这段代码中，每个 add 方法调用在图 12.18 二维网格范围内的随机选择的一个位置，然后让它的参数（Bug 或 Rock）执行从 Actor 类继承的 putSelfInGrid 方法。putSelfInGrid 方法调用了 BoundedGrid 类中的 put 方法。put 方法将 Bug 或 Rock 对象插入到选定位置的二维 occupantArray 中。

show 方法调用实例化了一个 WorldFrame，它创建了 GUI 窗口。WorldFrame 的构造方法实例化了一个 GridPanel 对象。传递给 WorldFrame 构造方法的参数为 WorldFrame 对象提供了一个指向创建它的 ActorWorld 对象的引用。WorldFrame 构造方法使用这个引用来获得对 BoundedGrid 的引用。WorldFrame 将这个 BoundedGrid 引用传递给新的 GridPanel。GridPanel 的 drawOccupants 方法使用这个 BoundedGrid 引用来调用 BoundedGrid 的 getOccupiedLocations 方法。这个方法会告诉 GridPanel 的 paintComponent 方法，在每次重新绘制屏幕时将 Actor 图像放在哪里。

[①]　BugRunner 类在 GridWorld.jar 文件里的 projects/firstProject 目录中。这个程序使用的其他类在同一个 .jar 文件中的 framework/info/gridworld 目录下的子目录 actor、grid、gui 和 world 中。

13.11.1　Actor 图像

Actor 图像来自 .gif 文件，其中 gif 代表图形交换格式（Graphic Interchange Format）。①图 13.22a 展示了 framework/info/gridworld/actor 子目录中包含的图像。

图 13.22b 显示了 projects/critters 子目录中包含的图像。

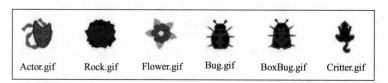

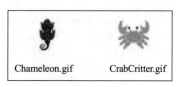

图 13.22a　在 framework/info/gridworld/actor 中的 GridWorld 图像

图 13.22b　projects/critters 中的
GridWorld 图像

美国大学理事会（译者注：图片版权归属）

美国大学理事会

GridWorld 的 GUI 代码最初假设适当的图像文件名就是相应的角色类名加 .gif。如果它在与角色类相同的目录中找不到以这个名字开头的 .gif 文件，它就会找到角色类的超类，在超类的目录中查找加 .gif 后缀的超类名；以此类推，沿着角色的继承层级结构向上查找。

13.11.2　角色行为

谈到角色行为，GridWorld 的关键方法是 act 方法。在角色的基类 Actor 中，act 方法做的事情不多，只是反转了角色的方向，例如：

```
/**
* 反转 actor 的方向。在 Actor 的子类中重写此方法，此定义具有不同行为的 Actor 类型
*/
public void act()
{
  setDirection(getDirection() + Location.HALF_CIRCLE);
} // act 结束
```

但这不是 BugRunner 程序中 Bug 的行为。在这个程序中，每只虫子会向前移动到网格边界。然后，如果没有石头的阻碍，它会顺时针绕网格的边界运行。为了实现这种行为，Bug 类扩展了 Actor 类并重写了 act 方法，代码如下：

```
/**
* 如果可以移动，则移动；否则就转弯
*/
@Override
public void act()
{
  if (canMove())
  {
    move();
```

---

① 有关图像格式的更多信息，请参见第 5.9 节。

```
    }
    else
    {
      turn();
    }
  } // act 结束
```

在 GridWorld 的 projects/boxBug 目录中，可以找到 GridWorld 的 BoxBug 类及其驱动程序 BoxBugRunner 类的源代码。BoxBug 类扩展了 Bug 类。BoxBug 的构造方法接受一个 length 值，它重写的 act 方法使 BoxBug 对象在任意一个方向前进 length 步之后就顺时针旋转 90°。如果 length<9，那么它最终会绕着正方形跑，正方形的部分边在网格边界内。不难想象应该怎样修改 BoxBug 类，并且用不同的方式实现 CircleBug 类和 SpiralBug 类对 Bug 类的扩展。[①]

13.11.3 Critter 类

GridWorld 的 framework/info/gridworld/actor 目录还包含 Critter 类的代码，它扩展了 Actor 类。你可以用 projects/critters 目录中的 CritterRunner 驱动 Critter。Critter 对 Actor 的扩展比 Bug 对 Actor 的扩展有更强的多功能性。Critter 类没有在其 act 方法中指定详细的行为，而是将详细的规范委托给五个从属方法，代码如下：

```
/**
* Critter 类通过获取其他 Actor 的列表，处理该列表，获取要移动到的位置，选择其中一个并移动到所选位置
*/
@Override
public void act()
{
  if (getGrid() == null)
  {
    return;
  }
  ArrayList<Actor> actors = getActors();
  processActors(actors);
  ArrayList<Location> moveLocs = getMoveLocations();
  Location loc = selectMoveLocation(moveLocs);
  makeMove(loc);
} // act 结束
```

在 GridWorld 的 Critter 类中，五个委托方法都非常简单。getActors 方法返回所有的直接邻居——相邻方块中的角色；processActors 方法移除所有非 Rock 或 Critter 类型的参数元素，即吃掉可食用且不同于自身的相邻角色；moveLocs 方法返回所有空的相邻位置；selectMoveLocation 随机选择它的一个参数元素——一个有效的空相邻位置。如果没有，则返回当前位置；selectMoveLocation 移动到参数的位置——前一步选择的位置。

可以执行 GridWorld 的 projects/critters 目录中的 CritterRunner 类来查看 Critter 的行为。Critter 类中的

[①] 这是由 Chris Nevison、Barbara Cloud Wells 和 Chris Renard 编写的 GridWorld "学生手册"中的两个练习，https://secure-media.collegeboard.org/apc/GridWorld_Case_Study_Student_Manual_with_Appendixes_Aug_2007_updated.pdf.

五个委托方法都做了一些合理的事情。然而，如果阅读代码的注释，你将看到设计者希望我们扩展 Critter 类并重写这五个方法中的一个或多个。它们是**默认方法**。

13.11.4　Critter 类的 GridWorld 扩展

GridWorld 对 Critter 类的第一个扩展是它的 ChameleonCritter 类。这个类只重写了五个委托方法中的两个：processActors 和 makeMove。在它的 processActors 方法中，ChameleonCritter 不会吃掉它的邻居，而是改变自己的颜色来匹配一个邻居或随机选择几个邻居中的一个。在它的 makeMove 方法中，ChameleonCritter 在调用 super.makeMove 来实际移动之前，先转向它将移动到的位置。可以通过执行 projects/critters 目录中的 ChameleonRunner 来了解详情。

GridWorld 对 Critter 类的第二个扩展是它的 CrabCritter 类，该类及其驱动程序 CrabRunner 也在 projects/critters 目录中。CrabCritter 和 Critter 的不同之处在于，它只吃那些在正前方、左前方和右前方的邻居。另一个不同之处在于，它只能侧向移动，要么向左，要么向右。如果两边的位置都可走，它就随机选择其中一个；如果两边都不可走，它将随机向左或向右转 90°。

13.11.5　Critter 类的 CrabCritter2 扩展

查看 BugRunner 或 CrabRunner 的输出就会注意到，最终虫子们倾向于沿着网格边界顺时针跑，而 CrabRunner 里的螃蟹往往在中间来回跳。假设把你自己放在螃蟹壳里，你想比 CrabCritter 更有效率地捉虫子和花吃，也许沿着边界搜索并绕着边界逆时针移动会更好，虫子就会正好跑到你张开的钳子里。

这些想法促使我们创造了一种不同品种的螃蟹。图 13.23a 包含 Critter 的另一个名为 CrabCritter2 的扩展的开头部分。CrabCritter2 与最初的 CrabCritter 使用相同的导入，具有相同的构造方法。在图 13.23a 中，java.awt.Color 的导入来自于 Java 的遗留 GUI 库。[1]CrabCritter2 在 setColor 方法中使用 java.awt.Color。这个方法继承自 Actor 类，将 Actor 的默认[2]颜色从 BLUE 改为 RED。getActors 方法本质上没有改变，但是做了一些修饰性的更新，例如，将 CrabCritter 的 getLocationsInDirections 方法的名称更改为 getValidLocations。

```
/****************************************************************
* CrabCritter2.java
* Dean & Dean
*
* 修改 GridWorld 螃蟹，使它们向左转一半
* GridWorld 是根据自由软件基金会发布的 GNN 通用公共许可证条款发布的
****************************************************************/

import info.gridworld.actor.*; // Actor、Critter
import info.gridworld.grid.*;  // Location、Grid
```

图 13.23a　CrabCritter2——A 部分

---

[1]　与 javafx.scene.paint.Color 类不同，java.awt.Color 类不能在 JavaFX 程序中工作。

[2]　如第 13.5 节末尾所述，CrabCritter2 的零参数构造方法自动调用 Actor 的零参数构造方法，Actor 的零参数构造方法初始化 Actor 子类的颜色和其他属性。

```
import java.awt.Color;
import java.util.ArrayList;

public class CrabCritter2 extends Critter
{
  public CrabCritter2()
  {
    setColor(Color.RED);
  } // constructor 结束


  //*********************************************************

  @Override
  public ArrayList<Actor> getActors()
  {
    ArrayList<Actor> actors = new ArrayList<>();
    int[] directions =
      {Location.AHEAD, Location.HALF_LEFT, Location.HALF_RIGHT};
    Actor actor;

    for (Location adjacentLoc : getValidLocations(directions))
    {
      actor = getGrid().get(adjacentLoc);
      if (actor != null)
      {
        actors.add(actor);
      }
    }
    return actors;
  } // getActors 结束
```

图 13.23a （续）

CrabCritter2 的下一部分在图 13.23b 中，包含另外两个重写方法：getMoveLocations 和 makeMove。CrabCritter2 的 getMoveLocations 方法与 CrabCritter 的不同之处在于，CrabCritter2 只能向右前方移动；也就是正前方顺时针 45°方向。因此，directions 数组总是只包含一个方向。如果该方向上有一个有效的位置，getMoveLocations 方法将返回一个带有该位置的 ArrayList；如果该方向上没有有效的位置，getMoveLocations 方法将返回一个空的 ArrayList。

```
  //*********************************************************

  @Override
  public ArrayList<Location> getMoveLocations()
  {
    ArrayList<Location> locations = new ArrayList<>();
    int[] directions = {Location.HALF_RIGHT};
```

图 13.23b　CrabCritter2——B 部分

```
    for (Location adjacentLoc : getValidLocations(directions))
    {
      if (getGrid().get(adjacentLoc) == null) // nobody there
      {
        locations.add(adjacentLoc);
      }
    }
    return locations;
} // getMoveLocations 结束

//*********************************************************

@Override
public void makeMove(Location location)
{
  if (location.equals(getLocation()))
  {
    setDirection(getDirection() + Location.HALF_LEFT);
  }
  else
  {
    super.makeMove(location);
  }
} // makeMove 结束
```

图 13.23b （续）

　　如果 getMoveLocation 返回的 ArrayList 为空，则 Criter 的 selectMoveLocation 返回当前位置；否则，selectMoveLocation 返回数组列表中的位置。CrabCritter2 的 makeMove 方法将这个位置作为它的参数，它与 CrabCritter 的 makeMove 方法的区别如下：如果一个 CrabCritter2 需要转向，它总是以完全相同的方式转向——Location.HALF_LEFT 或-45°。这使 CrabCritter2 螃蟹终于能像虫子一样在网格边界上移动了，只是方向相反。

　　图 13.23c 显示了 CrabCritter2 类中的最终方法。它本质上和 CrabCritter 方法调用 getLocationsInDirections 一样，但风格略有不同。虽然创建 CrabCritter2 类来实现与 GridWorld 的 CrabCritter 明显不同的行为，但从 GridWorld 的实现中获得了大部分算法和大量代码。这个示例展示了重用现有软件的另一种方法。

```
//*********************************************************

private ArrayList<Location> getValidLocations(int[] directions)
{
  ArrayList<Location> locations = new ArrayList<>();
  Location adjacentLoc;

  for (int d : directions)
  {
```

图 13.23c CrabCritter2——C 部分

```
        adjacentLoc =
          getLocation().getAdjacentLocation(getDirection() + d);
        if (getGrid().isValid(adjacentLoc))
        {
          locations.add(adjacentLoc);
        }
      }
      return locations;
    } // getValidLocations 结束
  } // CrabCritter2 类结束
```

图 13.23c （续）

现在看看图 13.24 中的 CrabCritter2Runner 类，这是 CrabCritter2 的驱动程序。为了便于比较，故意让它尽可能地与 GridWorld 的 CrabRunner 类相似，唯一的区别是用 CrabCritter2 对象替换了 CrabCritter 对象。

```
/*********************************************************
 * CrabCritter2Runner.java
 * Dean & Dean
 *
 * GridWorld 中 CrabRunner 的变化驱动其他 GridWorld 类和 CrabCritter2
 * Cridworld 是根据自由软件基金会发布的 GNN 通用公共许可证的条款发布的
 *********************************************************/

import info.gridworld.actor.*; // ActorWorld; Bug、Flower 和 Rock
import info.gridworld.grid.Location;

public class CrabCritter2Runner
{
  public static void main(String[] args)
  {
    ActorWorld world = new ActorWorld();
    world.add(new Location(7, 5), new Rock());
    world.add(new Location(5, 4), new Rock());
    world.add(new Location(5, 7), new Rock());
    world.add(new Location(7, 3), new Rock());
    world.add(new Location(7, 8), new Flower());
    world.add(new Location(2, 2), new Flower());
    world.add(new Location(3, 5), new Flower());
    world.add(new Location(3, 8), new Flower());
    world.add(new Location(6, 5), new Bug());
    world.add(new Location(5, 3), new Bug());
    world.add(new Location(4, 5), new CrabCritter2());
    world.add(new Location(6, 1), new CrabCritter2());
    world.add(new Location(7, 4), new CrabCritter2());
    world.show();
  } // main 结束
} // CrabCritter2Runner 类结束
```

图 13.24　CrabCritter2Runner——图 13.23a、图 13.23b 和图 13.23c 中 CrabCritter2 类的驱动程序

还记得第 12 章末尾对 GridWorld 图像的讨论吗？如果不处理 GridWorld 的图像，当运行 CrabCritter2 程序时，JVM 会在 CrabCritter2 目录中寻找 CrabCritter2.gif 文件。如果找不到，它就会沿着继承层级结构向上一步，到达位于 framework/info/gridworld/actor 目录中的 Critter 类。图 13.22a 显示该目录包含一个 Critter.gif 文件，因此程序将使用该文件的图像，它看起来像一只松鼠。但是我们希望图像看起来像图 13.22b 中的 CrabCritter.gif 图像，所以复制了 projects/critters 目录中的 CriabCritter.com gif 图片，将其粘贴到 CrabCritter2 目录中，然后将复制的图像名称改为 CrabCritter2.gif。

当运行 GridWorld 最初的 CrabCritter 程序时，中间的三只螃蟹最终吃掉了三只虫子中的两只，有一只虫子活了下来，不断地在网格边界附近进食并种植花朵。所以 CrabCritter 世界里的四种东西（虫子、花、蟹和石头）似乎都存活了下来。而当运行改进的 CrabCritter2 程序时，它的螃蟹效率更高，最终这些优秀的螃蟹会吃掉所有的虫子和花，只留下了螃蟹和石头——我们的目标达到了，太棒了！不过，进化出一个毁掉自己所有食物的掠食者，是否是一个有益的目标呢？这个问题超出了计算机科学的范围。

13.12　使用关联类解决问题（可选）

聚合、组合和继承实现了类和对象之间一些最常见的关联——聚合和组合的"有一个"关联，继承的"是一个"关联。要知道，还有许多其他可能的关联关系，你可以通过简单地说几个动词短语轻松地联想起来，比如"与……相邻""从……得到……""将……置入……""用……制造……""向……跑去""把……卖给……"等。通常，这些其他类型的关联关系比"是一个"或"有一个"要复杂得多。本节描述了一种强大的方法来对关联关系建模。

如你所见，可以通过向容器对象提供对每个组件对象的引用来实现简单的聚合和组合关系。该引用允许容器对象的代码调用组件对象的方法。但是对于其他类型的关联关系，可能需要多个引用以及其他变量和方法。换句话说，你可能需要一个单独的类来专门描述这种关联关系，这样的类称为"*关联类*"。关联类定义了一个表示其他对象之间关系的关联对象。关联对象类似于聚合或组合容器，因为它具有引用其他对象的实例变量。但不同之处在于，它所引用的对象也引用它，每个对象不能包含另一个对象。通常关联对象在构造时接收与其关联的对象的引用。聚合或组合容器包含它的组件对象，而关联对象只是"了解"它关联的对象。

现在了解一下如何将其应用到之前的 Dealership 程序中。截至目前我们创建了一个公司，有一个销售经理、一些销售人员和一些汽车。客户呢？销售情况怎么样？假设向 Dealership 程序中添加了一个 Customer 类，然后某个热情的销售人员最终向第一个客户销售了产品。接下来的问题是，我们应该把销售信息放在哪里？在 Dealership 类中？在 SalesPerson 类中（就像在图 13.6 中要做的那样）？在 Car 类中？在 Customer 类中？从技术上讲，可以将这些信息放入任意一个类中，然后将对该类的引用放入任何需要访问该信息的类中；还可以以某种方式将信息分散到各个类中。然而，无论做哪一种选择，从某些角度来看似乎都不合适。

一种更优雅的解决方案是将所有销售信息封装到一个关联类中，并为该类提供一个描述关联关系的名称。这就是我们在图 13.25 中描绘的，它展示了之前的 Dealership 程序的另一个版本的简化类图。首先看 Customer 类。因为客户是一个人，就像销售经理和销售人员一样，我们可以使 Customer 类扩展 Person 类，通过使用继承来减少 Customer 类中的代码并避免冗余。接着看 Sale 类。Sale 类看起来只是类图中的另一个组件，一对多的多重性表明它的对象是 ArrayList 的元素，或许命名为 sales，该对象在改进版 Dealership 构造方法中实例化。就经销商而言，Sale 只是另一种类型的聚合或组合组件，就像 SalesPerson2 或 Car 一样。

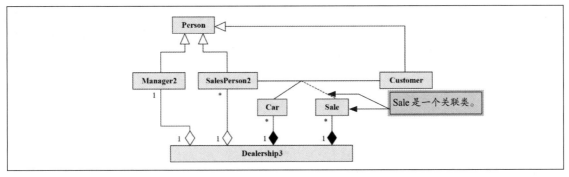

图 13.25　另一个 Dealership 程序的类图，包含 Customer 和 salesperson2-car-customer 的关联关系

　　然而，与有机体或汽车不同，销售不是一个实体，而是一个将一组实体联系起来的过程或事件。因此，Sale 类需要成为一个关联类。哪些类型的对象参与到 Sale 的关联关系中呢？有 Car、SalesPerson2 和 Customer。注意图 13.25 中的 UML 类图是如何使用简单的实线关联线来互连所有参与关联关系的普通类的。UML 标准建议用附加的符号和术语装饰这些关联线，但仅显示这些线传达了这样的信息——Car、SalesPerson2 和 Customer 类的对象之间的关联的概念。将 Sale 类连接到实线关联线的虚线，以图形方式将 Sale 类标识为描述相关关联的关联类。图 13.26 中的代码片段展示了 Sale 的构造方法。

```
// 将 SalesPerson2、Car 和 Customer 类关联起来

public class Sale
{
  private Car car;
  private SalesPerson2 salesperson;          对被关联的类的引用
  private Customer customer;
  private double price;
  ...


  //**********************************************************

  public Sale(Car car, SalesPerson2 person,
    Customer customer, double price)          传递给构造方法的引用
  {
    this.car = car;
    this.salesperson = person;
    this.customer = customer;
    this.price = price;
    ...
  } // constructor 结束
  ...
```

图 13.26　图 13.25 所示的 Sale 类的部分实现

13.12.1　警告：不要试图继承关联的参与者

你可能会尝试使用继承来创建关联类，因为你可能认为这样可以"自由访问"关联关系中的至少一个参与者。不要这样做。你能得到的只是创造一个你想要关联的对象的改进版克隆的能力，而且你必须复制克隆和本体之间的所有细节，这是浪费工夫。应该将关联视为聚合，一种将参与关联的对象的引用传给关联的构造方法的聚合。

总结

- 面向对象的编程语言帮助你将事物和概念组织成两种基本层级结构——用于聚合或组合中的组件的"有一个"层级结构，以及用于继承中的类型的"是一个"层级结构。
- 当一个大对象包含几个较小的（组件）对象时，就是聚合或组合层级结构。
- 对于给定的整体—部分类关系，如果容器包含对组件的唯一引用，则组件关联为组合，否则为聚合。
- 在继承层级结构中，子类继承它们之上的超类的所有变量和方法，且子类通常会在它们继承的内容中添加更多的变量和方法。
- 为了尽量减少描述性重复，请组织你的想法，以便只有继承层级结构最底部的概念（倒置树的叶子）才足够具体，来表示真实物体。
- 想要使类 B 继承类 A 和类 A 所有祖先中的变量与方法，将 extends A 添加到类 B 的类标题末尾。
- 构造方法应该通过立即调用父类的构造方法来初始化它继承的变量。调用语句为：super(*arguments*);
- 可以通过在派生类中编写继承方法的不同版本来重写继承方法。如在派生类中使用与父类相同的方法名和参数类型序列，则会自动进行重写。但如果这样做，则必须使用相同的返回类型。
- 可以通过在父子类同名方法名前加上 super. 来访问被重写的方法。
- 方法前加 final 访问修饰符将防止该方法被重写。类前加 final 访问修饰符可以防止该类被扩展。
- 程序员经常结合使用聚合、组合和继承来处理整体编程问题的不同方面。在 UML 类图中，两种关系都由相关类之间的实线表示，这些线称为关联关系。在组合或聚合关联关系中，在每条关联线的容器端都有一个实心或空心菱形。在继承关联关系中，关联线的超类末端有一个空心箭头。
- 继承允许重用为另一个上下文编写的代码。
- 当对象之间存在复杂的关联时，将对这些对象的引用聚集到一个公共关联类中可能会有所帮助。

复习题

§13.2　组合和聚合

1. 在 UML 图中，星号（＊）表示什么？
2. 在 UML 图中，实心菱形表示什么？

§13.3　继承概述

3. 解释使用继承层级结构是怎样实现代码可重用性的。
4. 超类的两个同义词是什么？
5. 子类的两个同义词是什么？

§13.4 Person/Employee/FullTime 层级结构的实现

6. 如何告诉编译器某个特定的类是从另一个类派生的？

7. 基于图 13.9 中的 UML 图，PartTime 类的实例包括以下实例变量：name 和 id。（对/错）

§13.5 子类中的构造方法

8. 在子类的构造方法中，如果想在开头调用超类的零参构造方法，应该怎么做？

§13.6 方法重写

9. 如果超类和子类定义了具有相同方法名和参数类型序列的方法，而子类的对象调用该方法时没有指定版本，Java 将生成运行时错误。（对/错）

10. 如果子类方法重写了超类中的方法，还能从子类中调用超类中的方法吗？

11. 如果一个超类声明一个变量是 private 的，可以直接从子类访问它吗？

§13.7 使用 Person/Employee/FullTime 层级结构

12. 如果希望调用超类方法，则必须始终在方法名前加上 super.。（对/错）

§13.8 final 访问修饰符

13. final 方法之所以被称为 final，因为它只允许包含指定的常量，而不允许包含普通变量。（对/错）

§13.9 将继承与聚合和组合一起使用

14. 组合和继承是两种可互相替代的编程技术，它们表示本质上相同的现实世界中的关系。（对/错）

§13.10 设计练习：纸牌游戏

15. 一个牌堆是一组牌，一个牌堆有一组牌。在我们的示例中，最好选择"是一个"关系并实现继承。在这种情况下，为什么继承是比组合更好的选择？

§13.12 使用关联类解决问题（可选）

16. 用现有类中的引用、变量和方法的就可以实现关联，相比之下，使用关联类有什么好处呢？

练习题

1. [§13.2] 本练习题应与练习题 2 和练习题 3 结合使用。用以下特性实现一个 Point 类。声明一个 position 实例变量——一个 double 类型数组，保存点的 x、y 和 z 坐标值。提供一个构造方法来接收 x、y 和 z 值，并用这些值实例化 position 数组。提供带有 offset 参数（保存 x、y 和 z 值的数组）的 shift 方法，该方法根据传入的 offset 指定的方向调整点的位置。实现 shift 方法以支持链接。提供一个访问器方法来返回点的 position 实例变量。

2. [§13.2] 本练习题应与练习题 1 和练习题 3 结合使用。实现一个具有以下特性的 Sphere 类。声明两个实例变量：center（类型为 Point）和 radius（类型为 double）。提供一个构造方法来接收中心值和半径值，并使用它们初始化两个实例变量。提供带有 offset 参数（保存 x、y 和 z 值的数组）的 shift 方法，该方法根据传入的偏移值的方向移动球体的中心点，调整球体的位置。提供带有 factor 参数（double 类型）的 scale 方法，该方法通过乘以传入的因子来调整球体的半径。实现移位和缩放方法以支持链接。提供一个 describe 方法来显示：①球体中心点的 x、y 和 z 坐标；②球体的半径。

3. [§13.2] 本练习题应与练习题 1 和练习题 2 结合使用。实现一个带有执行以下任务的 main 方法的 SphereDriver 类。实例化一个坐标为 x=10, y=15, z=20 的 Point，以该点为中心，实例化一个半径为 8 的 Sphere。调用该球体的 describe 方法。移动球体的位置，在 x 方向上 +3.0，在 y 方向上 -2.5，在 z 方向上 +4.0。将其半径增加到原来的 1.5 倍，然后再次调用它的 describe 方法。

4. [§13.3] 假设 HomeInsurance（房屋保险）、InsurancePolicy（任何东西的保险）和 FloodDamageInsurance

（洪水损害保险）这三个类形成了一个继承层级结构。描述存在于类之间的继承关系，并指出每对关系中的超类和子类。

5. [§13.3] 假设设计一个处理各种可再生能源的程序。使用 4 个类（RenewableEnergy、Hydro、Wind 和 Solar）和 10 个声明为类的实例变量的变量（initialCapitalInvestment、peakPowerOutput、averagePowerOutput、heightDifference、peakFlow、averageFlow、maxWindSpeed、averageWindSpeed、latitude 和 clearnessFactor）实现该设计的 UML 图。用类名、变量名和继承箭头绘制 UML 类图。假设所有变量都是 private 的，可以省略类型指定、构造方法和方法。

6. [§13.4] CircleProperties 程序。

Java 的 API 类广泛地使用了继承。例如，Oracle 的 Java API 文档显示 javafx.scene.shape 包里有一个名为 Circle 的类，它是一个名为 Shape 的类的子类，而 Shape 本身是一个名为 Node 的类的子类。Circle 从它的父类 Shape 继承了 30 多个方法，从它的祖父类 Node 继承了 330 多个方法。Circle 的一个构造函数有三个 double 类型的参数，前两个是圆心的 x 和 y 坐标，第三个是半径。

实现一个程序，创建一个圆心为（50, 30）、半径为 20 的圆。使程序要求用户提供额外的一对 x 和 y 坐标值。使用 Node 的 contains 方法，查看对应于这些（及其他）用户输入的 x 和 y 坐标的点是否在圆内。使用 Node 的 intersects 方法查看圆形和矩形（其左上角位于用户输入的 x 和 y 坐标，其宽度和高度分别为 20 和 15）之间是否有重叠。

示例会话：

```
Enter point's x and y coordinates: 30  10
contains? false
intersects? true
```

7. [§13.4] EllipseDriver 程序。

编译并执行以下程序，将程序的输出作为答案的一部分。使用 Oracle 或 OpenJFX 的 Java 文档作为资源，了解这段程序做了什么以及如何做的。在程序代码的指定位置插入注释，描述程序大概做了什么以及不同代码块具体做什么。注意，被扩展的 Application 类提供了这个类继承的一个 main 方法，而这个继承的 main 方法调用了这个类重写的 start 方法，而不是 Application 类中的 start 方法。

```
/*****************************************************
 * EllipseDriver.java
 * Dean & Dean
 *
 * <描述整体功能的注释>
 *****************************************************/

import javafx.application.Application;
import javafx.stage.Stage;
import javafx.scene.*;                  // Group 和 Scene
import javafx.scene.shape.Ellipse;
import javafx.scene.paint.Color;

public class EllipseDriver extends Application
{
  public void start(Stage stage)
  {
    // <描述构造函数参数的注释>
    Ellipse ellipse = new Ellipse(50, 30, 20, 15);
```

```
        // <描述下面两条语句的注释>
        Group root = new Group(ellipse);
        Scene scene = new Scene(root, 600, 300);

        // <描述下面三条语句的注释>
        ellipse.setFill(Color.LIGHTGRAY);
        ellipse.setStroke(Color.BLACK);
        ellipse.setStrokeWidth(3);

        // <描述下面三条语句的注释>
        stage.setScene(scene);
        stage.setTitle("Ellipse");
        stage.show();
    }
} // EllipseDriver 类结束
```

8. [§13.6]假设有两个通过继承关联的类，它们都包含一个名为 printThis 的单参数方法。下面是 printThis 的子类版本：

```
public void printThis(String str)
{
    System.out.println("In subclass's printThis method.");
    printThis(str);
} // printThis 结束
```

printThis(str);这个调用是尝试调用超类版本的 printThis。

（1）上面的 printThis 方法执行时会发生什么问题？

（2）如何解决这个问题？

9. [§13.8] 对一个类使用 final 修饰符是什么意思？

10. [§13.8] 对一个方法使用 final 修饰符是什么意思？

11. [§13.9] 填空。

如果 Y 类"是一个"X 类的特殊形式，那么就存在一个_____关联关系，且 Y 类标题的右侧将包含单词_____。

如果对象 X"有一个"对象 Y，也"有一个"对象 Z，那么就存在一个_____关联关系，并且 X 的定义中将包含_____变量的声明。

12. [§13.9] 确定关联关系的类型。

给定下面的单词对列表，对于每个单词对，找出两个单词之间的关联关系，即确定这两个词是由组合还是继承联系在一起的。作为示例，我们提供了前两组单词的答案。车辆和备胎是由组合联系在一起的，因为车辆"有一个"备胎（轮胎或内胎）。车辆和自行车通过继承联系在一起，因为自行车"是一个"车辆。

		继承还是组合？
自行车	山地自行车	继承
自行车	前轮	组合
树	叶子	_____
建筑物	住宅	_____
植物	葡萄树	_____
人	鼻子	_____
动物	浣熊	_____

语言	法语	_____
军队	士兵	_____
方法	参数	_____

13. [§13.10] 洗牌。

假设你正在开发本章前面提出的纸牌游戏程序，但你想使用 ArrayList 而不是数组。下面的 UML 类图展示了你的计划：

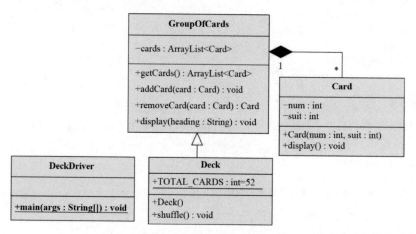

假设你已经实现了 Card 类和 GroupOfCards 类（下一个练习的要求）。假设 addCard 方法将传入的纸牌添加到 ArrayList 的末尾。假设 removeCard 方法从 ArrayList 中删除传入的纸牌（将 ArrayList 的大小减少 1），并返回一个对已删除纸牌的引用。为 Deck 和 DeckDriver 类提供 Java 代码。在 Deck 类中，必须实现一个依赖于 addCard 和 removeCard 方法的 shuffle 方法。不允许使用 Collection 类的 shuffle 方法。当你执行驱动程序时，应该得到类似下面的示例会话中这样的输出，包含洗牌后的随机改变：

```
示例会话：
Unshuffled Deck
2 of clubs
3 of clubs
...
Deck After Shuffling
14 of spades
3 of hearts
...
```

提示：要洗牌，在 Deck 类的 shuffle 方法中，使用以 unshuffled = getCards().size()开头的 for 循环，并将其逐步降为 1。在每次迭代中，使用 Math.random 在未洗的牌堆范围内里随机挑选索引，删除该索引处的牌，然后将其添加回 ArrayList。

14. [§13.10] 这是前面练习中描述的纸牌游戏程序的延续。实现 Card 和 GroupOfCards 类。

15. [§13.2]（案例研究）GridWorld 的 firstProject 包含 BugRunner 驱动：

```java
public class BugRunner
{
    public static void main(String[] args)
    {
```

```
    ActorWorld world = new ActorWorld();
    world.add(new Bug());
    world.add(new Rock());
    world.show();
  } // main 结束
} // BugRunner 类结束
```

BugRunner 先创建一个名为 world 的 ActorWorld 实例。ActorWorld 的构造方法立即创建一个 10×10 的 BoundedGrid。接下来，BugRunner 要求 ActorWorld 对象在一个随机位置添加一个新的 Bug，然后在另一个随机位置添加一个新的 Rock。ActorWorld 的 add 方法告诉每个新占位者它应该在网格中的哪个位置，然后让占位者将自己放入网格中的那个位置。

BugRunner 的最后一条语句调用了 ActorWorld 的 show 方法。这个 show 方法实例化了一个 WorldFrame（一个 GUI 窗口），它的参数指向 ActorWorld 对象。

WorldFrame 的构造方法实例化一个 GridPanel。然后它使用对 ActorWorld 对象的引用获取对 BoundedGrid 的引用，并将这个 BoundedGrid 引用传递给新的 GridPanel。GridPanel 的 drawOccupants 方法使用这个 BoundedGrid 引用来调用 BoundedGrid 的 getOcupiedLocations 方法。这使得 GridPanel 的 paintComponent 方法能在每次重新绘制屏幕时将虫子和石头图像放在合适的位置。

画一个简要的 UML 类图，其中包含上述两个段落中你识别出的除 BugRunner 外的所有类。使用适当的组合（实心菱形）和聚合（空心菱形）进行链接。引入多重性符号，其中一个多重性可能大于 1。对于 ActorWorld 和 WorldFrame 之间的关系，使用一个简单的双向关联，像这样：

或者使用双向依赖，像这样：

16. [§13.2]（案例研究）使用 GridWorld 文档，为 Actor 类及其后代 Bug、Rock 和 Flower 画一个 UML 类图。这应该类似于本章中 Person 类及其后代的 UML 类图，包括所有类、实例变量和常量以及这些类中的所有方法的 UML 规范。

17. [§13.5]（案例研究）本章的练习题 15 给出的代码包含这样的语句：

```
ActorWorld world = new ActorWorld();
```

之后，我们说："ActorWorld 的构造器创建了一个 10×10 的 BoundedGrid。"但是如果你查看 GridWorld 的 ActorWorld 类的源代码，你会看到零参数构造函数是空的。

```
/**
 * Constructs an actor world with a default grid.
 */
public ActorWorld()
{
}
```

这个空构造方法是如何创建"一个 10×10 的 BoundedGrid"的？

18. [§13.6]（案例研究）找到并描述在练习题 15 中提到的 ActorWorld、BoundedGrid、Bug、Rock、WorldFrame 和 GridPanel 类中对超类成员的显式调用。在每个进行此调用的类中，指出这个类、包含该调用的方法或构造方法、被调用的构造方法或方法，以及被调用成员所在的类。

19. [§13.6]（案例研究）创建一个 RandomBug 类，扩展 GridWorld 程序中的 Bug 类。在这个扩展的类中，重写从 Bug 继承的 move 方法，即复制 Bug 的 move 方法的代码，然后用一个 setDirection 调用替换创建花并将花放在虫子的轨迹上的代码片段。这个调用随机选择方向中的一个，0、45、90、135、180、225、270 或 315。获取随机值的方法与 GridWorld 在 World 类的 getRandomEmptyLocation 方法中获取有界网格的随机值的方法相同，只是这里不使用 generator.nextInt(emptyLocs.size())，而是使用 45* generator.nextInt(8)。

实现一个 RandomBugRunner 类来驱动新的 RandomBug 类。在这个类的 main 方法中，实例化一个名为 world 的 ActorWorld 对象，然后让 world 添加 10 个 RandomBug 对象，再让 world 调用 show 方法。

执行 RandomBugRunner 应该会生成一个类似于图 11.15 的显示结果，但这次会有 10 个随机放置的虫子而没有石头。连续单击 Step 按钮，看一看虫子如何移动。然后选择 World→UnboundedGrid 命令，调整边上的滑块，将虫子们移动到更大的屏幕的中心，单击 Run 按钮，观察虫子随着时间的推移逐渐分散。

复习题答案

1. UML 图上的星号（*）表示多重性可以是"任何数字"。

2. 在 UML 图中，组合关联的关联线上的实心菱形放在包含类旁边，它表明包含类排他性地包含关联线另一端的类。

3. 将来自两个类的共同代码放入超类是代码可复用性的一个例子。当你想要用一个新的子类实现向现有类添加大量功能时，代码可复用性也会发生。

4. 超类的两个同义词：父类、基类。

5. 子类的两个同义词：孩子类、派生类。

6. 要告知编译器一个类是从另一个类派生出来的，可以在新类的类标题末尾写 extends 其他类名。

7. 对。子类的实例包括该类的实例变量及其祖先的实例变量。

8. 什么都不用做，它会自动调用。也可以通过在派生构造方法的第一行编写 super();来代替。

9. 错。没有问题，JVM 会选择子类中的方法。

10. 是的，在调用语句中，在重名的方法名前面加上 super.。

11. 不。如果超类的实例变量是 private 的，则不能从子类直接访问它。你可以通过调用访问器方法来访问它（假设访问器是 public 的）。在调用超类的方法时，不需要在方法调用前加引用"."。

12. 错。只有你希望调用已被重写的超类方法时，才需要使用 super.前缀。

13. 错。final 方法允许包含普通变量。之所以叫 final，是因为在子类中创建该方法的重写版本是非法的。

14. 错。组合和继承是完全不同的类关系。组合是指一个类由重要的组成部分组成，这些部分被定义为类。继承是指一个类是另一个类的更详细的版本。更正式地说，继承是一个类（子类）从另一个类（超类）继承了变量和方法。

15. 继承更好。因为在这个例子中，有另一个类也是一组纸牌。因为有两个类共享一些相同的属性，所以应该将这些公共属性放在共享的超类 GroupOfCards 中。这样做可以促进软件复用，避免代码冗余。

16. 通过在一个只表示关联关系的类中组织对所有关联参与者和其他关联信息及方法的引用，可以使复杂的关联关系更容易识别和理解。

第 14 章

继承和多态

目标

- 理解 Object 类的角色。
- 学习为什么需要重定义 equals 和 toString 方法。
- 学习多态和动态绑定如何提高程序的多功能性。
- 理解当引用变量与方法名相关联时，编译器检查什么以及 JVM 会做什么。
- 理解对 "将一个类的对象赋值给另一个类的引用变量" 产生影响的约束。
- 了解如何使用一系列祖先引用变量在子方法中实现多态。
- 了解抽象超类中的抽象方法声明如何消除超类中空方法定义的必要性。
- 了解如何使用接口来指定共同的方法标题、存储共同的常量和实现多重继承。
- 学习在何处使用 protected 成员访问权。
- （可选）学习如何绘制三维物体。

纲要

14.1　引言

这是关于继承的两章中的最后一章。第 13 章对基本的继承概念做了粗略的描述，本章聚焦于深入描述一些与继承相关的主题，从 Object 类（它是所有其他类的（Java API）超类）开始，讨论面向对象编程（OOP）的基石之一——多态。多态是指某一方法调用在不同时间能展现不同操作的能力。在程序执行过程中，当有一个引用变量指向不同类型的对象时，多态就出现了。当引用变量调用多态方法时，引用变量的对象类型决定了此时调用哪个方法。非常酷，是不是？多态为程序提供了大量的能力和多功能性。

在引入多态之后将描述它的搭档——动态绑定。*动态绑定*是 Java 用来实现多态性的机制。之后提供了多态的另一种实现，使用 abstract 类使代码更简洁。

第 10 章介绍了预先编写的 Java 集合框架中的几个接口示例。本章将展示如何定义自己的多签名接口，并使用它们来管理代码开发、存储通用常量以及使多态更加多功能。

然后将描述 protected 修饰符，它简化了对继承代码的访问。最后，在一个可选的小节中展示了两个用 Java API 描述多态性的三维图示例。

本章的材料相对较难，你一旦掌握了它，就会真正理解 OOP 是什么，还会知道如何制作结构优美的程序。

14.2　Object 类和自动类型提升

Object 类是所有其他类的原始祖先，即继承层级结构的根。任何显式扩展超类的类都在其定义中使用 extends。当任何人创建一个没有显式扩展其他类的新类时，编译器会自动使其扩展 Object 类。因此，所有类最终都是从 Object 类派生出来的。Object 类的方法不多，但很重要，因为它们总是被所有其他类继承。在接下来的两节中，你将了解 Object 类的两个最重要的方法：equals 和 toString。因为编写的任何类都会自动包含这两个方法，所以你需要知道调用这些方法时会发生什么。

然而，在深入研究这两种方法的细节之前，应先了解一种 Java 处理，它非常类似于你在第 3 章和第 12 章中学习的数值类型提升，即在进行赋值或将实参复制到形参的过程中，当涉及的两种类型符合特定的数值层级结构时，JVM 就会执行提升。例如，当一个 int 值被赋给一个 double 变量时，JVM 会自动将 int 值提升为 double 值。

类似的提升也可以发生在引用类型上。当赋值或参数传递操作涉及不同的引用类型时，如果目标引用类型在继承层级结构中位于源引用类型之上，JVM 会自动将源引用类型提升为目标引用类型。特别地，由于 Object 类是所有其他类的祖先，所以必要时 Java 会自动将任何类类型提升为 Object 类型。下一节将描述一种模拟这种类型提升的情况。

14.3　equals 方法

14.3.1　语法

Object 类的 equals 方法（它被所有其他类自动继承）有以下公共接口：

```
public boolean equals(Object obj)
```

因为所有的类都会自动继承这个方法，除非有一个类似定义的方法占先，否则任何对象（如 objectA）都可以调用这个方法来将自己与任何其他对象（如 objectB）进行比较，调用格式如下：

```
objectA.equals(objectB)
```

此方法调用返回一个 boolean 值（true 或 false）。注意，此时没有指定 objectA 或 objectB 的类型。通常，它们可以是任何类的实例化，而且不需要是相同类的对象。唯一的约束是，objectA 必须是一个非 null 引用。例如，如果存在 Cat 和 Dog 类，则下面的代码可以正常工作：

```
Cat cat = new Cat();
Dog dog = new Dog();

System.out.println(cat.equals(dog));
```

输出：
```
false
```

这里调用的 equals 方法就是 Cat 类自动从 Object 类继承的 equals 方法。这个继承方法中的参数类型是 Object，如上面的公共接口所指的那样。但是传递给这个方法的 dog 参数不是 Object 类型的，而是 Dog 类型的。这是为什么呢？当我们将 dog 引用传递给继承的 equals 方法时，引用类型自动从 Dog 类型提升到 Object 类型。然后，继承的 equals 方法会执行一个内部测试，看一看传入的 dog 是否与执行调用的 cat 相同。显然它们不同，所以你看到输出为 false。

14.3.2　语义

注意，刚刚提到"执行一个内部测试"，现在就来看一看这个神秘的"内部测试"。如何分辨两个物体是否相同或"相等"？当说"objectA 与 objectB 相等"时，有以下两种可能：

（1）objectA 只是 objectB 的别名，objectA 和 objectB 引用的完全是同一个对象。

（2）objectA 和 objectB 是两个具有相同属性的单独的对象。

所有类从 Object 类继承的 equals 方法实现了"相等"一词最狭义的含义。也就是说，当且仅当 objectA 和 objectB 引用的完全是同一个的对象（定义 1）时，该方法才返回 true。这时 equals 的行为与 ==运算符在测试两个引用变量的相等性时的行为完全相同（该运算符也是在当且仅当两个引用完全引用同一对象时，才返回 true）。

假设有一个 Car 类，其中有三个实例变量 make、year 和 color，还有一个构造方法，该构造方法用相应的参数值初始化这些实例变量。假设这个 Car 类本身没有定义 equals 方法，并且它继承的唯一 equals 方法是从 Object 类自动继承的。下面的代码说明了继承自 Object 类的 equals 方法与==运算符做的事情完全相同：

```
Car car1 = new Car("Honda", 2014, "red");
Car car2 = car1;
Car car3 = new Car("Honda", 2014, "red");
System.out.println(car2 == car1);          ←  同一个对象的不同名称
System.out.println(car2.equals(car1));
System.out.println(car3 == car1);          ←  具有相同属性的不同对象
System.out.println(car3.equals(car1));
```

输出：
```
true
true
false
false
```

"相等"这个词的狭义含义并不总是你想要的。例如，假设你的配偶决定买一辆新车，在一个特定的汽车经销商那里订购了一辆红色的 2014 年款 Honda（如上面的 car1 实例所示）。当看到你的配偶带回家的宣传册时，你也想要给自己买一辆一样的车，只不过颜色是蓝色的。所以你去同一个经销商那里说："我想要我配偶刚才订购的那个车，但颜色要蓝色。（I want the same car my spouse just ordered, but I want the color to be blue. ）"一个月后，经销商分别给你们打电话说："你们的车准备好了，请今天下午五点半来取。"你们俩都按要求出现了，经销商把你们带到外面，骄傲地大声说："看看，觉得如何？"你说："太好了，这正是我想要的!"然后你的配偶说："但是我的车呢？"经销商回答说："我以为你们想成为同一辆车的共同拥有者，而你的配偶告诉我把这辆车的颜色改为蓝色。"哎哟，看来有人搞错了……

误会发生在你和经销商沟通的时候，你说的是"一样的车"。你指的是上面列举的第二种含义：objectA 和 objectB 是两个具有相同属性的单独的对象。但经销商以为是上面列举的第一种含义：objectA 只是 objectB 的另一个名称，而且 objectA 和 objectB 引用的完全是同一个对象。

14.3.3　定义自己的 equals 方法

现在实现第二种含义。想实现它，请在类中包含一个用于测试相等属性的 equals 方法的显式版本。然后，当该类的一个实例调用 equals 方法时，你定义的 equals 方法优先于 Object 类的 equals 方法，因此，JVM 会使用你定义的 equals 方法。图 14.1 的 Car 类中的 equals 方法通过比较全部三个实例变量（它们是对象的属性）的值来测试属性是否相等。只有当三个实例变量都具有相同的值时返回 true，否则返回 false。注意，这个 equals 方法包含两个从属的 equals 方法调用：一个由 make 实例变量调用，另一个由 color 实例变量调用。如第 3 章所述，它们调用 String 类的 equals 方法检查两个不同的字符串是否具有相同的字符序列。

```
/**********************************************
 * Car.java
 * Dean & Dean
 *
 * 这里定义和比较了汽车
 **********************************************/

public class Car
{
  private String make;   // 汽车的品牌
  private int year;      // 汽车的上市时间
  private String color;  // 汽车的颜色
```

图 14.1　Car 类，它定义的 equals 方法意味着具有相同的实例变量值

```
//*********************************************

public Car(String make, int year, String color)
{
  this.make = make;
  this.year = year;
  this.color = color;
} // 结束汽车的构造

//*********************************************

public boolean equals(Car otherCar)
{
  return otherCar != null &&
         make.equals(otherCar.make) &&
         year == otherCar.year &&
         color.equals(otherCar.color);
} // equals 结束
} // Car 类结束
```

这"重写"了 Object 类的 equals 方法

图 14.1 （续）

在 equals 方法的返回表达式中，请注意如果 otherCar != null 子表达式的值为 false（表示 otherCar 为 null），Java 的短路求值将使计算机避免使用 null 引用来访问 otherCar 的 make 和 color 引用变量。这样的短路求值可以防止运行时错误。你应该始终努力使你的代码健壮。在本例中，这意味着你应该考虑也许有人会给 otherCar 传入 null 值。如果传入 null，并且没有对 null 进行测试，那么 JVM 在看到 otherCar.make 时将生成一个运行时错误。这是一个相当常见的错误（试图从 null 引用变量访问成员），在访问成员之前测试 null 即可避免。对于 equals 方法，如果 otherCar 为 null，则 otherCar != null 子表达式为 false，return 语句返回 false。返回 false 是合适的，因为一个空的 otherCar 显然与调用方的 Car 对象不同。

养成为大多数自定义类编写 equals 方法的习惯。编写 equals 方法通常很简单，因为它们看起来一样，可以把 Car 类的 equals 方法作为模板使用。

记住，任何引用变量都可以调用 equals 方法，即使引用变量的类没有定义 equals 方法。当 JVM 发现没有本地 equals 方法时，它会在祖先类中查找 equals 方法。如果它在到达层级树顶部的 Object 类之前没有找到 equals 方法，就会使用 Object 类的 equals 方法。这种默认操作通常会造成一个 bug。要修复这个 bug，请确保你的类实现了自己的 equals 方法。

正如图 14.1 中的标注所提示的，可以非正式地认为 Car 类的 equals 方法"重写"了 Object 类的 equals 方法。但从技术上讲，它不是一个重写方法。如果在这个"重写的"equals 方法前面加上 @Override 标记，编译器就会报错并告诉你这不是一个重写方法，而是一个与超类方法同名的方法，只是因为参数类型不同使得它们签名不同。如前文所示，Object 类的 equals 方法的标题如下：

```
public boolean equals(Object obj)
```

而 Car 类的 equals 方法的标题如下：

```
public boolean equals(Car otherCar)
```

可以看到参数类型是不同的，obj 是一个 Object，而 otherCar 是一个 Car。

在许多情况下，真正重写方法是有用的。如图 13.11 和图 13.12 中的 Employee 与 FullTime 类所示，重写方法可以使用 super 来获取被重写方法的服务，然后通过其他语句提供额外的服务。但是，我们没有足够的理由真正去重写 Object 的 equals 方法，因为对于那些参数匹配泛型 Object 类的 equals 方法调用来说，Object 类的 equals 方法正合适。

14.3.4　API 类中的 equals 方法

注意，equals 方法已内建在许多 API 类中。[1]例如，String 类和包装器类都实现了 equals 方法。如你所料，这些 equals 方法测试两个引用是否指向相一致的数据（而不是两个引用是否指向同一个对象）。

因此，下面的示例说明了==运算符和 String 类的 equals 方法之间的区别。这段代码会输出什么内容？

```
String s1 = "hello";
String s2 = "he";
s2 += "llo";
if (s1 == s2)
{
  System.out.println("same object");
}
if (s1.equals(s2))
{
  System.out.println("same contents");
}
```

此代码片段会输出 same contents。因为只有当两个引用变量引用同一个对象时，==运算符才返回 true。在第一条 if 语句中，s1 == s2 返回 false，因为 s1 和 s2 引用的不是同一个对象。在第二条 if 语句中，s1.equals(s2)返回 true，因为两个比较字符串中的字符是相同的。

实际上，String 类还有一个特例。为了最小化存储需求，当一个赋值引用到重复的字符串字面值时，Java 编译器会让字符串引用同一个 String 对象，这叫作 *字符串池化*。例如，假设前面的代码包含了以下声明：

```
String  s3  =  "hello";
```

那么，如果第一个 if 条件是(s1 == s3)，将会输出 same object，因为 s1 和 s3 将引用同一个 hello 字符串对象。

14.4　toString 方法

14.4.1　Object 类的 toString 方法

现在我们来看另一个所有类都从 Object 类继承的重要方法。Object 类的 toString 方法返回一个字符串，该字符串由调用对象的完整类名、@符号以及数字和字母序列拼接而成。例如，请看以下代码片段：

```
Object obj = new Object();
```

---

[1]　要想了解 equals 方法有多常见，可以访问 Oracle 的 Java API 网站，搜索 equals 的出现次数。

```
Car car = new Car();

System.out.println(obj.toString());
System.out.println(car.toString());
```

执行时，代码片段会产生如下结果：

```
java.lang.Object @ 601BB1
Car@1BA34F2
```

完整类名　　　这些数字和子母组成了哈希码

注意 obj.toString()是如何生成完整类名 java.lang.Object 的。完整类名由类的包名前缀加上类名组成。Object 类在 java.lang 包中，因此它的完整类名是 java.lang.Object。注意 car.toString()是如何生成完整的类名 Car。因为 Car 类不是一个包的一部分，所以它的完整类名就是 Car。

注意 obj.toString()如何生成*哈希码*值 601BB1。哈希码帮助 JVM 查找可能位于一大块内存中的任意位置的数据。在 Java 中，哈希码值（如 601BB1）被写成十六进制数。第 12.15 节描述了十六进制数系统，下面进行简单的回顾。

14.4.2　十六进制数

十六进制数使用的一位数字的值为 0、1、2、3、4、5、6、7、8、9、A、B、C、D、E 和 F（小写字母 a~f 也可以）这 16 个值。十六进制数字 A~F 代表十进制数字 10~15。具有 16 个唯一数字的十六进制数构成了所谓的以 16 为基数的数字系统。在更为熟悉的以 10 为基数的十进制数字系统中，假设计数到了最大的一位数字 9，要形成下一个数字 10，你需要两个数字，即左边一个 1 和右边一个 0，结果是 10。类似地，假设用十六进制数计数到了最大的一位数字 F（代表 15），要形成下一个数字 16，你需要两个数字，即左边一个 1，右边一个 0，结果是 10。换句话说，这个 10 是 16 的十六进制形式。有关十六进制计数的更多帮助，请参见第 12.15 节或附录 1。在附录 1 中，你将看到在 Unicode/ASCII 字符集的环境下的十六进制数序列及其相关的十进制数。附录 8 解释了如何在十进制和任何其他数字系统之间进行转换。

你知道十六进制数 A 等于十进制数 10。由前面的代码片段生成的 601BB1 值是什么？它的等价十进制数是多少？附录 8 解释了将十六进制数转换为等价的十进制数的数学方法，但我们这里给出一个捷径。例如在 Windows 10 中，选择 Start→Calculator 并导航到 Programmer。在 Programmer 窗口，单击 Hex 按钮，输入 601BB1，再单击 DEC 按钮之后就会看到 6298545，这就是等价于 601BB1 的十进制数。因此，在前面的代码片段中，当 obj.tostring()返回@符号右侧的 601BB1 字符串时，意味着 obj 对象的内存地址是对象哈希表中第 6298545 行的几个内存地址之一。JVM 可以立即跳转到该行，并在该行中快速执行对正确地址的简短搜索。

14.4.3　重写 toString 方法

检索类名、@符号和哈希码通常是没有价值的，因此要调用重写的 toString 方法，而非 Object 类的 toString 方法。之所以讨论 Object 类的 toString 方法，是因为它很容易被意外调用。当这种情况发生时，希望你能了解发生了什么。

因为 Object 类定义了一个 toString 方法，所以每个类都有一个 toString 方法，即便它没有自己定义或通过显式 extends 的其他类继承它。许多 Java API 类定义了重写的 toString 方法。例如，String 类的 toString 方法只是返回存储在 String 对象中的字符串。如第 10 章中 ArrayList 类的 toString 方法（继承自 AbstractCollection 类）返回一个用方括号括起来的、以逗号分隔的字符串列表，这些字符串表示各个数组元素。Date 类的 toString 方法将 Date 对象的月、日、年、时和秒的值拼接为单个字符串返回。通常，toString 方法应该返回一个描述调用对象内容的字符串。

因为检索对象的内容是非常常见的需求，所以应该养成为大多数自定义类提供显式的 toString 方法的习惯。一般来说，你的 toString 方法应该是简单地拼接调用对象的存储数据，并返回结果字符串而不是输出串接的字符串值。新手程序员往往倾向于在 toString 方法中放入输出语句，这是错误的做法。一个方法应该只做它应该做的事情，其他都不做。toString 方法应该返回一个字符串值，仅此而已！

例如，查看图 14.2 中的 Car2 程序中的 toString 方法。它返回一个描述调用对象内容的字符串。

```java
/*****************************************************
 * Car2.java
 * Dean & Dean
 *
 * 这将实例化汽车并显示其属性
 *****************************************************/

public class Car2
{
  private String make;   // 汽车的品牌
  private int year;      // 汽车的上市时间
  private String color;  // 汽车的颜色


  //*************************************************


  public Car2(String make, int year, String color)
  {
    this.make = make;
    this.year = year;
    this.color = color;
  } // Car2 constructor 结束


  //*************************************************


  @Override
  public String toString()
  {
    return "make = " + make + ", year = " + year +
      ", color = " + color;
  } // toString 结束
```

这里重写了 Object 类的 toString 方法

图 14.2 说明重写 toString 方法的 Car2 程序

```
//************************************************

public static void main(String[] args)
{
  Car2 car = new Car2("Honda", "2020", "silver");
  System.out.println(car);
} // main 结束
} // Car2 类结束
```

图 14.2 （续）

14.4.4 隐式 toString 方法调用

在 Car2 程序中，main 方法中没有显式的 toString 方法调用。那么这个程序如何说明 toString 方法的使用呢？当引用单独出现在输出语句（System.out.print 或 System.out.println）中时，JVM 自动调用被引用对象的 toString 方法。在图 14.2 中，以下语句产生了对 Car2 类中的 toString 方法的调用：

```
System.out.println(car);
```

图 14.3 中的 Counter 程序同样有一个 toString 方法，但没有对它的显式调用。那么它是如何被调用的呢？当你（使用+运算符）拼接引用变量和字符串时，JVM 会自动调用引用的 toString 方法。因此，在图 14.3 中，以下语句的 counter 引用产生了对 Counter 类的 toString 方法调用：

```
String message = "Current count = " + counter;
```

```
/************************************************
* Counter.java
* Dean & Dean
*
* 创建一个计数器并显示其计数值
************************************************/

public class Counter
{
  private int count;

  //************************************************

  public Counter(int count)
  {
    this.count = count;
  } // 构造器结束

  //************************************************

  @Override
  public String toString()          ◄──── 这里重写了 Object 类的 toString 方法
  {
    return Integer.toString(count);
  } // toString 结束
```

图 14.3 说明隐式调用 toString 方法的 Counter 程序

```
//************************************************

public static void main(String[] args)
{
  Counter counter = new Counter(100);
  String message = "Current count = " + counter;
  System.out.println(message);
} // main 结束
} // Counter 类结束
```

图 14.3　（续）

请注意，你会经常看到使用标准调用语法显式地调用 toString 方法，即使在没有必要时也是如此。例如，在 Counter 程序的 main 方法中，可以在对 message 赋值的语句中使用以下语句替代实现：

```
String message = "Current count = " + counter.toString();
```

一些程序员会认为这种替代实现更好，因为代码更自文档化，也有一些程序员会认为原始的实现更好，因为代码更简洁。我们并不偏向于哪一种实现更好，两种方式都可以。

14.4.5　详细分析 Counter 程序的 toString 方法

让我们回顾一下图 14.3 的 Counter 程序中的 toString 方法。因为 Counter 类只包含一段数据 count，所以在 toString 的实现中不需要拼接代码，只要返回 count 的值就行了。以下可能是你对 toString 的第 1 版实现：

```
public int toString()
{
  return count;
}
```

但这会产生一个编译时错误。你知道原因吗？重写方法必须具有与被重写的方法相同的返回类型。因为 Counter 类的 toString 方法是 Object 类的 toString 方法的重写实现，所以这两个方法必须具有相同的返回类型。因为 Object 类的返回类型是 String 类型，所以上面的 int 返回类型会产生一个错误。鉴于这一点，以下可能是你对 toString 的第 2 版实现：

```
public String toString()
{
  return count;
}
```

但这也产生了一个错误——类型不兼容。返回值 count 是一个 int 类型，而方法的返回类型定义为 String 类型。解决方案是在返回 count 之前显式地将其转换为 String，例如：

```
public String toString()
{
  return Integer.toString(count);
}
```

你能理解 Integer.toString 这段代码吗？在第 5 章中已经学习了所有基本类型都有相应的包装器类。Integer 就是这样一个类，它封装了 int 基本类型。Integer 类的 toString 方法返回传入的 int 参数的字符串表示形式。所以如果 count 是 23，那么 Integer.toString(count) 将返回字符串 23。

快问快答：Integer 类的 toString 方法是静态方法还是实例方法？看一看方法调用的前缀：方法调用 Integer.toString 使用类名作为前缀。当方法调用使用类名而非引用变量作为前缀时，就说明该方法是一个静态方法。因此，Integer 的 toString 是一个静态方法。

注意，所有包装器类都有 toString 方法，它们都做同样的事情，即返回传入参数的字符串表示。例如：

```
Double.toString(123.45) : evaluates to string "123.45"
Character.toString('G') : evaluates to string "G"
```

14.4.6　String 的 valueOf 方法

使用 String 类的 valueOf 方法也可以将基本类型变量转换为字符串，它接受一个基本类型值并返回一个字符串。与上面描述的包装器类的 toString 方法一样，它也是一个静态方法，因此必须使用它的类名 String 作为前缀。从而可以使用以下方法调用代替之前的方法调用：

```
String.valueOf(123.45) : evaluates to string "123.45"
String.valueOf('G') : evaluates to string "G"
```

因为 valueOf 方法是一个重载方法，所以它可以处理不同的数据类型，JVM 会根据所提供的数据类型自动选择与参数类型相匹配的特定方法。因为我们经常自定义 toString 方法，所以 String 的 valueOf 方法可能会产生更加标准一致的转换。

除了将基本类型转换为字符串外，valueOf 方法还可用于将元音字符数组转换为字符串。这段代码会输出字符串 aeiou：

```
char[] vowels = {'a', 'e', 'i', 'o', 'u'};
System.out.print(String.valueOf(vowels));
```

14.5　多态和动态绑定

14.5.1　多态概述

如果让一个面向对象编程（OOP）的爱好者说出 OOP 的三个最重要的特征，他可能会回答"封装、继承和多态"。第 13 章讨论了封装和继承，现在该讨论多态了。多态一词的意思是有多种形式，它来自希腊语词根 *poly*（许多）和 *morph*（形式）。在化学和矿物学中，多态是指一种物质可以以两种或两种以上的不同形式结晶。在动物学中，多态是指一个物种有两种或两种以上不同的形态，就像同一个蜂王繁育的执行不同功能的各种等级的蜜蜂。在计算机科学中，多态是指不同类型的对象对同一方法调用的响应不同。

下面是它的工作原理。声明一个通用类型的引用变量，它能够引用不同类型的对象。最通用的引用变量类型就是 Object 引用变量，比如以下声明：

```
Object obj;
```

一旦声明了 Object 类型的引用变量，就可以使用它来引用任何类型的对象。例如，假设定义了一个名为 Dog 的类（见图 14.4）和一个名为 Cat 的类（见图 14.5）。这两个派生类都包含一个 toString 方法，重写了 Object 类中的 toString 方法。注意，这两个 toString 方法以不同的方式重写了 Object 类的 toString 方法。一个返回狗的语言"Woof! Woof!"，另一个返回猫的语言"Meow! Meow!"。

```
/***********************************
 * Dog.java
 * Dean 和 Dean
 *
 * 这里将实现一个 Dog 类
 ***********************************/

public class Dog
{
  @Override
  public String toString()
  {
    return "Woof! Woof!";
  }
} // Dog 类结束
```

图 14.4　由图 14.6 中的代码驱动的 Pets 程序的 Dog 类

```
/***********************************
 * Cat.java
 * Dean & Dean
 *
 * 这里将实现一个 Cat 类
 ***********************************/

public class Cat
{
  @Override
  public String toString()
  {
    return "Meow! Meow!";
  }
} // Cat 类结束
```

图 14.5　由图 14.6 中的代码驱动的 Pets 程序的 Cat 类

在 Dog 类和 Cat 类中的不同的 toString 方法定义使 toString 方法具有了多态性。如果调用 toString 时引用一个 Dog 对象，它会以狗的方式响应；调用 toString 时引用一个 Cat 对象，它会以猫的方式响应。图 14.6 中的驱动程序演示了这种效果。注意 obj 引用变量可以包含对 Dog 对象或 Cat 对象的引用，该对象决定调用哪个 toString 方法。

为什么图 14.6 中的程序会输出两次 "Woof! Woof!" ？因为有两条输出语句：第一条输出语句显式地调用了 toString 方法；第二条输出语句使用了对 toString 方法的隐式调用——当引用变量单独出现在 String 语境中时，编译器会自动将.toString()拼接到引用变量后面。因此，Pets 类中的最后两条语句是等价的。

14.5.2　动态绑定

多态和*动态绑定*这两个术语密切相关，但它们并不相同。多态是一种行为的形式，动态绑定是实现这种行为的机制。具体来说，多态是指不同类型的对象对相同的方法调用作出不同的响应；动态绑定是 JVM 为了将多态方法调用与特定方法匹配所做的事情。

就在 JVM 执行方法调用前，它会确定该方法调用的实际调用对象的类型。如果实际调用对象的类型属于 X 类，JVM 会将 X 类的方法*绑定*到该方法调用；如果实际调用对象的类型属于 Y 类，JVM 会将 Y 类的方法绑定到该方法调用。在 JVM 将适当的方法绑定到方法调用之后，JVM 会执行绑定的方法。例如，图 14.6 的程序对 obj.toString 方法的调用，语句如下：

```
System.out.println(obj.toString());
```

根据 obj 引用的对象类型，JVM 将 Dog 类的 toString 方法或 Cat 类的 toString 方法绑定到 obj.toString 方法调用。绑定完成后，JVM 执行绑定方法并输出"Woof! Woof!"或"Meow! Meow!"。

动态绑定是"动态的"，因为 JVM 在程序运行时执行绑定操作。绑定发生在方法执行之前的最后一刻，因此动态绑定通常被称为*晚绑定*。有些编程语言是在编译时而非运行时绑定方法调用，这被称为*静态绑定*。Java 的设计者决定使用动态绑定而非静态绑定，是因为动态绑定有助于多态。

14.5.3　编译的细节

Pets 程序通过调用 Dog 和 Cat 版本的 toString 方法的来说明多态行为。如果 Dog 类和 Cat 类各有一个对 display 方法的实现版本，还可以调用吗？换句话说，如果 Dog 实现输出"I'm a Dog"的显示方法，下面的代码能工作吗？

```
Object obj = new Dog();
obj.display();
```

```
/***************************************************
* Pets.java
* Dean & Dean
*
* 这里说明了简单的多态性
***************************************************/

import java.util.Scanner;

public class Pets
{
  public static void main(String[] args)
  {
    Scanner stdIn = new Scanner(System.in);
    Object obj;

    System.out.print("Which type of pet do you prefer?\n" +
      "Enter d for dogs or c for cats: ");
    if (stdIn.next().equals("d"))
```

图 14.6　包含图 14.4 和图 14.5 中的类的 Pets 程序的驱动程序

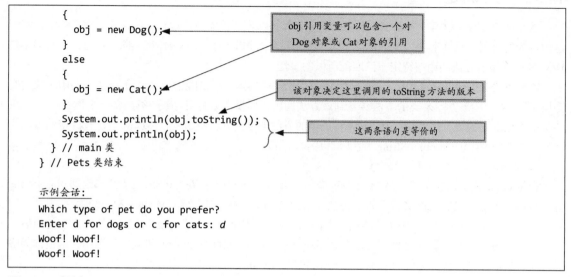

图 14.6　（续）

　　根据我们对动态绑定的讨论，上面的代码应该可以正常工作。JVM 应该会看到在 obj 引用变量中是一个 Dog 对象，并将 Dog 的 display 方法绑定到 obj.display 方法调用。但是代码在动态绑定方面是否工作良好并不重要——代码无法成功编译，因为编译器感觉可能有问题。

　　当编译器看到方法调用"*引用变量.方法名()*"时，它会检查引用变量的类是否包含被调用方法的方法定义。注意 obj.toString 和 obj.display 方法在以下示例中的调用。在左边的例子中，编译器检查 obj 的类 Object 是否包含 toString 方法。因为 Object 包含 toString 方法，代码成功编译。在右边的例子中，编译器检查 obj 的类 Object 是否包含 display 方法。由于 Object 类不包含 display 方法，所以代码产生编译错误。

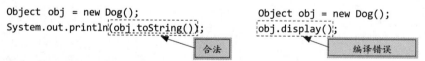

　　这是否意味着多态只适用于 Object 类中定义的方法？幸运的是，事实并非如此。在本章的后面，你将学习如何使多态适用于任何方法。

14.5.4　instanceof 操作符

　　如你所见，每当通用引用调用多态方法时，JVM 都会使用所引用对象的类型来决定调用哪个方法。图 14.7 显示了如何在代码中显式地做类似的事情。特别是，假设要查看一个被引用的对象是否是某个特定类的实例，可以用一个叫作 instanceof 的特殊操作符来完成这个操作（注意 instanceof 中的 o 是小写的）。再次使用 Pets 示例，假设想要达到这样的效果：如果 obj 引用的对象是 Dog 类或 Dog 的派生类的实例，就输出 Wag tail。你可以使用图 14.7 中 main 方法底部的 if 语句来实现。因此，instanceof 操作符提供了一种简单而直接的方法来区分可能被通用引用变量引用的各种对象类型。

```
/**************************************************
 * Pets2.java
 * Dean & Dean
 *
 * 这里说明了 instanceof 操作符的用法
 **************************************************/

import java.util.Scanner;

public class Pets2
{
  public static void main(String[] args)
  {
    Scanner stdIn = new Scanner(System.in);
    Object obj;

    System.out.print("Which type of pet do you prefer?\n" +
      "Enter d for dogs or c for cats: ");
    if (stdIn.next().equals("d"))
    {
      obj = new Dog();
    }
    else
    {
      obj = new Cat();
    }
    if (obj instanceof Dog)
    {
      System.out.println("Wag tail");
    }
  } // end main
} // end Pets2 class
```

> 如果该对象引用的是 Dog 类或 Dog 的派生类的实例，则该条件等于 true

示例会话：
```
Which type of pet do you prefer?
Enter d for dogs or c for cats: d
Wag tail
```

图 14.7　instanceof 操作符的演示

14.6　两边类不同时的赋值

现在我们看多态程序中一种很常见的事，即将一个类的对象赋值给另一个的类的引用。在下面的代码片段中，假设 Student 是 Person 的一个子类，这段代码做了什么？

```
Person p = new Student();
Student s = new Person();
```

> 这将生成一个编译时错误

第一行将一个 Student 对象（实际上是对 Student 对象的引用）赋值给一个 Person 引用变量。它将子

⚠ 类对象赋值给超类引用变量。这是一次合法赋值，因为一个 Student "是一个" Person。它在继承层级结构中向上移动——在这个方向上会产生自动类型提升。第二行尝试将一个 Person 对象分配给一个 Student 引用变量，它试图将超类对象赋值给子类引用变量。这是不合法的，因为一个 Person 不一定是一个 Student，所以第二行生成编译时错误。

"是一个" 助记符可以帮你记住这个规则，但如果你是 Curious George，①可能想知道更多。如果你想了解这条规则背后的真正原理，请接着看。将派生类对象赋值给祖先类引用变量是可以的，因为编译器关心的是赋值进去的派生类对象是否拥有引用变量类的任何对象应该拥有的所有成员。如果将一个派生类对象赋给一个祖先类引用变量，它就会这样做。为什么呢？因为派生类对象总是继承所有祖先类成员！

与处理基本类型一样，如果兼容，也可以使用强制类型转换（cast）来达到目的。换句话说，可以使用强制类型转换，将更通用的引用变量所引用的对象强制转换为更具体的类型，即在同一继承层级结构中位于它之下的类型。例如，如果 p 是一个 Person 引用变量，并且 Student 继承了 Person，编译器就可以接受：

```
Student s = (Student) p;
```

虽然编译器将接受这条语句，但这并不一定意味着程序将成功运行。为了成功执行，当发生动态绑定时，p 引用变量的实际引用对象必须至少像 Student 那样具体。也就是说，被引用的对象必须是 Student 类或 Student 类的后代的实例。因为在将引用赋值给 Student 引用变量之后，对象将被期望拥有 Student 拥有的所有成员，这通常比 Person 拥有的所有成员要多。

14.7 数组的多态

到目前为止，你已经在一些代码片段和一个简单的 Pets 程序的上下文中看到了多态。这些例子达到说明了基本原理，但并没有说明多态的真正用处。当你有一个通用引用变量的数组或 ArrayList，并将不同类型的对象分配给其中不同的元素时，多态的真正用处就展现了出来。这使得你可以遍历数组或 ArrayList，为每个元素调用多态方法。在运行时，JVM 使用动态绑定来挑选适用于其中每种类型的对象的特定方法。

14.7.1 显式继承层级结构中的多态

Pets 程序对 Dog 类和 Cat 类使用了多态的 toString 方法。编译器接收了 Object 引用变量调用 toString 方法，因为 Object 类定义了自己的 toString 方法。回想一下，多态不能用于 Dog 类和 Cat 类的 display 方法，因为 Object 类没有定义自己的 display 方法。假设你想要实现多态的方法没有在 Object 类中定义，如何在拥有多态的同时满足编译器的要求？实际上，有几种相关的方式。一种方式是为定义多态方法不同版本的类创建超类，在超类中也定义这个方法，在声明多态引用变量时使用超类名。另一种方式是在 abstract 的祖先类中*声明方法*（只指定方法标题），然后使用该祖先类名作为引用变量类型。还有一种方

---

① Curious George 是 Margret 和 H. A. Rey 写的一系列书中的主角。George 是一只好奇的猴子。作家 John 的女儿 Caiden 想成为 Curious George。

式是实现一个声明这个方法的接口,然后使用该接口名作为引用变量类型。我们将在本节中说明第一种方式,在后面的小节中说明另外两种方式。

14.7.2 Payroll 程序

为了说明显式继承层级结构中的多态,我们将开发一个 Payroll 程序,该程序使用动态绑定来选择计算员工工资的适当方法。受薪员工将被动态绑定到 Salaried 类的 getPay 方法;按时计酬的员工将动态绑定到 Hourly 类的 getPay 方法。

图 14.8 中的 UML 类图描述了 Payroll 程序的类结构:Employee 是一个超类;Salaried 和 Hourly 是子类;第四个类 Payroll,是这个程序的驱动程序,其中的 main 方法通过实例化 Salaried 和 Hourly 类,并调用它们的方法来驱动它们。Payroll 类和其他类之间有什么关联?继承还是组合或聚合?UML 类图的实心菱形表示 Payroll 容器与 Salaried 和 Hourly 组件之间的组合关联关系。当意识到 Payroll 类"有一个"Salaried 和 Hourly 对象的异构数组时,这就说得通了。假设 Payroll 类对这些对象具有排他性的控制,那么它与这些对象的关联就是一个组合,菱形应该是实心的。

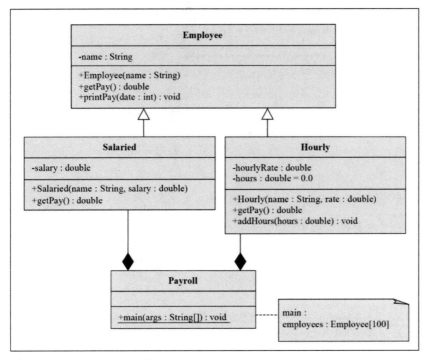

图 14.8 Payroll 程序的类图

在陷入一个相当复杂的程序的代码中之前,让我们看一看这个程序对于一些假设的员工是如何工作的。Simon 是一名受薪员工,年薪 48000 美元。该程序每月向受薪员工支付两次工资,因此 Simon 在每个月的 15 号和 30 号各得到 2000 美元(该程序做了一个简化的假设,每个月有 30 天)。Anna 和 Donovan 是按时计酬的员工,每天工作 8 小时,每周工作 5 天(周一到周五)。Anna 的工资是每小时 25 美元,每周赚 1000 美元。Donovan 的工资是每小时 20 美元,每周挣 800 美元。如果第一个工资周期是周二到周五，周五是 4 号，那么这个程序将输出一个月的工资支票值，例如：

```
输出：
   4       Anna:              800.00
   4       Donovan:           640.00
  11       Anna:             1000.00
  11       Donovan:           800.00
  15       Simon:            2000.00
  18       Anna:             1000.00
  18       Donovan:           800.00
  25       Anna:             1000.00
  25       Donovan:           800.00
  30       Simon:            2000.00
```

让我们从图 14.9 中的驱动程序的 main 方法开始实现。注意 main 的局部变量 employees，它被声明为包含 100 个元素的 Employee 对象数组。这只是它声明的，并非实际拥有的。从赋值语句中看到，前三个 employees 元素分别是 Hourly、Salaried 和 Hourly。这是一个异构数组，数组中的所有元素都是数组类的派生类的实例，没有一个是 Employee 类本身的实例。尽管数组中可能没有数组类的实例，但该数组的类型是正确的，因为它能够容纳数组类所有派生类的实例。

```java
/*************************************************************
 * Payroll.java
 * Dean & Dean
 *
 * 雇用员工并支付工资
 *************************************************************/

public class Payroll
{
  public static void main(String[] args)
  {
    Employee[] employees = new Employee[100];
    Hourly hourly;
    employees[0] = new Hourly("Anna", 25.0);
    employees[1] = new Salaried("Simon", 48000);
    employees[2] = new Hourly("Donovan", 20.0);

    // 随意假设工资单的月份从星期二(day = 2)开始，并且包含 30 天
    for (int date=1,day=2; date<=30; date++,day++,day%=7)
    {
      for (int i=0;
        i<employees.length && employees[i] != null; i++)
      {
        if (day > 0 && day < 6          ◄————————— 这里将选择适当的元素
          && employees[i] instanceof Hourly)
        {
```

图 14.9　简单的 Payroll 程序的驱动程序

```
            hourly = (Hourly) employees[i];        这里将元素强制转换为它们的原始类型
            hourly.addHours(8);
        }
        if ((day == 5 && employees[i] instanceof Hourly) ||
           (date%15 == 0 && employees[i] instanceof Salaried))
        {
            employees[i].printPay(date);
        }
    } // for i 结束              这里选择了适当的时间
   } // for date 结束             输出为不同的类型
  } // main 结束
 } // Payroll 类结束
```

图 14.9 （续）

继续实现 main 方法，外部 for 循环走过了 30 天，追踪两个变量。请注意，for 循环标题中的第一个分区声明了多个指定类型的变量。date 变量表示一个月中的日期，决定了受薪员工何时发工资。为简单起见，该程序假设每月 30 天。如果想了解如何获得每个月的实际天数，请访问 Oracle 的 Java API 网站并研读 Calendar 类。[①]

day 变量表示一周中的日期，它决定了按时计酬员工的工资发放时间。假设第 1 天是星期一，因为 day 的初始值是 2，所以程序中的这个月从星期二开始。请注意 for 循环标题的第三个分区是如何执行多个操作的。它对 date 和 day 都加 1，然后使用 day%=7 使 day 变量在达到 7 时回滚到 0。

内部的 for 循环遍历了员工的异构数组。for 循环标题的第二个分区使用了复合的继续条件。i<employees.length 条件会使得循环遍历 employees 数组的所有 100 个元素。for 循环标题中的 employees[i] != null 条件的意义是什么？程序只实例化了这个数组中的三个对象，而 97 个元素仍然包含默认值 null。如果试图用 null 引用去调用方法，程序就会崩溃。更具体地说，它在第一次尝试使用 null 引用时会生成一个 NullPointerException 错误。employees[i] != null 条件通过在到达第一个 null 元素时停止循环来避免这种情况。

在内部的 for 循环中，第一条 if 语句累加按时计酬员工的工时。它检查 day 是否为工作日（不是 0 或 6）以及当前数组元素引用的对象是否为 Hourly 类的实例，以保证该程序只在一周的工作日为按时计酬员工累加工时。一旦确定实际对象是 Hourly 类的实例，就可以安全地将通用引用转换为 Hourly 引用。因此，继续将该引用转换为 Hourly 类型，将其赋值给 Hourly 引用变量，然后使用该特定类型的引用变量调用 addHours 方法。为什么要越过这些障碍？假设我们试图像下面这样的语句这样，用通用引用去调用 addHours 方法：

```
employees[i].addHours(8);
```

编译器将生成以下错误消息：

```
cannot find symbol
symbol : method addHours(int)
```

[①] 下面是一个如何找到当月最后一天的例子：int lastDayInCurrentMonth = Calendar.getInstance().getActualMaximum (Calendar.DAY_OF_MONTH);。

因为 Employee 类中没有 addHours 方法，但 Hourly 类中有，所以必须将数组元素显式地转换为 Hourly 类型的引用，并使用该引用来调用所需的方法。

现在看一看内部 for 循环中的第二条 if 语句。它的目的是生成工资单报告的输出，而不是累加工时。如果两个条件中的任何一个为 true，则执行 if 语句。如果今天是 Friday（day＝5），并且调用对象是 Hourly 类的实例，则第一个条件为 true。如果当前是月中，并且调用对象不是 Hourly 类的实例，则第二个条件为 true。如果满足其中任何一个条件，原始数组元素将这样调用该方法：

```
employees[i].printPay(date);
```

这个策略对第一条 if 语句中的 addHours 方法无效，但它对第二条 if 语句中的 printPay 方法有效。为什么呢？查看图 14.8 中的 Employee 类的 UML 说明。这一次要调用的方法 printPay，本就应该在数组类中定义。

现在在 Employee 类中实现 printPay 方法。在图 14.10 中，注意 printPay 如何输出日期和员工的名字，然后调用 getPay 方法。getPay 方法应该计算员工的工资，但是 Employee 类的 getPay 方法只返回了 0.0，这是怎么回事？员工真的没得到工资吗？当然不是！Employee 类的 getPay 方法只是一个从不执行的虚方法。"真正的" getPay 方法（即被执行的方法）是 Salaried 和 Hourly 子类中重写的定义，这些重写的定义使 getPay 方法具有了多态性！JVM 怎么知道要使用这些方法而不是 Employee 类中的虚方法呢？当它执行动态绑定时，JVM 会查看方法的调用对象。对于 getPay 案例，调用对象不是 Salaried 类实例就是 Hourly 类的实例，你知道为什么吗？

回到图 14.9 的 main 方法，注意这里将一个 Hourly 对象分配到了 employees[0] 中。当 employees[i].printPay() 被调用时，i 等于 0，调用对象是一个 Hourly 对象。在 printPay 方法内部，当调用 getPay 时，调用对象仍然是 Hourly 对象。因此，JVM 使用 Hourly 类的 getPay 方法。这正是我们想要的——employees[0] 对象是一个 Hourly 实例，因此它使用 Hourly 类的 getPay 方法，该方法在每次支付后重置 hours。同样的理由也适用于 employees[1] 对象，因为它是一个 Salaried 对象，所以它使用 Salaried 类的 getPay 方法，该方法与小时数无关。多亏了多态和动态绑定，生活因此而美好。

```
/*********************************************
 * Employee.java
 * Dean & Dean
 *
 * 一名员工的总体描述
 *********************************************/

public class Employee
{
  private String name;

  //*****************************************

  public Employee(String name)
  {
    this.name = name;
  }
```

图 14.10　Employee 类

```
//**********************************************

public void printPay(int date)
{
  System.out.printf("%2d %10s: %8.2f\n",
    date, name, getPay());
  } // printPay 结束

//**********************************************

// 这个虚拟方法满足编译器

public double getPay()
{
  System.out.println("error! in dummy");
  return 0.0;
} // getPay 结束
} // Employee 类结束
```

图 14.10　（续）

　　多态和动态绑定真正酷的地方在于能够通用化地编程。在 main 方法中，可以为数组中的所有对象调用 printPay，而不必担心对象是 Hourly 还是 Salaried，只需假定 printPay 对每个员工都能适当地工作。这种能通用化编程的能力使程序员能够考虑全局，而不会陷入细节的困境。

　　你是否会被 Employee 类中的 getPay 虚方法所困扰？你是否在想：“为什么在 Employee 类中要包含 getPay 方法，即使它从未执行？”之所以需要它，是因为如果 Employee 类中没有 getPay 方法，编译器将生成一个错误。为什么呢？因为当编译器看到一个没有点前缀的方法调用时，它会进行检查以确保该方法可以在当前类中被找到。getPay()方法调用（在 printPay 方法中）没有显式地调用对象，因此编译器要求 Employee 类中有一个 getPay 方法。

　　现在该实现“真正的”getPay 方法了，见图 14.11 和图 14.12。这两个类中的方法都很简单，但它们有所不同。为了防止 JVM 在动态绑定期间选择基类中的虚 getPay 方法，所有派生类都应该重写该方法。

```
/**********************************************
 * Salaried.java
 * Dean & Dean
 *
 * 此类实现一名受薪员工
 **********************************************/

public class Salaried extends Employee
{
  private double salary;  // 每年

  //**********************************************
```

图 14.11　Salaried 类

```java
    public Salaried(String name, double salary)
    {
      super(name);
      this.salary = salary;
    } // 构造器结束


    //*****************************************


    @Override
    public double getPay()
    {
      return this.salary / 24; // 每半个月
    } // getPay 结束
} // Salaried 类结束
```

图 14.11　（续）

```java
    /***********************************************
     * Hourly.java
     * Dean & Dean
     *
     * 此类实现一名按时计酬的员工
     ***********************************************/

    public class Hourly extends Employee
    {
      private double hourlyRate;
      private double hours = 0.0;


      //***********************************************


      public Hourly(String name, double rate)
      {
        super(name);
        hourlyRate = rate;
      } // 构造器结束


      //***********************************************


      // 后置条件：将小时数重置为 0


      @Override
      public double getPay()
      {
        double pay = hourlyRate * hours;
        hours = 0.0;
        return pay;
      } // getPay 结束
```

图 14.12　Hourly 类

```
//*******************************************

public void addHours(double hours)
{
  this.hours += hours;
} // addHours 结束
} // Hourly 类结束
```

图 14.12　（续）

14.8　abstract 方法和类

图 14.10 中的虚 getPay 方法是一个 *kludge*（意为"勉强凑合"）的例子。"凑合"的代码是为了暂时解决某个问题而提供的丑陋、不优雅的代码。通常，不优雅的代码很难理解，而难以理解的代码是难以维护的，所以要尽量避免"凑合"。有时这是不可能的，但在本例中确实可以避免拼凑虚方法，方法如下。

如果你正在编写一个虚方法，并且该方法将会被所有可实例化的子类定义的方法重写，请停下来重新考虑。有一个更好的办法——使用*抽象*类提前告诉编译器你想要做什么。在抽象类中，如果一个方法只是为了供子类去重写的虚方法，就为该方法提供一个抽象方法声明。要声明一个抽象方法，只需在方法标题附加修饰符 abstract，并以分号结束这个方法标题。例如，请注意图 14.13 中的 Employee2 类中的 getPay 方法的 abstract 修饰符。

> 抽象类描绘了将来工作的轮廓。

```
/*******************************************
* Employee2.java
* Dean & Dean
*
* 这个抽象类描述了员工
*******************************************/

public abstract class Employee2
{                               ← 如果类中有一个 abstract 方法，那么该类也是 abstract 的
  private String name;
  public abstract double getPay();   ← 这个 abstract 方法声明代替了虚方法定义

  //*******************************************

  public Employee2(String name)
  {
    this.name = name;
  }

  //*******************************************

  public void printPay(int date)
```

图 14.13　Employee2 类，使用 abstract 修饰符将虚方法定义替换为更简单的方法声明

```
    {
      System.out.printf("%2d %10s: %8.2f\n",
        date, name, getPay());
    } // printPay 结束
  } // Employee2 类结束
```

图 14.13　（续）

　　一个 abstract 声明没有包含足够的信息来定义方法。它只是指定方法的外部接口，并表明具体定义将存在于其他地方——所有可实例化的子类中！使用 abstract 方法可以避免不优雅的虚方法定义，这是实现多态更好的方式。

　　abstract 修饰符的名字起得很好。如果某事物本质上是一般的，而不是详尽的，那么它就是抽象的。abstract 方法声明在本质上是一般的，它不提供方法细节，只提醒我们方法是存在的，并且必须在所有可实例化的后代类中由"真实的"方法定义来具体化。我们的程序遵循这个规则了吗？换句话说，我们是否在所有 Employee2 子类中都有 getPay 方法的定义？的确如此，在图 14.11 和图 14.12 中的 Salaried 类和 Hourly 类已经包含了所需的 getPay 方法定义。然而，我们需要修改 Salaried、Hourly 和 Payroll 类，进行以下替换：

```
Employee → Employee2
Salaried → Salaried2
Hourly → Hourly2
Payroll → Payroll2
```

然后，Salaried2、Hourly2 和 Payroll2 类会像下面这样开始：

```
public class Salaried2 extends Employee2
{
  ...

public class Hourly2 extends Employee2
{
  ...

public class Payroll2
{
  public static void main(String[] args)
  {
    Employee2[] employees = new Employee2[100];
      ...
```

　　在声明 abstract 方法时还要注意另一件事。因为 abstract 方法声明没有为该方法提供定义，所以类定义是不完整的。因为类定义不完整，所以不能用它来构造对象。编译器会识别出这一点，而如果你在代码中没有识别出来，编译器就会报错。只要类中包含抽象方法，就必须在类标题中添加 abstract 修饰符，这样才能满足编译器的要求。例如，请注意图 14.13 中的 Employee2 类标题中的 abstract 修饰符。

　　在类标题中添加 abstract 修饰符，将使得该类不能用来实例化对象。如果一个程序试图实例化一个 abstract 类，编译器会生成一个错误。例如，因为 Employee2 是一个 abstract 类，如果有一个下面这样的 main 方法，就会得到一个编译错误：

```
public static void main(String[] args)
{
  Employee2 emp = new Employee2("Benji");
}
```

因为 Employee2 是 abstract 的，这将生成一个编译错误

有时，你不希望子类定义一个在其超类中声明为 abstract 的方法，而是希望将方法定义推迟到下一代。这很容易，在子类中，只需忽略该方法，并声明子类本身也是 abstract 的（因为至少该方法仍未定义）。你可以像这样推迟这些方法的定义，推迟多久都可以，只要最终在任意非抽象子类（用于实例化对象的子类）中定义这些方法就可以。

我们已经说过，如果一个类中有方法是 abstract 的，那么这个类就必须是 abstract 的。但这并不意味着 abstract 类中的所有方法都必须是 abstract 的。在 abstract 类中包含一个或多个非 abstract 方法定义通常是有用的。因此，从 abstract 类派生的类可以从该类继承非抽象方法，并且不需要重新定义这些非抽象方法。还记得第 13.3 节页边空白处的警告吗？它说："做只实例化叶子的规划。"你可以将所有预期的非叶子类声明为 abstract 类，来强制执行这个规划。虽然它们不能被实例化，但是通过定义公共的、可重用的非抽象方法，这些 abstract 类可以减少编程工作量并提高一致性。

14.8.1 与 abstract 同时使用 private、final 或 static 是非法的

abstract 方法声明不能是 private 的，并且出现在子类中的该方法的定义也不能是 private 的。为什么呢？abstract 方法声明必须与其所有相关的重写方法的标题相对应。因此，如果一个 abstract 方法声明被允许是 private 的，那么它的相关重写方法也必须是 private 的。但是 private 对于重写 abstract 方法的方法没有意义，毕竟重写 abstract 方法的要点是允许超类调用子类的重写方法。例如，在图 14.13 中，重写方法 getPay 是从 Employee2 超类的 printPay 方法中调用的。如果子类方法是 private 的，那么这种调用是不可能的。因为 private 对于重写 abstract 方法的方法没有意义，Java 的设计者决定，对于 abstract 方法声明和重写 abstract 方法的方法都不允许使用 private。

abstract 类或方法不能是 final 的。final 修饰符防止类被扩展，也防止方法被重写。但是 abstract 类应该被扩展，abstract 方法应该被重写，所以在 abstract 中使用 final 是不合法的。

在 abstract 方法中使用 static 修饰符是非法的。使用 abstract 方法的目的是支持多态方法调用，而多态方法调用仅对实例方法有效，而对静态方法无效。因此，允许 abstract 方法成为静态方法是没有意义的。

14.9 接口

abstract 类充当了多个子类共用的变量和方法的仓库。本节将描述*接口*，它与 abstract 类类似。在第 10 章中学习了 ArrayList 和 LinkedList 类，并初步认识了这两个类所依赖的 List 接口。接口是用来设计类的模板，这些类具有某些共同特征。ArrayList 类和 LinkedList 类都实现了列表，因此，它们具有所有列表所共有的某些特征。具体来说，它们共享许多相同的方法声明。为了确保方法之间的一致性，构建这些类时使用 List 接口作为模板。

14.9.1 使用接口作为契约来确保一致性

使用接口有几种不同的方式，让我们从接口最普遍的用途开始。可以把接口看作程序设计者和程序

实现者之间的契约，它使不同类之间的通信标准化。这种接口的使用对于大型编程项目的成功至关重要。例如，假设你正在设计一个会计系统，目前关注的是"资产"账户，它记录公司拥有或有控制权的东西的价值。典型的资产账户有现金、应收账款、库存、家具、制造设备、车辆、建筑物和土地。这些东西彼此不同，所以将表示它们的类放在同一个继承层级结构中是不合适的。其中一些账户（家具、制造设备、车辆和建筑物）描述的是长期或"固定"的资产，其价值会随着时间的推移而逐渐贬值。每年会计都会准备一套财务报表，如资产负债表和损益表。这些报表的准备工作，需要获取原始成本、购置日期和折旧资产对象的折旧率等信息。

为了方便获取，对这些对象的引用可以放在数组或 ArrayList 中。然后，程序可以遍历该数组或 ArrayList，并调用同名的多态 get 方法，从表示折旧资产的对象中获取 originalCost、acquisitionDate 和 depreciationRate 值。假设不同的程序员正在为不同的账户编写类，为确保不同的类使用 get 方法的一致性，最佳方法是让这些类使用相同的 Java 接口。在我们的会计系统例子中，访问 originalCost、acquisitionDate 和 depreciationRate 实例变量的 get 方法的接口可以被称为 AssetAging 接口。AssetAging 接口将包含其方法的声明，而不是定义。

如果一个特定的类包含了在特定接口（如 AssetAging）中声明的所有方法的定义，可以通过在类标题后面附加一个 implements 子句来告诉世界（和 Java 编译器）这个类提供了这些定义，例如：

```
public 类名 implements 接口名称
{
    ...
```

当一个类有一个 implements 子句时，你可以说这个类"实现了接口"。有时，实现一个接口被称为*接口继承*，或者简单地称为继承。

如果想让一个类实现多个接口，可以在类的标题中包含一个以逗号分隔的接口名称列表，例如：

```
public 类名 implements 接口名称 1, 接口名称 2, ...
{
    ...
```

如果想要一个类继承一个超类并且实现一个接口，需要包含一个 extends 子句和一个 implements 子句，例如：

```
public 类名 extends 超类名称 implements 接口名称
{
    ...
```

14.9.2　多重继承

在将接口描述为实现另一个类必须遵守的契约时，听起来应该有点耳熟。abstract 类也可以作为其他类的契约。例如在第 14.8 节中，Employee2 abstract 类充当了 Salaried2 和 Hourly2 子类的超类合约。那为什么有了 abstract 类，还要有接口呢？有一个重要的区别使接口成为比 abstract 类更好的契约。在某些程序中，可能会有一个类需要遵循多个模板的约束。在 Java 中，一个类只能从一个超类继承，所以如果需要多个模板，就不能使用类，即使它们是 abstract 的。但是你可以为多个模板契约使用多个接口，这种情况有时被称为*多重继承*。在其他编程语言中，可以用一个子类的多个超类实现多重继承，但这可能会导致混乱，因此 Java 的设计者决定禁止这种做法。

允许使用接口而禁止使用超类来实现多重继承的理由是什么？如果允许用超类来实现，那么可以在两个超类中定义一个相同签名的方法。这个警告既适用于 abstract 类也适用于常规类，因为 abstract 类既可以定义 abstract 方法，也可以定义常规方法。如果子类的对象试图调用在两个超类中都有定义的方法，JVM 将很难确定要绑定和执行哪个方法。但是对于接口来说，其中没有常规的方法，所以如果一个对象的两个接口都声明了一个相同签名的方法，而对象调用了该方法，JVM 就知道要绑定到对象的方法，而不用去尝试绑定到接口的方法，从而造成混淆。

14.9.3 接口的语法

接口的最常见形式的语法如下：

```
public interface 接口名称
{
  类型 CONSTANT_NAME = 值;
  ...
  返回类型 方法名 (类型 参数名称,...);
  ...
}
```

下面的语法在功能上是等价的：

```
public abstract interface 接口名称
{
  public static final 类型 CONSTANT_NAME = 值;
  ...
  public abstract 返回类型 方法名 (类型 参数名称,...);
  ...
}
```

正如上面的语法示例所示，可以在接口方法标题中包含 abstract 修饰符，但这其实是没有必要的。如果你省略它，它会被默认自动插入。Oracle 的文档网页上省略了它，所以我们也在接下来的示例中省略它。

接口中唯一允许的字段类型是 public static 的命名常量，没有实例变量，没有静态变量，没有 private 字段。允许在接口的命名常量声明的左侧包含 public static final 修饰符，但这是不必要的。如果你省略它们，它们会被默认自动插入。仿照 Oracle 的做法，我们将在接下来的示例中省略它们。

接口中允许三种类型的方法：abstract 方法、静态方法和默认方法。你已经看到了 abstract 方法和静态方法，我们将在本节的后面描述默认方法。这三种方法类型默认都是 public 的。你可以在接口方法标题的左边包含 public 修饰符，但这是不必要的。如果你省略它，它会被默认自动插入，因此我们将在后面的示例中省略它。正如你在上面的语法示例中看到的，如果省略了 abstract 修饰符，该方法默认是一个 abstract 方法。

14.9.4 具有多重继承的 Payroll 程序

在一个完整程序的上下文中实践一下所学到的关于接口的知识。我们将在一个接口和两个受薪员工类的帮助下，向之前的 Payroll 程序添加多重继承。[①]其中一个类得到了纯佣金，另一个类得到了薪水和

①　请参阅附录 7，以获得本小节中开发的增强版 Payroll 程序的完整 UML 图。

佣金。在这两种情况下，佣金都是基于共同的固定销售额百分比计算的。图 14.14 包含了一个接口的代码，该接口将这个固定百分比定义为一个命名常量，并声明了一个方法，该方法必须在实现该接口的所有类中定义。

图 14.15 显示了一个 Commissioned 类的代码，它描述了一个纯佣金制的员工类。Commissioned 类扩展了图 14.13 中的 Employee2 类。Employee2 是一个 abstract 类，因此，Commissioned 子类必须定义 Employee2 的所有 abstract 方法。Employee2 类中唯一的 abstract 方法是 getPay，因此 Commissioned 类必须也确实定义了 getPay 方法。这将多态 getPay 方法的总数增加到 3 个。在 Commissioned 类的标题中，注意其子句 implements Commission，这提供了对命名常量 COMMISSION_RATE 的直接访问权，Commissioned 类的 getPay 方法使用它来完成其工作。当它实现 Commission 接口时，Commissioned 类必须定义该接口中声明的所有方法。在 Commission 接口中声明且定义的唯一一方法是 addSales 方法。

```
/****************************************************
 * Commission.java
 * Dean & Dean
 *
 * 此接口指定了受薪员工的一个通用属性，并声明了其常见行为
 ****************************************************/

    interface Commission
    {
        double COMMISSION_RATE = 0.10;

        void addSales(double sales);
    } // Commission 接口结束
```

图 14.14　增强版 Payroll 程序实现的 Commission 接口

```
/*********************************************************
 * Commissioned.java
 * Dean & Dean
 *
 * 此类表示纯佣金制的员工
 *********************************************************/

public class Commissioned extends Employee2 implements Commission
{
    private double sales = 0.0;
    //***************************************************

    public Commissioned(String name)
    {
        super(name);
        this.sales = sales;
    } // 构造器结束
```

图 14.15　为增强版 Payroll 程序中纯佣金制员工实现的 Commissioned 类

```
//*********************************************

public void addSales(double sales)
{
  this.sales += sales;
} // addSales 结束


//*********************************************


// 后置条件: 将销售额重置为 0

@Override
public double getPay()
{
  double pay = COMMISSION_RATE * sales;

  sales = 0.0;
  return pay;
} // getPay 结束
} // Commissioned 类结束
```

接口要求实现这个方法的定义

接口提供了这个常量值

从 abstract 类继承要求实现这个方法定义

图 14.15　（续）

　　图 14.16 显示了 SalariedAndCommissioned 类的代码，这个类扩展了 Salaried2 类。Salaried2 类与图 14.11 中的 Salaried 类很像，二者的唯一区别是：Salaried 类继承了 Employee，Salaried2 继承了 Employee2。SalariedAndCommissioned 类描述了一类赚取薪水和佣金的员工。Salaried2 类定义了一个 getPay 方法，因此编译器并不要求 SalariedAndCommissioned 类也定义一个 getPay 方法。但是从逻辑上讲，需要重写 Salaried2 的 getPay 方法。请注意重写方法如何使用 super 前缀来调用它所重写的方法。这个追加的 getPay 方法定义将多态 getPay 方法的总数增加到 4 个。

```
/***********************************************
 * SalariedAndCommissioned.java
 * Dean & Dean
 *
 * 表示受薪员工和受雇员工
 ***********************************************/

public class SalariedAndCommissioned
  extends Salaried2 implements Commission
{
  private double sales;

  //*********************************************

  public SalariedAndCommissioned(String name, double salary)
  {
```

图 14.16　为增强版 Payroll 程序中的员工实现的 SalariedAndCommissioned 类

```
          super(name, salary);
      } // 构造器结束


      //*****************************************************

      public void addSales(double sales)
      {
          this.sales += sales;
      } // addSales 结束


      //*****************************************************

      // Postcondition: This resets sales to zero.

      @Override
      public double getPay()
      {
          double pay =
              super.getPay() + COMMISSION_RATE * sales;
          sales = 0.0; // 重置为下一次付费
          return pay;
      } // getPay 结束
  } // SalariedAndCommissioned 类结束
```

接口要求实现这个方法的定义

接口提供了这个常量值

此方法重写了父类中定义的方法

图 14.16 　（续）

　　SalariedAndCommissioned 类也实现了 Commission 接口。这提供了对命名常量 COMMISSION_RATE 的直接访问权，getPay 方法使用该常量完成其工作。因为它实现了 Commission 接口，SalariedAndCommissioned 类必须定义该接口中声明的所有方法——它的确定义了 addSales 方法。

　　要执行这些新增的类，我们需要一个如图 14.17 所示的 Payroll3 类。Payroll3 类将另外两个对象（Glen 和 Carol）添加到数组中，然后使用这些对象来调用新类中的 addSales 方法。为了进行这些方法调用，我们将数组元素强制转换为接口类型。编译器要求强制类型转换，是因为 addSales 方法没有出现在 Employee2 类中。注意，在(Commission)强制转换运算符和调用对象外面必须加一组括号。也可以使用更具体的强制转换，例如：

```
((Commissioned) employees[3]).addSales(15000);
((SalariedAndCommissioned) employees[4]).addSales(15000);
```

```
/*****************************************************
 * Payroll3.java
 * Dean & Dean
 *
 * 雇用员工并支付四种不同类型的工资
 *****************************************************/

public class Payroll3
{
```

图 14.17 　第 3 版 Payroll 程序的驱动程序

```
      public static void main(String[] args)
      {
        Employee2[] employees = new Employee2[100];
        Hourly2 hourly;
        employees[0] = new Hourly2("Anna", 25.0);
        employees[1] = new Salaried2("Simon", 48000);
        employees[2] = new Hourly2("Donovan", 20.0);
        employees[3] = new Commissioned("Glen");
        employees[4] = new SalariedAndCommissioned("Carol", 24000);

         ((Commission) employees[3]).addSales(15000);
         ((Commission) employees[4]).addSales(15000);

        // 随意假设工资单的月份从星期二(day = 2)开始，并且包含30 天
        for (int date=1,day=2; date<=30; date++,day++,day%=7)
        {
          for (int i=0; i<employees.length && employees[i] != null; i++)
          {
            if (day > 0 && day < 6
              && employees[i] instanceof Hourly2)
            {
              hourly = (Hourly2) employees[i];
              hourly.addHours(8);
            }
            if ((day == 5 && employees[i] instanceof Hourly2) ||
              (date%15 == 0 &&
                (employees[i] instanceof Salaried2 ||
                 employees[i] instanceof Commissioned)))
            {
              employees[i].printPay(date);
            }
          } // for i 结束
        } // for date 结束
      } // main 结束
    } // Payroll3 类结束
```

图 14.17　（续）

　　但是更优雅的做法是强制转换为更通用的 Commission 接口类型，并让 JVM 在动态绑定时在多态方
法中进行选择。无论使用这两种强制转换类型的哪一种，Payroll3 驱动程序都会生成如下结果：

```
输出：
    4       Anna:            800.00
    4       Donovan:         640.00
   11       Anna:           1000.00
   11       Donovan:         800.00
   15       Simon:          2000.00
   15       Glen:           1500.00
   15       Carol:          2500.00
   18       Anna:           1000.00
```

18	Donovan:	800.00
25	Anna:	1000.00
25	Donovan:	800.00
30	Simon:	2000.00
30	Glen:	0.00
30	Carol:	1000.00

在代码示例中，请注意使用接口名称和类名称之间的相似性。实例化接口是不可能的，因为它本质上是 abstract 的，但你可以像使用普通类一样使用接口来指定类型。例如，声明一个数组的元素类型是一个接口名称，你可以用实现该接口的类的实例填充该数组，然后从数组中取出对象，并把它们强制转换为其继承的任何类型（类或接口）。图 14.18 中的 Payroll4 驱动程序和随后的输出说明了这些可能性。

```
/***********************************************************
 * Payroll4.java
 * Dean & Dean
 *
 * 雇用员工并支付某种类型的工资
 ***********************************************************/

public class Payroll4
{
  public static void main(String[] args)
  {
    Commission[] people = new Commission[100];          ← 虽然不能实例化接口本身，
                                                          但可以声明接口引用
    people[0] = new Commissioned("Glen");
    people[1] = new SalariedAndCommissioned("Carol", 24000);

    people[0].addSales(15000);
    people[1].addSales(15000);
    for (int i=0; i<people.length && people[i] != null; i++)
    {
      ((Employee2) people[i]).printPay(15);          编译器支持这种类型转换，因为 Employee2
    }                                                定义了一个 printPay 方法，但是 JVM 会将
  } // main 结束                                       对象绑定到 Employee2 派生类中的方法
} // Payroll4 类结束

输出：
15 Glen:  1500.00
15 Carol: 2500.00
```

图 14.18 接口中与类相似的属性的演示

技巧就是考虑编译器需要什么和 JVM 做了什么。例如，可以创建一个接口引用的数组，因为数组中的元素只是引用，而不是实例化的对象。编译器允许使用实现该接口的类的对象引用来填充该数组，因为它知道这些对象可以调用该接口声明的任何方法。在方法调用中，编译器允许将引用强制转换为声明或定义了该方法任意版本的任意一个类的类型，因为它知道 JVM 至少可以找到一个方法进行绑定。在运行时，JVM 选择最合适的方法进行绑定。

14.9.5　静态方法和默认方法

在 Java 8 之前，接口中不允许静态方法和默认方法存在。Oracle 添加它们是因为它们满足了需要，并且保留了接口概念有效地实现多重继承的能力。所谓"有效地"，意思是它们不会在 JVM 确定要绑定和执行哪个继承的方法方面造成混淆。

要在接口中实现静态方法，只需在方法标题的左侧添加 static 修饰符。例如：

```
public interface AssetAging
{
  static void displayTimestamp()
  {
    System.out.println("Asset Aging account current time: " +
      java.time.LocalDateTime.now().toString());
  }
} // AssetAging 接口结束
```

如果一个类的两个接口实现了相同的静态方法（相同的签名），并不会出现绑定混淆，因为要调用接口的静态方法，方法名必须以定义方法的接口开头。例如，要调用上面的 displayTimestamp 方法，可以使用 AssetAging.displayTimestamp();。

默认方法是指接口内定义的方法标题左侧有 default 修饰符的方法。例如：

```
public interface AssetAging
{
  default String getTimestamp()
  {
    return java.time.LocalDateTime.now().toString();
  }
} // AssetAging 接口结束
```

与静态方法一样，默认方法只允许访问接口的 static 命名常量，而不允许访问实现该接口的类的对象中的任何字段。那么接口默认方法与静态方法有什么不同呢？静态方法不能被重写；该规则适用于继承超类的子类以及实现接口的类。而默认方法可以被重写。在我们解释了将默认方法引入接口的理由之后，重写默认方法的需求就显而易见了。

在实际的大型程序中，为许多不同的类使用接口是很常见的，不得不更新这些程序的情况也是很常见的。过去，当更新涉及向接口添加方法时，就需要为实现接口的所有类添加方法定义，即使对于不需要新方法的类也是如此，十分麻烦。随着默认方法的到来，如果使用更新的接口的类不需要新方法，那么这些类不需要为这些方法提供定义。如此一来，程序的存量类保留了向后兼容性。

下面是一个实现 AssetAging 接口的类的例子，该类使用自己的 getTimestamp 方法重写了接口的 getTimestamp 默认方法：

```
public class Furniture implements AssetAging
{
  public String getTimestamp()
  {
    return "Furniture account current time: " +        ← 调用被重写的默认方法
      AssetAging.super.getTimestamp();
  }
```

```
} // Furniture 类结束
```

假设有另一个接口，它有自己的 getTimestamp 默认方法的版本。如果一个类实现了这两个接口，那么重写该方法就不再只是一个选项，而是一个要求。当有两个接口都有 getTimestamp 默认方法时，为什么编译器需要类提供它自己的 getTimestamp 重写方法？因为如果不这样做，当类的一个实例（对象）调用 getTimestamp 方法时，JVM 就会产生困惑，不知道要绑定和执行两个接口默认方法中的哪一个。在前面的代码片段中，注意 getTimestamp 重写方法是如何通过在方法名前面加上 AssetAging.super 来调用接口的默认方法的。必须将接口的名称（AssetAging）作为调用的一部分，因为为了避免多重继承歧义的问题，接口的名称是必要的。

14.9.6 使用接口存储通用常量

到目前为止，你已经看到了接口如何作为类的契约来确保它实现某些方法，以及接口如何帮助实现多重继承。现在让我们来看一看如何利用接口定义的所有命名常量。将公共命名常量放入接口中，然后让多个类通过实现该接口来访问这些命名常量，这是一种很方便的方法，可以方便地访问大量公共物理常量、经验系数或常量。通过这种方式，你可以避免命名常量的重复定义，并且访问它们时不必在前面加上类名。原则上，可以使用继承层级结构来提供对公共命名常量的直接访问，但这是一个不好的做法，因为它只为一堆命名常量就浪费了仅有的一个继承的机会。但如果使用接口来完成此操作，你仍然可以自由使用继承或其他接口来达成其他目的。

14.10   protected 访问修饰符

截至目前，我们只讨论了类成员的 public 和 private 两种访问模式，public 成员可以从任何地方访问，private 成员只能从成员的类的内部访问。还有另一种——protected 访问修饰符，它是 public 访问修饰符的一种受限形式，指定了一种介于 public 和 private 之间的可访问性。protected 的成员只能从相同的包[①]内或成员的继承层级结构内访问。你可能还记得，继承层级结构就是成员所在的类及其所有子类。

什么时候应该使用 protected 修饰符呢？一般的规则是，当你想方便地访问一个成员，但又不想将它暴露给公众时，就应该使用 protected。换句话说，你希望它比 private 成员有更多暴露，但比 public 成员的少。[②]嗯……似乎还有些不清楚，让我们用一个例子来详细说明。

14.10.1 带 protected 方法的 Payroll 程序

假设你想要优化 Payroll 程序，使其包含 FICA（Federal Insurance Contribution Act，它为美国社会保障计划提供资金）税的计算。这种税的计算最好在一个单独方法中完成。这个方法应该放在哪里？这个计算只会在给员工发工资时进行，所以逻辑上它是 getPay 方法调用的辅助方法。

---

① 如果想了解关于包的更多信息以及如何将类分组到自定义包中，请参阅附录 4。

② 因为只要继承定义 protected 成员的类，就能从该子类访问超类的 protected 成员，所以任何人都可以扩展定义 protected 成员的类，获得对它的直接访问权。换句话说，protected 修饰符实际上并没有提供太多的保护。如果无关自己，请远离其他人的 protected 成员，把它们看作没有保证的非标准产品吧。

getPay 方法在哪里？它是一个多态方法，在所有直接或间接扩展 Employee 类的类（Commissioned、Salaried、Hourly 和 SalariedAndCommissioned）中都有重写的再定义。但你看，这组类与 Employee 类本身一起组成了 Employee 层级结构树。因此，与其在所有具有 getPay 方法的类中重复 FICA 计算的定义，不如将这个公共的 FICA 计算放在树的根类 Employee 中，并标为 protected 这是更符合逻辑且更高效的做法。

为避免对该程序以前版本的破坏，我们在新的 FICA 增强版 Payroll 程序中使用了新的类名，参见图 14.19。它用新的类名——Payroll5、Employee3、Commissioned2、Salaried3、Hourly3 和 SalariedAndCommissioned2 展示了程序的 UML 图。

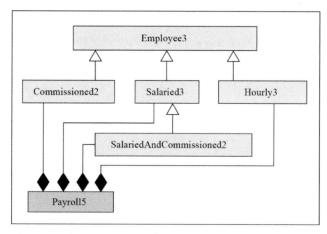

图 14.19　增强版 Payroll 程序的简化类图

图 14.20 展示了 Employee3 的定义，它实现了一个 Commission2 接口。该接口类似于图 14.14 中的 Commission 接口。然而，依照第 14.9 节末尾的第二个 AssetAging 例子，Commission2 接口没有下面这样的定义：

```
void addSales(double sales);
```

而是像下面这样定义的：

```
default void addSales(double sales) {}
```

Employee3 类包括一个额外的公共辅助方法 getFICA，以及在 FICA 计算中使用的一些命名常量。这个计算的细节与目前的讨论无关，因此为了节省空间，我们使用条件运算符以一种相当隐晦的形式实现它。这个小小的 getFICA 方法里的逻辑是对人们工资实际发生的变化的合理表示。因此，如果对此感到好奇，你可能希望将这段隐晦代码扩展为更易读懂的形式（章节末尾的练习会要求你这样做）。

每个多态 getPay 方法都包含对这个新的 getFICA 方法的调用。这个调用的代码在每个 getPay 方法中本质上是相同的，因此我们只在图 14.21 中的 Salaried3 类中展示一次。

扩展了 Salaried3 类的 SalariedAndCommissioned2 类，大部分都与图 14.16 所示的内容类似，只是对类名末尾的版本号进行了适当的更改。但是在 getPay 方法中，不能使用 super.getPay() 来访问 Salaried3 类中的 salary 了，因为 FICA 税使得 Salaried3 的 getPay 方法返回值不再等于 salary 的值。

```
/**********************************************************
* Employee3.java
* Dean & Dean
*
* 这个抽象类描述了员工，包括其 FICA 税金的计算
**********************************************************/

public abstract class Employee3 implements Commission2
{
  public abstract double getPay();
  private String name;
  private final static double FICA_TAX_RATE = 0.08; // 扣款系数
  private final static double FICA_MAX = 90000;       // 收入等级（美元）
  private double ytdIncome;                           // 年初至今的总收入


  //********************************************************


  public Employee3(String name)
  {
    this.name = name;
  }


  //********************************************************


  public void printPay(int date)
  {
    System.out.printf("%2d %10s: %8.2f\n",
      date, name, getPay());
  } // printPay 结束


  //********************************************************


  // 后置条件: ytdIncome 按工资增加

  protected double getFICA(double pay)
  {
    double increment, tax;

    ytdIncome += pay;
    increment = FICA_MAX - ytdIncome;
    tax = FICA_TAX_RATE *
      (pay < increment ? pay : (increment > 0 ? increment : 0));
    return tax;
  } // getFICA 结束
} // Employee3 类结束
```

> 这将可访问性限制在了子树或同一包中的类

图 14.20　Employee3 类，包括了 protected getFICA 方法

```
/****************************************
 * Salaried3.java
 * Dean & Dean
 *
 * 这里表示受薪员工
 ****************************************/

public class Salaried3 extends Employee3
{
  protected double salary;                    此处允许从子类直接访问

  //****************************************

  public Salaried3(String name, double salary)
  {
    super(name);
    this.salary = salary;
  } // 构造器结束

  //****************************************

  @Override
  public double getPay()
  {
    double pay = salary;                       在子树的顶部调用 protected 方法

    pay -= getFICA(pay);
    return pay;
  } // getPay 结束
} // Salaried3 类结束
```

图 14.21　包括税金扣除的增强版 Salaried 类

　　有了 FICA 税，必须得有其他途径访问 salary。虽然 Salaried3 可以包含 getSalary 访问器方法，但如果 salary 是 public 的，代码会更简单。可是你希望每个人的薪水都是 public 的吗？还是不要吧。这里最合适的做法是将 Salaried3 类中的 salary 变量的可访问性从 private 提升到 protected。这使子类可以直接访问 salary 变量，但它不会像 public 修饰符那样暴露那么多。因为 SalariedAndCommissioned2 类扩展了 Salaried3，如果 Salaried3 中的 salary 变量带有 protected 修饰符，就可以像下面这样在 SalariedAndCommissioned2 类中定义 getPay 方法：

```
public double getPay()
{
  double pay = salary + COMMISSION_RATE * sales;     在 Salaried3 中是 protected 的

  pay -= getFICA(pay);                               在 Employee3 中是 protected 的
  sales = 0.0; // 重新设定下一个薪资期
  return pay;
} // getPay 结束
```

现在你应该明白了。多态使你能够将异构对象放入通用类数组中，该数组的类型要么是对象的类的子类，要么是对象的类实现的接口。然后可以将数组元素强制转换为子类或接口类型，这样数组元素就可以调用特定子类或接口的方法了。JVM 会找到与调用对象最匹配的方法，并执行该方法。protected 修饰符允许从 protected 成员的子树中的任意位置直接访问变量和方法。

14.11　GUI 跟踪：三维图形（可选）

本节的示例将用一个 PerspectiveCamera 来说明 JavaFX 的 Shape3D 类的使用。在第一个例子中，相机处于场景中心前面的默认位置，它看向 z 轴正向，也就是正对屏幕向内。相机与屏幕的距离（z 轴负向）恰好使一个 30° 的镜头看到场景中心的全部高度。第一个例子的照明是默认照明，是一个位于相机的位置的点光源。第二个例子展示了圆柱体、球体和盒子的物体组合，通过偏心相机观察，并由与相机位置不同的点光源和漫射光源照明。在第二个例子中，用户输入会移动相机，从不同的方向和距离观看场景中的物体。由于 PerspectiveCamera 会让远处的物体看起来更小，所以它提供了令人满意的深度感。

14.11.1　圆柱体示例

第一个例子是一个相对简单的程序，它根据用户输入的方向显示一个圆柱体的 3D 图像。图 14.22 显示了一个典型的输出。

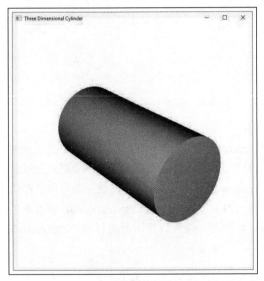

图 14.22　30° 视域的相机所看到的浅灰色实心圆柱体。圆柱体轴最初在 y 轴方向，用户输入将它在屏幕平面上旋转了 120°，然后向这个平面外旋转了 45°。

©JavaFX

图 14.23a 显示了程序的第一部分，当用户输入指定了屏幕平面上的 120° 旋转及向屏幕平面外的 45° 旋转时，生成的图像如图 14.22 所示。虽然程序本身相对简单，但它需要许多导入。如果看过前面章末

的可选的 GUI 部分，你就能认出 Application、Stage 和 Scene。第 5 章末尾可选的 GUI 部分和插曲
（Interlude）中也使用了 Group 与 Color。PerspectiveCamera、PhongMaterial、Cylinder、Translate 和
Rotate 之前还没有出现过。PerspectiveCamera、Translate 和 Rotate 从 JavaFX 2.0 起可用。PhongMaterial
和 Cylinder 从 JavaFX 8.0 起可用。

```java
/**********************************************************
 * RotatedCylinder.java
 * Dean & Dean
 *
 * 这里展示了一个旋转的透视圆柱体
 **********************************************************/

import javafx.application.Application;
import javafx.stage.Stage;
import javafx.scene.*;              // Scene、Group、PerspectiveCamera
import javafx.scene.paint.*;        // PhongMaterial、Color
import javafx.scene.shape.Cylinder;
import javafx.scene.transform.*;    // Translate、Rotate
import java.util.Scanner;

public class RotatedCylinder extends Application
{
  private final double WIDTH = 600;
  private final double HEIGHT = 600;

  public void start(Stage stage) throws Exception
  {
    Group group = new Group();
    Scene scene = new Scene(group, WIDTH, HEIGHT);
    PerspectiveCamera camera = new PerspectiveCamera();

    scene.setCamera(camera);
    createContents(group);
    stage.setScene(scene);
    stage.setTitle("Three Dimensional Cylinder");
    stage.show();
  } // start 结束
```

图 14.23a　RotatedCylinder 类——A 部分

　　RotatedCylinder 的 start 方法实例化一个零参数的 PerspectiveCamera 对象。使用这个默认相机，用户
改变显示窗口的大小，相机就会移动，使其在窗口中居中。这不会改变相机与屏幕平面的距离，因此不
会改变场景内容的视尺寸，但它确实改变了相机观看场景内容的角度和能看到的内容的数量。注意，代
码直接将 ProspectiveCamera 对象赋值给 Scene 对象，这将相机置于包含场景内容的 Group 对象之外。

　　图 14.23b 展示了 createContents 方法，它创建并操纵一个半径为 100 像素、高为 400 像素的圆柱体

对象。着色的 *Phong* 材质"依据漫反射和镜面反射，结合环境光和自发光条件来反射光。"①

```
//*************************************************************

private void createContents(Group group)
{
  Cylinder cylinder = new Cylinder(100, 400); // 半径、高度
  Scanner stdIn = new Scanner(System.in);
  double rZ, rrX; // z 轴和 x 轴的旋转角度

  cylinder.setMaterial(new PhongMaterial(Color.LIGHTGRAY));
  System.out.print("Degree rotation around Z-axis: ");
  rZ = stdIn.nextDouble();
  System.out.print("Degree rotation around rotated X-axis: ");
  rrX = stdIn.nextDouble();
  cylinder.getTransforms().addAll(
    new Translate(WIDTH/2, HEIGHT/2, 0), // dX、dY、dZ
    new Rotate(rZ, Rotate.Z_AXIS),       // 绕 z 轴旋转
    new Rotate(rrX, Rotate.X_AXIS));     // 绕当前的 x 轴旋转
  group.getChildren().add(cylinder);
} // createContents 结束
} // RotatedCylinder 结束

示例会话：
Degree rotation around Z-axis: 120
Degree rotation around rotated X-axis: 45
```

图 14.23b　RotatedCylinder 类——B 部分

最初，圆柱体的 *x* 轴水平向右正向延伸，*y* 轴垂直向下正向延伸。因此，初始的 *x* 轴和 *y* 轴在屏幕平面内。最初，圆柱体的 *z* 轴垂直于屏幕平面，正向进入屏幕。

当你创建一个圆柱体时，圆柱体的轴线与 *y* 轴平行，并且一个底面的中心位于场景的左上角。因此，如果没有变换，你将看到位于场景左上角的直立圆柱体侧面的右下四分之一。图像的四分之三会在画面外部的上方和左侧。

图 14.23b 的第一个圆柱体变换将圆柱体从场景的左上角移动到场景中心。第二个圆柱体变换沿 *z* 轴顺时针方向旋转圆柱体，也就是在 *x-y* 平面（同时也是屏幕的平面）旋转。这次旋转自动将圆柱体的 *x* 轴和 *y* 轴做了等量旋转。第三个圆柱体变换使圆柱体围绕它当前的 *x* 轴旋转，其正方向现在指向屏幕平面上的左下方。所有的旋转都遵循*右手法则*：当你的右手拇指指向轴的正方向时，稍稍弯曲这只手的其余手指，它们指向的就是旋转的正方向。

在图 14.23b 的示例会话中，第一个用户输入 120 使第二个圆柱体变换并将此圆柱体在屏幕平面上顺时针旋转了 120°，第二个用户输入 45 使第三个圆柱体变换并将圆柱体的左上端向屏幕内部旋转。在这两次旋转之后，在场景的右侧看到的圆柱体一端就是未经旋转的圆柱体的顶端。使用另一组用户

---

① 根据 OpenJFX 文档，https://openjfx.io/javadoc/12/javafx.graphics/javafx/scene/paint/PhongMaterial.html。Phong 材质是对不同朝向的相邻平面的一种光滑再现。这种插值技术是由 Bui Tuong Phong 于犹他大学开发的。

输入值——-60 和-45 也可以获得相同的视觉效果，但是，这样一来在场景的右侧看到的一端就是未经旋转的圆柱体的底部。

14.11.2 风景示例

如果在初始化默认 PerspectiveCamera 时向构造方法中传入参数 true，就可以改变相机和光源的位置。图 14.24 展示了在乡村道路上行驶的汽车司机所看到的一系列视图。除了道路，图中还有一个覆盖着草的平面和一个路标。为了生成图 14.24 中的六张图像，用户需要执行随后描述的 Signpost 程序，并依次输入+20、+10、+3、+1、-10 和-50。

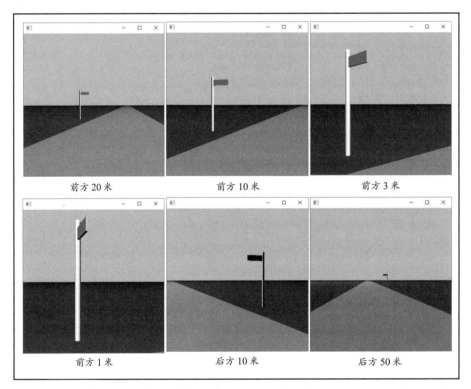

图 14.24　在一条 20 英尺宽的乡村道路旁的一个 10 英尺高的路标的六幅视图，视野为 40°。旅客在靠近路标时，太阳位于其右肩的上后方，使旅客在靠近时看到路标的发光面，离开时看到路标的阴影面。

除了透视，这个例子还展示了变化的视点，以及从不同于视点的位置进行光照。注意，尽管路标表面的明暗处理是逼真的，但路标并没有在它后面的草地上投下阴影。Java 9 API 不考虑一个对象被另一个对象着色，并且也没有直接的方法可以将文本放到其中一个对象上。这在本例中可能没什么问题，因为关于周围的景观这个路标也没有什么好标示的。

图 14.25a 展示了生成图 14.24 中图像的程序的第一部分。这个程序的 import 语句提供了对大量预先编写的 API 软件的访问。start 方法声明并初始化了一个名为 group 的 Group 对象，并将其放入具有任意宽度和高度值的场景中，这些值与场景组成部分的大小没有必然联系。scene 的 setFill 方法提供了天空

着色，createContents 方法添加了场景组成部分和光源，positionCamera 方法创建了一个自定义的 PerspectiveCamera。

```
/***********************************************************
 * Signpost.java
 * Dean & Dean
 *
 * 这里模拟了从经过的汽车上看到的路标
 ***********************************************************/

import javafx.application.Application;
import javafx.stage.Stage;
// Scene、Group、PerspectiveCamera、PointLight、AmbientLight
import javafx.scene.*;
import javafx.scene.paint.*;        // Color、PhongMaterial
import javafx.scene.shape.*;        // Box、Sphere、Cylinder
import javafx.scene.transform.*;    // Rotate、Translate
import java.util.Scanner;

public class Signpost extends Application
{
  public void start(Stage stage)
  {
    Group group = new Group();
    Scene scene = new Scene(group, 400, 400);

    scene.setFill(Color.SKYBLUE);
    createContents(group);
    positionCamera(scene);
    stage.setScene(scene);
    stage.show();
  } // start 结束
```

图 14.25a　Signpost 类——A 部分

图 14.25b 展示了 createContents 方法。第一个声明创建了一个 Box，代表覆盖着草的平面。这个盒子在 x 轴和 z 轴方向上都延伸了 40000 像素，在 y 轴方向上的厚度为 0。使用每英寸 1 像素的比例系数，每米有 39.4 英寸，所以覆盖着草的平面在 x 轴方向和 z 轴方向分别延伸了约 1 千米。第二个声明创建了另一个 Box 来表示道路。它在 x 轴方向延伸了 40000 像素，在 y 轴方向延伸了 6 像素，在 z 轴方向延伸了 240 像素，代表一段 6 英寸厚、20 英尺宽、1 千米长的道路。

第三、第四和第五个声明创建了路标的组成部分。Cylinder 的半径为 3 像素，高度为 120 像素，代表直径 6 英寸、高 10 英尺的杆子。半径为 3 像素的 Sphere 代表杆子顶部的盖子。$x=2$，$y=12$，$z=36$ 的 Box 代表一个 2 英寸厚、12 英寸高、36 英寸长，从杆子一侧延伸出来的路标标牌。PointLight 和 AmbientLight 对象分别表示点光源和漫射光源。环境光柔和的颜色为杆子的阴影面、标牌的底部和背面增加了一点光线，如图 14.24 中的后三张图片所示。

这些声明之后，前三条语句使用 PhongMaterial 类将草地涂成绿色，路涂成褐色，标牌涂成浅灰色。这些都是简单的操作。接下来的五条语句使用了 getTransforms().add(new Translate(dx, dy, dz))方法调用将相机拍到的对象相对于相机的焦点进行移动，相机的焦点位于图 14.24 中每幅图像的正中心。

```java
//***********************************************************

private void createContents(Group group)
{
  Box grass = new Box(40000, 0, 40000);
  Box road = new Box(40000, 6, 240);
  Cylinder post = new Cylinder(3, 120);
  Sphere cap = new Sphere(3);
  Box sign = new Box(2, 12, 36);
  PointLight pointLight = new PointLight();
  AmbientLight ambientLight =
    new AmbientLight(Color.color(0.2, 0.2, 0.2));

  grass.setMaterial(new PhongMaterial(Color.FORESTGREEN));
  road.setMaterial(new PhongMaterial(Color.TAN));
  sign.setMaterial(new PhongMaterial(Color.LIGHTGRAY));
  grass.getTransforms().add(new Translate(0, 60, 0));
  road.getTransforms().add(new Translate(0, 60, -120));
  post.getTransforms().add(new Translate(0, 0, 60));
  cap.getTransforms().add(new Translate(0, -60, 60));
  sign.getTransforms().add(new Translate(0, -48, 39));
  pointLight.setTranslateX(-2000);
  pointLight.setTranslateY(-3000);
  pointLight.setTranslateZ(-4000);
  group.getChildren().addAll(
    grass, road, cap, post, sign, pointLight, ambientLight);
} // createContents 结束
```

图 14.25b Signpost 类——B 部分

grass 变换将草地平面向下移动了 60 像素（5 英尺），与 120 像素高（10 英尺高）的杆子底部对齐。相机的焦点之后，经过变换的草地平面的地平线在 *x* 轴正、负方向和 *z* 轴正方向的较大值处超出视野。

road 变换将道路的中心向下移动了 60 像素（在 *y* 轴正方向上），使它与草地平面对齐。这个变换还将道路向屏幕平面外（在 *z* 轴负方向上）移出了道路宽度一半的距离。这使得道路的远边缘在相机焦点下方 5 英尺处经过。

post 变换将杆子的中心向 *z* 轴正方向移动了 60 像素，将杆子放置在焦点和道路的远边缘的 5 英尺之后。

cap 变换将球体移动到杆子的顶部。sign 变换将标牌在 *y* 轴负方向上移动了 48 英寸，在 *z* 轴正方向上移动 39 英寸，将这个 12 英寸高、36 英寸长的标牌的顶部放在杆子顶部下方 6 英寸处，让标牌的远端与直径 6 英寸的杆子近边接触。

三次 pointLight 平移将场景中的光源分别沿着 *x* 轴、*y* 轴和 *z* 轴方向移动了 2000 像素、3000 像素和

4000 像素，把光源放在了走近路标的旅客的右肩上方。按每像素 1 英寸的比例，这个光源距离相机聚焦中心约 450 英尺。这比到太阳的距离稍微短了一些，但是，这个场景已经很吓人了，因为其中的物体都没有阴影。

createContents 最后的语句将所有之前的对象添加到传入的 group 容器中。addAll 前五个参数的顺序很重要，因为每个后加的项都覆盖所有前面的项。road 和所有路标的组件覆盖在 grass 上。因为 post 覆盖 cap，它遮盖了 cap 的下半部分，使其看起来像半球形。因为 sign 覆盖 post，它遮盖了位于其后面的 post 材质。[①]

图 14.25c 展示了 positionCamera 方法。第一个声明构造了一个带有 true 参数的 PerspectiveCamera 对象。这个 true 参数实现了一个特殊的功能——将观察点固定在相机原点（fixed eye at camera zero），稍后将进行说明。读取的用户输入数据是从观察者到路标位置的 x 轴正向距离，单位为米。代码以每英寸 1 像素的比例将输入值转换为像素，然后计算从 z 轴负方向到当前相机位置的角度和从焦点到当前相机位置的像素距离。

```
//***************************************************************

private void positionCamera(Scene scene)
{
  PerspectiveCamera camera = new PerspectiveCamera(true);
  Scanner stdIn = new Scanner(System.in);
  final double dZ = 120 + 18; // 距离道路中心18 英寸
  double dx, dd, angle;

  System.out.print("Enter meters ahead: ");
  dx = stdIn.nextDouble() * 39.4;
  angle = Math.atan(dx / dZ);
  dd = dZ / Math.cos(angle);
  angle = Math.toDegrees(angle);
  camera.getTransforms().addAll(
    new Rotate(angle, Rotate.Y_AXIS), new Translate(0, 0, -dd));
  camera.setNearClip(60);
  camera.setFarClip(50000);
  camera.setFieldOfView(40);
  scene.setCamera(camera);
} // positionCamera 结束
} // Signpost 结束
```

图 14.25c　Signpost 类——C 部分

使用 PerspectiveCamera(true)，程序员需要通过相机变换来设置相机位置，并指定近端和远端的裁剪距离。近端裁剪面应该比任何观察对象更接近相机，远端裁剪面应该比任何观察对象更远离相机。

如前面的示例所示，在 PerspectiveCamera(true) 的实现中，最初焦点位于左上角，即所有新创建的对象最初出现的地方，不需要将对象显式地转换到屏幕中心。那么，在图 14.24 中，焦点是图 14.24 中图

[①]　这适用于当前的程序。然而，如果程序能够将相机置于路标的 z 轴正方向一侧，标牌和杆子之间的关系就会失真。

像的中心的吗？true 参数自动为整个群组执行这项变换。

　　true 参数还有其他作用，它通过内部计算的*比例系数*来缩放场景中的所有像素：

$$比例系数 = 高度 / [2 \times 距离 \times Math.tan(视场 / 2)]$$

式中：高度是在场景的构造函数中提供的由程序显式指定的高度值；距离是从指定相机位置到焦点的距离；视场要么是默认的（30°），要么是显式指定的值。

　　在当前示例中，高度为 400。如果用户在 "Enter meters ahead:" 提示下输入 0，则距离为 138。在 positionCamera 方法的倒数第二条语句中明确指定了 *field-of-view* 是 40。有了这些值，可得比例系数为 4.0。

　　有了这个比例系数，杆子的像素高度将增加到 $4 \times 120 = 480$。如果杆子在焦点的中心，它的高度将超过视窗的高度。但是杆子在 z 轴正方向上的 60 像素偏移得它看起来变小了：由偏移量得出系数为 138 /（138 + 60）= 0.7，进而得到其高度为 $0.7 \times 480 = 335$，占 400 像素的视窗高度的 84%，接近图 14.24 中的第四幅图像。如果程序或用户增加窗口高度，场景中的所有东西都会按相同的比例放大。这种对所有场景内容的放大会将场景边缘的一些内容推出视野之外。

　　另外，窗口宽度的变化不会改变比例系数。在前面的例子中，宽度的改变只是改变了可见场景的水平范围。但是，true 参数维持了自动居中，因此窗口大小改变时视角不会像使用零参数 ProspectiveCamera 时那样改变。

总结

- Object 类是所有其他类的祖先。
- 为了避免使用 Object 类的 equals 方法，应该在每个类中都定义一个 equals 方法来比较实例变量的值。
- 为了避免 Object 类对 toString 方法调用的难以理解的响应，应该在每个类中都定义一个 toString 方法，来输出将实例变量值拼接而成的字符串。
- 在编译时，编译器会确认引用变量的类能够以某种方式处理引用变量的每个方法调用。在运行时，JVM 查看引用变量所引用的对象的特定类型，以确定应该实际调用若干可选的多态方法中的哪一个，并将引用对象与该方法绑定。
- instanceof 操作符能够明确地判断出引用变量所引用的对象是某个类的实例还是该类的派生类的实例。
- 始终可以将一个对象赋值给更通用的引用变量，因为该对象的方法中包含了从引用变量的类继承的方法。
- 只有实际引用的对象与要强制转换成的类型一样或更具体时，才能安全地将通用的引用强制转换为更具体的类型。
- 通过将数组元素声明为公共继承祖先的实例，就可以在异构对象数组中实现多态。为了满足编译器的要求，可以在该祖先类中编写一个虚方法，并在数组中实例化的所有类中重写它。也可以在一个 abstract 祖先类中声明该方法，然后在数组中实例化的所有其后代类中重写该方法。还可以在接口中声明该方法，并在数组中实例化的所有类中实现该接口。
- 一个类可以扩展一个继承的超类且（或）实现任意数量的接口。
- 接口对公共常量提供了简单的访问方式。
- 如果一个类中有 protected 访问修饰符修饰的成员，那么与该类在同一个包或者在以该类为根的继承子树中的类，都可以直接访问这些成员。

● 借助显式三角计算，可以用 Java API 类来绘制看起来像三维物体的东西。

复习题

§14.2　Object 类和自动类型提升

1. 如果想要定义一个类来继承 Object 类的方法，则必须在类标题后面加上 extends Object 后缀。（对/错）

§14.3　equals 方法

2. 当用于比较引用变量时，==运算符的作用与 Object 类的 equals 方法相同。（对/错）

3. 在 String 类中定义的 equals 方法比较了什么？

§14.4　toString 方法

4. Object 类的 toString 方法返回什么？

5. 用下面这两条语句替换图 14.2 的 main 方法中的 println 语句有会什么问题？

```
String description = car.toString();
System.out.println(description);
```

6. 重写方法的返回值类型必须与被重写方法的返回值类型相同。（对/错）

§14.5　多态和动态绑定

7. 在 Java 中，多态方法调用在编译时（而不是运行时）绑定方法定义。（对/错）

§14.6　两边类不同时的赋值

8. 假设一个引用变量的类是另一个引用变量的类的后代。为了能够将其中一个引用变量赋值给另一个引用变量（不使用强制类型转换运算符），则左侧变量的类必须是右侧引用变量的类的＿＿＿＿。

§14.7　数组的多态

9. 一个给定的数组可以包含不同类型的元素。（对/错）

§14.8　abstract 方法和类

10. abstract 方法的语法特征是什么？

11. 任何包含 abstract 方法的类都必须声明为 abstract 类。（对/错）

12. 不能实例化抽象类。（对/错）

§14.9　接口

13. 可以使用接口来提供对许多不同类的公共常量集的直接访问。（对/错）

14. 可以声明具有接口类型的引用变量，并且可以像那些类型是继承层级结构中的类的引用变量一样使用。（对/错）

§14.10　protected 访问修饰符

15. 描述 protected 修饰符提供的访问权限。

16. 对任何重写抽象方法的方法使用 private 都是非法的。（对/错）

练习题

1. [§14.3] 给定一个 Car 类，它有以下实例变量：

```
private String make;
private String model;
```

```
private int year;
private String color;
```

为不关心汽车颜色的客户编写一个 equals 方法。

2. [§14.4] 假设本章的 Car 类是用下面的语句实例化的：

```
Car car = new Car("Mazda", 2018, "green");
```

提供一个额外的方法来增强 Car 类，该方法响应下面的输出语句：

```
System.out.println(car);
```

输出如下：

```
green 2018 Mazda
```

3. [§14.4] 假设有一个自定义的类 Person，该类包含一个实例变量 name，它由构造函数的参数 name 初始化。假设一个驱动程序用 Person 对象填充一个数组 people，然后回到数组的开头位置，并使用 System.out.println(people[i]);输出人名。不幸的是，驱动程序输出的结果是下面这样的：

```
Person@65ae6ba4
Person@512ddf17
Person@2c13da15
Person@77556fd
```

问题出在哪里，如何解决？

4. [§14.4] 下面的程序会输出什么？对于每只鸟的输出，描述输出是如何生成的（要具体）。

```
public class Bird {}
public class Turkey extends Bird
{
  public String toString()
  {
    return "gobble, gobble";
  }
} // Turkey 类结束

public class BirdDriver
{
  public static void main(String[] args)
  {
    Bird tweety = new Bird();
    Turkey tommy = new Turkey();
    System.out.println(
      "tweety = " + tweety + "; tommy = " + tommy);
  } // main 结束
} // BirdDriver 类结束
```

5. [§14.5] 假设将下面的方法添加到练习题 4 的 Bird 类中：

```
public String toString()
{
  return "tweet, tweet";
}
```

增强后的程序会输出什么？请解释。

6. [§14.5] 假设有一个名为 thing 的引用变量，但不确定它指向的是什么类型的对象，你想让你的程序输出它指向的类型。Object 类（即任何类）还有一个方法 getClass，它返回一个特殊的 Class 类型的对象，该对象包含调用 getClass 方法的对象的类信息。Class 类有一个名为 getName 的方法，它返回调用它的对象所描述的类名称。写一条语句，输出 thing 的类名称。

7. [§14.6] 给出超类 Pet 和子类 Cat，指出并解释下面的代码片段中所有的编译错误。

```
Pet pet;
Cat mrWhiskers, fluffy = new Cat();
mrWhiskers = new Pet();
pet = fluffy;
```

8. [§14.7] 假设有一个超类 Pet 和子类 Cat、Dog。在下面的代码片段中，第二行和第三行生成编译错误。请提供这两行代码的正确版本，并保留原代码的本意。例如，底部的一行仍然应该将 pets 的第二个元素赋值到 barky 变量中。

```
Pet[] pets = {new Cat(), new Dog()};
Cat tiger = pets[0];
Dog  barky  = pets[1];
```

9. [§14.8] 如果超类是 abstract 的，每个子类都必须重写超类的所有方法。（对/错）

10. [§14.8] 给出下面的 Pet2Driver 类，编写一个 abstract Pet2 类，它只包含一个成员 abstract 声明的 speak 方法。编写扩展 Pet2 的 Dog2 和 Cat2 类，当执行 Pet2Driver 并输入 c 或 d 时，程序会输出 "Meow! Meow! " 或 "Woof! Woof!"；但如果输入其他字符，程序不输出任何东西。

```java
import java.util.Scanner;
public class Pet2Driver
{
  public static void main(String[] args)
  {
    Scanner stdIn = new Scanner(System.in);
    Pet2 pet = null;
    System.out.print("Which pet are you addressing?\n"
      + "Enter c for cat or d for dog: ");
    switch (stdIn.nextLine().charAt(0))
    {
      case 'c' -> pet = new Cat2();
      case 'd' -> pet = new Dog2();
    } // end switch
    if (pet != null) pet.speak();
  } // main 结束
} // Pet2Driver 结束
```

11. [§14.9] 编写一个 AssetAging 接口，它包含 abstract 的访问器方法，获取以下实例变量的值：

```
originalCost (a double)
acquisitonDate (a String)
depreciationRate (a double)
```

12. [§14.9] 在练习题 10 中，如果将 Pet2 由 abstract 类改为接口，指出需要对 Pet2、Cat2 和 Dog2 做的所有更改。应该不需要对 Pet2Driver 类做任何更改。

13. [§14.10] 将图 14.20 中 Employee3 类的 getFICA 方法中的难以读懂的代码扩展为 if-else 语句，使算法更容易理解。

14. [§14.7]（案例研究）这个练习涉及之前看过的 GridWorld 程序的多个不同版本。找出一个 GridWorld 中的类，该类存储一个可以保存任何类型对象的二维数组。指出该类的类名以及数组变量的声明，列出存储在数组中的三种对象类型。

15．[§14.9]（案例研究）这个练习涉及之前看过的 GridWorld 程序的多个不同版本。找出一个已被一个类实现的 GridWorld 中的接口，指出该接口指定的每个方法的标题。

16．[§14.9]（案例研究）描述 GridWorld 中的 Location 类，它实现了什么 Java API 接口？指出它的实例变量，概述其静态常量，并列出它的方法标题。

复习题答案

1．错。每个类都是 Object 类的后代，因此没有必要指定 extends Object。事实上，这么做是不可取的，因为它阻碍了对其他类的扩展。

2．对。

3．在 String 类中定义的 equals 方法比较了字符串的字符。

4．Object 类的 toString 方法返回这三个文本组成部分拼接成的字符串：
- 完整类名。
- @ 字符。
- 一个十六进制的哈希值。

5．没问题。这只是一个风格问题，更简洁或更自文档化。

6．对。

7．错。JVM 是在运行时决定调用哪个方法。

8．为了能够将一个引用变量赋值给另一个引用变量（不使用强制类型转换运算符），左边变量的类必须是右边引用变量的类的父类（或祖先）。

9．对。只要每个元素的类型都是数组声明中定义的类型或该类型的后代（或与定义数组类型的接口相符合，参见第 14.9 节），就可以。

10．abstract 方法的语法特征是：
- 方法标题包含 abstract 修饰符。
- 在方法标题末尾有分号。
- 没有方法主体。

11．对。

12．对。

13．对。

14．对。

15．在以下情况下访问 protected 成员是合法的：
- 在与 protected 成员相同的类内。
- 在 protected 成员所处类的派生类中。
- 在同一包内。

16．对。abstract 方法必须是 public 或 protected 的（不能是 private 的）。对重写方法的访问限制不得比它所重写的方法更严格。因此，如果一个方法重写了 abstract 方法，它就不可以是 private 的。

第 15 章

异常处理

目标

- 理解什么是异常。
- 使用 try 和 catch 代码块校验输入的数字。
- 理解 catch 代码块如何捕获异常。
- 区分检查异常与非检查异常。
- 在 Oracle 官方 Java API 网站查询异常的细节。
- 使用 Exception 基类捕获异常。
- 使用 getClass 和 getMessage 方法。
- 使用多 catch 代码块和多异常 catch 参数捕获异常。
- 理解异常信息。
- 使用 throws 子句将异常传递给调用模块。
- 学习如何显式关闭资源或者通过 try-with-resources 代码块隐式关闭资源。

纲要

15.1　引言

如你所知，程序有时会产生错误。编译时错误由语法错误导致，如在 if 语句后忘记使用括号；运行时错误由代码行为错误导致，如试图除以 0。在前面的章节通过改正语法错误来修复编译时错误，通过提升代码健壮性来修复运行时错误。本章使用另一种处理错误的技术——异常处理。稍后我们会更正式地描述异常，但是现在，权且把异常当作错误，或是简单地认为是程序中出现的某种问题。异常处理就是用来处理这些问题的一种巧妙手段。

在这一章的开始，我们先看一个普通的问题，即确保用户在被要求输入数字时输入一个有效的数字。你将学会如何使用两种关键的异常处理机制，即 try 和 catch 代码块来实现该输入验证。异常有不同的类型，你将学会如何用恰当的方式去处理不同类型的异常。在本章的最后，你会将异常处理作为 GUI 折线图程序的一部分来使用。

为了理解本章，你需要熟悉面向对象编程、数组，以及继承的基本知识。因此，你需要通读第 13 章。本章的内容不依赖第 14 章内容。

不同读者可能想要阅读本章和第 16 章（文件、缓存、通道和路径）的不同部分。如果你计划阅读第 16 章，就需要通读本章，因为第 16 章的主题——文件操作，重度依赖异常处理。如果你计划跳过第 16 章，直接阅读第 17～第 19 章（GUI 编程），或是网页版的第 S17 和 S18 章（FX GUI 编程），则只需阅读本章的第一部分，即第 15.1 节～第 15.7 节。

15.2　异常与异常信息概览

根据 Oracle[①]的定义，异常是指程序执行过程中打断指令正常流转的事件。*异常处理*就是一种可以优雅地处理这些异常的技术。

我们要研究的第一个异常是处理用户无效输入的。你是否曾因为无效输入而导致程序崩溃（使程序非正常停止）？如果一个程序调用 Scanner 类的 nextInt 方法，并且一个用户输入了一个非整数，JVM 就会产生一个异常，展示出一条臃肿丑陋的错误信息，并且终止程序。下面的代码展示的就是我们正在讨论的内容：

注意上面的 InputMismatchException。当 nextInt 方法调用后，用户输入一个非整数来响应，此时就会产生这种类型的异常。请注意*异常信息*。异常信息会使人烦恼，但它们却起着相当实际的作用能够提

[①] The Java™ Tutorials，访问于 2019 年 7 月 9 日，https://docs.oracle.com/javase/tutorial/essential/exceptions/definition.html。

供当前出现问题的相关信息。本章的最后会涵盖异常信息的细节，但是现在，更重要的议题是怎样避免收到丑陋的异常信息。让我们开始吧。

15.3　使用 try 和 catch 代码块处理"危险的"方法调用

有些方法调用，如 nextInt，是危险的，因为它们会导致异常，而异常又可能导致程序崩溃。顺便说一下，"危险的"并非异常处理的标准用词，但我们还是会使用它，因为它有助于我们的解释。在这一部分，我们讲述如何使用 try 和 catch 代码块来避免异常信息和程序崩溃。使用一个 try 代码块来试着进行一个或多个危险的方法调用。如果危险的方法调用存在问题，JVM 会跳到 catch 代码块并执行该 catch 代码块中的语句。可以把一个 try 代码块比作马戏团的空中飞人表演。空中飞人表演包含有一个或多个危险动作，如三转空翻或者三周旋转。这些危险动作就像危险的方法调用。如果某一个危险动作失误，并且杂技演员坠落下来，就会有一张安全网来接住杂技演员。同样地，如果危险的方法调用出了问题，就会由 catch 代码块来接管。如果杂技中危险动作都顺利完成，那就根本不会用到安全网。同样地，如果危险的方法调用没有出现问题，catch 代码块也不会被使用。

15.3.1　语法与语义

下面是 try 和 catch 代码块的语法：

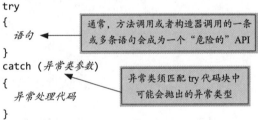

如上面所示，一个 try 代码块和它关联的 catch 代码块（或是多 catch 代码块）必须是相邻的。你可以在 try 代码块之前或 catch 代码块之后放置其他语句，但是不能放置在它们之间。注意 catch 代码块头部括号里的参数，我们会在之后的示例程序中解释 catch 代码块参数。

图 15.1 是一个 LuckyNumber 程序。注意 try 和 catch 代码块是怎样遵循上面展示的语法格式的。在 try 代码块中，nextInt 方法的调用会尝试将用户输入的内容转换为一个整数。要想转换成功，用户输入的内容就只能是数字和一个可选的负号。如果用户输入内容符合要求，JVM 就会把用户输入内容赋值给 num 变量，跳过 catch 代码块，继续执行 catch 代码块之后的代码。如果用户输入内容不符合要求，就会出现一个异常。如果异常出现，JVM 就会立刻退出 try 代码块并实例化一个*异常对象*——包含该异常事件信息的对象。

在这个例子里，JVM 实例化一个 InputMismatchException 对象。JVM 会把该 InputMismatchException 对象赋值给 catch 代码块头部的参数 e。因为 e 被声明为 InputMismatchException 类型，并且 InputMismatchException 类并非 Java 核心类，所以在程序顶部，我们需要导入该类：

```
import java.util.InputMismatchException;
```

在将异常对象传递给 catch 代码块后，JVM 执行 catch 代码块的内容。在本例中，catch 代码块输出一条 Invalid entry. You'll be given a random lucky number 信息并生成一个随机数字赋值给变量 num。然后继续执行 catch 代码块下面的代码。

```java
/*********************************************************
 * LuckyNumber.java
 * Dean & Dean
 *
 * 该程序将用户的幸运数字读取为一个 int 值
 *********************************************************/

import java.util.Scanner;
import java.util.InputMismatchException;          ←── 导入下面会使用到的
                                                      InputMismatchException 类
public class LuckyNumber
{
  public static void main(String[] args)
  {
    Scanner stdIn = new Scanner(System.in);
    int num;                                  // 幸运数字
    try
    {
      System.out.print("Enter your lucky number (an integer): ");
      num = stdIn.nextInt();          ←── 参数 e 接收一个
    }                                     InputMismatchException 对象
    catch (InputMismatchException e)
    {
      System.out.println(
        "Invalid entry. You'll be given a random lucky number.");
      num = (int) (Math.random() * 10) + 1; // 介于 1~10 之间
    }
    System.out.println("Your lucky number is " + num + ".");
  } // main 结束
} // LuckyNumber 类结束

示例会话 1:
Enter your lucky number (an integer): 27
Your lucky number is 27.

示例会话 2:
Enter your lucky number (an integer): 33.42
Invalid entry. You'll be given a random lucky number.
Your lucky number is 8.
```

图 15.1 Lucky Number 程序，使用 try 和 catch 代码块处理用户输入的数值内容

15.3.2 抛出一个异常

当 JVM 实例化一个异常对象，我们会说 JVM *抛出了一个异常*。因为被抛出的是一个异常对象，所以我们更倾向于说 "抛出了一个异常对象"，而不是 "抛出了一个异常"。不过大多数程序员不用担心去

分辨一个异常（这是一个事件）和一个异常对象之间的差别。这不是什么大问题。我们会跟随主流并使用标准的术语——抛出一个异常。

当 JVM 抛出一个异常时，它就会寻找匹配的 catch 代码块。如果找到了一个匹配的 catch 代码块，JVM 就执行该代码块。如果没找到匹配的 catch 代码块，JVM 就会输出该异常对象的异常信息，并终止程序。"匹配的代码块"是什么意思？"匹配"的意思是指 catch 代码块头部的参数类型与抛出的异常类型一致[①]。举例来说，在 Lucky Number 程序中，InputMismatchException 参数匹配调用 nextInt 方法抛出的 InputMismatchException 异常。因此，当调用 nextInt 方法抛出一个 InputMismatchException 异常时，参数为 InputMismatchException 类型的 catch 代码块就是一个匹配的 catch 代码块。

一个异常对象中关于错误的信息内容包括错误的类型和导致该错误的所有调用方法的清单。我们会在后面使用一些异常对象的信息。但是目前对异常对象功能的需求完全是为了去匹配适当的 catch 代码块。

15.4　折线图示例

现在来看看如何在一个更复杂的程序里面使用 try 和 catch 代码块。先提供一个没有 try 和 catch 代码块的程序，然后分析这个程序，并决定怎样通过添加 try 和 catch 代码块来改进该程序。

15.4.1　第 1 版 LinePlot 程序

图 15.2 中的程序通过读取一系列的坐标点绘制一条折线。理解 LinePlot 程序功能的最佳途径是展示一个示例会话。下面，用户选择绘制一条从原点（默认起始点）到点（1,3），再到点（2,1）的折线图。

示例会话：

```
Enter x & y coordinates (q to quit): 1 3
New segment = (0,0)-(1,3)
Enter x & y coordinates (q to quit): 2 1
New segment = (1,3)-(2,1)
Enter x & y coordinates (q to quit): q
```

```
/**************************************************************
* LinePlot.java
* Dean & Dean
*
* 该程序使用用户指定的一系列线段绘制一条折线
**************************************************************/

import java.util.Scanner;

public class LinePlot
{
  private int oldX = 0;  // oldX 和 oldY 保存之前的点
```

图 15.2　第 1 版 LinePlot 程序画线

[①] 事实上，你会在第 15.9 节看到，当一个 catch 代码块的头部参数是抛出的异常类的父类时也会被认为是匹配的。

```
  private int oldY = 0;  // 起始点是原点 (0,0)
  //***********************************************
  //该方法输出从前一个点到当前点的线段的描述

  public void plotSegment(int x, int y)
  {
    System.out.println("New segment = (" + oldX + "," + oldY +
      ")-(" + x + "," + y + ")");
    oldX = x;
    oldY = y;
  } // plotSegment 结束


  //***********************************************
  public static void main(String[] args)
  {
    Scanner stdIn = new Scanner(System.in);
    LinePlot line = new LinePlot();
    String xStr, yStr;   // 字符串形式的点的坐标
    int x, y;            // 点的坐标

    System.out.print("Enter x & y coordinates (q to quit): ");
    xStr = stdIn.next();
    while (!xStr.equalsIgnoreCase("q"))
    {
      yStr = stdIn.next();
      x = Integer.parseInt(xStr);  ⎫ ◄──── 这些可能导致运行时错误
      y = Integer.parseInt(yStr);  ⎭
      line.plotSegment(x, y);
      System.out.print("Enter x & y coordinates (q to quit): ");
      xStr = stdIn.next();
    } // while 结束
  } // main 结束
} // LinePlot 类结束
```

图 15.2　（续）

如你所见，程序的展示非常原始——使用文字代表每条线段。在实际的 LinePlot 程序中，你会使用 JavaFx 的 LineChart 类来展示线条。那是在本章末尾 GUI 部分要做的事。但是现在，我们会让它保持简单并使用基于文字而非基于 GUI 的展示。这样，我们可以聚焦在本章的主题，即异常处理。

15.4.2　使用 q 作为标记值

在之前，当你在循环中输入一个数字，通常会使用一个数字标记值来结束循环。这个程序采用了一个更优雅的解决方案，因为它允许使用非数字的 q 作为标记值。你怎样通过同一条输入语句来读取数值和字符串 q 呢？所有输入类型都使用字符串来读取——不论是 q 还是数值。对输入的每一个数字，程序通过调用 Integer 类的 parseInt 方法将数值字符串转换为数值。

我们在第 5 章讲解过 Integer 类的 parseInt 方法。parseInt 方法会试图将一个指定的字符串转换为一

个整数。这应该听起来耳熟，在 LuckyNumber 程序中，我们使用了 Scanner 类的 nextInt 方法将一个指定的字符串转换为一个整数。不同之处在于，nextInt 方法直接从用户那里获取字符串，而 parseInt 方法从一个传入的参数获取。如果传入的参数字符串并不是代表一个整数（数字或可选的负号），JVM 会抛出一个 NumberFormatException。NumberFormatException 属于 java.lang 包。因为 JVM 自动导入 java.lang 包，所以不需要显式地导入来引用一个 NumberFormatException。

15.4.3　输入校验

注意，LinePlot 程序是如何调用 stdIn.next 分别读取 *x* 坐标值与 *y* 坐标值到变量 xStr 和 yStr。然后，程序通过调用 Integer.parseInt 方法来将 xStr 和 yStr 转换为整数。只要 xStr 和 yStr 确实是表示整数的字符串就可以正常转换。但如果用户输入的 xStr 和 yStr 不是整数，会发生什么呢？如果是不能识别的输入，程序就会像下面这样崩溃：

示例会话：
```
Enter x & y coordinates (q to quit): 3 1.25
Exception in thread "main" java.lang.NumberFormatException: For input string: "1.25"
. . .
```

为了应对这种可能性，我们来重写图 15.2 中 main 方法的 while 循环，从而通过使用一个 try-catch 结

> 查找可能的问题。

构来实现输入验证。第一步是识别危险的代码。你可以找到危险的代码吗？两次 parseInt 方法调用是危险的，因为它们可能抛出一个 NumberFormatException。所以，把这两句放到一个 try 代码块里并且添加一个匹配的 catch 代码块，如图 15.3 所示。

你有发现图 15.3 的 while 循环中存在什么逻辑错误吗？如果出现无效输入会发生什么情况？一个 NumberFormatException 对象被抛出并捕获，然后会输出一条错误信息，再执行 line.plotSegment。但是你并不想在输入内容出现问题后还输出线段。为了避免这种情况，把 line.plotSegment(x, y);这一行挪到 try 代码块的最后一行。这样，它就只有在两个 parseInt 方法正常调用后才会执行。图 15.4 展示了 LinePlot 程序中 while 循环的最终版本。

```
while (!xStr.equalsIgnoreCase("q"))
{
  yStr = stdIn.next();
  try
  {
    x = Integer.parseInt(xStr);
    y = Integer.parseInt(yStr);    ◄── 这些语句应该放在 try 代码块里
  }
  catch (NumberFormatException nfe)
  {
    System.out.println("Invalid entry: " + xStr + " " + yStr
      + "\nMust enter integer space integer.");
  }

  line.plotSegment(x, y);
  System.out.print("Enter x & y coordinates (q to quit): ");
  xStr = stdIn.next();
} // while 结束
```

图 15.3　提升 LinePlot 程序中 while 循环的第一次尝试

```
  while (!xStr.equalsIgnoreCase("q"))
  {
    yStr = stdIn.next();
    try
    {
      x = Integer.parseInt(xStr);
      y = Integer.parseInt(yStr);
      line.plotSegment(x, y); ◄──── 这一句在 try 代码块里，而不是放在 try-catch 结构后面
    }
    catch (NumberFormatException nfe)
    {
      System.out.println("Invalid entry: " + xStr + " " + yStr
        + "\nMust enter integer space integer.");
    }
    System.out.print("Enter x & y coordinates (q to quit): ");
    xStr = stdIn.next();
  } // while 结束
```

图 15.4　LinePlot 程序中 while 循环的最终版本

15.5　try 代码块细节

现在你知道了 try 代码块的基本理念，是时候来充实一些 try 代码块中不易觉察的细节了。

15.5.1　try 代码块的大小

决定 try 代码块的大小是有一点艺术成分的。有时候使用小的 try 代码块会好一点，有时候使用大一点的 try 代码块则会更好。用 try 代码块将整个方法体包围起来是合法的，但这往往会导致相反的结果，因为这样就更难识别危险代码。通常来说，你应该使 try 代码块足够小，从而使危险代码更容易被识别出来。

另外，如果需要执行一系列相关的危险代码，你应该考虑将这些代码放在一个 try 代码块里，而不是把每条语句各自放在一个小的 try 代码块里。太多的小 try 代码块可能会导致代码混乱。一个包容性的 try 代码块可以提高可读性。改进后的 LinePlot 程序将两行 parseInt 语句放在一个 try 代码块里，因为它们在概念上是连接的并且代码也紧挨在一起。这样就提高了代码的可读性。

15.5.2　假设跳过 try 代码块中的语句

如果一个异常被抛出，JVM 会立即跳出当前的 try 代码块。立即跳出意味着如果 try 代码块中抛出异常的语句之后还有其他语句，这些语句就会被跳过。编译器是一个悲观主义者。它知道 try 代码块中的语句可能被跳过，还会假设最糟糕的情况：它会假设一个 try 代码块中的所有语句都会被跳过。因此，如果一个 try 代码块中包含对 x 的赋值，编译器就假设会跳过赋值。如果在 try 代码块外部没有对 x 赋值并且在 try 代码块外部会用到 x 的值，你将会遇到下面这样的编译时错误：

```
variable x might not have been initialized
```

如果遇到这个错误，通常你可以通过在 try 代码块之前初始化变量来修复它。让我们来看一个例子：你的目标是实现一个 getIntFromUser 方法，该方法可以为 int 值执行可靠的输入。你的方法应该提醒

用户输入一个整数，并以字符串的形式读取输入的值，然后把字符串转换为一个 int 值。如果转换失败，你的方法应该提醒用户输入一个整数。如果用户最终输入一个有效的整数值，getIntFromUser 方法就会将该值返回给调用模块。

图 15.5 是实现 getIntFromUser 方法的第一次尝试。从逻辑上看它是没有问题的，但是它包含编译时错误，这是由于 try 代码块中的初始化造成的。我们可以很快修复 try 代码块中的错误，但是，首先来解释一下 try 代码块中的逻辑。

try 代码块中包含这三行：
```
valid = false;
x = Integer.parseInt(xStr);
valid = true;
```

> 假设一件事，然后根据需要做出改变。

注意这三行代码如何给 valid 赋值为 false，然后又反过来赋值为 true。奇怪吗？事实上，这是一种相当常见的策略。假设一件事，先试试看，然后如果证明它是错的，就改变假设。而这就是此处的情形。这段代码先假设用户输入有效，调用 parseInt 来测试是否真的有效；也就是说，它会检查用户输入的是否是一个整数。如果有效，下一行就执行，并且把 valid 赋值为 true。但是如果 parseInt 转换失败了会发生什么？变量 valid 将永远不会被赋值为 true，因为抛出了一个异常，而且 JVM 立即跳出了 try 代码块。所以这段代码似乎是合理的。但不幸的是，这一次"似乎是合理的"还不够好。

```java
public static int getIntFromUser()
{
  Scanner stdIn = new Scanner(System.in);
  String xStr;      // 用户输入
  boolean valid;    // 用户是否输入一个有效整数？
  int x;            // 整数形式的用户输入

  System.out.print("Enter an integer: ");
  xStr = stdIn.next();

  do
  {
    try
    {
      valid = false;
      x = Integer.parseInt(xStr);
      valid = true;
    }
    catch (NumberFormatException nfe)
    {
      System.out.print("Invalid entry. Enter an integer: ");
      xStr = stdIn.next();
    }
  } while (!valid);        // 编译时错误：valid 可能未被初始化

  return x;                // 编译时错误：x 可能未被初始化
} // getIntFromUser 结束
```

图 15.5　展示 try 代码块内初始化问题的一个方法

你能理解该编译时错误吗? 如果不能, 不用担心, 因为只有编译器帮助我们之后, 我们才会看到这些错误。正如图 15.5 中标注的那样, 编译器报错变量 valid 和 x 可能未被初始化。有什么好大惊小怪的? 编译器难道看不见 valid 和 x 有在 try 代码块内被赋值吗? 没错, 编译器能看到赋值, 但是别忘了编译器是一个悲观主义者, 它假设 try 代码块中的所有语句都被跳过了。即使我们知道 valid=false;语句并没有被跳过的危险 (它只是一句简单的赋值, 并且它是 try 代码块中的第一行), 编译器依然会假设它会被跳过。

解决的方法是什么? ①把 valid=false;语句向上移动到 valid 的声明行; ②把 x 初始化为 0 作为 x 的声明行的一部分。图 15.6 包含了正确的实现。

```java
public static int getIntFromUser()
{
  Scanner stdIn = new Scanner(System.in);
  String xStr;              // 用户输入
  boolean valid = false;    // 用户是否输入一个有效整数
  int x = 0;                // 整数形式的用户输入

  System.out.print("Enter an integer: ");
  xStr = stdIn.next();

  do
  {
    try
    {
      x = Integer.parseInt(xStr);
      valid = true;
    }
    catch (NumberFormatException nfe)
    {
      System.out.print("Invalid entry. Enter an integer: ");
      xStr = stdIn.next();
    }
  } while (!valid);

  return x;
} // getIntFromUser 结束
```

> 把这些初始化放到 try 代码块之前, 就可以满足编译器的需求

图 15.6　图 15.5 中 getIntFromUser 方法的正确版本

15.6　两类异常: 检查异常和非检查异常

异常分为两类: *检查异常*和*非检查异常*。检查异常必须通过一个 try-catch 结构进行检查。非检查异常可以选择通过一个 try-catch 结构检查, 但这并不是必须的。

15.6.1　识别异常的类型

你如何分辨一个特定的异常是检查异常还是非检查异常? 一个异常是一个对象, 因此, 它关联到一

个特定的类。为了找出一个异常是检查异常还是非检查异常，请在 Oracle 的 Java API 网页查询它关联的类。一旦找到这个类，看一看它的祖先类。如果它是 RuntimeException 类的后代，那它就是一个非检查异常；反之，它就是一个检查异常。

例如，如果你在 Oracle 的 Java API 网页查找 NumberFormatException，你会看到这些：

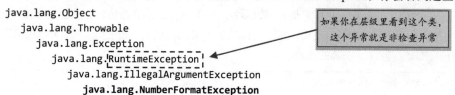

```
java.lang.Object
  java.lang.Throwable
    java.lang.Exception
      java.lang.RuntimeException
        java.lang.IllegalArgumentException
          java.lang.NumberFormatException
```

如果你在层级里看到这个类，这个异常就是非检查异常

这里显示 NumberFormatException 类是 RuntimeException 类的一个派生类，所以 NumberFormatException 类是一个非检查异常。

图 15.7 展示了所有异常类的层级关系。它重申了非检查异常是 RuntimeException 类的派生类这一点，同时也展示了一些非检查异常是 Error 类的派生类。为了简单，我们暂且不会提及 Error 类。你可能不会遇到它这类异常，除非你做了大量的递归编程，就像在第 11 章描述的那样。在这种情况下可能会遇到 StackOverflowException，它继承自 Error 类的子类 VirtualMachineError。

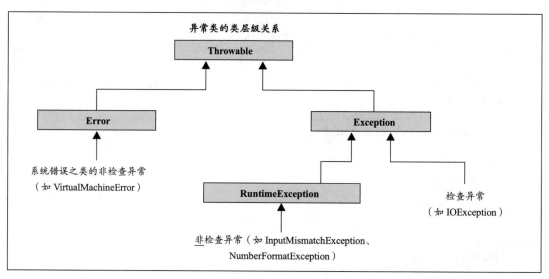

图 15.7 异常类的层级关系

15.6.2　程序员定义异常类

程序员也可以定义自己的异常类。这种程序员自定义的异常类必须继承自 Exception 类或 Exception 类的子类。通常来说，你应该限制自己重新定义异常类。因为程序员自定义的异常类容易导致碎片化的异常处理行为，而且会使程序更难理解。

15.7 非检查异常

如你在之前所学的，非检查异常不需要被一个 try-catch 结构检查。但是，在运行时，如果 JVM 抛出了一个非检查异常而且没有 catch 代码块来捕获它，程序就会崩溃。

15.7.1 处理非检查异常的策略

如果程序包含的代码可能抛出一个非检查异常，有以下两种可选的策略来应对：

（1）使用一个 try-catch 结构。

或

（2）不要试图捕获异常，但是写代码时严谨一点可以避免抛出异常的可能。

在图 15.6 的 getIntFromUser 方法中，我们采用了第一种策略，即使用一个 try-catch 结构来时处理危险的 parseInt 方法调用。通常，你应该使用一个 try-catch 结构来梳理方法调用（parseInt、parseLong、parseDouble 等），因为这会使处理更清晰。在下一个示例中推荐的策略没有这么明确。这两种策略我们都会使用并对比结果。

15.7.2 学生清单示例

图 15.8 展示了一个 StudentList 类管理一个学生姓名清单。该类在名为 students 的一个 ArrayList 中存放学生姓名。该类有一个构造器用来初始化 students 列表，一个 display 方法用来输出 students 列表，以及一个 removeStudent 方法用来从 students 列表移除指定的学生。我们会聚焦在 removeStudent 方法上。

```
/*********************************************
 * StudentList.java
 * Dean & Dean
 *
 * 本类管理一个元素为学生的 ArrayList
 *********************************************/

import java.util.ArrayList;

public class StudentList
{
  ArrayList<String> students = new ArrayList<>();

  //*******************************************

  public StudentList(String[] names)
  {
    for (int i=0; i<names.length; i++)
    {
      students.add(names[i]);
    }
  } // 构造器结束
```

图 15.8 StudentList 类第 1 版，包含一个学生列表

```
//**********************************************

public void display()
{
  for (int i=0; i<students.size(); i++)
  {
     System.out.print(students.get(i) + " ");
  }
  System.out.println();
} // display 结束


//**********************************************

public void removeStudent(int index)
{
   students.remove(index);  ◄────── 这是一个危险的方法调用
} // removeStudent 结束
} // StudentList 类结束
```

图 15.8　（续）

　　调用 students.remove 方法是危险的，因为它可能抛出非检查异常 IndexOutOfBoundsException。如果参数 index 指定某个 students 中元素的索引，然后就会从 students ArrayList 中移除这个元素。但是，如果它的参数 index 指定的是一个无效的索引，IndexOutOfBoundsException 就会被抛出。例如，如果用图 15.9 中的 StudentListDriver 类作为驱动程序，就会发生这种情况。注意 StudentListDriver 类是如何使用一个值为 6 的索引，尽管学生列表中只有四个学生。StudentListDriver 类和 StudentList 类编译没有问题，但是当运行时，调用 students.remove 方法会抛出一个异常，然后 JVM 终止程序并输出图 15.9 底部所示的错误信息。

```
/**********************************************************
* StudentListDriver.java
* Dean & Dean
*
* 该类是 StudentList 类的驱动程序
**********************************************************/

public class StudentListDriver
{
  public static void main(String[] args)
  {
    String[] names = {"Caleb", "Izumi", "Mary", "Usha"};
    StudentList studentList = new StudentList(names);

    studentList.display();        ◄──── 这一参数产生一个运行时间错误
    studentList.removeStudent(6);
```

图 15.9　StudentList 类的驱动程序

```
        studentList.display();
      } // main 结束
  } // StudentListDriver 结束

  输出:
  Caleb Izumi Mary Usha
  Exception in thread "main" java.lang.IndexOutOfBoundsException:
  Index 6 out of bounds for length 4
        ...
         at java.base/java.util.ArrayList.remove(ArrayList.java:535)
         at StudentList.removeStudent(StudentList.java:39)
         at StudentListDriver.main(StudentListDriver.java:16)
```

图 15.9　（续）

15.7.3　改进 removeStudent 方法

现在我们来优雅地处理无效索引的调用，从而让 removeStudent 方法变得更健壮。图 15.10a 和图 15.10b 展示了两种用于 removeStudent 方法的健壮性实现方式。第一种实现方式是使用一个 try-catch 结构，第二种实现方式是使用更严谨的代码。这就是之前提到的两种处理非检查异常的策略。

> 让程序变得健壮。

```
  public void removeStudent(int index)
  {
    try
    {
      students.remove(index);
    }
    catch (IndexOutOfBoundsException e)
    {
      System.out.println("Can't remove student because " +
        index + " is an invalid index position.");
    }
  } // removeStudent 结束
```

图 15.10a　在 removeStudent 方法中使用 try-catch 结构

```
  public void removeStudent(int index)
  {
    if (index >= 0 && index < students.size())
    {
      students.remove(index);
    }
    else
    {
      System.out.println("Can't remove student because " +
        index + " is an invalid index position.");
    }
  } // removeStudent 结束
```

图 15.10b　在 removeStudent 方法中使用更严谨的代码

哪种解决方案更优？是使用 try-catch 结构还是更严谨的代码？就可读性而言，两种解决方案是一样的。当可读性一样时，选择更严谨的代码，因为这样更有效率。异常处理代码效率更低一点，因为它需要 JVM 实例化一个异常对象并找到一个匹配的 catch 代码块。

15.8　检查异常

现在让我们来看检查异常。如果一个代码片段有可能抛出一个检查异常，编译器会强制你对这段代码使用 try-catch 结构。如果没有使用 try-catch 结构，编译器会产生一个错误。对于非检查异常，你可以使用 try-catch 结构或更严谨的代码进行处理。对于检查异常，你必须使用 try-catch 结构。

15.8.1　CreateNewFile 程序

为了举一个检查异常的好例子，我们需要文件。下一章会详细讲解文件，但是你现在并不需要知道文件的细节。你可以在理解文件代码细节之前先懂得如何处理文件代码相关的异常。图 15.11 中的 CreateNewFile 程序草案试图创建一个用户指定名称的空文件。为了实现这一目的，程序需要使用 API 中 java.nio.file 包里的 Path 类、Paths 类和 Files 类。所以它导入了这个包。

```
/************************************************
 * CreateNewFile.java
 * Dean & Dean
 *
 * 本类试图创建一个新文件
 ************************************************/

import java.util.Scanner;
import java.nio.file.*;              // Path、Paths、Files

public class CreateNewFile
{
  public static void main(String[] args)
  {
    Scanner stdIn = new Scanner(System.in);
    String filename;
    Path path;                    //文件路径

    System.out.print("Enter name of file to create: ");
    filename = stdIn.nextLine();
    path = Paths.get(filename);
    if (Files.exists(path))
    {
      System.out.println("Sorry, that file already exists.");
    }
    else
```

图 15.11　CreateNewFile 程序草案，它用来创建一个新文件

```
      {
        Files.createFile(path);  ◄────────   编译错误!
        System.out.println(filename + " created.");   未报告的 IOException
      }
    } // main 结束
  } // CreateNewFile 类结束
```

图 15.11 （续）

该程序应该提示用户输入一个名称以创建文件。如果已存在同名的文件，它应该输出 "Sorry, that file already exists."；如果不存在同名的文件，它应该创建一个以此命名的新文件。不幸的是，当试图编译图 15.11 中的代码时，编译器报错：

<path-to-source-code-file>: 28: error: unreported exception IOException;
must be caught or declared to be thrown
    Files.createFile(path);
<路径到源代码文件> : 28：错误：未报告异常 IOException;必须捕获或声明抛出 File.creatFile(路径);

它告诉我们 createFile 方法抛出了一个检查异常，即 IOException。一种 "粗制滥造" 满足编译器的方法是在方法标题后追加一个 throws IOException，正如在第 3.24 节建议的那样。另一种更负责的满足编译器的方法是提供另一个导入：

import java.io.IOException;

然后使用一个 try 代码块把 createFile 方法调用像下面这样包围起来：

```
    else
    {
      try
      {
        Files.createFile(path);  ◄────   这个变量名可以随意命名。例
      }                                   如它可以仅仅命名为 e 或 x;
      catch (IOException ioe)
      {
        System.out.println("File I/O error");
      }
      System.out.println(filename + " created.");
    }
```

这样就会让程序成功编译并运行。但这是一个优秀的程序吗？菜鸟程序员在试着解决问题时往往不会从全盘的角度去思考问题，或者去考虑导致的结果是否合理，他们会很快地进行下一步。试着去抵制这种冲动。

在确定解决方案之前不要进行下一步。

尽管上面的代码可以编译并运行，但是当一个 IOException 异常抛出后它的行为并不合理。你能找出不合理的行为吗？如果一个 IOException 被抛出，catch 代码块会输出信息：

"File I/O error"（文件输入/输出错误）

但是即使文件没有被创建，程序还是会输出：

filename + " created."（文件名+"created"）

记住：仅仅因为程序可以运行，并不意味着程序是正确的。另外，仅仅因为你已经修复了一个问题，也并不意味着你已经修复了所有问题。

15.8.2　编写异常处理代码时使用 API 文档

当你想要使用来自 API 类中的一个方法或构造器并且不是很确定时，你可以在 API 文档页中寻找 throws 部分。它会明确指出该构造器或方法可能抛出的异常类型。想看某个异常的解释，单击该异常的链接。它就会把你带到该异常类的 API 文档处。在该异常类的 API 文档页，向下滚动并阅读该类的描述。然后向上回滚查看该类的类继承层级。正如之前指出的，如果 RuntimeException 是它的一个祖先类，那该异常就是一个非检查异常；反之，它是一个检查异常。

如果把这个 API 查询策略应用到 CreateNewFile 程序，你会了解到它可能会抛出以下异常。

* 如果 String 参数不能被转换成一个有效的路径，调用 Paths.get(filename)方法就会抛出一个 InvalidPathException。InvalidPathException 类是由 RuntimeException 类派生出来的，所以它是一个非检查异常。
* 调用 Files.exists(path)方法会抛出一个 SecurityException。它是由 RuntimeException 类派生出来的，所以它是一个非检查异常。
* Files.createFile(path)方法在抛出一个 SecurityException 外还会抛出一个 UnsupportedOperationsException。因为它们都是派生自 RuntimeException 类，所以它们都是非检查异常。它还会抛出一个 FileAlreadyExistsException 和一个 IOException。由于这两个类并非派生自 RuntimeException 类，所以它们是检查异常，因此它们必须放在一个 try 代码块里。因为 FileAlreadyExistsException 是 IOException 的派生类，所以一个捕获 IOException 的 catch 代码块会把它们一起捕获。FileAlreadyExistsException 是检查异常，我们自认为处理了它，但事实上并没有。

处理这两个检查异常的正确方法是把输出 created 这条代码向上移动到 try 代码块里面，放在创建新文件的语句之后，例如：

```
else
{
  try
  {
    Files.createFile(path);
    System.out.println(filename + " created.");
  }
  catch (IOException ioe)
  {
    System.out.println("File I/O error");
  }
}
```

> 这一语句现在处于
> 更好的位置上

现在程序只会在真正创建文件成功后输出那句“created”信息。太棒了！

15.9　通用 catch 代码块捕获 Exception 类

前面的程序仅仅使用 try-catch 结构捕获一种异常类型。因为 FileAlreadyExistsException 类派生自 IOException 类，所以 CreateNewFile 程序中的 catch 代码块可以捕获这两个异常中的任何一个。但是，CreateNewFile 程序使用一条 if 语句来避免这两个异常里的第一个异常。所以它也只使用 catch 代码块捕获一种异常。

作为另一种选择，我们可以单独使用异常处理来捕获多个异常并将它们彼此区分。有以下两种实现方法：①提供一个通用 catch 代码块捕获每一种可能抛出的异常，在这个代码块里提供识别实际抛出的异常类型的代码；②提供一系列 catch 代码块来捕获不同异常。这一节讲述通用 catch 代码块的技术，下一节讲述使用一系列 catch 代码块的技术。

15.9.1 通用 catch 代码块

要想提供一个通用 catch 代码块，需要将 catch 代码块的参数定义为 Exception 类型。然后，在 catch 代码块里面调用 getClass 方法（Exception 类从 Object 类继承而来），同时也调用 getMessage 方法（Exception 类从 Throwable 类继承而来）。getClass 方法调用识别被抛出的异常的具体类型；getMessage 方法调用解释为什么抛出这个异常。这两个方法只调用其中一个可能依旧需要琢磨，但是两者结合起来通常会准确地告诉你所需的信息[1]。

下面是一个通用 catch 代码块：

```
catch (Exception e)
{
  System.out.println(e.getClass());
  System.out.println(e.getMessage());
}
```

因为 Exception 类属于永远可以获取的 java.lang 包，你不需要导入它。如果一个 catch 代码块使用一个 Exception 类参数，它可以匹配所有抛出的异常。为什么？因为当一个异常被抛出后，它去寻找的 catch 参数，要么和抛出的异常完全一致，要么就是抛出异常的父类。Exception 类是所有检查异常的父类。因此，所有检查异常都会认为一个 Exception 类型的 catch 参数是匹配的。

图 15.7 展示了 Exception 类也包含了非检查异常。所以，除了少数 Error 类型异常，上面展示的 catch 代码块不仅可以捕获和描述相关 try 代码块抛出的所有检查异常，还可以捕获所有的非检查异常。

15.9.2 ReadFromFile 示例

图 15.12a 中的 ReadFromFile 程序打开一个用户指定的文件并输出该文件里每一行的文本内容。Scanner 构造器初始化 stdIn 对象不抛出任何异常。System.out.print 方法不抛出任何异常，因此不会将它们放在 try 代码块里。

调用 stdIn.nextLine 方法抛出一个非检查异常 NoSuchElementException 和一个非检查异常 IllegalStateException。如之前所述，Paths.get(filename) 方法调用会抛出一个非检查异常 InvalidPathException；因为需要额外的代码来检查这些问题，而且通用 catch 代码块在它们发生时可以清晰地识别出它们，所以我们（选择性的）把这些方法调用都包括在扩大的 try 代码块里。Scanner 构造器初始化 fileIn 对象会抛出一个检查异常 IOException，所以我们（必须）把它放在 try 代码块里。

---

[1] 想获取更多信息，可以调用 printStackTrace 方法。这样会产生像第 15.11 节描述的那种冗长的错误信息输出。

```
/********************************************************
* ReadFromFile.java
* Dean & Dean
*
* 该类打开一个已存在的文件并输出其每行内容
********************************************************/

import java.util.Scanner;
import java.nio.file.Paths;

public class ReadFromFile
{
  public static void main(String[] args)
  {
    Scanner stdIn = new Scanner(System.in);
    Scanner fileIn;          // 文件处理程序
    String filename;         // 用户指定的文件名
    String line;             // 一行文本

    System.out.print("Enter a filename: ");
    try
    {
      filename = stdIn.nextLine();
      fileIn = new Scanner(Paths.get(filename));     ←──  Scanner 构造器抛
      while (fileIn.hasNext())                              出一个检查异常
      {
        line = fileIn.nextLine();
        System.out.println(line);
      }
    } // try 结束
    catch (Exception e)
    {
      System.out.println(e.getClass());
      System.out.println(e.getMessage());
    }
  } // main 结束
} // ReadFromFile 类结束
```

图 15.12a　ReadFromFile 程序——一个简单的文件阅读器

　　while 循环里迭代文件里的每一行文本。fileIn.hasNext 方法抛出一个非检查异常 IllegalStateException，fileIn.nextLine 方法抛出一个非检查异常 IllegalStateException 和一个非检查异常 NoSuchElementException。因为这些异常是非检查的，所以有人可能认为可以把它们从 try 代码块中移除，或者把 while 循环放到 catch 代码块后面。但如果我们试图那样做，编译器就会报错：

error: variable fileIn might not have been initialized (错误：变量 fileIn 可能没有被初始化)
　　while (fileIn.hasNext())

　　这是在第 15.5 节讨论过的规则的另一个示例。编译器是一个悲观主义者。它知道一个 try 代码块中的语句可能会被跳过，并且做最坏的假设。在第 15.5 节的示例中，可以把所需的初始化移出 try 代码块之外并且放到 try 代码块前面。但这一次不能那样做，因为这次的初始化会抛出一个检查异常。因此，必须把 while 循环和初始化都放在 try 代码块里面。

　　图 15.12b 中是图 15.12a 中 ReadFromFile 程序单独执行三次后的输出内容。在第一个示例会话中，用户采用了非法的文件名字符。e.getClass 方法调用指出此次输入产生了一个 InvalidPathException。Java API 文档和第 15.8 节最后部分的第一条有讲到这个异常的出现一定是来自 Path.get 的方法调用。

　　在第二个示例会话中，用户指定了一个不存在的文件。e.getClass 方法指出这次输入产生了一个 NoSuchFileException。这个 Class 信息正中"目标"并且非常有帮助，但是它并不是我们程序的构造器和方法调用在 API 文档中相关联的异常之一。这里发生了什么？API 文档中指出 Scanner(Path source)构造器会抛出 IOException，而 NoSuchFileException 是由它派生出来的。所以实际的输出要比 API 文档里更加具体。随着 Java 编译器的发展它正变得越来越智能。

```
示例会话 1:
Enter a filename: Einstein.*
class java.nio.file.InvalidPathException
Illegal char <*> at index 9: Einstein.*

示例会话 2:
Enter a filename: Einstein
class java.nio.file.NoSuchFileException
Einstein

示例会话 3:
Enter a filename: Einstein.txt
A scientific theory should be as simple as possible,
but not simpler.
```

图 15.12b　图 15.12a 中的 ReadFromFile 程序的输出内容

　　在第三个示例会话，用户正确地指定了文件，而程序也正常地展示了它的内容。

15.10　多 catch 代码块与每个代码块捕获多个异常

　　当一个 try 代码块可能抛出超过一种类型的异常时，除了使用一个通用 catch 代码块，还可以采用一系列的 catch 代码块。多 catch 代码块能够针对不同类型的异常进行不同的响应。一系列的 catch 代码块有点类似 if 语句的 if, else if, else if, … 格式。在任何特定情况下，执行的都是第一个参数匹配的 catch 代码块。如果最后一个 catch 代码块是通用的（可以捕获任何异常类型），它就像是一个 if, else if, … else 语句里 else 的那一部分。

　　当开发一个新程序时，可以从一个通用 catch 代码块开始，然后在发现需要对不同类型异常进行不同响应后，再把特定的 catch 代码块插入到通用 catch 代码块之前，这样做非常方便。

15.10.1　ReadFromFile 程序再讨论

图 15.12a 中的 ReadFromFile 程序展示了如何依靠通用 catch 代码块来运用编译器的知识和实践，从而发现形式各样的糟糕的输入可能会抛出的异常类型。一旦发现用户糟糕的输入可能产生的所有异常类型，就可以把这些特定的异常放到一个额外添加的 catch 代码块里，并插入到通用 catch 代码块之前。然后，你可以修改代码，这样如果出现了糟糕的用户输入，程序就输出一条简短的错误信息，重复最初的提示，并且接收新的输入，直到有达标的输入内容为止。图 15.13a 中的 ReadFromFile2 程序囊括了这些修改内容。

在 ReadFromFile2 程序中，通过消除变量 filename 和 line 节省了四行代码；然后新增一个变量 boolean makeEntry，并将其初始化为 true。这个新变量允许进入包含了所有其他代码的 while 循环。当文件成功打开后，继续执行到 makeEntry = false;语句。这样可以使当前循环继续执行，但它阻止了下一次循环。

注意新的 catch 代码块头部如何包含了两种异常类型。用一个单独的"或"标识符（|）将它们隔开，表示它们中的任何一个都会被同一个 catch 代码块捕获。因此，这一个代码块捕获所有可能的用户输入错误，并输出一条适用于其中任何一个错误的消息。假设用户输入了像 15.12b 中的内容，图 15.13b 展示了图 15.13a 中 ReadFromFile2 程序一次执行生成的输出。

15.10.2　catch 代码块的排序：顺序很重要

每当使用超过一个 catch 代码块，并且其中有一个 catch 代码块的异常是从其他 catch 代码块异常中派生出来的，必须排列好这些 catch 代码块从而使越通用的越靠后。

例如，如果在 Java API 的网页查看 FileNotFoundException，你会看到这样的层级关系：

```
java.lang.Object
    java.lang.Throwable
        java.lang.Exception
            java.io.IOException
                java.io.FileNotFoundException
```

如果选择在同一个 catch 代码块系列中包含一个 FileNotFoundException 的 catch 代码块和一个 IOException 的 catch 代码块，必须要把 IOException 的 catch 代码块放在 FileNotFoundException 的 catch 代码块后面。如果把 IOException 的 catch 代码块放在前面，它也会匹配 FileNotFoundException，并且其他的 catch 代码块都会被跳过。只要理解了这些规则，就没有必要去记住所有异常类型的层级关系，因为当你试图用错误的顺序排列多个 catch 代码块时，编译器会报告给你一个编译时错误。

编译器不允许把一个异常和它的祖先异常放在同一个 catch 代码块。例如，如果试图把一个 FileNotFoundException 和一个 IOException 放在同一个 catch 代码块的头部，编译器就会报错。但是，在图 15.13a 里把一个 InvalidPathException 和一个 NoSuchFileException 放在同一个 catch 代码块的参数列表里时，编译器就没有报错。所以你能推论出最后两个异常的关系吗？鉴于编译器接受它们同时出现在同一个 catch 代码块的头部，它们中的任何一个都不会是另一个的子类。

```
/*************************************************************
* ReadFromFile2.java
* Dean & Dean
*
* 该类打开一个已有的文本文件并输出它每行内容
*************************************************************/

import java.util.Scanner;
import java.nio.file.*;          // Paths, 具体的异常类

public class ReadFromFile2
{
  public static void main(String[] args)
  {
    Scanner stdIn = new Scanner(System.in);
    Scanner fileIn;              // 文件处理程序
    boolean makeEntry = true;

    while (makeEntry)
    {
      System.out.print("Enter a filename: ");
      try
      {
        fileIn = new Scanner(Paths.get(stdIn.nextLine()));
        makeEntry = false;    // 因为当前的用户输入是没问题的
        while (fileIn.hasNext())
        {
          System.out.println(fileIn.nextLine());
        }
      } // try 结束
      catch (InvalidPathException | NoSuchFileException e)
      {
        System.out.println("Filename invalid or not found.");
      } // 用户可处理的异常结束
      catch (Exception e)
      {
        System.out.println(e.getClass());
        System.out.println(e.getMessage());
      }
    } // while makeEntry 结束
  } // main 结束
} // ReadFromFile2 类结束
```

多个异常

多 catch 代码块

图 15.13a ReadFromFile2——一个改进后的阅读器

```
示例会话:
Enter a filename: Einstein.*
Filename invalid or not found.
Enter a filename: Einstein
Filename invalid or not found.
Enter a filename: Einstein.txt
A scientific theory should be as simple as possible,
but not simpler.
```

图 15.13b　图 15.13a 中 ReadFromFile2 程序的输出内容

15.10.3　移除多余的通用 catch 与处理非检查异常

　　早前，我们建议程序开发的起始阶段使用通用 catch 代码块，并在当编译器识别到需要特定响应的异常时就在它前面插入特定的 catch 代码块。随着开发的推进，新插入的特定 catch 代码块会捕获越来越多检查异常。如果特定的 catch 代码块捕获所有检查异常，通用 catch 代码块就显得多余了。当通用 catch 代码块变得多余时，你应该移除它来精简代码。

　　上述流程可以应对检查异常，但是不足以应对非检查异常。当程序编译之后，可以通过使用不同的输入运行它来开始寻找非检查异常。如果程序依然拥有一个通用 catch 代码块，这个 catch 代码块会像捕获所有检查异常一样捕获非检查异常 RuntimeException。如果你移除了通用 catch 代码块，JVM 还是会识别任何可能发生的非检查异常。在任何情况下，你都应该试着通过"更严谨的代码"来处理可能的非检查异常；这意味着，重新编写代码从而杜绝出现可能产生非检查异常的情形。处理潜在的非检查异常的代码也许会被放在一个 try 代码块里，但它不应该被包含在相对低效的 catch 结构中。

15.11　理解异常信息

　　除非在极其小心的情况下，你大概已经写过产生错误信息的程序。但是在本章之前，你尚未真正地准备好去理解这些错误信息。现在你可以了。在这一部分，我们使用在一个完整程序的背景下出现的异常信息的细节来讲述异常信息。

15.11.1　NumberList 程序

找出可能的输入错误。

　　图 15.14a 和图 15.14b 中的程序读取一系列数字并计算平均值。大多时候程序成功编译和运行，但是它并不是特别健壮。有三种类型的输入会使程序崩溃。我们会讲述这三种类型，但是在阅读它们之前，你先试着自己查明它们。

```
/************************************************
 * NumberListDriver.java
 * Dean & Dean
 *
 * 此类是 NumberList 类的驱动程序
 ************************************************/
```

图 15.14a　NumberList 程序的驱动程序，驱动图 15.14b 中的类

```
public class NumberListDriver
{
  public static void main(String[] args)
  {
    NumberList list = new NumberList();
    list.readNumbers();
    System.out.println("Mean = " + list.getMean());
  } // main 结束
} // NumberListDriver 类结束
```

图 15.14a 　（续）

```
/********************************************************
 * NumberList.java
 * Dean & Dean
 *
 * 该类输入数字并计算它们的平均值
 ********************************************************/

import java.util.Scanner;

public class NumberList
{
  private int[] numList = new int[100];      // 数字数组
  private int size = 0;                       // 数字的个数

  //****************************************************

  public void readNumbers()
  {
    Scanner stdIn = new Scanner(System.in);
    String xStr;    // 用户输入的数字 (String 形式)
    int x;          // 用户输入的数字

    System.out.print("Enter a whole number (q to quit): ");
    xStr = stdIn.next();

    while (!xStr.equalsIgnoreCase("q"))
    {
      x = Integer.parseInt(xStr);
      numList[size] = x;
      size++;
      System.out.print("Enter a whole number (q to quit): ");
      xStr = stdIn.next();
    } // while 结束
  } // readNumbers 结束
  //****************************************************
```

图 15.14b 　计算输入数字平均值的 NumberList 类

```
public double getMean()
{
  int sum = 0;
  for (int i=0; i<size; i++)
  {
    sum += numList[i];
  }
  return sum / size;
} // getMean 结束
} // NumberList 结束
```

图 15.14b　（续）

15.11.2　用户输入非整数

　在 readNumbers 方法中，注意 parseInt 的调用。如果用户输入了一个 q，while 循环会终止并且不会调用 parseInt。但如果用户输入了 q 以外的内容，parseInt 会被调用。如果调用 parseInt 方法传入的不是一个整数参数，那 parseInt 方法会抛出一个 NumberFormatException。而且因为没有 try-catch 结构，JVM 会输出详细的错误信息然后终止程序。例如：[1]

示例会话：

```
Enter a whole number (q to quit): hi                    抛出异常
Exception in thread "main" java.lang.NumberFormatException:
For input string: "hi"
    at java.lang.NumberFormatException.forInputString(
      NumberFormatException.java:65)
    at java.lang.Integer.parseInt(Integer.java:492)       调用栈回溯
    at java.lang.Integer.parseInt(Integer.java:527)
    at NumberList.readNumbers(NumberList.java:28)
    at NumberListDriver.main(NumberListDriver.java:13)
```

让我们来分析这条错误信息。首先，JVM 输出被抛出的异常。在本例中，它是 NumberFormatException。然后它输出调用栈回溯。调用栈回溯是在程序崩溃前调用的方法的列表（按反向顺序）。调用哪些方法了？首先是 main，其次是 readNumbers，最后是 parseInt。注意调用栈回溯右侧的数字。它们是调用方法的源码的行号。例如，最下面一行的 13 是说 main 方法的第 13 行是 readNumbers 的方法调用。

15.11.3　用户直接输入 q 退出

注意 getMean 方法底部的那个除法操作，不论你何时进行整数除法，都要始终确保避免出现除数为 0 的情形。在 NumberList 程序里就并没有避免。实例变量 size 被初始化为 0。整数被 0 除会抛出一个 ArithmeticException。因为没有 try-catch 结构，JVM 输出一个详细的错误信息并终止了程序。例如：

示例会话：

```
Enter a whole number (q to quit): q
```

---

[1]　错误信息的格式可能会略有不同，但是信息内容是相似的。在 catch 代码块中，你通过调用 Exception 的 printStackTrace 方法特意生成这样一条信息。

```
Exception in thread "main"
    java.lang.ArithmeticException: / by zero
    at NumberList.getMean(NumberList.java:46)
    at NumberListDriver.main(NumberListDriver.java:14)
```

注意，如果分母是 0 的运行浮点数除法，不会报错。如果分子是正数，除以 0.0 会返回正无穷大。如果分子是负数，除以 0.0 会返回负无穷大。如果分子也是 0.0，除以 0.0 会返回 NaN（NaN 是 Double 类中的命名常量，它表示"非数值"）。

15.11.4　用户输入超过 100 个数字

在 NumberList 程序的实例变量声明中，请注意 numList 是一个 100 个元素的数组。在 readNumber 方法中，注意这一句是如何把用户输入的数字赋值到 numList 数组中的：

```
numList[size] = x;
```

如果用户输入了 101 个数字，然后变量 size 增加到 100。这就超过了已经被初始化的数组的最大索引值（99）。如果访问数组元素使用的索引值超过最大索引值或是小于 0，该操作就会抛出 ArrayIndexOutOfBoundsException 异常。因为没有 try 和 catch 代码块，JVM 输出详细的错误信息，然后终止程序。例如：

```
示例会话：
...
Enter a whole number (q to quit): 32
Enter a whole number (q to quit): 49
Enter a whole number (q to quit): 51
Exception in thread "main"
    java.lang.ArrayIndexOutOfBoundsException: 100
    at NumberList.readNumbers(NumberList.java:29)
    at NumberListDriver.main(NumberListDriver.java:13)
```

现在完成了对 NumberList 程序中三个运行时错误的讲述。通常，当看到这些错误，你应该修复你的代码从而避免以后发生运行时错误。所以对 NumberList 程序来讲，你应该添加对这三个运行时错误的修复。本章的练习题中就有一个是要求你来完成它。

15.12　使用 throws 语句实现后置 catch

目前为止的所有例子，都是就地处理抛出的异常；也就是说，我们把 try 和 catch 代码块放在包含危险语句的方法中。但有时候这并不可行。

15.12.1　移动 try 和 catch 代码块到调用方法

当就地使用 try 和 catch 代码块不可行时，可以把 try 和 catch 代码块移出危险语句的方法并返回调用方法。如果你这样做，并且危险语句抛出了一个异常，JVM 会立即跳出危险语句的方法并将异常传递回调用方法中的 try 和 catch 代码块。[①]

---

① 事实上，如果在 try 代码块下面有一个 finally 代码块，并不会立即跳转到调用方法。在这种情况下，JVM 会在跳转到调用方法之前的 finally 代码块处。我们将会在下一节讨论 finally 代码块。

那么什么时候你应该把 try 和 catch 代码块放到调用方法中，而不是危险语句的方法中？大多数情况下，你应该把你的 try 和 catch 代码块放在危险语句的方法中，因为这样可以促进模块化，这是一件好事。但是有时候危险语句的方法中很难提出合适的 catch 代码块。例如，假设你已经写了一个会在很多地方调用的工具方法，而这个方法有时会抛出异常。当抛出异常时，你想要一条针对调用方法来自定义的错误信息。如果 catch 代码块在工具方法中，则很难实现。解决方案是把 try 和 catch 代码块移动到调用方法中。

考虑另一个例子。假设你已经写了一个有时会抛出异常的非 void 返回类型的方法。对于非 void 类型，编译器会期望方法返回一个值。但是，当抛出异常时，你通常不希望返回一个值，因为并没有合适的值可以返回。那么，怎样才能拥有一个非 void 返回类型的方法，而不是返回一个值呢？将 try 和 catch 代码块移动到调用方法中。然后，当异常被抛出时，JVM 会返回调用方法而不返回值。调用方法的 try 和 catch 代码块处理抛出的异常，很可能带有错误信息。让我们来看看它是如何在一个 Java 程序中工作的。

15.12.2 StudentList 程序再讨论

图 15.15 是图 15.8 中的 StudentList 类的改进版本，两者的主要区别是 removeStudent 方法现在会返回被移除学生的姓名。这样可以让调用方法对移除的元素进行一些操作。

```
/**********************************************************
* StudentList2.java
* Dean & Dean
*
* 该程序管理一个元素为学生的 ArrayList
**********************************************************/

import java.util.ArrayList;

public class StudentList2
{
  private ArrayList<String> students = new ArrayList<>();

  //*******************************************************

  public StudentList2(String[] names)
  {
    for (int i=0; i<names.length; i++)
    {
      students.add(names[i]);
    }
  } // 构造器结束

  //*******************************************************

  public void display()
  {
```

图 15.15 StudentList2 类，由图 15.16 中的类驱动

```
      for (int i=0; i<students.size(); i++)
      {
        System.out.print(students.get(i) + " ");
      }
      System.out.println();
   } // display 结束

   //***********************************************

   public String removeStudent(int index)
     throws IndexOutOfBoundsException
   {
     return students.remove(index);
   } // removeStudent 结束
 } // StudentList2 结束
```

将错误处理的工作
抛给调用方法

图 15.15　（续）

注意在 removeStudent 方法中的 return 语句。students.remove 方法调用尝试通过 index 所示位置移除元素。如果 index 小于 0 或者大于最后一个元素的索引，JVM 就会抛出 IndexOutOfBoundsException 异常。在之前的 StudentList 类中，我们直接就在 removeStudent 方法中处理这个异常。这一次，因为会返回一个值，回到调用方法里做处理异常的工作会更方便。通过把 try 和 catch 代码块放到调用方法中并且在 removeStudent 方法标题加一个 throws 子句来做到这一点。处理后的标题如下：

```
      public String removeStudent(int index)
        throws IndexOutOfBoundsException
```

添加 throws 子句会提醒编译器该方法可能抛出未处理的异常。如果未处理的异常是一个检查异常，throws 子句就是必须添加的；如果未处理的异常是一个非检查异常，则仅仅推荐这么做。因为 IndexOutOfBoundsException 是一个非检查异常，忽略上面的 throws 子句理论上是合法的。但把它包含进来会是一个好的风格，因为它提供了宝贵的自文档。如果程序员以后想要使用 removeStudent 方法，throws 子句会提醒他在调用 removeStudent 方法时应该提供一个 "远程" 的 try-catch 结构来处理 IndexOutOfBoundsException。

想看怎样实现 "远程" 的 try-catch 结构，看一下图 15.16 中的 StudentList2Driver 类。它展示一个学生列表，询问用户要移除哪一个学生，并试图移除那个学生。如果 removeStudent 方法调用抛出了一个异常，StudentList2Driver 中的 catch 代码块会处理该异常，并再次询问用户应该移除哪一个学生。

你是否还记得第 3.24 节是怎样使用 throws Exception 的？我们说那种用法是典型的 "粗制滥造"，因为它掩盖了编译器的报错。在这里我们还会这样再做一遍吗？不。这一次，调用方法会承担起责任并处理任何可能抛出的异常。只要最终有调用者会处理抛出的异常，就有可能通过多次从前一个调用者那里再次抛出异常来后置 catch。但是，为了保持调试的可控性，你应该避免深层次的后置 catch，因为这样会更难查明哪里出现了错误。尤其是，在 try 代码块内使用递归调用（第 11 章），则不应后置 catch。第 15.3 节指出另一个可能的问题，即在空闲资源堆积的情况下，不管是否后置 catch 都会产生问题。

```
/*************************************************************
 * StudentList2Driver.java
 * Dean & Dean
 *
 * 该类是 StudentList2 的驱动程序类
 *************************************************************/

import java.util.Scanner;
public class StudentList2Driver
{
  public static void main(String[] args)
  {
    Scanner stdIn = new Scanner(System.in);
    String[] names = {"Caleb", "Izumi", "Mary", "Usha"};
    StudentList2 studentList = new StudentList2(names);
    int index;
    boolean reenter;

    studentList.display();

    do
    {
      System.out.print("Enter index of student to remove: ");
      index = stdIn.nextInt();
      try
      {
        System.out.println(
          "removed " + studentList.removeStudent(index));
        reenter = false;
      }
      catch (IndexOutOfBoundsException e)
      {
        System.out.print("Invalid entry. ");
        reenter = true;
      }
    } while (reenter);

    studentList.display();
  } // main 结束
} // StudentList2Driver 结束
```

如果没有异常，该方法返回被移除学生的姓名

如果 removeStudent 方法内抛出异常，这个 catch 代码块会捕获它

示例会话：
```
Caleb Izumi Mary Usha
Enter index of student to remove: 6
Invalid entry. Enter index of student to remove: 1
removed Izumi
Caleb Mary Usha
```

图 15.16　StudentList2 类的驱动程序

15.13 使用 try-with-resources 实现自动清理

在完成一次异常处理的过程中，有时会需要提供无论是否抛出异常都会执行的"清理代码"。尽管理论上清理代码可能是任何东西，实际上，它差不多总是关闭一个类似文件处理的 Closeable 资源。在写文件之后，必须以某种方法*关闭*文件来完成写入的过程。关闭文件也会释放系统资源和提升系统性能。

不幸的是，如果有介于打开文件和关闭文件之间的某个操作抛出了一个异常，关闭操作就有可能被跳过。如果一个方法向调用者抛回了一个异常，图 15.15 和图 15.16 中的 StudentList2 程序显示在抛出异常的方法里通常不需要 try-catch 结构。但如果那个方法需要关闭一个文件，你可以把打开文件和处理文件的代码写在一个 try 代码块里，然后跟在那个（否则不需要）try 代码块后面加一个单独的 finally 代码块，看起来就像下面这样：

```
finally
{
  if (fileOut != null)
  {
    fileOut.close();
  }
} // finally 结束
```

finally 代码块在 try 代码块之后执行，不论 try 代码块中是否会抛出一个异常。谢天谢地，在 Java7 之后，有一个更好的方法关闭文件。

所有实现了 Closeable 的类也实现了 AutoCloseable。当一个对象是 AutoCloseable，我们可以让 JVM 来关闭它，而不是使用一个显式的 close 语句来关闭它。我们通过在一个 try-with-resources 头部打开 AutoCloseable 对象来请求这一服务。这一替代方式能精简代码并让程序更健壮，因为不论 try-with-resources 头部里的所有代码和之后的 try 代码块是成功执行还是抛出一个异常，Java 都会自动关闭资源（通常是一个文件处理程序）。

在 try-with-resources 方法中，AutoCloseable 资源的创建（包括声明和初始化）移入 try 关键字后面一对括号头部中。当 try-catch 结构全在同一个方法中时，就避免了显式的 close 语句。当 try-with-resources 位于抛出异常的方法中时，这样就避免了使用 finally 代码块。通过在它们之间使用分号分隔符，我们可以在 try 后面的括号里放置任意数量的 AutoCloseable 资源创建，不论是否会抛出异常，JVM 都会在 try 代码块结束后自动将它们全部关闭。

图 15.17 中的 WriteToFile 程序在一个抛出 IOException 的 write 方法里展示了使用 try-with-resources 的情形。这类似于 StudentList2 中抛出一个 IndexOutOfBoundsException 的 removeStudent 方法。不同之处是 WriteToFile 的 write 方法创建了一个最终必须被关闭的文件处理程序 PrintWriter。注意一下，WriteToFile 的 write 方法中没有显式的 close 方法调用，也没有 finally 代码块。它通过在 try-with-resources 的头部打开文件避开了这些。

图 15.17 中的 WriteToFile 程序后置了 catch。但是，当 catch 代码块位于同一方法中时 try-with-resources 依然会在 try 之后立即工作。练习题中有一道题会让你采用这一可选的版本来完成 WriteToFile 程序。

```
/**********************************************************
* WriteToFile.java
* Dean & Dean
*
* 该类使用 try-with-resources 写入文件并后置 catch
**********************************************************/

import java.io.*;              // PrintWriter、IOException

public class WriteToFile
{
  public int write(String filename, String text)
    throws IOException
  {
    try (PrintWriter fileOut = new PrintWriter(filename))
    {
      fileOut.println(text);
      return text.length(); // 如果未引发异常
    } // try 结束, 自动关闭 fileOut
  } // writeToFile 结束


  //**********************************************************

  public static void main(String[] args)
  {
    String filename = "Feynman.txt";
    String text = "It is fundamentally impossible to make "
      + "a precise prediction\n of exactly what will happen "
      + "in a given experiment.";
    int length = 0;
    WriteToFile writer = new WriteToFile();

    try
    {
      length = writer.write(filename, text);
      System.out.println("written string length = " + length);
    }
    catch (Exception e)
    {
      System.out.println(e.getClass());
      System.out.println(e.getMessage());
    }
  } // main 结束
} // WriteToFile 类结束

示例会话:
written string length = 111
```

> 在 try-with-resources 的头部打开文件避免了使用显式的 close，否则可能会需要一个不必要的 finally 代码块

图 15.17　WriteToFile 程序，使用 try-with-resources 来自动关闭

虽然 try-with-resources 结构替代了 finally 代码块最常见的应用（释放打开的资源）, try-with-resources 结构并不阻止你使用一个 finally 代码块进行其他的清理活动。注意，你可以在一个更大的 try 代码块或 try-with-resources 代码块中嵌套一个 try-catch 结构。类似地，你也可以把一个 try-with-resources 代码块和它关联的 catch 代码块嵌套到一个更大的 try 代码块或 try-with-resources 代码块中。换句话说，只要在一个 try-with-resources 代码块头部中的每一条语句都打开了 AutoCloseable，就可以像使用普通 try 代码块一样使用 try-with-resources 代码块。

15.14　GUI 跟踪：再探折线图（可选）

之前我们在本章实现过一个通过输出数值来表示折线图中两点间线段的 LinePlot 程序。例如，这里是该程序为了绘制从点（0,0）到点（1,3）到点（2,1）到点（3,2,）到点（4,2）到点（5,1）的五段线段所输出的内容：

```
Enter x & y coordinates (q to quit): 1 3
New segment = (0,0)-(1,3)
Enter x & y coordinates (q to quit): 2 1
New segment = (1,3)-(2,1)
Enter x & y coordinates (q to quit): 3 2
New segment = (2,1)-(3,2)
Enter x & y coordinates (q to quit): 4 2
New segment = (3,2)-(4,2)
Enter x & y coordinates (q to quit): 5 1
New segment = (4,2)-(5,1)
Enter x & y coordinates (q to quit): q
```

这样的输出易于理解，但从展示的角度来说有一点无聊。让我们来使用 JavaFX 来制作一个像图 15.18 中那样图像化的呈现，而不是使用简单文本。绘制的点——（1,3），（2,1）等都来自 GUI 的用户输入。

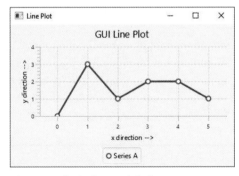

图 15.18　折线图示例的输出

图 15.19a 展示了该程序的第一部分。如果你读过之前章节里可选的 GUI 部分，就能够认出前五条 import 语句。第六条 import 语句是我们的老朋友 Integer 包装器类。最后一条 import 语句提供了在本节的绘图应用程序需要的三个新的 JavaFX 类的访问。两个实例常量规定了窗体的尺寸。实例变量 yCoords 是一个用来存储用户输入的 y 坐标值的数组。

```
/**************************************************************
 * LinePlotGUI.java
 * Dean & Dean
 *
 * 在离散点的两个值之间画一条线
 **************************************************************/

import javafx.application.Application;
import javafx.stage.Stage;
import javafx.scene.Scene;
import javafx.scene.control.TextInputDialog;
import java.util.Optional;
import java.lang.Integer;
import javafx.scene.chart.*;        // LineChart、CategoryAxis 和 NumberAxis

public class LinePlotGUI extends Application
{
  private final int WIDTH = 400;
  private final int HEIGHT = 250;
  private double[] yCoords;          // y 坐标值


  //***********************************************************

  public void start(Stage stage)
  {
    int numOfPoints;

    do
    {
      numOfPoints=
        (int) getValue(null, "Enter positive number of points: ");
    } while (numOfPoints <= 0);
    yCoords = new double[numOfPoints];
    for (int i=0; i<numOfPoints; i++)
    {
      yCoords[i] =
        getValue(null, "At x = " + i + ", what is y value?" +
          "\nEnter an integer or decimal number:");
    } // for 结束
    stage.setTitle("Line Plot");
    stage.setScene(new Scene(getChart(), WIDTH, HEIGHT));
    stage.show();
  } // start 结束
```

图 15.19a   LinePlotGUI 类——A 部分

在 start 方法里，使用辅助方法 getValue 的返回值来初始化局部变量 numOfPoints。后面你将会看到 getValue 方法如何处理错误的非数字输入。start 方法使用一个输入校验循环来处理坐标点的数字输入的是负数或 0 的情形。(int)类型转换操作符将可能输入的小数取整作为坐标点的整数数字。do 循环后的语句初始化实例变量 yCoords，将之引用到一个长度与合理的 numOfPoints 相等的新数组。之后的 for 循环遍历这个数组并填充进用户输入的每个坐标点的 y 坐标值。最后三句设置了一个标题，通过名为 getChart 的其他辅助方法的返回值设置了一个 GUI LineChart 场景，并把这个图表显示在计算机屏幕上。

图 15.19b 展示了 getValue 辅助方法，它收集用户输入的坐标点数量和 y 坐标值。它通过一个 JavaFX 的 TextInputDialog 以字符串的形式获取用户输入，然后试图将输入的字符串转换成一个 double 值。getValue 方法使用一个 try-catch 结构检查不能转换为 double 的输入内容。在 catch 代码块里，它通过展示在 TextInputDialog 标题的错误信息作为参数递归调用自身来处理异常。该方法调用的第二个参数是提示信息，而且该提示信息会展示在 TextInputDialog 的内容部分。当用户输入有效时该方法返回这一输入值。

```
//**********************************************************

// 该方法提示用户输入一个数字，进行输入校验，并返回输入的数字
private double getValue(String errorMsg, String prompt)
{
  TextInputDialog input = new TextInputDialog();
  Optional<String> result;
  String entry;          // 用户输入
  double value = 0;      // 用户输入的数值形式

  input.setTitle(null);
  input.setHeaderText(errorMsg);
  input.setContentText(prompt);
  result = input.showAndWait();
  if (result.isPresent())
  {
    try
    {
      value = Double.parseDouble(result.get());
    }
    catch (Exception e)
    {
      // 使用递归处理错误的输入
      value =
        getValue(e.getClass() + "\n" + e.getMessage(), prompt);
    }
  } // if 结束
  return value;
} // getValue 结束
```

图 15.19b　LinePlotGUI 类——B 部分

图 15.19c 包含的 getChart 方法构建并返回期望的折线图。注意声明与初始化图表索引变量的语句：

```
LineChart chart = new LineChart<>(xAxis, yAxis);
```

```
//************************************************************

private LineChart<String,Number> getChart()
{
  CategoryAxis xAxis = new CategoryAxis();
  NumberAxis yAxis = new NumberAxis();
  LineChart<String,Number> chart = new LineChart<>(xAxis, yAxis);

  chart.setTitle("GUI Line Plot");
  xAxis.setLabel("x direction -->");
  yAxis.setLabel("y direction -->");
  // 创建一系列点
  LineChart.Series<String,Number> series =
    new LineChart.Series<>();
  series.setName("Series A");
  for (int i=0; i<yCoords.length; i++)
  {
    series.getData().add(new LineChart.Data<String,Number>(
      Integer.toString(i), Double.valueOf(yCoords[i])));
  }
  chart.getData().add(series);
  return chart;
} // getChart 结束
} // LinePlotGUI 类结束
```

图 15.19c   LinePlotGUI 类——C 部分

LineChart 是 JavaFX 的 javafx.scene.chart 包的一个类，它是有指定图表中 x 轴和 y 轴标签值类型参数的一个基类。对于 chart 变量的声明，我们使用 String 类和 Number 类分别对应 x 轴和 y 轴的类型参数。对于 LineChart 对象的实例化，我们使用 xAxis 和 yAxis 对应构造器参数，xAxis 是一个 CategoryAxis 对象，yAxis 是一个 NumberAxis 对象。从图 15.18 的输出可以看出，每个坐标轴都显示了数字。所以 Number 和 NumberAxis 构成 y 轴的场景，但为什么 x 轴却是 String 和 CategoryAixs？在程序的输出里，你能看到沿 y 轴的数字之间的刻度吗？LineChart 中用数字标记的坐标轴默认是显示刻度线的。对 y 轴来说这很不错，因为 y 的值可以是真实的数字。但是对 x 轴来说显示这样的刻度可能会引起误解，因为坐标点的 x 值是非负整数（如果用户输入 6，就意味着 6 个点；输入 6.5 就毫无意义了）。

为了避免 x 轴上出现这些中间的刻度线，我们对 x 轴可以使用 Number 和 NumberAxis，然后调用值为 1 的 setTickUnit 方法（设定刻度线之间的距离为 1）。另一种替代方案是，我们对 x 轴使用 String 和 CategoryAxis。类别是离散的，因此，当你想要坐标轴是离散值时可以使用 CategoryAxis 类。离散值意味着没有中间的刻度线。

继续分析 getChart 方法，在 chart 初始化之后，我们给图表设置了标题和两条坐标轴的标签。下两句创建了一个 LineChart.Series 对象，它是连续的点的集合。一个线形图表可以通过多个 Series 对象展示点的多个集合，但是本例里只有一个对象。for 循环中用数据点填充我们的系列。为了避免 x 轴上出现那些讨厌的刻度线，唯一需要增添的代码是 LineChart.Data 构造器里的第一个参数。这个参数是 Integer.toString(i)，而不仅仅是一个 i。

将数据点添加到 Series 对象后，再将这个对象添加到 chart；然后将完全组合好的 chart 返回给 start 方法里的 Scene 构造器。

总结

- 异常是指在程序执行过程中发生的打断了程序正常指令流的事件。
- 异常处理是一种优雅地处理异常的技术手段。
- 使用 try 代码块来"尝试"一个或更多危险的方法调用。如果危险的方法调用存在问题，JVM 会抛出一个异常并寻找一个"匹配"的 catch 代码块。
- 如果一个 catch 代码块头部的参数类型和抛出的异常一致或者是该异常的祖先类，那它就是与该异常匹配的。
- 如果一个异常被抛出，JVM 会立即跳出当前的 try 代码块。这意味着，如果在 try 代码块中抛出异常的语句之后还有其他语句的话，这些语句就会被跳过。
- 检查异常必须使用 try-catch 结构进行检查。
- 未经检查异常可以选择 try-catch 结构进行检查，但这不是必须的。
- 非检查异常是 RuntimeException 类的派生类。
- 要实现一个简单的、通用的异常处理程序，可以定义一个参数为 Exception 类型的 catch 代码块，并在 catch 代码块中调用 Exception 类的 getClass 方法和 getMessage 方法。
- 要定义一个更精准的异常处理器，可以定义一系列的 catch 代码块。对常见响应使用多个异常 catch 参数。排列 catch 代码块时越通用的异常类越靠后放置，最后以通用异常处理程序收尾。
- 如果一个程序崩溃了，JVM 会输出一个调用栈回溯。调用栈回溯是一个把崩溃前调用的方法逆序排列的列表清单。
- 当一个对象是诸如文件处理程序这种 AutoCloseable 对象时，在 try-with-resources 的头部进行声明并初始化它们（打开文件）。单独的一个头部可以包含多个用分号分隔开的打开语句。不论 try-with-resources 头部还是关联的 try 代码块中是否抛出异常，不用显式地调用 close，JVM 也会自动关闭所有打开的对象。
- 要想把一个异常传递给调用模块，就把抛出*异常类型*追加到调用方法的标题中。然后调用方法不需要使用 try 和 catch 代码块，但可能会包含一个 try-with-resources 代码块或一个 finally 代码块来清理资源。

复习题

§15.3　使用 try 和 catch 代码块处理"危险的"方法调用

1. 如果你的程序包含一个 API 方法调用，应该把它放在一个 try 代码块里。为了完全服从正确的编程习惯，你所有的 API 方法调用都应该应用这一规则。（对/错）

2. 一个 try 代码块和它关联的 catch 代码块必须是连接的。（对/错）

§15.5　try 代码块细节

3. 通常，你应该试着把危险的语句整合在同一个 try 代码块里，以减少混乱。（对/错）

4. 使用危险操作结果的安全声明应该放在哪里？

5. 如果抛出了一个异常，JVM 会跳转到匹配的 catch 代码块中，并且在执行完 catch 代码块后返回到 try 代码块中抛出异常的位置。（对/错）

6. 检查编译时错误，编译器会考虑到 try 代码块中的所有语句都可能被跳过。（对/错）

§15.6 两类异常：检查异常和非检查异常

7. 如果一个异常类是由 RuntimeException 类派生的，那它是一个_____异常。

8. 检查异常属于_____类或它的派生类，但不属于_____类或它的派生类。

§15.7 非检查异常

9. 当你知道你的程序可能抛出一个非检查异常时，下列哪一项操作是可行的：

（1）忽略它。

（2）重写代码使该异常绝不会发生。

（3）将其放在一个 try 代码块中，并在一个跟随的 catch 代码块中捕获它。

§15.8 检查异常

10. 当一条语句可能抛出一个检查异常，如果你把该语句放在一个 try 代码块中并且跟随一个参数与该异常同类型的 catch 代码块，编译器就不会再报错。（对/错）

11. 你可以通过在不用 try-catch 结构的情况下试着进行编译来判断指定的某一条语句是否包含一个检查异常以及异常的类型。（对/错）

§15.9 通用 catch 代码块捕获 Exception 类

12. 可以在一个 try 代码块中包含同时抛出非检查异常和检查异常的代码吗？

13. 哪种异常类型可以匹配所有的检查异常和除了 Error 类中派生出的异常之外的所有非检查异常？

14. getMessage 方法返回的是什么？

§15.10 多 catch 代码块与每个代码块捕获多个异常

15. 编译器会自动检查顺序错误的 catch 代码块。（对/错）

16. 写出既能捕获 InvalidPathException 又能捕获 NoSuchFileException 的 catch 代码块的头部。

§15.11 理解异常信息

17. 当 JVM 遇到终止程序的运行时错误时显示的两类信息是什么？

§15.12 使用 throws 语句实现后置 catch

18. 假设你想要后置捕获 NumberFormatException。你应该在方法标题后追加什么，以警告编译器和潜在的用户方法中的某些内容可能会抛出这种类型的异常？

19. 考虑一个不包含 try 和 catch 代码块的非 void 返回类型的方法。如果该方法抛出一个异常，我们知道 JVM 会把抛出的异常转移回调用方法。但是 JVM 会返回给调用模块一个值（使用 return 语句）吗？

§15.13 使用 try-with-resources 实现自动清理

20. 如果你在一个 try-with-resources 的头部实例化文件处理程序，JVM 将会自动关闭文件。例如（对/错）：

```java
public void writeToFile(String filename, String text)
  throws IOException
{
  PrintWriter fileOut;
  try (fileOut = new PrintWriter(new File(filename)))
  {
    fileOut.println(text);
  }
} // 结束 writeToFil
```

练习题

1. [§15.3] 考虑如下程序，如果用户输入 3 来响应提示后输出是什么？

```java
import java.util.Scanner;

public class Athletes
{
  public static void main(String[] args)
  {
    Scanner stdIn = new Scanner(System.in);
    String[] players = {"Serena Williams", "Alex Morgan",
      " Allyson Felix", "Lindsey Vonn", "Katie Ledecky"};
    String ranking;
    int index = 0;

    System.out.print("Enter ranking: ");
    ranking = stdIn.nextLine();
    try
    {
      index = Integer.parseInt(ranking);
      System.out.println("Rank = " + index);
    }
    catch (NumberFormatException e)
    {
      System.out.println("Entered value must be an integer.");
    }
    try
    {
      System.out.println(players[index - 1]);
    }
    catch (IndexOutOfBoundsException e)
    {
      System.out.println("Entry must be between 1 and "
        + players.length);
    }
    System.out.println("done");
  } // main 结束
} // Athletes 类结束
```

2. [§15.3] 练习题 1 中，如果用户输入 first 来响应提示后会输出什么？

3. [§15.5] 解释下面的程序针对用户可能输入的不同内容会做何处理。

```java
import java.util.Scanner;
import java.util.InputMismatchException;

public class Guess
{
  public static void main(String[] args)
  {
```

```
        Scanner stdIn = new Scanner(System.in);
        int guess, num = (int) (Math.random() * 10);

        try
        {
          System.out.println("Guess the winning digit or 'q' to quit");
          while ((guess = stdIn.nextInt()) != num) {}
          System.out.println("Good Guess!");
        } // try 结束
        catch (InputMismatchException e)
        {
          System.out.println("Sorry, but thanks for trying!");
        }
      } // main 结束
    } // Guess 类结束
```

4. [§15.7] 假设你的程序中有一个你不熟悉的方法调用。叙述出判断该方法是否可能会抛出非检查异常的最佳方法。而且如果你发现该方法调用可能抛出一个非检查异常，处理这一情形的策略是什么？

5. [§15.9] 在开发一个可能抛出多种类型异常的新程序的初期，你怎样做才能使早期测试能够用来识别可能被抛出的异常类型以及被抛出的原因？具体来说，提供一个捕获所有抛出的异常的 catch 代码块，输出一条被抛出异常的说明信息，并输出一条描述抛出异常原因的信息。

6. [§15.10] 多 catch 代码块：

假设一个 catchidentifies 代码块里的代码可能抛出以下任一异常：

```
IOException
NoSuchElementException
Exception
InputMismatchException
RuntimeException
```

如果将它们是在一系列 catch 代码块的头部中，指出合理的排列顺序。

7. [§15.11] 处理一个 ArithmeticException。

下面的程序叫作 getQuotient，它将输入的两个值相除并返回一个浮点值的商。

```
import java.util.Scanner;

public class DivisionByZero
{
  public static void main(String[] args)
  {
    Scanner stdIn = new Scanner(System.in);
    int dividend, divisor;
    double quotient;

    System.out.print("Enter dividend: ");
    dividend = stdIn.nextInt();
    System.out.print("Enter divisor: ");
    divisor = stdIn.nextInt();
    quotient = DivisionByZero.getQuotient(dividend, divisor);
```

```
    System.out.println(
       "quotient(" + dividend + "," + divisor + ") -> " + quotient);
  } // end main

  //*****************************************

  public static double getQuotient(int dividend, int divisor)
  {
     return (double) (dividend / divisor);
  } // getQuotient 结束
} // DivisionByZero 类结束
```

通常情形该程序运行正常，但是当用户输入 0 作为除数，程序会生成以下错误：

Exception in thread "main" java.lang.ArithmeticException: / by zero

修改 getQuotient 方法，将除法运算放到一个 try 代码块中并跟随一个 catch 代码块，如果被除数是正数返回 Double.POSTIVE_INFINITY，如果被除数是负数返回 Double.NEGATIVE_INFINITY。

8. [§15.11] 修改程序：

不修改 NumberListDriver 类的情况下修改 NumberList 程序中的问题。

（1）while 循环条件中添加 size<numList.length，从而避免出现 ArrayIndexOutOfBoundsException 的可能，并且只有在 size<numList.length 的情况下才执行 while 循环底部的询问和输入。

（2）如果输入不是 q 并且不是一个有效的整数，捕获异常，并且在 catch 代码块中通过继承自 Object 类的 getClass 方法来输出跟在错误信息之后的异常类的名字，使用以下语句：

System.out.println(e.getClass() + " " + e.getMessage());

（3）如果用户直接输入 q 来退出，通过使用 double 的 NaN 值对程序做小小修改来实现输出 NaN，并且不使用 try-catch 结构捕获 int 的数字异常。

示例会话：

Enter a whole number (q to quit): *q*
Mean = NaN

9. [§15.12] 详述后置 catch：

修改本章的 StudentList2 程序使驱动程序的异常处理不仅仅展示 Invalid entry.。相反，显示错误类别和错误信息，以及可接受的索引值范围。改变最大的会是驱动程序类的 catch 代码块，但是在 StudentList2 类中，你会想要加一个返回学生的 ArrayList 大小的 size 方法。

示例会话：

Caleb Izumi Mary Usha
Enter index of student to remove: 4
class java.lang.IndexOutOfBoundsException
Index 4 out-of-bounds for length 4
Enter an integer between 0 and 3, inclusive
Enter index of student to remove: 3
removed Usha
Caleb Izumi Mary

10. [§15.13] 简单的 try-with-resources：

实现一个名为 WriteToFileEx 的程序，以写入和展示与本章的 WriteToFile 程序写入和展示相同的内容。但是不要使用一个单独的 write 方法。将 try-with-resources 代码块和 catch 代码块一起放在 main 方法中。

复习题答案

1. 错。许多 API 方法调用是安全的，没有必要把这些方法调用放在同一个 try 代码块中。

2. 对。你不能在关联的 try 和 catch 代码块之间插入任何语句。

3. 对。

4. 将使用危险操作结果的语句放在 try 代码块中那些危险操作之后。

5. 错。在 catch 代码块执行之后，JVM 继续向下执行；它不会返回到 try 代码块。因此，try 代码块中抛出异常的语句之后的语句会被跳过。

6. 对。

7. 如果一个异常是 RuntimeException 类的派生类，它就是一个<u>非检查</u>异常。

8. 检查异常属于 <u>Exception</u> 类或它的派生类，但不属于 <u>RuntimeException</u> 类或它的派生类。

9. 面对可能被抛出的非检查异常可行的操作：

（1）不可行！你不会想要你的程序在运行时崩溃。

（2）可行。

（3）可行。

10. 对。

11. 对。如果语句包含一个检查异常，编译器会指出从而识别异常的类型。

12. 是的。

13. Exception 异常。

14. Exception 类的 getMessage 方法返回一段描述抛出的异常的文本。

15. 对。如果一个涵盖范围更广的 catch 代码块放在了涵盖范围更具体的 catch 代码块之前，编译器就会报错。

16. catch (InvalidPathException | NoSuchFileException e)

17. 当 JVM 遇到一个运行时错误会显示以下两类信息：

（1）确认被抛出的是什么异常。

（2）一个调用栈回溯，它是将在崩溃前被调用的方法逆序排列的列表清单，其中包含每一个方法中发生错误的行的行号。

18. 你必须把 throws NumberFormatException 追加到方法标题后面。

19. 错。当一个异常被抛回到调用方法，JVM 不会向调用模块返回值（使用 return 语句）。

20. 错。try-with-resources 头部必须也包含文件处理程序的声明。

第 16 章

文件、缓冲、通道和路径

目标

- 在本地小文件之间复制文本。
- 学习 HTML 的基本知识。
- 从远程网站复制 HTML。
- 学习如何在 Java 对象文件之间复制 Java 对象。
- 能够使用不同的字符集和不同的文件打开选项。
- 通过文本缓冲快速读写大型文本文件。
- 在原始类型缓冲的任意位置之间复制原始类型数据类型。
- 通过 Java 通道将字节随机复制到文件的任意位置或从文件任意位置复制字节。
- 使用内存映射建立到文件的非易失性连接。
- 学会如何操作路径。

纲要

16.1　引言

除了之前章节中简单的 ReadFromFile 和 WriteToFile 程序外，直到现在，程序的输入都是来自键盘，而程序的输出都是到计算机屏幕。这种类型的输入/输出（I/O）是临时性的。当从键盘输入时，输入的内容不会被保存。如果想再次运行程序，必须再次输入。同样地，当把输出发送到计算机屏幕，它不会被保存。如果想要分析输出内容，只能在屏幕上分析它。一天之后，如果想再看到它，就必须再次运行程序。

为了持久或可复用的 I/O，可以把输入和输出数据保存在文件中。*文件*是一组数据，通常保存在非易失性存储器（如硬盘）的连续块中。从根本上讲，数据文件与你一直用来保存 Java 程序的.java 和.class 程序文件是一样的。只不过数据文件中保存的是程序从输入中读取的或从输出中写入的数据，而不是程序代码。就数据文件而言，它使用扩展名来表明数据的格式以及能够理解这种格式的程序类型。比如，.txt 表示这是一个用简单的文字处理程序就能理解的文本文件。

本章从超文本标记语言（HTML）的读写讲起。HTML 文件生成器示例程序在 HTML 文本的环境下复习了第 15 章介绍的简单的异常处理技术。该示例在一个 try-with-resources 头部打开两个本地文件。第 16.3 节的网页阅读器示例程序打开一个远程网页链接，演示网络访问如何关联到文件处理。文本文件很容易理解，而且几乎可以使用任何文本编辑器来创建或查看文本文件。

第 16.4 节演示怎样使用 Java 语言中已存在的软件来执行程序对象与文件中字节流之间的复杂结构转换。Java 内置的软件大大简化了将对象写入文件和从文件读取对象所需的自定义代码。你将会学到如何向同一个文件写入多个不同的对象以及如何修改以前写入文件的对象。你还会学到如何读取其中或全部的对象。假如读取代码与写入代码是一致的，并且确切地知道它们是如何组织的，目标文件的使用就简单多了。

第 16.5 节演示如何指定特定的字符集来支持不同的语言，以及怎样控制对可能打开文件执行的操作。第 16.6 节演示怎样以最大效率传输大量文本。

第 16.7 节演示如何将不同的原始数据类型或任何类型的数组转换为流入和流出文件的字节流，还演示了如何在某一字节流中的任意位置访问或转换原始数据类型。尽管它比处理文本或使用 Java 的大型对象的自动化处理程序更烦琐，但直接使用原始数据（尤其是字节），更容易提高程序的效率。

第 16.8 节扩宽了这些技术的范围，并演示如何将字节流连接到文件。内存映射会在你的程序和特定文件的数据间建立一个“永久”的链接——该链接在正常的文件关闭后依然存在。

第 16.9 节解释了怎样才能指定并操作目录和文件的路径，以及把文件从一个目录复制或移动到另一个目录；演示了如何显示目录中的内容。第 16.10 节演示如何在整个目录结构中依照文件名的特征来搜索文件。第 16.11 节是可选内容，演示如何用图形化的用户界面显示目录中的内容。

这一章聚焦数据在本地文件之间的传输，这直接或间接地涉及字节流之间的转换。但是，将程序数据转换为字节流或从字节流转换程序数据有着更广泛的应用。如果要通过本地网络或者因特网与其他计算机之间进行数据传输，还需要将程序的数据类型与字节流进行转换。本章将介绍如何进行这些转换。因此，学习在文件中存储数据时，也是在学习通过通信通道进行数据传输。

16.2　简单文本文件示例：HTML 文件生成器

想早点学习使用文件 I/O 的读者可以选择在学习完第 3.23 节之后阅读本节。如果是从第 3 章跳转到这里的，你会意识到你可能无法理解本节的部分素材。但是如果把图 16.1a 和图 16.1b 中的文件 I/O 程序当成一个配方来看，它会向你演示如何从文件读取任何你可以从键盘读取的内容，以及如何往文件中写入一切可以输出到计算机屏幕的内容。本节通过一个示例巩固在第 15 章讲过的简单文本文件的 I/O，此示例把一个文本文件的内容读取后写入到另一个文本文件，并且在 try-with-resources 头部打开这两个文件。示例程序把用户指定的文本文件转译为网页格式，然后把转译后的内容写入新生成的 HTML 文件。

```
/***************************************************************
 * HTMLGenerator.java
 * Dean & Dean
 *
 * 该类从用户指定的文件读取文本，使用该文本生成一个 web 页面的 HTML 文件
 ***************************************************************/

import java.util.Scanner;
import java.io.PrintWriter;
import java.nio.file.Paths;

public class HTMLGenerator
{
  public static void main(String[] args)
  {
    Scanner stdIn = new Scanner(System.in);
    String filenameIn;              // 原文件名
    int dotIndex;                   // 文件名中点的位置
    String filenameOut;             // HTML 文件名
    String line;                    // 输入文件的一行

    System.out.print("Enter file's name: ");
    filenameIn = stdIn.nextLine();

    // 组成新文件名
    dotIndex = filenameIn.lastIndexOf(".");
    if (dotIndex == -1)             // 未找到点
    {
      filenameOut = filenameIn + ".html";
    }
    else                            // 找到点
    {
      filenameOut =
        filenameIn.substring(0, dotIndex) + ".html";
    }

    try (
```

图 16.1a　HTMLGenerator 程序——A 部分

```
      Scanner fileIn = new Scanner(Paths.get(filenameIn));
      PrintWriter fileOut = new PrintWriter(filenameOut))
{
  //第一行用于标题和头部元素
  line  = fileIn.nextLine();
  if (line == null)
  {
    System.out.println(filenameIn + " is empty.");
  }
```

> 这里打开一个输入文件和一个输出文件

图 16.1a　（续）

```
      else
      {
        // 写入 HTML 页面顶部内容
        fileOut.println("<!DOCTYPE html>");
        fileOut.println("<html>");
        fileOut.println("<head>");
        fileOut.println("<title>" + line + "</title>");
        fileOut.println("</head>");
        fileOut.println("<body>");
        fileOut.println("<h1>" + line + "</h1>");

        while (fileIn.hasNextLine())
        {
          line = fileIn.nextLine();

          // 空行生成 p 标签
          if (line.isEmpty())
          {
            fileOut.println("<p>");
          }
          else
          {
            fileOut.println(line);
          }
        } // while 结束

        // 写入 HTML 结束代码
        fileOut.println("</body>");
        fileOut.println("</html>");
      } // else 结束
    } // try 结束并自动关闭 fileOut 和 fileIn

    catch (Exception e)
    {
      System.out.println(e.getClass());
```

图 16.1b　HTMLGenerator 程序——B 部分

```
            System.out.println(e.getMessage());
        } // catch 结束
    } // main 结束
} // HTMLGenerator 类结束
```

图 16.1b　（续）

在图 16.1a 中，程序首先将用户指定的文件名读取到变量 filenameIn，然后组成输出文件的名称。输出文件的名称和读取文件的名称只有扩展名不同，它的扩展名是.html。为了组成输出文件的名称，String 的 lastIndexOf 方法找出 filenameIn 中最后一个点号的索引。如果没有点号，lastIndexOf 方法的返回值为 –1，那程序就简单地在原始文件名之后添加.html。如果有点号，String 的 substring 方法直接返回字符串中点号之前的部分，然后程序给它添加.html。这一过程将原始文件名的扩展名替换为.html，并把结果赋值给 filenameOut。

在 try-with-resources 头部，程序使用 filenameIn 打开输入文件，并创建一个名为 fileIn 的 Scanner 对象来负责读取文件的操作；使用 filenameOut 来打开输出文件，并创建一个名为 fileOut 的 PrintWriter 对象来负责写入文件的操作。当 try 代码块结束，fileIn 和 fileOut 都会被自动关闭。在 try 代码块内部，代码首先检查输入文件是否为空。如果是空文件，就输出一条警告信息；反之，它继续执行，将输入文件的数据格式转换成要写入输出文件的格式。

为了帮助你理解这种转换，我们需要偏离一下主题，先对 HTML（用于创建互联网页面的计算机语言）进行简要概述。这本书并不是关于 HTML 的，但是学一些 HTML 的知识是很值得的，因为 Java 语言面向的正是互联网的网页。

16.2.1　HTML 概述

- 在每个 web 页面顶端，应该包含一个文档类型声明，它告诉 web 浏览器该页面的编写语言。对大多数 web 页面而言，编写语言是 *html*，并且文档类型的声明是<!DOCTYPE html>。
- HTML 的 *tags* 被尖括号包围起来，用于描述它们所关联的文本的意图。
- <html>和</html>标签包围整个网页页面。
- <head>和</head>标签之间是 HTML 页面的头部。头部包含的内容是描述 HTML 页面的信息。该信息供浏览器和搜索引擎使用，但是在 HTML 页面上它是不可见的。
- <title>和</title>标签之间的文本出现在 web 页面的标题栏。互联网的搜索引擎使用<title>中的内容来搜寻 web 页面。
- <body>和</body>标签之间的内容是 HTML 页面的主体部分，包含的内容是显示在 HTML 页面上的文本。
- <h1>和<h1>标签之间的文本在 web 页面里以标题的形式出现。web 浏览器会使用大号字体来展示<h1>标签之间的文本。
- <p>标签表示一个新段落的开始。web 浏览器会为每个<p>标签生成一个空行，以此将段落分隔开。

现在来分析图 16.1b，它是 HTMLGenerator 程序的后半部分。在 else 语句中，代码把<html>和<head>标签写入输出文件。它把输入文件的第一行写入输出文件，用<title>和</title>标签包围起来。然后向输出文件写入</head>标签，用以结束 web 页面的头部，并且向输出文件写入<body>标签，用以开始 web 页面的主体部分。然后，重用输入文件的第一行，并将其写入输出文件，用<h1>和</h1>包围。随后循环遍历输入文件后面的每一行。对每一个空行，它向输出文件写入一个<p>标签，表示一个新段落。非空的行则按原本的样子写入输出文件。else 语句中的最后两句完成输出文件中的 HTML 代码。当 try 代码块结束时，这两个文件会自动关闭。通用 catch 代码块捕获并描述任何可能抛出的异常类型。

　　要看 HTMLGenerator 程序应用于一个实际的输入文件时是如何工作的，请研究图 16.2 中的输入文件和输出文件的结果。如果要验证 HTMLGenerator 程序生成的是一个可以正常使用的 web 页面，就创建图 16.2 中的 historyChannel.txt 文件，并将其作为输入文件来运行 HTMLGenerator 程序。这样就会生成图 16.2 中的 historyChannel.html 文件。打开一个浏览器窗口，并且在该浏览器窗口内打开 historyChannel.html 文件。例如，打开 Windows Internet Explorer 浏览器，并执行"文件"→"打开"命令。瞧！你应该会看到 historyChannel.html 以 web 页面的形式呈现出来了。

```
Example input file, historyChannel.txt:

When Chihuahuas Ruled the World

Around 8000 B.C., the great Chihuahua Dynasty ruled the world.
What happened to this ancient civilization?


Join us for an extraordinary journey into the history
of these noble beasts.

Resulting output file, historyChannel.html:

<!DOCTYPE html>
<html>
<head>
<title>When Chihuahuas Ruled the World</title>
</head>
<body>
<h1>When Chihuahuas Ruled the World</h1>
<p>
Around 8000 B.C., the great Chihuahua Dynasty ruled the world.
What happened to this ancient civilization?
<p>
Join us for an extraordinary journey into the history
of these noble beasts.
</body>
</html>
```

> 这样写没有问题，但为了符合 HTML 代码风格的转换，web 页面应该在每一段结尾有一个</p>标签

图 16.2　HTMLGenerator 程序输入文件示例以及输出文件的结果

　　没有斜杠的 HTML 标签（如<html>、<head>和<title>标签）称为开始标签。有斜杠的 HTML 标签（如</title>、</head>和</html>标签）称为结束标签。对大多数标签来说，每个开始标签都需要有配对的结束标签。图 16.2 中的<html>、<head>和<title>标签都遵循了这一规则，但是<p>标签却没有遵循。尽管 HTML 的标准并没有要求，给每一个<p>开始标签都搭配上</p>结束标签会有助于 web 页面的可读性和可维护

性。本章末的一道练习题会要求你改进 HTMLGenerator 程序，在每一段结尾生成</p>结束标签。图 16.2 中标志所指示的位置就是 historyChannel.html 文件中应该出现</p>结束标签的地方。

16.3　网页阅读器

从访问文件到访问远程网页，只需迈出相当小的一步。无论如何，数据都是以字节流的形式在传送。在之前的部分，当你从一个文件中读取文本时，字节流是被隐藏在后台的。但是当你从一个远程网站读取文本时，字节流是以 InputStream 类的实例的形式显式存在的。

图 16.3 中的程序用于展示构成用户指定的 web 页面的代码。下面的假设示例会话演示了当程序执行时，用户输入观看鲸鱼的网页的网址后发生的情况。

```
示例会话:
Enter a full URL address: https://www.whaleWatching.org
Enter number of lines: 500
<!DOCTYPE html><html lang="en"><head> ...
<meta charset="utf-8"> ...
<title>Whale Watching on the Kansas River</title> ...
</head><body> ...
</body></html>
```

假设示例会话中的 number of lines 输入为 500，足够输出构成该网站的每一行 html 代码。

```java
/***************************************************
 * WebPageReader.java
 * Dean & Dean
 *
 * 该类读取一个 web 页面
 ***************************************************/

import java.util.Scanner;
import java.net.*;              // URL、URLConnection
import java.io.InputStream;

public class WebPageReader
{
  public static void main(String[] args)
  {
    Scanner stdIn = new Scanner(System.in);
    Scanner webIn;
    URL url;
    URLConnection connection;
    InputStream inStream;   // 字节流
    int i = 0, maxI;        // 行号与最大行数

    try
    {
```

图 16.3　WebPageReader 程序——简单的网页阅读器

```
    System.out.print("Enter a full URL address: ");
    url = new URL(stdIn.nextLine());
    connection = url.openConnection();
    inStream = connection.getInputStream();
    webIn = new Scanner(inStream);
    System.out.print("Enter number of lines: ");
    maxI = stdIn.nextInt();
    while (i < maxI && webIn.hasNext())
    {
      System.out.println(webIn.nextLine());
      i++;
    }
  } // try 结束
  catch (Exception e)
  {
    System.out.println(e.getClass());
    System.out.println(e.getMessage());
  }
 } // main 结束
} // WebPageReader 结束
```

图 16.3　（续）

除了 Scanner 之外，该程序还导入了需要访问的 URL、URLConnection 和 InputStream 类的包。在声明之后，程序进入 try 代码块。因为 URL 构造器会抛出 MalformedURLException、openConnection 方法和 getInputStream 方法调用都会抛出 IOException，所以需要 try 代码块。在成功完成危险代码的操作后，程序询问应该输出的最大行数。然后，进入 while 循环，输出这些行的内容。

16.4　对象文件 I/O

当文件数据是文本，可以使用一个简单的文字处理器（像 Windows 的记事本或者 UNIX 的 vi）向文件写入内容，再使用 Java 程序读取；反之亦然。当文件不是文本时，会复杂得多，但是当读/写某个文件的程序都是 Java 程序时，你就有优势了。你可以使用 Java 语言内置的软件来执行程序对象与字节流之间的结构转换。本节讲解如何使用该内置的软件。

16.4.1　使 Java 对象可以被存入文件

在把每个对象的数据写入文件时，Java 语言有一个内置机制将这些数据*序列化，*在从文件读取对象并转回对象格式时，再将数据*反序列化。*每当程序将序列化后的数据写入文件，它也会把序列化该数据的方法一同写入。方法中包括对象的类型、每条数据项的类型，以及数据项被存储的顺序。当另一个程序从文件中读取序列化的数据时，它也会读取这个方法，从而知道怎样把序列化的数据重构为对象。要想让一个类可以使用 Java 内置的序列化机制，你必须在该类的标题中追加如下子句：

```
implements Serializable
```

虽然这让你的类看起来像是实现了一个接口。但是这个接口没有定义任何命名常量，而且它不需要类去实现任何特定的方法，仅仅是标示出该类的对象需要序列化服务。例如，图 16.4 中的 TestObject 类，注意该类实现了 Serializable 接口。

如果一个类是 Serializable，则所有它派生出的类也自动成为 Serializable。假如你的 Serializable 类的有实例变量是引用的其他对象。这些对象的类也必须是 Serializable。在组合层级的每一层都必须遵循这一点。这听起来有点麻烦？实际上不是。在定义那些想要以对象形式保存的对象的类时，你只需要确保其含有 implements Serializable 就可以。不过，还有一种麻烦的方法。如果不能保存一个完整的对象，你就必须提供显式代码来读写容器对象的每条原始数据项，以及容器对象中的所有成员对象，包括整个构成树上的所有的原初枝叶对象。

如果你定义或继承了一个实现 Serializable 的类，为了验证读取的类与写入的类之间的一致性，编译器会给这个类一个不同的版本号。要想使用一个明确的版本号重写这个自动生成的版本号，你可以引入一句类似下面这样的声明：

```
private static final long serialVersionUID = 0L;
```

然后，每次你修改这个类，都可以更新这个版本号，如到 1L、2L、3L 等。如果使用-Xlint 编译器选项以显示所有警告，当你没有给一个 Serializable 类指定明确的版本号时，编译器就会给出警告。对于在本书中我们考虑的所有情况，不使用一个明确的版本号也是安全的，并且可以放心地忽略相应的编译器可能给出的警告。

注意图 16.4 中的 TestObject 类的一个实例变量是 public。通常来说，将实例变量设为 public 不是好的做法，但在这里我们这样做了，目的是为了让你更容易理解之后一个使用该类的程序的某些修改。

```java
/**************************************************
 * TestObject.java
 * Dean & Dean
 *
 * 一个典型的由多个类组成的对象
 **************************************************/

import java.io.Serializable;

public class TestObject implements Serializable  ◄── 要想从文件读/写，对象必须
{                                                    是实现该接口的类的实例
  private int id;
  private String text;
  public double number;   //该变量的访问权限是 public

  //**********************************************

  public TestObject(int id, String text, double number)
  {
    this.id = id;
    this.text = text;
    this.number = number;
  } // 构造器结束
```

图 16.4 Serializable 对象的典型定义

```
//*****************************************************

    public void display()
    {
      System.out.print(this.id + "\t");
      System.out.print(this.text + "\t");
      System.out.println(this.number);
    } // display 结束
  } // TestObject 类结束
```

图 16.4　（续）

16.4.2　将 Serializable 对象写入文件

图 16.5 中的程序用来向用户指定的文件写入 TestObject 的实例。try-with-resources 的头部实例化用于来打开用户指定的文件 FileOutputStream 和 ObjectOutputStream 对象。在 try 代码块中，程序实例化并写入两个不同的对象。到 try 代码块结束，JVM 自动关闭该文件。通用 catch 代码块描述任何可能抛出的异常。

```
/*****************************************************
 * WriteObject.java
 * Dean & Dean
 *
 * 本类向一个对象文件写入两个不同的对象
 *****************************************************/

import java.util.Scanner;
import java.io.*;       // ObjectOutputStream 和 FileOutputStream

public class WriteObject
{
  public static void main(String[] args)
  {
    Scanner stdIn = new Scanner(System.in);
    TestObject testObject;

    System.out.print("Enter filename: ");
    try (ObjectOutputStream fileOut = new ObjectOutputStream(        ⟵ 打开文件
      new FileOutputStream(stdIn.nextLine()))))
    {
      testObject = new TestObject(1, "first", 1.0);
      fileOut.writeObject(testObject);                              ⟵ 写入两个对象
      testObject = new TestObject(2, "second", 2.0);
      fileOut.writeObject(testObject);
    } // try 结束并自动关闭 fileOut
    catch (Exception e)
    {
```

图 16.5　WriteObject 程序，把 Serializable 对象写入文件

```
            System.out.println(e.getClass());
            System.out.println(e.getMessage());
        } // catch 结束
    } // main 结束
} // WriteObject 类结束

示例会话:
Enter filename: objectFile
```

图 16.5 （续）

16.4.3 从文件读取 Serializable 对象

图 16.6 中的 ReadObject 程序从用户指定的文件读取 TestObject 类的所有对象数据。try-with-resources 头部的代码可能看着有些眼熟——因为它和 WriteObject 程序中的 try-with-resources 头部的代码很相似。

```
/*********************************************************
 * ReadObject.java
 * Dean & Dean
 *
 * 该类读取对象文件中的所有对象
 *********************************************************/

import java.util.Scanner;
// 为了导入 ObjectInputStream、FileInputStream 和 EOFException
import java.io.*;

public class ReadObject
{
  public static void main(String[] args)
  {
    Scanner stdIn = new Scanner(System.in);
    TestObject testObject;

    System.out.print("Enter filename: ");
    try (ObjectInputStream fileIn = new ObjectInputStream(      ⟶  [打开文件]
      new FileInputStream(stdIn.nextLine())))
    {
      while (true)
      {                                                         [必须转换为特定的对象类型]
        testObject = (TestObject) fileIn.readObject();  ⟵
        testObject.display();
      }
    } // try 结束并自动关闭 fileIn
    catch (EOFException e)
    {} // 文件结束异常终止无限 while 循环
    catch (Exception e)
```

图 16.6　ReadObject 类从文件读取所有 Serializable 对象

```
        {
          System.out.println(e.getClass());
          System.out.println(e.getMessage());
        }
      } // main 结束
    } // ReadObject 类结束

    示例会话:
    Enter filename: objectFile
    1    first      1.0
    2    second     2.0
```

图 16.6 （续）

在它的 try 代码块中，ReadObject 程序包含一个无限 while 循环，在抛出 EOFException（文件结束异常）之前会一直读取对象。读取每一个对象时，必须显式地把返回值转换为指定的对象类型。第一个 catch 代码块除了捕获 EOFException 和终止无限 while 循环之外什么都不做。因为 ObjectInputStream 类没有与我们通常期望在 while 后面括号里看到的 hasNext 方法类似的方法，我们被迫使用这种奇怪的技巧来终止循环。但是这个技巧很有效，因为 try-with-resources 会自动执行必不可少的关闭文件操作。之后的通用 catch 代码块描述了在出现实际问题时可能被抛出的任何其他异常。

示例会话中清楚地展示了之前写入的对象，而且不用担心会终止 while 循环的 EOFException。

16.4.4 将之前写好的对象更新版本

如果你在文件还打开的时候，调用 ObjectOutputStream 类的 WriteObject 方法把同一个对象再写一遍，序列化软件能识别出副本，并且只会写一个指向之前写好的对象的引用。这就像你实例化一个与之前已经实例化的 String 完全相同的新 String 时出现的情况。这是一个很棒的节省空间的特性，但是如果要模拟某个特定对象的行为，并且希望有一个文件来记录模拟过程中该对象的状态改变时，它就可能是一个问题了。想看到这个问题的话，在图 16.5 中的 WriteObject 程序里把这句:

```
    testObject = new TestObject(2, "second", 2.0);
```

替换为:

```
    testObject.number += .1;
```

然后，如果你执行修改过的 WriteObject 程序，并且重新执行 ReadObject 程序，则 ReadObject 程序会生成以下输出:

```
    Enter name of file to read: objectFile
    1        first            1.0
    1        first            1.0
```

第二条对象状态的记录只是第一条记录的副本，并没有反映出 number 变量值的变化。为了确保 Java 保存的是对象最新的状态而不仅仅是对原始状态的引用，你需要在写入更新版本的对象之前调用 ObjectOutputStream 的 reset 方法。想看它是如何运行的话，在图 16.5 的 WriteObject 程序里，把以下语句:

```
    testObject = new TestObject(2, "second", 2.0);
```

替换为:

```
    fileOut.reset();    ◄──────  [这样就可以写入之前对象更新后的版本]
    testObject.number += .1;
```

然后执行修改过的 WriteObject 程序和 ReadObject 程序，你就会得到你想要的结果：

```
Enter name of file to read: objectFile
1        first        1.0
1        first        1.1
```

16.5　字符集和文件访问选项

本节讲述使用备用字符集读/写文本文件以及指定文件访问选项的方法。

16.5.1　字符集

图 15.12a 和图 15.13a 中的 ReadFromFile 程序，图 15.17 中的 WriteToFile 程序以及图 16.1a 和图 16.1b 中的 HTMLGenerator 程序，所有的文本展示都使用了特定字符集——当前计算机的*默认字符集*。第 16.3 节的示例会话显示目标网站使用 UTF-8 字符集（UTF 代表 Unicode Transformation Format，8 说明该版本是使用 8 位来表示 256 个不同的字符）。你可以通过导入以下语句：

```
java.nio.charset.Charset
```

并调用：

```
Charset.defaultCharset()
```

来查看你的计算机采用的默认字符集。

Java 保证对某些标准字符集的支持，例如 US-ASCII 的 128 个字符（参见附录 1 的图 A1.1a 和 A1.1b），UTF-8 的 256 个字符，以及一些 16 位的 Unicode 格式。你可以在 Java API 文档中阅读这些内容，执行如下代码段来确认本地计算机上所有可识别、可读和可写的字符集：

```
for (String s : Charset.availableCharsets().keySet())
{
  System.out.println(s);
}
```

在 ReadFromFile、WriteToFile 和 HTMLGenerator 程序中，我们可以通过使用有些许不同的构造器来指定这些字符集中的一个。例如，要想使用 ReadFromFile 程序来读取以名为 US-ASCII 的字符集写成的数据，就不要使用只有一个参数的 Scanner 构造器，而要使用有两个参数的 Scanner 构造器：

```
fileIn = new Scanner(Paths.get(filename), "US-ASCII");
```

假设使用 UTF-16（使用 16 位来表示）向一个文本文件写入 "Hello, World!"，然后用 US-ASCII（使用 7 位来表示）读取。你希望看到的是什么？ 这是我们看到的：

```
?? H e l l o ,   W o r l d !
```

当使用 US-ASCII 写入并用 UTF-16 读取时，我们会看到：

```
????????
```

当写入和读取使用的字符集不变时，要么都用 US-ASCII，要么都用 UTF-16，我们会得到你希望看到的：

```
Hello, World!
```

你也许已经想到了，这些结果也表明，保存的字符数相同时，一个 UTF-16 文件的大小大概是一个 US-ASCII 文件的两倍。

16.5.2　文件访问选项

目前使用的文件的访问选项都是文件处理使用的构造器内置的默认选项。例如，每当打开一个文件以写入内容，计算机会假设该文件不存在并创建一个新文件；或者，如果文件确实存在，计算机会假设我们想要把文件中之前的数据全部删除，并将其视为一个新的空白文件。但是，我们想要的是向一个已经保存有数据的文件中添加或者追加新数据。要想这么做，需要在打开文件时使用 APPEND 选项，它是java.nio.file 包中的 Enum StandardOpenOption 的一个常量。

执行这段代码，你可以把 Java 全部的标准文件打开选项的名称罗列出来：

```
for (StandardOpenOption opt : StandardOpenOption.values())
{
  System.out.println(opt);
}
```

即将出现的例子将会包含这些采用 String 名称定义的 StandardOpenOptions：APPEND、CREATE、READ、TRUNCATE_EXISTING 和 WRITE。

16.6　缓冲的文本文件 I/O

之前，图 15.12a 和图 15.13a 中的 ReadFromFile 程序读取文本文件，图 15.17 中的 WriteToFile 程序写入文本文件，图 16.1a 和图 16.1b 中的文本文件 I/O 都适用于小型文本文件和本地文本文件。但这些示例中使用的文件处理技术并不适用于大型文件或者计算机间的文件传输。

为了完成大型文件和远程文件 I/O，你通常需要使用一个中间缓冲。*缓冲区*是行为类似先进先出（first-in first-out，FIFO）队列，或者说需要"排队"的顺序存储结构，随着时间的推移，队列的长度会随到达率和服务率的各自变化而动态变化。因为缓冲区位于高速内存区，所以程序能以非常快的速度在缓冲区内进行数据的传入或传出。另外，文件位于永久存储区，这里总是比计算机的主存慢很多，而且它有时候与计算机本身有着相当远的距离，甚至可能在世界的另一端。计算机访问文件是断断续续的，需要的时间取决于外部因素（如磁盘位置、数据总线或通信链路上的其他通信，以及距离）。[1]缓冲将程序与文件的传输解耦，从而使程序和缓冲区之间的传输不需要与缓冲区和文件之间的传输进行同步。对于大型文件，缓冲具有显著的性能优势。

16.6.1　使用 Java 的 BufferedWriter

图 16.7a 中的 BufferedWriteToFile 程序演示了如何通过缓冲区将文本写入文件，同时说明了字符集和打开选项的规范。BufferedWriter 类属于 java.io 包。Paths 类属于 java.nio.file 包，它的静态 get 方法返回一个 Path 对象。Files 类也属于这个包，它的 newBufferedWriter 方法返回一个配置特定字符集和特定打开选项的 BufferedWriter 对象。Java API 文档指出，newBufferedWriter 方法符合此接口：

```
public static BufferedWriter newBufferedWriter(
  Path path, Charset cs, OpenOption... options)
    throws IOException
```

---

[1]　光线或电波往返地球另一端需要超过十分之一秒，相当于数亿个计算机周期。

```
/*****************************************************
 * BufferendWriteToFile.java
 * Dean & Dean
 *
 * 该类通过缓冲区向文本文件写入字符串
 *****************************************************/

import java.util.Scanner;
import java.io.BufferedWriter;
import java.nio.file.*; // Paths、Files 和 StandardOpenOption
import java.nio.charset.Charset;

public class BufferedWriteToFile
{
  public static void main(String[] args)
  {
    Scanner stdIn = new Scanner(System.in);
    String fileName, openOption;

    System.out.print("Enter filename: ");
    fileName = stdIn.nextLine();
    System.out.print("Enter TRUNCATE_EXISTING or APPEND: ");
    openOption = stdIn.nextLine();

    try (BufferedWriter fileOut = Files.newBufferedWriter(
      Paths.get(fileName),
      Charset.defaultCharset(),       ◄─── 要设置特定的字符集，替换为 Charset.forName("字符集名")
      StandardOpenOption.CREATE,
      StandardOpenOption.valueOf(openOption)))
    {
      System.out.println("Enter a line of text:");
      fileOut.write(stdIn.nextLine() + "\n");
    } // try 结束
    catch (Exception e)
    {
      System.out.println(e.getClass());
      System.out.println(e.getMessage());
    }
  } // main 结束
} // BufferedWriteToFile 类结束
```

图 16.7a　BufferedWriteToFile 类

这里演示的是采用默认字符集和标准打开选项的 Files.newBufferedWriter。标注中显示的是采用特定字符集的方法。

　　字符集和打开选项并没有出现在属于 java.io 包的 BufferedWriter 构造器里，如果 Files.newBufferedWriter 方法不可用，需要大量额外的代码来引入它们。

　　这里的 OpenOption...标记称为可变参数，表示可以提供任意数量该类型的参数，包括零个。可变参数对任何对象都有效，不过在本例中指定的类型是 OpenOption，只有最后一个参数可能是可变参数。传给可变参数的变量可以是一个数组，也可以是以逗号分隔的一系列对象。在 Java API 中，可变参数通常是枚举，不出所料，实现 OpenOption 接口的类（如 StandardOpenOption）就是枚举（关于枚举的讨论请参阅第 12.13 节）。

在提示并读取文件名后，程序提示并读取一个 String，它用于指定两个打开选项中第二个选项。在 try-with-resources 头部，它请求 Files，返回一个正确配置的 BufferedWriter 实例。我们的 BufferedWriteToFile 类使用本地计算机的默认字符集，不过在标注中有说明可以通过类似 Charset.forName("US-ASCII") 的方法来指定其他字符集。StandardOpenOption 的 valueOf 方法把指定第二个打开选项的 String 转换为它的内部值。

在 try 代码块内部，程序要求用户输入一行文本，并把这行内容写入文件。Scanner 中 nextLine 方法自动移除的行终止符，write 方法参数中显式的\n 可以恢复。为简单起见，该程序仅仅读/写了一行，但是采用一个循环来读/写任意多行内容也是很简单的。

BufferedWriter 实例在 try 代码块结束时自动关闭。我们使用一个通用 catch 代码块的原因是 newBufferedWriter 方法调用可能会抛出 InvalidPathException。这是一个非检查异常，它并非继承自我们必须捕获的检查异常 IOException。如果路径无效，我们的通用展示要比 JVM 生成的默认栈回溯更易读懂。

图 16.7b 展示了两个示例会话的输出。在第一个示例会话中，用户将第二个打开选项指定为 TRUNCATE_EXISTING，这样会删除与指定文件名相同的任何已存在文件中全部的现有文本。然后用户的输入将会成为指定文件的第一行文本内容。在第二个示例会话中，用户把第二个打开选项指定为 APPEND，这样会把之后输入的文本行追加到之前的内容后面。

```
示例会话 1:

Enter filename: Ecclesiastes
Enter TRUNCATE_EXISTING or APPEND: TRUNCATE_EXISTING
Enter a line of text:
Do not be over-virtuous


示例会话 2:

Enter filename: Ecclesiastes
Enter TRUNCATE_EXISTING or APPEND: APPEND
Enter a line of text:
nor play too much the sage;
```

图 16.7b 图 16.7a 中 BufferedWriteToFile 程序的两次执行输出
APPEND 和 TRUNCATE_EXISTING 用于指定特定的 StandardOpenOptions。

16.6.2 使用 Java 的 BufferedReader

图 16.8 中的 BufferedReadFromFile 程序演示了如何通过缓冲区从文件中读取文本。Files 的 newBufferedReader 方法还包括字符集的规范。它不接受任何开放选项规范，只假设我们想要 READ 选项。导包部分以及局部变量与图 16.7a 中的 BufferedWriteToFile 程序相同。用户交互部分与 BufferedWriteToFile 程序很像，不过它要简单一些，因为不需要设定开放选项规范。在 try-with-resources 头部，BufferedReader 的创建和图 16.7a 中 BufferedWriter 的创建很像，只是它更简单，因为不用设定开

放选项范围。

在 try 代码块内部，程序使用一个 while 循环来输出指定文件中的每一行。BufferedReader 的 ready 方法提供了和 Scanner 的 hasNextLine 方法相同的循环条件。在 try 代码块结束时，BufferedReader 实例自动关闭。如前所述，我们使用一个通用 catch 代码块，因为 newBufferedReader 方法调用可能抛出未检查异常 InvalidPathException，该异常不是检查异常 IOException 的派生类，而我们的通用展示要比 JVM 生成的默认堆栈追踪更容易读。

图 16.8 底部的输出内容展示的是图 16.7b 中两个示例会话中写入文件的文本。

```java
/**********************************************************
 * BufferedReadFromFile.java
 * Dean & Dean
 *
 * 该类通过缓冲区从一个文本文件读取字符串
 **********************************************************/

import java.util.Scanner;
import java.io.BufferedReader;
import java.nio.file.*; // Paths 和 Files
import java.nio.charset.Charset;

public class BufferedReadFromFile
{
  public static void main(String[] args)
  {
    Scanner stdIn = new Scanner(System.in);
    String fileName;

    System.out.print("Enter filename: ");
    fileName = stdIn.nextLine();
    try (BufferedReader fileIn = Files.newBufferedReader(
      Paths.get(fileName),
      Charset.defaultCharset()))  ◄─── 要设置特定的字符集，替换为 Charset.forName("字符集名")
    {
      while (fileIn.ready())
      {
        System.out.println(fileIn.readLine());
      }
    } // try 结束
    catch (Exception e)
    {
      System.out.println(e.getClass());
      System.out.println(e.getMessage());
    }
  } // main 结束
} // BufferedReadFromFile 类结束
```

图 16.8 BufferedReadFromFile 类，它采用默认字符集声明 BufferedReader
标注中显示的是采用特定字符集的方法。

```
示例会话:
Enter filename: Ecclesiastes
Do not be over-virtuous
nor play too much the sage;
```

图 16.8 （续）

16.6.3 读取 web 内容

你也可以使用 Java 的 BufferedReader 来读取 web 内容。要做到这一点，依次创建 URL 对象、URLConnection、InputStream；然后，用该 InputStream 作为 InputStreamReader 构造器的参数；最后，用该 InputStreamReader 作为 BufferedReader 构造器的参数。下面是这些操作的顺序：

```java
URL url = new URL(webAddress);
URLConnection connection = url.openConnection();
InputStream in = connection.getInputStream();
BufferedReader reader =new BufferedReader(new InputStreamReader(in));
```

URL 和 URLConnection 属于 java.net 包。InputStream、InputStreamReader 和 BufferedReader 都属于 java.io 包。

如果需要一个与你的计算机的默认字符集不同的字符集，你可以在 InputStreamReader 的另一个构造器中设置第二个参数来指定字符集。本章末尾有一道练习题要求你使用 BufferedReader 来读取一个网络页面。

16.7 随机访问原始类型缓冲

我们也可以缓冲原始类型的数据，如 byte、char、short、int、float、long 和 double。为了更加便利，java.nio 包提供了基类 Buffer，它直接继承自 Object，加上 Buffer 的直接子类：ByteBuffer、CharBuffer、DoubleBuffer、FloatBuffer、IntBuffer、LongBuffer 和 ShortBuffer。

这些类的存在使读写每一种原始类型变量都变得容易。因为计算机系统普遍使用字节的形式传输和存储数据，ByteBuffer 类扮演着核心角色。它提供了单参数的 put 和 get 方法在 byte 类型和其他原始类型之间进行转换。ByteBuffer 类也提供了诸如 asIntBuffer 和 asDoubleBuffer 的方法，它们提供了访问大量 ByteBuffer 数据的另一种方式。有了这些方法的帮助，ByteBuffer 底层的数组数据可以表示任何原始类型。除此之外，它可以表示任何原始类型的组合，甚至可以表示任何原始类型和 Object 类型的组合。我们不会试着把原始类型和随便一个类的对象结合起来，但之后的示例会把一个 int、一个 String 和一个 double 放在同一个 ByteBuffer 里。

16.7.1 Buffer 方法：被所有 Buffer 派生类继承

所有特定的原始缓冲类型都继承了来自抽象父类 Buffer 的公共方法。图 16.9 以接口和简要描述的形式展示了 Buffer 方法中的部分方法。这些方法中有许多通常是返回 void，但它们却返回一个 Buffer。因为这些返回的 Buffer 是对调用对象的 this 引用，这些 Buffer 方法支持链式的方法调用。

```
public int capacity()
    将该缓冲中最大元素数量作为该缓冲区的容量返回
public Buffer clear()
    清空缓冲
public Buffer flip()
    将当前位置设为上限，然后删除所有标记并将当前位置设为 0
public boolean hasRemaining()
    判断当前位置与上限之间是否存在任何元素
public int limit()
    将该缓冲的上限作为该缓冲中元素的最大数量返回
public Buffer limit(int newLimit)
    设置该缓冲的上限，作为该缓冲中元素的最大数量
public Buffer mark()
    在该缓冲的当前位置设置一个"标记"
public int position()
    返回该缓冲中下一个元素的索引值
public Buffer position(int newPosition)
    将下一个要读取或写入元素的索引值设定为该缓冲的当前位置
public int remaining()
    返回当前位置与上限之间的元素数量
public Buffer reset()
    将该缓冲的位置重置为（必须的）当前"标记"位
public Buffer rewind()
    删除所有标记并重置缓冲位置到 0
```

图 16.9　一些 Buffer 方法——那些返回 Buffer 的可以链式调用

　　capacity、limit、position 和 mark 方法获取与设置相应的缓冲索引值。这些很像是书签，标记你可能想要跳转到的或者返回到的特定缓冲位置。它们以当前原始类型为单位，如该类型数组的长度或者索引。它们遵循以下约束：

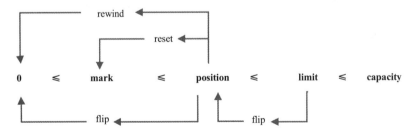

　　默认情况下，没有 mark，初始 position 是 0，初始 limit 等于 capacity。

　　当程序读取或写入元素时，position 会自增至下一个元素的起始位置。mark 方法调用使当前 position 成为之后所有 reset 方法的目标。rewind 方法调用会删除所有标记并将下一个 position 设为 0。flip 方法调用将当前 position 设为界限，删除一切 mark，并将下一个 position 设为 0。

　　像我们之前所说，一个缓冲就像是一个队列或排队。假设元素的数量没有超出缓冲的 capacity，并且你想使用缓冲与网络或文件传输大量数据。在一个循环中，你可以把这些元素放入缓冲。然后，在另一

个循环中，你可以从缓冲中获取这些元素并传递下去。为方便这一操作，可以在循环 put 方法后插入 flip 方法调用，并在 while(position<limit)循环中执行 get 方法。

将 0～limit 之间任意索引设为 position 的能力让你具备*随机读写访问* position(0)到 position(limit-1)之间的任意元素。

16.7.2 基本的 ByteBuffer 方法

ByteBuffer 类定义了很多附加的方法。如静态方法：

```
public static ByteBuffer allocate(int capacity)
```

起着类似 ByteBuffer 构造器的作用。它创建并返回一个空的 ByteBuffer，其最大字节数与 capacity 参数相等，初始 limit 也和 capacity 相等。如果任何方法调用试图向缓冲中放入的字节数超出 limit，就会抛出一个 BufferOverflowException。

有对应所有原始类型变量的 get 方法：对应 byte 的 get，对应 char 的 getChar，对应 double 的 getDouble，对应 float 的 getFloat，对应 int 的 getInt，对应 long 的 getLong，以及对应 short 的 getShort。也有对应所有原始类型的 put 方法：对应 byte 的 put，对应 char 的 putChar，对应 double 的 putDouble，对应 float 的 putFloat，对应 int 的 putInt，对应 long 的 putLong，以及对应 short 的 putShort。

这些方法是重载的。零参数的 get 方法（如 getChar()）是*相对*的，它们读取并返回的是调用缓冲当前 position 的原始类型，并在之后将 position 增加到下一个元素的起始位置。position 的增量在 getChar 中是两字节，在 getInt 中是四字节，等等。单参数的 get 方法（如 getChar(int index)）是*绝对*的，index 参数是一个原始类型的索引，指定了目标原始类型之前原始类型的个数，而不是字节数。这些绝对的 get 方法不会改变缓冲的当前 position。

单参数的 put 方法（如 putChar(char value)）是相对的，它们从调用缓冲的当前 position 开始写入原始类型，然后将 position 增加到刚好位于插入的原始类型之后。两个参数的 put 方法（如 putChar(int index, char value)）是绝对的，index 参数指明 value 参数应该被写入的位置。这些绝对的 put 方法不会改变缓冲的当前 position。

相对方法

```
public ByteBuffer put(ByteBuffer source)
```

复制所有剩余的 source 字节到调用缓冲，起始位置为调用缓冲的当前 position。如图 16.9 所示，剩余意思是位于当前 position（包含）和当前 limit（不包含）之间的所有字节。如果调用缓冲不够大，则该方法会抛出 BufferOverflow Exception。下一个程序会使用该方法将一个缓冲中的全部数据复制到另一个缓冲。但是因为两个缓冲的 limit 和 position 的值可能不一样，你可以使用该方法来复制第一个缓冲中数据的任意子集到第二个缓冲的任意位置。

图 16.10 是一个简单的程序，它使用 ByteBuffer 的相对 putInt 方法将单独的 int 值写入 ByteBuffer 的起始位置。然后使用 ByteBuffer 的绝对 putDouble 方法将单独的 double 值写入同一个 ByteBuffer，并在四字节的 int 值结束位置和八字节的 double 值起始位置之间保留七个空位。输出的前两行展示了相对 putInt 方法调用怎样给 buffer1 的 position 加 4，以及绝对 putDouble 方法调用怎样不改变 position 的值。即使一个 double 需要八个字节，该程序显示出它可以从缓冲的任意位置开始，不必刚好是八的倍数。

```
/*****************************************************
 * ByteBufferAccess.java
 * Dean & Dean
 *
 * 该类向同一个字节缓冲写入不同的原始类型元素
 *****************************************************/

import java.nio.ByteBuffer;

public class ByteBufferAccess
{
  public static void main(String[] args)
  {
    int bufLength = 4 + 7 + 8;  // int + 空位 + double
    ByteBuffer buffer1 = ByteBuffer.allocate(bufLength);
    ByteBuffer buffer2 = ByteBuffer.allocate(bufLength);

    // 填充输出缓冲
    buffer1.putInt(2);
    System.out.println("afterIntPos= " + buffer1.position());
    buffer1.putDouble(11, 2.0);
    System.out.println("afterDblPos= " + buffer1.position());
    // 将所有内容转移至输入缓冲
    buffer1.rewind();
    buffer2.put(buffer1);
    // 展示转移后的数据
    buffer2.flip();
    System.out.println(buffer2.getInt());
    System.out.println(buffer2.getDouble(11));
  } // main 结束
} // ByteBufferAccess 类结束

示例会话:
afterIntPos= 4
afterDblPos= 4
2
2.0
```

图 16.10　ByteBufferAccess 程序在同一个缓冲里拥有不同类型的元素

　　在把数据填充到 buffer1 后，程序将它的所有数据复制到 buffer2，使用的是缓冲到缓冲的 put 方法。但是在这样做之前，它必须调用 buffer1 的 rewind 方法。这样做的原因是：示例会话显示在结束对 buffer1 的数据填充之后，buffer1 的 position 是 4。如果程序在语句 buffer2.put(buffer1);之前没有语句 buffer1.rewind();，buffer2 将不会接收到 buffer1 的前四个字节。buffer1.rewind()语句将 buffer1 的 position 重置为 0，从而让 buffer2 能够接收 buffer1 的全部数据。在缓冲到缓冲的 put 方法后，buffer2 的 position 为 19，这是它的 limit。buffer2.flip()语句将 position 再次移回 0，为后续的 get 方法调用做好准备。

16.7.3　数组方法

我们也可以把数组形式的原始数据类型复制进或复制出 ByteBuffer。静态方法：

```
public static ByteBuffer wrap(byte[] byteArray)
```

扮演的角色类似于 ByteBuffer 的另一个构造器。它创建、填充并返回一个充满参数中元素的 ByteBuffer。或者，可以使用之前描述过的 allocate 方法来创建缓冲，然后使用另外的方法调用来填充它。后一种方式需要更多的代码，但它的功能更加灵活。

要想了解 ByteBuffer 是如何组织数组的，你需要熟悉一些其他的 ByteBuffer 方法。ByteBuffer 类为字节数组提供了额外的重载 get 方法和重载 put 方法。单参数的 get(byte[] destination)方法是*相对的*。起始位置是调用缓冲的当前 position，该方法将所有的剩余缓冲字节复制到之前定义好的 destination 数组，并且把调用缓冲的 position 增加到它的 limit。三参数的 get(byte[] destination, int offset, int length)是*绝对的*。它从缓冲的当前 position 开始，复制 length 个字节到 destination 数组中，起始位置为索引值 offset，这一绝对 get 方法不会改变缓冲的当前 position。

单参数的 put(byte[] source)方法是相对的。该方法复制 source 数组中所有字节到调用缓冲，起始位置为调用缓冲的当前 position。它会将写入的总字节数增加到调用缓冲的 position。三参数的 put(byte[] source, int offset, int length)是绝对的。它从 source 数组的 offset 索引位置开始，复制 length 个字节到调用缓冲的当前 position 之后。这一绝对 put 方法不会改变该缓冲的当前 position。

另一个 ByteBuffer 方法，public byte[] array()，返回一个字节数组，该数组是调用缓冲的底层数组的*视图*或别名。当调用缓冲中发生改变，返回数组也会立即改变；反之亦然。

ByteBuffer 类提供了额外的视图方法 asCharBuffer、asDoubleBuffer、asFloatBuffer、asIntBuffer、asLongBuffer 和 asShortBuffer。这些额外的视图方法为其他原始类型对 ByteBuffer 底层数组的访问提供了途径。返回的原始类型的缓冲视图起始位置为该 ByteBuffer 的当前 position。返回的视图必须被赋值给一个已声明的变量，如 DoubleBuffer doubleView，但是它并不是一个单独的对象。因此，并不需要一个单独的 allocate 来创建它。

java.nio 包中的其他类——CharBuffer、DoubleBuffer、FloatBuffer、IntBuffer、LongBuffer 和 ShortBuffer，定义有如 get(char[] destination)和 get(char[] destination, int offset, int length)等 get 方法。就像 ByteBuffer 相应的 get 方法，这些方法会复制一段调用缓冲的原始类型数据到之前定义的 destination 数组。这些其他类（CharBuffer 等）也定义有如 put(char[] source)和 put(char[] source, int offset, int length)等 put 方法。像 ByteBuffer 对应的 put 方法一样，这些方法会将 source 数组中的值复制到调用缓冲。

有了这些方法，向 ByteBuffer 复制或者从 ByteBuffer 复制出非字节的原始类型数组变得相对简单。例如，对于 double[] doubles 和 ByteBuffer buffer，可以使用以下语句将 doubles 数组复制到 byte 缓冲中：

```
buffer.asDoubleBuffer().put(doubles)
```

或者可以使用下面的语句将 byte 缓冲中的 double 值复制到 doubles 数组：

```
buffer.asDoubleBuffer().get(doubles)
```

ByteBuffer 与通过 ByteBuffer 的 asDoubleBuffer 方法获取的 DoubleBuffer 相组合的强大功能之一是两个缓冲的 position 变量的独立性。无论何时使用 DoubleBuffer 的 put 或 get 方法，它可能会也可能不会（取决于 DoubleBuffer 的方法）改变该 DoubleBuffer 的 position，但绝对不会改变相应的 ByteBuffer 的 position；反之亦然。ByteBuffer 的零 position 是底层数组的起始字节。但是 DoubleBuffer 的零 position 是

ByteBuffer 的当前 position。它指向的是底层数组中长度为八字节的 double 值的起点。因为两个缓冲的
position 是独立的，可以在不影响 DoubleBuffer 的 position 的情况下改变 ByteBuffer 的 position；反之亦
然。DoubleBuffer 的 position 每次改变的单位量相当于底层数组中的八字节，因此也相当于 ByteBuffer 中
的八个 position。

图 16.11 中的 ByteBufferArrayAccess 程序演示了如何 put 和 get 元素为原始类型的数组——一个 int
类型数组和一个 double 类型数组，还演示了如何 put 和 get 一个 String。要想 put 一个 String 到 ByteBuffer，
我们先把它转换为一个 byte 数组，然后把该 byte 数组 put 到 ByteBuffer，就像 put 一个原始类型为 byte
的数组一样。要从 ByteBuffer 中 get 一个 String，先把 ByteBuffer 中代表 String 的那一部分 get 到一个
byte 数组中，再把该 byte 数组传入一个 String 的构造器。

```
/***********************************************
 * ByteBufferArrayAccess.java
 * Dean & Dean
 *
 * 该类中缓冲：字节数组、字符串和 double 数组
 ***********************************************/

import java.util.Arrays;
import java.nio.ByteBuffer;

public class ByteBufferArrayAccess
{
  public static void main(String[] args)
  {
    int[] ints = new int[]{1, 1, 2, 3, 5, 8};
    String str =
      "The purpose of computing is insight, not numbers.";
    double[] doubles = new double[]{1.0, 2.0, 1.5, 1.67, 1.6};
    byte[] strBytes = str.getBytes();
    ByteBuffer buffer = ByteBuffer.allocate(
      4 * ints.length + strBytes.length + 8 * doubles.length);

    // put 到缓冲
    buffer.asIntBuffer().put(ints);
    buffer.position(4 * ints.length);
    buffer.put(strBytes).asDoubleBuffer().put(doubles);
    // 使用 0 填充工作数组并 rewind 缓冲
    Arrays.fill(ints, 0);
    Arrays.fill(strBytes, (byte) 0);
    Arrays.fill(doubles, 0.0);
    str = "";
    buffer.rewind();
    // 从缓冲中 get
    buffer.asIntBuffer().get(ints);
    buffer.position(4 * ints.length);
```

图 16.11 ByteBufferArrayAccess 程序在同一个缓冲中拥有不同类型的数组

```
        buffer.get(strBytes).asDoubleBuffer().get(doubles);
        str = new String(strBytes);
        // 展示转换后的数据
        System.out.println(Arrays.toString(ints));
        System.out.println(str);
        System.out.println(Arrays.toString(doubles));
    } // main 结束
} // ByteBufferArrayAccess 类结束

示例会话:
[1, 1, 2, 3, 5, 8]
The purpose of computing is insight, not numbers.
[1.0, 2.0, 1.5, 1.67, 1.6]
```

图 16.11 （续）

前三个声明指定将要进入缓冲的数据：一个 int 数组、一个 String[1]和一个 double 数组。接下来的声明将 String 转换为一个 byte 数组。最后一个声明创建一个刚好足够容纳前面的 int 数组、String 和 double 数组的缓冲。顺便说一句，使用缓冲时，应分别知道整个缓冲需要多大、它要容纳的类型，以及是否不止一种类型，每种类型的数量，这几点是非常重要的。没有这些独立的信息，你就不知道要分配多大容量，也不知道使用什么方法来 put 和 get 数据，更不知道每种数据的起始位置在哪里。

创建局部变量之后，程序填充缓冲。首先，buffer 获取一个 IntBuffer 视图。然后，在链式方法调用中，它使用返回的 IntBuffer 视图把 int 数组 put 进缓冲。因为 put 进 IntBuffer 的过程不会改变 buffer 的 position，我们需要在接下来的显式 position 语句中将 buffer 的 position 移动到下一组数据的置入位置。接下来的语句将 strbytes 数组 put 进缓冲。然后，在一个链式方法调用中，buffer 获取一个起始位置刚好位于 strbyte 最后一个 byte 后面的 DoubleBuffer 视图。最后，在另一个链式方法调用中，返回的 DoubleBuffer 视图把 double 数组 put 到缓冲区中。

asIntBuffer 和 asDoubleBuffer 方法调用分别返回 IntBuffer 类和 DoubleBuffer 类的对象。所以链式调用中返回对象调用的方法是 IntBuffer 和 DoubleBuffer 的方法。但是不需要显式地导入 IntBuffer 类和 DoubleBuffer 类，因为它们的名字从未显式地出现在程序中。

接下来，程序使用了 Java API 中位于 java.util 包的 Arrays 类的一些静态方法，这些方法将之前填充的工作数组和 String 变量 str 清零。这样能保证我们最终的结果并不是初始数据的残留。然后 buffer1 执行 rewind，为之后的 get 操作做准备。

从缓冲中获取数据的语句和向缓冲中放入数据的语句很像，只不过它使用的是 get 语句，而不是 put 语句。String 构造器反转了声明中的 getBytes 方法。

最后的三句是在 Java 的 Arrays 类的 toString 方法的帮助下显示了接收的数据。输出内容也确认了从缓冲中接收的数据与之前放入缓冲的数据完全一样。

16.7.4　再谈字符集

为简单起见，getBytes 方法调用在声明时将指定的 String 转换为一个 byte 数组，并且在之后使用

---

[1]　该字符串内容为 Hamming 的座右铭。Richard W. Hamming 是美国计算机协会的奠基人和主席。

byte[]参数的 String 构造器都是采用默认字符集。要想使用一个不同的字符集，可以使用接受字符集设定参数的 getBytes 方法和 String 构造器。具体而言，我们可以把下面额外的 import 添加进来：

```
import java.nio.charset.Charset;
```

然后，为了将指定的 String 转换为一个 byte 数组，可以将 strBytes 的声明替换为如下内容：

```
byte[] strBytes = str.getBytes(Charset.forName("US-ASCII"));
```

最后，为了将 byte 数组转换回一个 String，可以使用下面这句：

```
str = new String(strBytes, Charset.forName("US-ASCII"));
```

当然，这里随便选择了 US-ASCII 字符集。在实际应用中，如果默认字符集不满足需求，可能要使用某一种其他的字符集。

16.8 通道 I/O 和内存映射文件

ByteBuffer 的方法按顺序组织原始类型或原始类型的数组。FileChannel 方法按顺序组织缓冲或者缓冲的数组。通道是文件内容的大尺寸视图。为了往文件中写入多种类型的数据，首先将原始类型放入缓冲，然后把这些缓冲放入通道。反过来，要从文件中获取多种类型的数据，首先从通道里提取出缓冲，然后从缓冲里提取这些原始类型。

通道的 position 和 size 按字节来计算，就像是 ByteBuffer 的 position 和 limit。如果你没有显式地改变通道的 position，position 会在写入字节时自动增加。像 ArrayList 一样，通道的大小会自动扩容，从而接收更多数据。如果指定一个起始位置，你可以回退和重写任何顺序的字节。然后你可以使用通道的 size 方法，将它的 position 复位到其包含的最后一个字节处，从那里继续。在从各种缓冲的组合中写入数据后，你可以使用不同的缓冲组合进行读取。它与对象 I/O 不同，要想正确的取回信息，你必须清楚地记住数据的位置及其类型。

要想使用文件通道，请包含以下导入：

```
import java.nio.channels.FileChannel;
import java.nio.file.*; // Path、Paths、Files、StandardOpenOptio
```

若要指明想操作的文件，使用类似以下的命令创建一个 Path：

```
System.out.print("Enter filename: ");
Path path = Paths.get(stdIn.nextLine());
```

若要打开文件进行读或写（覆盖所有之前已存在的数据），在 try-with-resources 的头部，创建如下通道：

```
try(FileChannel channel = FileChannel.open(
  path, StandardOpenOption.CREATE,
  StandardOpenOption.WRITE, StandardOpenOption.READ))
{
  // ...
} // try 结束
```

因为文件在 try-with-resources 的头部打开，所以它会在 try 代码块结束时自动关闭。

16.8.1 FileChannel 方法

要想使用通道向文件写入数据，首先使用 ByteBuffer 的 write 方法将数据写入一个或更多的缓冲中，就像第 16.7 节讲到的那样。然后使用图 16.12 中 FileChannel 的四个 write 方法将数据从缓冲复制到通道，从而复制到文件。通道在接收写入的任何数据时会根据需要自动扩容，图 16.12 中前三个方法从通道的当前 position 开始写入，如果通道的打开语句包含 StandardOpenOption.APPEND，则从通道的末尾开始写入。使用这三种方法中的任何一种，通道的 position 都会在新数据到达时自动增加。

第一个 write 方法以单一的缓冲为源头复制数据，起始位置为该缓冲的当前 position。第二个 write 方法以一系列的缓冲为源头来复制数据，起始位置为每个缓冲的当前 position。第三个 write 方法从某个缓冲数组中指明的某个子数组的缓冲复制数据。第四个 write 方法很像第一个 write 方法，只不过它是从通道中用户指明的字节索引开始写入，而且通道的内部 position 不会更改。

想要使用通道从文件读取数据，使用图 16.12 中 FileChannel 的四个 read 方法中的某一个即可。这四个 read 方法都会一直从通道中读取数据，除非目标缓冲的剩余空间被填满。剩余空间是指从当前 position 到 limit 的空间。对同类型的缓冲，计算每个缓冲的大小来匹配通道中相应的字节范围，所以每个缓冲的 capacity 决定了复制的字节数。对不同种类的缓冲，设置 position 和 limit，所以它们之间的不同决定了复制的字节数。

```java
public static FileChannel open(Path path, OpenOption... options)
    打开或创建一个文件，并返回一个访问它的通道
public long position()
    返回通道在文件中的当前位置
public FileChannel position(long newPosition)
    设置通道在文件中的当前位置
public long size()
    返回通道文件的大小
public int write(ByteBuffer source)
    将 source 缓冲中剩余的字节写入通道，起始位置为当前通道位置或它的末尾。返回写入的字节数
public long write(ByteBuffer[] sources)
    将 sources 缓冲中剩余的字节写入通道，起始位置为当前通道位置或它的末尾。返回写入的字节数
public long write(ByteBuffer[] sources, int offset, int length)
    在将自 sources[offset]开始的 length 个缓冲中的剩余字节写入通道，起始位置为当前通道位置或它的末尾。
    返回写入的字节数
public int write(ByteBuffer source, long start)
    将 source 缓冲中剩余的字节写入通道，起始位置为通道的 start 位置。不会改变通道的当前位置。返回写入的
    字节数
public int read(ByteBuffer destination)
    读取通道中剩余的字节到 destination 缓冲的剩余位置。返回读取的字节数，如果缓冲未填充则返回-1
public long read(ByteBuffer[] destinations)
    读取通道中剩余的字节到 destinations 数组中缓冲的剩余位置。返回读取的字节数，如果缓冲未填充则返回-1
public long read(ByteBuffer[] destinations, int offset, int length)
    将通道中剩余的字节读取到从 destinations[offset]开始的 length 个缓冲中的剩余位置。返回读取的字节
    数，如果缓冲未填充则返回-1
public int read(ByteBuffer destination, long start)
    读取通道中 start 长度之后的字节到 destination 缓冲的剩余位置中。返回读取的字节数，如果缓冲未填充则
    返回-1。不改变通道的 position
public MappedByteBuffer map(FileChannel.MapMode mode, long position, long size)
    为本通道的文件创建一个大小为 size 字节的永久视图，起始位置为通道当前 position，可选模式为 READ_ONLY、
    READ_WRITE（可变视图）或 PRIVATE（复制）
```

图 16.12　选出的 FileChannel 方法

前三个 read 方法读取的起始位置为当前通道 position，并且该 position 会随着数据的复制自动增加。第一个 read 方法把数据放入一个单独的目标缓冲，起始位置为该缓冲的当前 position。第二个 read 方法把数据放入一系列的目标缓冲，起始位置为每个缓冲的当前 position。第三个 read 方法只会把数据放入缓冲数组中指定的子数组的缓冲中。第四个 read 方法类似第一个 read 方法，只不过它的起始位置为用户指定的字节索引 start，而且通道的内部 position 不会改变。在把数据从通道复制到缓冲后，可以使用 ByteBuffer 中适当的 read 方法将缓冲中的数据复制出来。

图 16.12 中最后一个方法 map，非常有趣。当通道打开时，引用该方法，它创建的缓冲在通道关闭后仍继续存在并可以被访问。对于特别大的文件，使用一个映射可以提升 I/O 的性能。当需要在不同的上下文情境下多次访问同一个文件时，它可以精简你的程序。

16.8.2　文件通道 I/O 和内存映射示例

图 16.13a 和图 16.13b 中的 ChanneledFileAccess 程序演示了如何将这些全部结合在一起。该程序把文件中的数据以表的形式组织起来，即类似电子表格或者关系型数据库的表。程序的表有三列。第一列由 int 组成，因为 int 是 4 字节，所以这一列宽为 4 字节。第二列由 String 组成，它的宽度是随意设定的 12 字节。第三列由 double 组成，因为一个 double 是 8 字节，所以这一列宽为 8 字节。因此，表的每一行都有一个 4 字节的 int 字段，之后是一个 12 字节的 String 字段，最后是一个 8 字节的 double 字段，合计是 24 字节。每行数据就是一条记录。使用一个 24 字节的 ByteBuffer 复制记录进出同一个文件通道，采用的方法是图 16.12 中最简单的 FileChannel 方法：

```
write(ByteBuffer source)
read(ByteBuffer destination)
```

该程序需要导入相当多的包。它定义了一个 TEXT 常量确定文本字段的长度，一个 RECORD 常量确定一条记录的总长度，以及刚好容纳一条记录的缓冲的 capacity 大小。在后面，程序使用 RECORD 的倍数给另一个能容纳多条记录的缓冲分配容量。

该程序的 writeRecord 方法向一个指定通道写入单条记录。此方法的参数为该通道以及单条记录中每个字段的值。注意该方法标题包含 throws IOException。第一个声明创建一个长度与记录中文本字段长度相等的字节数组，并且使用该方法的 string 参数的值初始化该数组。如果 string 的长度超出了文本字段长度，Arrays.copyOfRange 方法会弃掉 12 字节之后的部分。第二个声明创建了一个容量为 RECORD 字节的缓冲区。声明之后的第一行语句是三个方法的链式调用。第一个方法将 4 字节的 ID 号放入 ID 字段，这会把缓冲区的内部位置推进到 4。第二个方法将 12 字节的字符串放入文本字段，这会把缓冲区的内部位置推进到 12。第三个方法将 8 字节的 double 放入 value 字段。再下一句 rewind 缓冲区。最后一句将缓冲区中的字节写入通道。正是这里的 channel.write 方法调用会抛出 IOException。

该程序的 readRecord 方法读取由指定的 recordIndex 确定的记录，这一方法标题也包含 throws IOException。声明中创建了一个容量为 RECORD 字节的缓冲区。声明后的第一句从通道读取数据到缓冲区。它开始读取的通道位置由 recordIndex * RECORD 决定，而且它读取的总字节数与缓冲区的大小相等，即与 RECORD 相等。就是这里的 channel.read 方法调用抛出 IOException。再下一句 rewind 缓冲区。最后一句是调用程序的 displayRecord 方法来展示读取到的记录。

```
/***********************************************************
* ChanneledFileAccess.java
* Dean & Dean
*
* 该通道缓冲数据到文件的表和从文件的表中缓冲数据
***********************************************************/

import java.nio.channels.FileChannel;
import java.io.IOException;
import java.util.*;          // Arrays、Scanner
import java.nio.*;           // ByteBuffer、MappedByteBuffer
import java.nio.file.*;      // Path、Paths、StandardOpenOption

public class ChanneledFileAccess
{
  public final static int TEXT = 12;
  public final static int RECORD = 4 + TEXT + 8;

  //***********************************************************

  // 这里添加一条缓冲的记录到文件通道

  public void writeRecord(FileChannel channel,
    int id, String string, double value) throws IOException
  {
    byte[] strBytes =
      Arrays.copyOfRange(string.getBytes(), 0, TEXT);
    ByteBuffer buffer = ByteBuffer.allocate(RECORD);

    buffer.putInt(id).put(strBytes).putDouble(value);
    buffer.rewind();
    channel.write(buffer);
  } // writeRecord 结束

  //***********************************************************

  // 这里从文件通道读取一条指定的记录

  public void readRecord(FileChannel channel,
    int recordIndex) throws IOException
  {
    ByteBuffer buffer = ByteBuffer.allocate(RECORD);

    channel.read(buffer, recordIndex * RECORD);
    buffer.rewind();
    displayRecord(buffer);
  } // readRecord 结束
```

图 16.13a ChanneledFileAccess 程序——A 部分

　　图 16.13b 将程序的 displayRecord 方法写成静态方法，这样就可以直接在 main 方法中调用它，同样也可以在 readRecord 方法中调用它。displayRecord 方法直接从参数 buffer 中读取正好 RECORD 个字节，从而输出一条记录的数据，读取的起始位置为参数 buffer 的当前 position。该方法为一条记录中的三个字段声明了三个变量。声明后的第一句获取 4 字节整数 id，这会把缓冲区的 position 推进到当前记录的文本字段之前。下一句从接下来的缓冲字节中获取足够填充 12 字节的 strBytes 数组的字节，这会把缓冲区的 position 推进到当前记录的 value 字段之前。下一句把 8 字节的 double 赋值给 value。最后一句输出指定的记录数据。

```
//****************************************************

private static void displayRecord(ByteBuffer buffer)
{
  int id;
  byte[] strBytes = new byte[TEXT];
  double value;

  id = buffer.getInt();
  buffer.get(strBytes);
  value = buffer.getDouble();
  System.out.printf("%4d %10s %6.1f\n",
    id, new String(strBytes), value);
} // displayRecord 结束

//****************************************************

public static void main(String[] args)
{
  Scanner stdIn = new Scanner(System.in);
  ChanneledFileAccess cio = new ChanneledFileAccess();
  ByteBuffer mappedBuffer = ByteBuffer.allocate(3 * RECORD);

  System.out.print("Enter filename: ");
  Path path = Paths.get(stdIn.nextLine());
  try (FileChannel channel = FileChannel.open(
    path, StandardOpenOption.CREATE,
    StandardOpenOption.WRITE, StandardOpenOption.READ))
  {
    cio.writeRecord(channel, 1, "first", 1.0);
    cio.writeRecord(channel, 2, "second", 2.0);
    cio.writeRecord(channel, 3, "third", 3.0);
    System.out.print("Enter file's record index (0,1,2): ");
    cio.readRecord(channel, stdIn.nextInt());
    mappedBuffer = channel.map(
      FileChannel.MapMode.READ_WRITE, 0, channel.size());
```

图 16.13b　ChanneledFileAccess 程序——B 部分

```
     }
     catch (IOException e)
     {
       System.out.println(e.getClass());
       System.out.println(e.getMessage());
     }
     // 现在，通道已关闭，但是 mappedBuffer 依然存在
     System.out.print("Enter map's record index (0,1,2): ");
     mappedBuffer.position(stdIn.nextInt() * RECORD);
     displayRecord(mappedBuffer);
   } // main 结束
 } // ChanneledFileAccess 类结束
```

图 16.13b　（续）

　　main 方法的声明创建了一个 Scanner 接收键盘输入和一个 ChanneledFileAccess 对象来访问该程序的 writeRecord 方法和 readRecord 方法。声明中也创建了一个 ByteBuffer，包含一个在通道关闭后会继续存在的文件内容的映射视图。

　　在声明之后，main 方法要求用户输入一个文件名，并使用该文件名创建一个 Path。然后 main 方法请求 FileChannel 打开一个新的文件通道，它同时具备 WRITE 和 READ 选项。因为该打开方法调用会抛出一个检查异常，并且我们希望之后文件能够自动关闭，所以把该打开方法写在 try-with-resources 的头部。在关联的 try 代码块中，main 方法调用了三次 writeRecord 向通道写入了三条不同的记录。然后它要求用户指定文件中某条记录的索引，调用 readRecord 方法来读取并展示选中的记录的数据。

　　当通道仍处于打开状态时，main 方法调用 FileChannel 的 map 方法来创建一个 mappedBuffer 对象，它会提供一个文件数据的永久视图。map 方法调用会抛出一个检查异常，所以它也必须在 try 代码块内部。因为前面对 writeRecord 和 readRecord 方法的调用也需要在 try 代码块内，所以关联的 catch 代码块也能捕获这些方法抛出的异常。

　　在 catch 代码块后，当通道关闭后，main 方法要求用户指定 mappedBuffer 对象中某条记录的索引之后调用 displayRecord 方法输出从 mappedBuffer 中选择的数据。最后这步操作的成功证明了 mappedBuffer 的永久性。

　　图 16.13c 展示了 ChanneledFileAccess 程序指定了某条记录之后产生的输出内容。第一条输出是来自通道处于打开状态时，readRecord 方法对 displayRecord 方法的调用。在这种情况下，传给 displayRecord 的参数是一个只包含选定记录的 24 字节的缓冲。选中的记录在文件中从第 48 字节开始，不过包含这条记录的 24 字节缓冲进入 displayRecord 时，它的 position 等于 0。第二条输出来自通道关闭后 main 方法对 displayRecord 方法的调用。在这种情况下，选中的记录在文件中从第 24 字节开始，而且 72 字节的映射缓冲进入 displayRecord 方法时，它的 position 等于 24。这些记录索引的选择是随机的。每种选择都可以是三个索引（0、1 或 2）中的任意一个，如果它们是相同的，显示的数据也会是相同的。

　　这个相对简单的 ChanneledFileAccess 程序验证了 Java 组织并随机访问文件数据以及提供文件数据永久视图的能力。即使最简单 FileChannel 的 read 和 write 方法也是这一能力的体现。如果回到图 16.12，

并查看 FileChannel 其他的 read 和 write 方法能做些什么，会发现 Java 提供了多种多样的选择来实现文件组织与访问。

```
示例会话：
Enter filename: Records
Enter file's record index (0,1,2): 2
   3 third    3.0
Enter map's record index (0,1,2): 1
   2 second   2.0
```

图 16.13c ChanneledFileAccess 程序的输出内容——C 部分

16.9 路径、全文件和目录操作

直到现在，本章处理的都是细节问题，即将数据写入文件和从文件读取数据的细节。现在，我们会回避细节并考虑对整个文件的操作。本节将研究描述文件路径的其他方法，研究如何在目录间进行文件的复制和剪切，也会研究怎样展示目录的内容。后面的部分会展示怎样在目录树中搜索特定的文件名以及怎样使用 GUI 的方式展示目录内容。

16.9.1 定义和操作路径

要想执行这些操作，必须告诉计算机每个感兴趣的文件的位置。我们通过创建一个引导至特定文件的路径来实现这个目的，然后，可以使用该路径来指定此文件。如你所见，创建 Path 的最简单方法是使用 Java API 中 java.nio.file 包里的 Files.get 方法：

Path path = Files.get("*指向目录或文件的路径*");

*字符串指向目录或文件的路径*可以有好几种不同的格式。它可以是一个*绝对路径*。绝对路径是从目录层级的根目录（Windows 系统中为 C:/，UNIX 系统中为 /）开始的路径。它沿着目录层级向下推进，每层子目录后面跟一个斜杠。如果它是指向目录的路径，那目录的名字就是最后一个斜杠前面的名字；如果它是指向文件的路径，那文件名就是最后一个斜杠后面的名字。它也可以是一个*相对路径*，它是指从当前目录开始[1]。当前目录的相对路径是一个单独的点号（ . ）。当前目录中另一个名为 sisterSally 的文件的相对路径就是该文件的名字（ sisterSally ）。假设当前目录包含一个子目录，名为 sisterSonia，在这个子目录中名为 nieceNedra 的文件的相对路径是：

sisterSonia/nieceNedra

当前目录的上一级目录（父目录）的相对路径是一对点号（ .. ），再上一级的相对路径（祖父目录）是两对点号（ ../.. ），以此类推。假如父目录中包含另一个名为 auntAgnes 的目录，指向该目录中名为 cousinCora 的文件的相对路径是：

../auntAgnes/cousinCora

假如你用当前目录中文件的名字创建路径，那就是一个相对路径，称为 pathR。使用下面的语句可以获取它对应的绝对路径 pathA：

Path pathA = pathR.toAbsolutePath();

---

[1] 此处的当前目录指的是 JVM 为当前程序选定的默认目录。

对于两个绝对路径 pathA1 和 pathA2，可以使用下面的语句获取从 pathA1 末尾到 pathA2 末尾的相对路径：

```
Path path1_to_path2 = pathA1.relativize(pathA2);
```

对于一个名为 path 的绝对（或相对）Path，使用下面的语句可以知道根目录（或当前目录）之后有多少层级：

```
path.getNameCount();
```

使用下面的语句可以确定从 int start 到 int end 之间层级的 subpath：

```
path.subpath(start, end);
```

使用下面的语句可以获取 path1 与其后的 path2 的组合：

```
Path pathComb = path1.resolve(path2);
```

16.9.2　新建、剪切、复制和删除文件

当路径被创建时，路径指向的文件可能并不存在。如果路径指向的位置文件已存在，并且你拥有访问文件的权限，则 Files.exists(path) 方法调用返回 true。要想创建一个新目录，请使用 Path.createDirectory(path)。要想创建一个新的常规文件，可以使用 Files.createFile(path)，但是通常只需打开一个新文件进行写入，就像第 15 章以及本章多次说明的那样。使用 Files.isDirectory(path) 可以查看 path 指向的是否是一个目录。使用 Files.isRegularFile 可以查看 path 指向的是否是一个常规文件。

要想从 path1 剪切或复制一个已经存在的目录或文件到 path2，请在 try 代码块内使用以下语句：

```
Files.move(path1, path2, 选项);
```

或

```
Files.copy(path1, path2, 选项);
```

可能没有选项或者有多个选项。如果没有选项，而且 path2 指向的是一个已存在文件，move 或者 copy 方法调用都会抛出 FileAlreadyExistsException。要想替换一个已存在的同名文件，加入以下选项：

```
StandardCopyOption.REPLACE_EXISTING
```

Java API 文档介绍了其他可用的选项。

要想删除 path 指向的文件，请在 try 代码块中使用下面的语句：

```
Files.delete(path);
```

如果 path 指向的文件不存在，该调用会抛出 NoSuchFileException。如果 path 指向的目录不是空的，该调用会抛出 DirectoryNotEmptyException。必须先把目录中所有文件删除或剪切，才可以删除该目录。

16.9.3　描述目录的内容

图 16.14 演示的是如何显示一个目录的内容。main 方法中的第一句创建一个当前目录的相对路径。try-with-resources 头部的语句使用该路径创建一个 DirectoryStream，它包含设定的路径所指向的末尾目录的内容信息。try 代码块中的 printf 语句显示文件名和文件大小（字节的长度），就像代码下面示例会话显示的那样。大小是文件的几个属性之一。Java API 文档有描述文件的其他属性，而且有解释怎样获取和修改它们。

```
/***************************************************
* DirectoryDescription.java
* Dean & Dean
*
* 该类描述当前目录中的文件
***************************************************/

import java.nio.file.*; // Path、Paths、DirectoryStream 和 Files


public class DirectoryDescription
{
  public static void main(String[] args)
  {
    Path pathToDirectory = Paths.get(".");

    try (DirectoryStream<Path> paths =
      Files.newDirectoryStream(pathToDirectory))
    {
      for (Path path : paths)
      {
        System.out.printf("%-30s%6d bytes\n",
          path.getFileName(), Files.size(path));
      }
    }
    catch (Exception e)
    {
      System.out.println(e.getClass());
      System.out.println(e.getMessage());
    }
  } // main 结束
} // DirectoryDescription 类结束

示例会话:
DirectoryDescription.class        1793 bytes
DirectoryDescription.java          772 bytes
FileSizesGUI.class                1813 bytes
FileSizesGUI.java                 1975 bytes
```

图 16.14　DirectoryDescription 程序

16.10　遍历目录树

还有一种途径可以探索一个文件的环境。那就是使用 java.nio.file 包中的接口、类和枚举（enum）。为了演示这种方式，本节介绍了一个程序，它会在你计算机文件目录的用户指定的子目录中，搜索文件名符合用户指定的文本模式的文件。程序的输出会精确显示找到文件的位置。

　　图 16.15a 展示的是 FindFiles 程序的驱动程序。第一个声明的变量是用户指定的子目录的根路径。它必须是一个绝对路径，以斜杠开始，以目标子目录的名称结束，如*/.../子目录根路径*。第二个声明的变量是为了接收键盘输入。第三个声明的变量是用户所设定的查找哪些文件的模式。该文本字符串需要匹配所有的目标文件，使用一个?可以代替任意字符，使用一个*可以代替任意一段字符串。例如，条目*.java 告诉程序查找所有的 Java 源码文件。最后声明的变量 visitor 是一个特殊对象，它执行该程序的大部分工作。

```
/*****************************************************************
 * FindFiles.java
 * Dean & Dean
 *
 * 该类在目录树中搜寻符合模式的文件
 *****************************************************************/

import java.nio.file.*;                  // Path、Paths、Files
import java.util.Scanner;
import java.io.IOException;

public class FindFiles
{
  public static void main(String[] args)
  {
    Path startDir;
    Scanner stdIn = new Scanner(System.in);
    String pattern;                      // ?通配字符； *通配字符串
    FileVisitor visitor;

    System.out.print(
      "Enter absolute path to starting directory: ");
    startDir = Paths.get(stdIn.nextLine());
    System.out.print("Enter filename search pattern: ");
    pattern = stdIn.nextLine();
    visitor = new FileVisitor("glob:" + pattern);
    try
    {
      Files.walkFileTree(startDir, visitor);
    }
    catch (IOException e)
    {
      System.out.println(e.getClass());
      System.out.println(e.getMessage());
    }
  } // main 结束
} // FindFiles 类结束
```

图 16.15a　FindFiles 程序驱动程序

在程序提示并读取了用户设定的两条内容后，它创建了 visitor 对象。传入 FileVisitor 构造器参数的 glob:部分告诉计算机，只要在构造器参数的 pattern 部分看到?和*，就把它们当作通配符。①然后程序调用 walkFileTree 方法，它会抛出一个检查异常。图 16.15b 展示的是一次执行后产生的输出。只要程序找到一个匹配的文件，它就展示出该文件的名称和文件包含的字节数。那些名称后没有报告字节数的是目录名。

```
示例会话：
Enter absolute path to starting directory: \src\ipwj
Enter filename search pattern: *2.java
ipwj
    ch01
    ch03
    ch04
        Exercise2.java          391 bytes
        ZipCode2.java           924 bytes
    ch05
    ch06
        Mouse2.java             1264 bytes
        MouseDriver2.java       687 bytes
    ch07
        Car2.java               936 bytes
        Employee2.java          159 bytes
    ch08
        Shirt2.java             1734 bytes
    ch09
        ContactList2.java       1426 bytes
    ch10
    ch11
    ch12
        Person2.java            515 bytes
        StockAverage2.java      1246 bytes
    ch13
        CrabCritter2.java       2504 bytes
        Manager2.java           302 bytes
        SalesPerson2.java       417 bytes
    ch14
        Car2.java               1006 bytes
        Cat2.java               121 bytes
        Dog2.java               125 bytes
        Employee2.java          588 bytes
        Pet2.java               70 bytes
        Pets2.java              714 bytes
    ch15
        LinePlot2.java          1765 bytes
```

图 16.15b　典型 FindFiles 程序的输出

---

①　使用 glob: 语法指定的模板还有其他选项，请查阅 Java API 文档中 java.nio.file.FileSystem 类的 getPathMatcher 方法。

```
        ReadFromFile2.java    1238 bytes
        StudentList2.java     1048 bytes
     ch16
     ch17
        Descartes2.java       1663 bytes
     ch18
        TicTacToe2.java       4338 bytes
```

图 16.15b　（续）

　　现在看一下程序的核心部分——图 16.16a 和图 16.16b 中的 FileVisitor 类。图 16.16a 包含导包、声明和构造器，你可以看到来自 java.nio.file 包中的各种 Java API 代码完成了大部分工作，而且 FileVisitor 类实际上就是对 Java 的 SimpleFileVisitor 类的继承。我们的类中第一个实例变量是一个 PathMatcher，它会把遇到的每个文件的名字和用户指定的模板进行对比；第二个实例变量 tab 控制输出行的缩进。构造器根据用户设定的模板生成 PathMatcher。

```
/**********************************************************
 * FileVisitor.java
 * Dean & Dean
 *
 * 该类展示在一个文件系统树中"全局"过滤文件
 **********************************************************/


// 为了 SimpleFileVisitor、Path、PathMatcher、FileSystem,
// FileSystems、FileVisitResult 和 Files:
import java.nio.file.*;
import java.nio.file.attribute.BasicFileAttributes;
import java.io.IOException;

public class FileVisitor extends SimpleFileVisitor<Path>
{
  private PathMatcher matcher;
  private int tab = 0;

  //*****************************************************


  public FileVisitor(String syntaxAndPattern)
  {

    FileSystem system = FileSystems.getDefault();
    this.matcher = system.getPathMatcher(syntaxAndPattern);
  } // 构造器结束


  //*****************************************************
```

图 16.16a　FileVisitor 类——A 部分

　　图 16.15b 展示程序采用一种名为*深度优先遍历*的机制访问指定子目录下的文件，Java 设计者称之为
"遍历树结构"。该程序实际上访问了子目录中的所有文件，但它只会输出名称符合用户设定模板的目录
或者常规文件。图 16.15b 中的内容表明，程序在三种情况下执行某些操作：①当它遇到一个新目录，进
入下一层级；②当它遇到一个常规文件；③当它返回访问完目录中所有文件以及子目录后再返回目录。

　　图 16.16b 包含程序的三个方法，它们定义了程序在面对上述三种情况时应该怎样做。它的这些
方法重写了继承的 SimpleFileVisitor 类中相应的方法，从而生成我们想要的结果。每个方法标题上方
的@Override 注解帮助编译器确认该方法实际上是对应于继承类中的方法。当它遍历树时，在程序遇
到任何新目录进入下一层级时，它会调用 preVisitDirectory 方法。在生成适当的缩进后，该方法输出
此目录的名称，然后它增加 tab 来增加之后的缩进。当程序遇到一个文件能匹配用户的设定时，它调
用 visitFile 方法，在生成适当的缩进后，该方法输出此文件的名称和以字节为单位的文件大小。当
程序访问完目录中所有文件以及子目录后再返回目录，它调用 postVisitDirectory 方法，它所做的就
是减少 tab 来减小缩进。

```java
@Override
public FileVisitResult preVisitDirectory(Path path,
  BasicFileAttributes attributes) throws IOException
{
  for (int i=0; i<tab; i++)
  {
    System.out.print(" ");
  }
  System.out.println(path.getFileName()); // 目录
  tab++;
  return FileVisitResult.CONTINUE;
} // preVisitDirectory 结束


//**********************************************************


@Override
public FileVisitResult visitFile(Path path,
  BasicFileAttributes attributes) throws IOException
{
  Path name = path.getFileName();
  if (name !=null && matcher.matches(name))
  {
    for (int i=0; i<tab; i++)
    {
      System.out.print(" ");
    }
    System.out.printf("%-25s%6d bytes\n",
      name, Files.size(path)); // 普通文件
  }
  return FileVisitResult.CONTINUE;
```

图 16.16b　FileVisitor 类——B 部分

```
    } // visitFile 结束


    //****************************************************


    @Override
    public FileVisitResult postVisitDirectory(Path path,
      IOException exc)
    {
      tab--;
      return FileVisitResult.CONTINUE;
    } // postVisitDirectory 结束
  } // FileVisitor 类结束
```

图 16.16b　（续）

　　假如你想要的只是目录结构，而不是该结构中的任何文件。对于这个结果，只要运行程序时用一个简单的回车符（Enter）指定模板就可以了。

　　假如想要的只是匹配到的文件的清单，其中每个文件用从目录根路径开始的全路径表示。对于此结果，不要重写 preVisitDirectory 方法和 postVisitDirectory 方法，即删除或者注释掉图 16.16b 中的这两个方法。删除 tab 变量，并且把 visitFile 方法中的 for 循环用下面的语句替换：

```
    name = name.toAbsolutePath();
```

　　假如你想要截断或者终止搜索。在图 16.16b 中，经过恰当的代码调整，使用如下代码：

```
    return FileVisitResult.SKIP_SIBLINGS
```

或

```
    return FileVisitResult.SKIP_SUBTREE
```

或

```
    return FileVisitResult.TERMINATE
```

本章末的一道练习题要求你在修改过的 FindFiles 程序中使用 SKIP_SUBTREE 返回选项，只显示一个目录中的文件和文件大小。

16.11　GUI 跟踪：使用 CRC 卡解决问题的最终迭代（可选）

　　这一节讲述在第 8 章 GUI 部分引入，第 10 章 GUI 部分得到改进的 CRC_Card 程序的最终迭代版本。我们通过给第 8 章的 CRC_Card 类增加 get 和 set 方法来增强它，从而创建了一个新的 CRC_Card2 类。文中增加了一个容易序列化的 CardData 类使文件操作更便捷，并且把第 10 章的 CRCDriver2 类进化成 CRCDriver3 类，增强的功能是用户可以把任何卡片上用户输入的信息保存到文件，并且可以在之后的任意时间从文件中恢复这些信息。

　　图 16.17 中包含的代码是这次迭代中增强后的 CRC_Card 类，在第 8.16 节曾讲解过它，当时展示在图 8.19 里。这次增强增加了 get 和 set 方法，使其他代码能读取到 CRC_Card2 全部的三个状态变量，并可以改写 respon 和 collab 状态变量（构造器写入 classname 变量的值）。这样，程序就可以访问用户输入的全部信息。

```
//***************************************************

public String getClassname()
{
  return classname.getText();
} // getClassname 结束

public String getResponsibilities()
{
  return respon.getText();
} // getResponsibilities 结束

public String getCollaborators()
{
  return collab.getText();
} // getCollaborators 结束

public void setResponsibilities(String text)
{
  respon.setText(text);
} // setResponsibilities 结束

public void setCollaborators(String text)
{
  collab.setText(text);
} // setCollaborators 结束
```

图 16.17　本节 CRC_Card2 类相比图 8.19 中 CRC_Card 类增加的内容

　　图 16.18 中的 CardData 类使用了定义在图 16.17 中 CRC_Card2 类的 get 和 set 方法，其目的是创建一个可以保存在文件中的序列化对象。对于一个要序列化的类，它必须实现 Serializable 接口，而且它所有的内容成员也必须实现 Serializable 接口。对 CardData 类来说这并不难，因为它的成员都是 String 对象，而 String 类已经 implements Serializable。如果试图保存一个完整的 CRC_Card2，就会有挫败感。序列化一个空的 Stage 是很简单且直接的，但是要序列化其所有次级的容器和组件就显得冗长了。把 CRC_Card2 中不同的用户输入文本复制到一个 CardData 对象并将该 CardData 对象写入文件是很简单的。然后，可以检索该文件，在构造器中使用保存的 classname 实例化一个新的 CRC_Card2 对象，并使用图 16.17 中的 set 方法来恢复其他的用户输入文本。

```
/***********************************************************
 * CardData.java
 * Dean & Dean
 *
 * 该类处理 CRC_Card 的用户输入
 ***********************************************************/
```

图 16.18　易于序列化的 CardData 类，用于填充用户输入的 CRC_Card 信息

```
import java.io.Serializable;

public class CardData implements Serializable
{
  private String classname;
  private String responText;    // = new String();
  private String collabText;    // = new String();

  public CardData(String name, String respon, String collab)
  {
    classname = name;
    responText = respon;
    collabText = collab;
  } // constructor 结束

  //*********************************************************

  public String getClassname()
  {
    return classname;
  } // getClassname 结束

  public String getResponText()
  {
    return responText;
  } // getResponText 结束

  public String getCollabText()
  {
    return collabText;
  } // getCollabText 结束
} // CardData 类结束
```

图 16.18　（续）

　　作为 CRC_Card 程序最终修改版本的一部分，把在 10.12 节讲解过的 CRCDriver2 类转换成 CRCDriver3 类。接下来讲述的修改比较简单，稍后会呈现一版更具拓展性的修改。

　　对于 CRCDriver3 的导包，添加一条注释表示之前的 import javafx.stage.*;，还提供了对预编写的 FileChooser 类的访问。然后添加了下面的导包：

```
// ObjectOutputStream, FileOutputStream,
// File, ObjectInputStream, FileInputStream, EOFException
import java.io.*;
```

　　在 start 方法中，把两个 CRC_Card 实例改成 CRC_Card2，把 selectTask()改成 selectTask(stage)。然后用 private void selectTask(Stage stage)替换 selectTask 方法的标题。stage 引用能够使程序在进行文件操作的过程中阻止其他操作。

在 selectTask 方法中添加 Write File 和 Read File 选项到 task 变量的 ChoiceDialog 对象：

```
ChoiceDialog<String> task = new ChoiceDialog<>("Quit",
  "Quit", "Add", "Show All", "Print Card",
  "Write File", "Read File");
```

在 switch 语句中 Print Card 和 Quit case 子句之间，插入下面的 case 子句：

```
case "Write File" -> writeFile(stage);
case "Read File" ->
{
  readFile(stage);
  showAll();
}
```

为了实现添加的写入和读取选项，我们添加辅助方法 writeFile 和 readFile 来增强 CRCDriver3 类。图 16.19 呈现的代码是新加的 writeFile 方法。在该方法的前两个声明中，我们创建一个 ChoiceDialog 来帮助用户选择要保存的卡片，以及一个 Optional 变量来返回用户的选择。然后实例化一个 FileChooser 对象，它可以打开一个（可能很熟悉）平台相关的窗口，用于帮助用户访问和操作他们计算机上的文件。

```
//***************************************************

private void writeFile(Stage stage)
{
  ChoiceDialog<String> choice = new ChoiceDialog<>("");
  Optional<String> result;
  CardData data;
  File file;
  FileChooser chooser = new FileChooser();

  choice.setHeaderText(null);
  choice.setContentText("Select card name: ");
  for (String cardName : cards.keySet())
  {
    choice.getItems().add(cardName);
  }
  result = choice.showAndWait();
  if (result.isPresent())
  {
    data = new CardData(cards.get(result.get()).getClassname(),
      cards.get(result.get()).getResponsibilities(),
      cards.get(result.get()).getCollaborators());
    // 从当前目录开始
    chooser.setInitialDirectory(new File("."));
    file = chooser.showSaveDialog(stage);    // 阻止其他操作
    try (ObjectOutputStream fileOut = new ObjectOutputStream(
      new FileOutputStream(file)))
    {
      fileOut.writeObject(data);
```

图 16.19　将 CRCDriver2 类升级为 CRCDriver3 类而添加的新的 writeFile 方法

```
    } // try 结束并自动关闭 fileOut
    catch (Exception e)
    {
      System.out.println(e.getClass() +"\n"+ e.getMessage());
    } // catch 结束
  } // 结果存在情况下的 if 结束
} // writeFile 结束
```

图 16.19　（续）

　　声明之后紧跟的语句配置局部变量 ChoiceDialog，用于列出 CRCDriver3 的实例变量 LinkedHashMap-cards 中的所有卡片。在用户做选择并显示结果后，我们使用卡片中所有用户输入的信息构建并填充 CardData 对象。然后，我们调用 FileChooser 对象的 showSaveDialog 方法，这会展示一个窗口，使用户可以选择一个目录和文件名并执行保存操作。可以把该窗口当作之前学习过的 Dialog 窗口的高度专业化和复杂化的版本。用户可以选择一个已经存在的文件来更新，输入之前选择的卡片名或类似选择的卡片名的文件名，只不过该文件名有附加的或递增的版本号。

　　当用户单击文件保存窗口底部的"保存"按钮时，showSaveDialog 实例化一个 File 对象，其中保存有文件名和文件在当前文件系统中的保存路径，并返回一个指向该 File 对象的引用。然后，writeFile 方法将返回的该引用赋值给一个 file 变量。在 try-with-resources 头部创建一个 FileOutputStream，用于将数据写入到内存中 file 所处的位置；同时还创建一个 ObjectOutputStream fileOut，把序列化的对象注入刚刚创建的 FileOutputStream。最后，在 try 代码块中，"准备就绪"的 fileOut 对象调用其 writeOut 方法，使用序列化后的 data 对象作为其输入参数。

　　图 16.20 中呈现的代码是新的 readFile 方法。在前面的 writeFile 方法中，最后一个声明创建一个 FileChooser chooser。但这一次，chooser 对象调用的是其 showOpenDialog 方法，用以在本地计算机标准的 openDialog 窗口里显示当前目录。通常，该窗口允许用户浏览计算机中的任何目录，也允许用户选择任何显示出的文件名。假设用户选择了之前保存的 CardData 文件，当用户单击 openDialog 窗口的"打开"按钮时，showOpenDialog 实例化一个 File 对象。writeFile 方法将该 File 对象的引用赋值给一个 file 变量。然后，在 try-with-resources 头部创建一个 FileInputStream 来从文件所在位置的内存中读取数据；同时还创建一个 ObjectInputStream fileIn，它从刚刚创建的 FileInputStream 中提取已经序列化的对象。

```
//**********************************************************

private void readFile(Stage stage)
{
  String classname;
  String responText;
  String collabText;
  CardData data;
  CRC_Card2 card = new CRC_Card2("");
  File file;
```

图 16.20　将 CRCDriver2 类升级为 CRCDriver3 类并添加新的 readFile 方法

```
        FileChooser chooser = new FileChooser();

        chooser.setInitialDirectory(new File("."));
        file = chooser.showOpenDialog(stage); // 阻上其他操作
        try (ObjectInputStream fileIn = new ObjectInputStream(
          new FileInputStream(file)))
        {
          data = (CardData) fileIn.readObject();
          card = new CRC_Card2(data.getClassname());
          card.setResponsibilities(data.getResponText());
          card.setCollaborators(data.getCollabText());
          card.setTitle(file.getName());
          (cards.put(file.getName(), card)).close();
        } // try 结束并自动关闭 fileOut
        catch (NullPointerException e)
        { } // fileIn 读取，最终抛出 NullPointerException
        catch (Exception e)
        {
          System.out.println(e.getClass() +"\n"+ e.getMessage());
        } // catch 结束
      } // readFile 结束
```

图 16.20　（续）

现在一切就绪。与文件写入一样，文件读取必须发生在 try 代码块内。第一条语句为 data 变量提供了对包含所需的文件信息的 CardData 对象的引用；下一条语句使用 data 类名创建一个新的 CRC_Card2 卡条，接下来的两条语句将其他的 data 信息传给 card 的其他状态变量。这之后的语句使 card 的标题与当前选中的文件名一致。最后一条语句将新创建的 card 放入 LinkedHashMap。LinkedHashMap 的 put 方法会替换任何名称相同的成员，并返回一个指向被替换成员的引用（如果有的话）。在链式操作里，这一条之后使用返回的引用删除被替换对象的任何显示，避免当程序终止时它还留在屏幕上。

try 代码块的第一个 fileIn.readObject 操作读取到流中数据的末尾时，会抛出 NullPointerException，我们另外提供了一个 catch 代码块来丢弃它。值得高兴的是，该异常抛出不会阻止之后的 try 代码块语句的执行。

总结

- 绝大多数用于文件传输的类位于 java.io、java.nio、java.nio.files 和 java.nio.channels 这几个包中。
- 要从简单的本地文件中读取文本，提供一个 String 类型的文件名作为 Paths.get 方法的参数，从而获取描述该文件位置的 Path。然后把该 Path 作为新建 Scanner 的参数，进而使用熟悉的 Scanner 方法读取该文件的数据。
- 要将文本写入一个简单的本地文件，初始化一个 PrintWriter 对象，使用一个 String 类型的文件名作为其参数。然后使用诸如 println 这样的 PrintWriter 方法将数据写入文件。
- 你可以使用简单的文本文件 I/O 把纯文本信息转译为用于网页的 HTML 格式。
- 你可以使用搭配 InputStream 的 Scanner 从 URLConnection 读取远程网页上内容的 HTML 文本版本

- 你可以将整个对象作为字节流存储在文件中，前提是这些对象及其全部成员都实现了 Serializable 接口。
- 要将一个对象写入文件，使用 String 类型文件名作为参数构造 FileOutputStream。然后使用该流作为参数，构造一个新的 ObjectOutputStream。最后使用 ObjectOutputStream 类的 writeObject 方法将对象数据写入文件。
- 要从文件中读取一个对象，使用一个 String 类型文件名作为参数构造 FileInputStream。然后使用该流作为参数，构造一个新的 ObjectInputStream。最后使用 ObjectInputStream 类的 readObject 方法从文件读取对象数据。
- 要指定一个字符集，导入 java.nio.charset.Charset，并使用以下语句：
  字符集 = Charset.defaultCharset()
  或
  字符集 = Charset.forName("US-ASCII")
- 对于大型文本文件，使用下面的语句打开文件来写入缓冲区：
  ```
  new PrintWriter(Files.newBufferedWriter(
    Paths.get(文件名), 字符集, 开放选项))
  ```
  然后使用诸如 println 方法编写文本。
- 对于大型文本文件，使用下面的语句打开文件来写入缓冲区：
  ```
  Files.newBufferedReader(
    Paths.get(文件名), 字符集))
  ```
  然后使用一种方法来读取文本，如 readLine。
- ByteBuffer 的 put 和 get 方法将任何单个的原始类型或字节数组复制到缓冲区或是从缓冲区中复制出来，目标位置是下一个有效的缓冲 position 或是原始元素自缓冲区开始的索引号。
- 要把原始类型数组复制进 ByteBuffer 的底层数组中或是从中复制出来，把 ByteBuffer 的 Buffer 包装器类的返回值赋值给相应的 Buffer 包装器类。然后使用 Buffer 包装器类的 put 和 get 方法访问 ByteBuffer 底层数组中的数据。
- FileChannel 方法将不同类型的数据组织为 ByteBuffer 或者 ByteBuffer 数组。请使用以下语句打开 FileChannel channel 进行输入或输出：
  ```
  channel = FileChannel.open(Path path, OpenOption... options)
  ```
- 其中的…表示可以有任意数量的选项，包括零个。Java API 选项是类似 java.nio.file.StandardOpenOption.READ 的枚举。
- FileChannel 方法的返回值，map(FileChannel.MapMode mode, long position, long size)是与文件数据的非易失性连接，它在 FileChannel 关闭后依然存在。
- Java API 提供了很多有用的途径来操作路径以及描述目录中的文件。
- 使用 Java 的 SimpleFileVisitor 类的继承类。你可以在一个目录树中搜索匹配"全局"模板的文件，该模板中包含?和*通配符。要想做到这一点，使用静态的方法调用，Files.walkFileTree(startDirectory, fileVisitor)。

复习题

§16.2　简单文本文件示例：HTML 文件生成器
1. 假设管理输出的对象被称为 writer，写出语句打开名为 dogs.html 的文本文件，并使用 println 语句输出。
2. <h1>和</h1>标签位于 HTML 文件什么位置？

§16.4 对象文件 I/O

3. 要想可以写入文件和从文件读取，一个对象必须是 implements _____ 的类的实例。

4. 写出语句，用于打开一个文件来输入对象，并将此连接的引用赋值给 objectIn。假设文件位于当前目录，文件名为 automobiles.data。

5. 假设你做了声明 TestObject testObject;，你可以直接把 ObjectInputStream 的 readObject 方法的返回值直接赋值给 readObject。（对/错）

§16.5 字符集和文件访问选项

6. 使用文件名 TradingPartners，写一个 try-with-resources 头部，使用名为 fileOut 的 PrintWriter 打开文件以写入文本，并使用 UTF-16 字符集保存文本。

7. 使用文件名 Suppliers，写一个 try-with-resources 头部：①使用名为 fileIn 的 Scanner 打开文本文件以读取内容；②使用 UTF-16 字符集解析文件的数据。

8. Enum StandardOpenOption 属于 Java API 的哪个包？

§16.6 缓冲的文本文件 I/O

9. 在 Java 接口中，参数设定 OpenOption... options 中的...标记（省略号）是什么意思？

10. 当文本文件很大，从性能角度考虑，应该使用哪种文件处理器？

§16.7 随机访问原始类型缓冲

11. flip() 方法调用的作用？

12. ByteBuffer 的方法 get() 和 get(int index) 之间的区别是什么？

13. ByteBuffer 的 putDouble(double value) 方法插入一个 8 字节的 value 到缓冲，起始位置为当前 position，并且在插入该值后 position 会增加至刚刚插入的值之后。（对/错）

14. 使用 int[] integers 和 ByteBuffer buffer，编写一条将 integers[3] 复制到 buffer 的语句，起始位置为 buffer 的当前 position。

§16.8 通道 I/O 和内存映射文件

15. 假设 import java.nio.file.*;，并且有一个名为 CanadianFriends 的已存在文件，编写一条 Java 语句，声明并打开一个连接该文件的只读 FileChannel。

16. 使用一个名为 channel 的 FileChannel，名为 buffer 的 ByteBuffer，其 capacity 和 limit 等于 channel.size()，编写一条将整个文件映射到该缓冲以进行只读访问的语句。

§16.9 路径、全文件和目录操作

17. 为 try-with-resources 头部编写一段代码，并在其中创建一个包含当前目录的父目录内容信息的流。

§16.10 遍历目录树

18. glob 是什么意思？

练习题

1. [§16.2] HTML 代码风格惯例要求所有的 <p> 开始标签要有配套的 </p> 结束标签。编辑本书的 HTMLGenerator.java 程序，使 </p> 结束标签插入到每一段的底部。另外，编辑程序，使段落中的每一行文本缩进是两个空白字符（"　"）。

2. [§16.4] 以第 15 章的 StudentList 类的代码为基础，改写后使它的对象可以被写入文件。提供一个升级版的 StudentList 类的标题，使其支持序列化。以本章的 WriteObject 类为参照，实现一个 StudentListFileWriter 类，使其 main 方法具有如下功能：

- 实例化一个输出文件对象，文件名来自用户输入。
- 实例化一个 StudentList 对象，包含的学生名字有 Caiden、Jordan、Kelsey、Max、Jack 和 Shelly。
- 将 StudentList 对象写入文件。
- 调用 remove 方法将 Kelsey 从 StudentList 对象中移除。
- 调用文件的 reset 方法。
- 将升级后的 StudentList 对象追加到文件。

如果想测试你对这一题的解决方案，做下一个练习。

3. [§16.4] 以本章的 ReadObject 类为参照，实现一个 StudentListFileReader 类，读取并展示练习题 2 所创建的文件中的所有对象。

4. [§16.5] 使用 Oracle 的 Java API 文档帮助你说明下列各项 StandardOpenOption 的常量：APPEND、CREATE、READ、TRUNCATE_EXISTING 和 WRITE。

5. [§16.6] Java 的 PrintWriter 类比 BufferedWriter 类的功能更多样化，因为它有更多的方法。修改本章的 BufferedWriteToFile 程序，使用 PrintWriter 的 println 方法替换 BufferedWriter 的 write 方法。在 PrintWriter 的构造器中，使用当前程序的 BufferedWriter 对象创建一个 PrintWriter 对象。

6. [§16.6] Java 的 Scanner 类比 BufferedReader 类的功能更多样化，因为它有更多的方法。修改本章的 BufferedReadFromFile 程序，使用 Scanner 类的 hasNextLine 方法和 nextLine 方法替换 BufferedReader 类的 ready 方法和 readLine 方法。在 try-with-resources 头部创建一个 Scanner 对象，使用当前程序的 BufferedReader 对象作为 Scanner 构造器的参数。

7. [§16.6] 修改本章的 WebPageReader 程序，通过缓冲读取一个网页。与其导入 InputStream 不如导入 BufferedReader 和 InputStreamReader。使用声明 BufferedReader reader，而不是声明 Scanner webIn。

使用：

```
reader = new BufferedReader(
new InputStreamReader(connection.getInputStream()));
```

替换：

```
instream = connection.getInputStream();
webIn = new scasnner(instream);
```

并使用：

```
for (int i=0; i < maxI; i++)
{
    System.out.println(reader.readLine());
}
```

替换：

```
while (i < maxI && webIn.nextLine())
{
    System.out.println(webIn.nextLine());
    i++;
}
```

示例会话 1：

```
Enter a full URL address: htp://www.whaleWatching.org
class java.net.MalformedURLException
unknown protocol: htp
```

示例会话 2：
```
Enter a full URL address: https:/www.whaleWatching.org
class java.lang.IllegalArgumentException
protocol = https host = null
```

示例会话 3：
```
Enter a full URL address: https://www.whaleWatching.org
Enter number of lines: 5
```
<观鲸网站网页的前五行源代码>

8. [§16.7] 描述下面程序的功能以及它是如何实现的。

```java
import java.nio.DoubleBuffer;

public class Temperatures
{
  public static void main(String[] args)
  {
    double[] temps = new double[]{
      63, 61.5, 59, 58.2, 57, 57.6, 58.3, 61, 63, 65.5, 68, 72,
      76.5, 79, 82, 83.5, 81.7, 79.3, 77, 75.2, 73, 70.4, 68, 66.5};
    DoubleBuffer tempBuf = DoubleBuffer.wrap(temps);
    int capacity = tempBuf.capacity();
    DoubleBuffer tempBuf2 = DoubleBuffer.allocate(capacity);
    tempBuf.position(capacity / 2);
    while (tempBuf.position() < capacity)
    {
      tempBuf2.put(tempBuf.get());
    }
    tempBuf.rewind();
    tempBuf.limit(capacity / 2);
    while (tempBuf.position() < tempBuf.limit())
    {
      tempBuf2.put(tempBuf.get() + 2.0);
    }
    temps = tempBuf2.array();
    for(double temp : temps)
    {
      System.out.print(temp + " ");
    }
  } // main 结束
} // Temperatures 类结束
```

9. [§16.7] 在练习题 8 中，如果你希望 tempBuf2 成为 ByteBuffer，而不是 Doublebuffer 类型，请说明，你需要对练习题 8 中的代码进行哪些修改。假设 tempBuf 仍然是 DoubleBuffer。记住，字节类型需要的数量是 double 类型需要数量的 8 倍。你可以使用 ByteBuffer 的 asDoubleBuffer 方法将 double 值放入 ByteBuffer，或者是从 ByteBuffer 获取 double 值，但是这些操作不会改变 ByteBuffer 底层数组的本质。所以你不能使用 ByteBuffer 的 array 方法将它的内容转换为最初的 double[]数组，并且最终的输出循环需要从 ByteBuffer 对象获取，而不是从最初的 double[]数组获取。ByteBuffer 的 asDoubleBuffer 方法会帮助你做到这些。

10. [§16.8] 实现一个程序，它可以创建一个名为 Lincoln.txt 的文件，文件中包含字符串 "Government of

the people, by the people, for the people, shall not perish from the earth."。为了创建该文件，首先实例化一个文件名是 Lincoln.txt 的 Path 对象。使用 getBytes 方法以 byte 数组的形式保存这句 Lincoln 语录。使用 ByteBuffer 的 wrap 方法创建一个来自 byte 数组的 ByteBuffer。然后，在 try-with-resources 头部打开用于写入的 FileChannel，并调用该通道的 write 方法将缓冲写入文件。使用一个文本编辑器阅读你生成的 Lincoln.txt 文件，从而确认你的程序运作正常。

11. [§16.8] 实现一个使用 FileChannel 从文本文件读取数据的程序。使用诸如 Microsoft 记事本之类的编辑器随便创建一个文本文件，或者使用练习题 10 中的 Lincoln.txt 文件。初始化一个 MAX_LENGTH 常量，其值大于 byte 数组和 ByteBuffer 保存练习题 10 中的字符串所需的值。在 try-with-resources 头部，打开 FileChannel 进行读取。使用 ByteBuffer 参数调用 FileChannel 的 read 方法，不必费心创建持久内存映射。使用 byte 数组参数调用 ByteBuffer 的 get 方法，将缓冲的内容传输给该 byte 数组。然后使用 byte 数组作为 String 构造器中的参数，并以此作为 println 语句的一部分以输出该文件的内容。

12. [§16.9] 创建一个名为 TwoYearsBeforeTheMast.txt 的文本文件（使用 Microsoft 记事本之类的编辑器），包含以下内容：

```
Six days shalt thou labor and do all thou art able,
and on the seventh—holystone the decks and scrape the cable.
```

实现一个程序，在当前目录中创建一个名为 RichardHenryDana 的子目录。该程序将前述文本文件从当前目录移动到这个新建的子目录中。

在你的程序中，实例化一个 TwoYearsBeforeTheMast.txt 文件的 Path 对象，并实例化一个子目录 RichardHenryDana 的 Path 对象。然后，对这两个路径使用 resolve 方法，创建一个指向该文件应该放在哪里的 Path 对象。接下来，检查该子目录是否存在，如果不存在，创建新的子目录。最后尝试将该文件移动到这个子目录。使用 try-catch 结构处理失败的情况。

13. [§16.10] 修改本章的 DirectoryDescription 程序，只输出那些 glob 模板与用户指定的字符串相匹配的文件的名称和大小。要做到这一点，你需要提示用户输入并读取用户想要的 glob 模板。除了 Scanner，你还需要使用 Java 的 FileSystem 类和 PathMatcher 类创建一个 matcher 对象，就像本章的 FileVisitor 类构造器中做的那样。然后，你需要把 for-each 循环中的 printf 语句放在条件是诸如 matcher.matches(name) 之类的 if 语句中，其中，name 来自 path.getFileName()。

14. [§16.10] 修改本章的 FindFiles 程序，将其搜索范围局限于一个目录。在 FileVisitor 类恰当的地方有条件地返回 SKIP_SUBTREE 来实现这一目的。

复习题答案

1. writer = new PrintWriter("dogs.html");

2. <h1>和</h2>标签包围该可见网页的标题。

3. 要想可以写入文件和从文件读取，一个对象必须是 implements Serializable 的类的实例。

4. ObjectInputStream objectIn = new ObjectInputStream(
   new FileInputStream("automobiles.data"));

5. 错。readObject 方法返回一个 Object 类型。在将它赋值给引用它的变量之前，你必须显式地将返回值转换为该引用变量的类型。

6. try (PrintWriter fileOut =
   new PrintWriter("TradingPartners", "UTF-16"))

7. try (Scanner fileIn =
    new Scanner(Paths.get("Suppliers", "UTF-16"))

8. Enum StandardOpenOption 属于 java.nio.file 包

9. ...标记（省略号）意思是你可能输入零个或多个省略号之前指定的类型的参数。

10. 当文本文件很大，从性能角度考虑，应该使用缓冲的文件处理。对于文本文件，使用 BufferedReader 或 BufferedWriter。

11. flip()方法调用使缓冲的 limit 等于它的当前 position，然后将当前 position 设为 0。

12. ByteBuffer 的 get()方法是相对的。它返回缓冲当前 position 的 byte，并增加该 position。ByteBuffer 的 get(int index)方法是绝对的。它返回位于 index 的 byte，不改变缓冲的当前 position。

13. 对。ByteBuffer 的 putDouble(double value)方法插入 value 到缓冲，起始位置为当前 position，插入后将 position 增加到刚好位于插入值之后。

14. 要复制 integers[3]到 buffer 的当前 position，使用：
    buffer.asIntBuffer().put(integers, 3, 1);

15. 打开一个连接到名为 CanadianFriends 的文件的只读的 FileChannel，使用如下方式：
    FileChannel channel = new FileChannel.open(
      Paths.get("CanadianFriends"), StandardOpenOption.READ);

16. 将所有 channel 映射到 buffer，用于只读访问，使用如下语句：
    buffer = channel.map(FileChannel.MapMode.READ, 0, channel.size());

17. 下面语句创建一个包含父目录信息的流：
    DirectoryStream<Path> paths =
      Files.newDirectoryStream(Paths.get(".."))
    它出现在一个 try-with-resources 头部。

18. glob 模板用来查看某个字符串是否匹配指定的格式。在一个全局模板中，每个?表示该位置可能包含任意一个字符，一个*表示一段连续的位置，它可能包含任何多个字符。

第 17 章

GUI 编程基础

目标

- 了解 Stage 和 Scene 如何协同工作以形成 JavaFX 程序的结构框架。
- 实例化、访问并更新 Label 控件。
- 使用 FlowPane 容器将窗口中的组件分组。
- 实例化、访问并更新 TextField 控件。
- 了解事件驱动编程框架背后的概念。
- 了解如何使用方法引用和 lambda 表达式。
- 了解使用方法引用相比 lambda 表达式的优点。
- 实现属性绑定以同步更新绑定组件。
- 使用 setStyle 方法执行 JavaFX 内联样式。
- 了解 JavaFX CSS 属性的可用功能。
- 了解如何实现 CSS 样式并将它绑定到 JavaFX 程序。
- 实现并使用 Button 控件。
- 查明触发事件的源和事件类型。

纲要

17.1　引言

希望你在阅读前面章节的时候已经感到兴奋了。如果没有，现在准备兴奋起来吧。是时候做些真正有趣的事了，那就是图形用户界面（GUI）编程。

你可能已经听过 GUI 这个术语，也可能知道它的发音。但是，真的明白 GUI（Graphical User Interface，图形用户界面）的意思吗？ Graphical 是指图像，User 是指人，interface 是指交互。因此，GUI 编程是使用图像（如窗口、标签、文本框和按钮等）和用户交互。例如，图 17.1 展示的是一个拥有两个标签、一个文本框、一个按钮的窗口。我们将会在稍后详细讲述窗口、标签、文本框以及按钮。

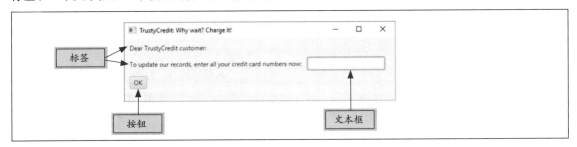

图 17.1　示例窗口，使用两个标签、一个文本框和一个按钮

©JavaFX

在过去，程序界面仅仅是由控制台窗口里的文本组成。程序使用文本问题来提示用户，然后用户使用文本回答进行响应，这也是目前为止我们所做的。基于控制台的文本输入/输出可以胜任很多场景，但是无法回避的事实是，有人认为文本展示是枯燥无聊的。如今的大多数用户都希望程序更加生动，能够通过窗口、按钮和色彩等来实现输入/输出，即期望 GUI。

尽管很多公司还是会写很多基于文本的程序以供内部使用，但对于外部使用的程序，他们通常会写成基于 GUI 的。外部程序基于 GUI 是非常重要的，因为外部程序是面向消费者的，消费者通常只会购买基于 GUI 的程序。所以，如果想写一个别人会购买的程序，最好学习 GUI 编程。

我们从一个框架程序开始这一章，通过该程序引入基本的 GUI 概念和语法，然后讲述 GUI 框架结构和一些基础的 GUI 控件——标签、文本框以及按钮。通常而言，*控件*是存在于窗口的对象，不过更准确地说，控件是 JavaFX 类层级树中 Control 类派生出的类的对象。对于存在于窗口中，但不是派生自 Control 类的那些的对象（如形状、图片以及菜单），称之为*组件*。"组件"一词是通用的，所以它可以用于窗口中的任何对象（包括控件）。因此，关于窗口内对象的一般性讨论，我们将会使用"组件"这一术语。

接下来，讲述用户如何通过*事件处理器*与 GUI 程序交互。简单来说，事件处理器是在用户对窗口进行某些操作，如单击一个按钮，之后程序会执行的方法。然后会介绍*属性绑定*，通过它将两个组件绑定在一起，从而当其中一个组件发生变化时，另一个组件也自动变化。随后的内容是如何使用*层叠样式表*（Cascading Style Sheets，CSS）的属性设计窗口。

你可能已经注意到前面大多数章节末尾可选的 GUI 跟踪部分？[①]本章和接下来两章采用的 GUI 素材与之前的 GUI 素材在内容和呈现方法上都不同，通常，在每章结尾的 GUI 部分，我们聚焦在 GUI 输入或输出这一特定方面，而且是通过解决问题的手段来完善一个具体问题的解决方案。在本章和接下来的两章会呈现广泛的 GUI 主题，而且会使用一系列相对简单的程序演示这些概念和技术。关于 GUI 的这三章会展示如何使用预先编写的 GUI 软件和规定的组织策略，从而高效、优雅地完成更多的 GUI 演示。

正如你在没有阅读本章 GUI 内容之前就可以理解之前章末的 GUI 部分一样，也可以在没阅读之前章末 GUI 部分的情况下理解本章（以及接下来的两章）的内容。这两套素材是互补的，但并不互相依赖。如果选择全部学习（按任意顺序），会遇到一些重复内容。但是这些重复内容不会超过你在本书其他素材或其他课本中经常遇到的重复。

17.1.1　历史背景：AWT 和 Swing 平台

在讲解 Java 的最新 GUI 形式之前，先回顾一下它的历史。在第一个 Java 编译器中，所有的 GUI 类都被绑定在 Java API 库中一块称为抽象窗口工具（Abstract Windowing Toolkit，AWT）的区域。在不同的环境下，AWT 的 GUI 命令生成的 GUI 组件会稍显不同。换句话说，如果实例化一个 AWT 按钮组件，当程序在一台 Mac 计算机上运行时，这个按钮看起来就是 Mac 的风格，但是当程序运行在 Windows 计算机上时，它看起来又是 Windows 风格，这会导致可移植性问题。就跨平台运行而言，AWT 程序依然是可移植的。但是它们在不同平台的运行是不一样的。如果你有一个爱挑剔的用户，他需要程序在所有的环境中都拥有相同的表现，AWT 组件可能是难以令人满意的。

Java 最大的卖点曾是（现在依然是）它的可移植性。所以在 Java 推出最早版本后不久，Java 语言的设计者着手开发一套更具可移植性的 GUI 组件，这套组件统称为 Swing。为使新的 Swing 组件和旧的 AWT 组件之间的对应关系更清晰，它们使用相同的组件名称，只不过在新的 Swing 组件名前加了一个 J。例如，AWT 中有 Button 组件，所以 Swing 中有 JButton 组件。

AWT GUI 组件称为*重量级组件*，Swing GUI 组件称为*轻量级组件*。AWT 之所以称为重量级，因为它们构建时采用的绘制命令是计算机平台的一部分（这里所说的平台是指某种计算机固有的底层指令，如 Windows 或 Mac）。作为计算机平台的一部分，它们太"重"了，以至于难以移植到其他平台。Swing 是轻量级的，因为它们是采用 Java 代码构建的。采用 Java 代码构建，意味着它"轻"到足以从一个平台"摇荡"到另一个平台。

Swing 平台（这里所说的平台是指 Java API 库中那些 Swing 包的集合）包含的不仅仅有 GUI 组件类，还为 AWT 添加了很多功能，但是没有完全替换 AWT。事实上，在很长一段时间内，Java 小程序的程序员通常只使用 AWT，甚至 GUI 组件也是如此，它们完全不使用 Swing 平台。为什么？因为小程序依赖浏览器，并且很多浏览器使用的是旧版本的 Java，这些版本不包括 Swing。但是现在，由于安全问题，小程序已经被抛弃了。

AWT 主要的包是 java.awt 和 java.awt.event；Swing 主要的包是 javax.swing（javax.swing 包是使用 javax 前缀的几个包之一）。javax 中的 x 表示 extension（扩展），因为 javax 包是 Java 核心平台的一个主要扩展。

[①]　可选的 GUI 跟踪部分请查阅 1.10、3.25、5.9、间章、8.16、10.12、11.10、12.16、14.11、15.14 和 16.11 节。

17.1.2　JavaFX 平台

2008 年，Sun 公司引入了一个新的 GUI 平台——JavaFX，它用于将 Java 扩展到*富互联网应用*（Rich Internet Applications，RIAs）。RIA 是 web 应用程序（运行在 PC 或便携设备的浏览器上的程序），它具有典型的桌面应用程序的全部功能。尽管开发时是为了 RIA，JavaFX 现在的用途已经扩展到标准的 Java 程序，这就是我们会在本章以及接下来的两章中要用它做的事情。JavaFX 中的 FX 来自术语 special effects（特效）。JavaFX 被认为是一种 special effects 技术，而 FX 是 effects 的缩写。

在与 AWT 和 Swing 进行对比时，JavaFX 具有更一致的组件，更加支持触摸手势，更全面的、与 web 编程相匹配的样式，更支持动画以及新的特效。此外，相比 AWT 和 Swing，JavaFX 提供了更简单高效的事件处理器。

2006 年，Sun Microsystems 公司为开源 Java 开发创立了 OpenJDK 项目，OpenJFX 是支持 JavaFX 的衍生项目。大约在 2014 年，随着 Java 8 的出现，Oracle 公司（Sun 公司的继任者）全力支持 JavaFX，鼓励（但不要求）开发者从 AWT/Swing 转向 JavaFX。JavaFX 不是 Oracle 的 Java 标准安装包的一部分，所以如果想要用它写程序，则需要从 OpenJFX 下载，地址为 https://openjfx.io。

新的 Java 程序使用 JavaFX，而不是 AWT 和 Swing，这已经成为趋势。但是，现在的产品中还有相当多的 AWT 和 Swing 代码，这意味着 Java 程序员依然非常需要理解这些旧技术，从而可以升级现存的代码。作为一名新程序员，最好先直接学习 JavaFX，然后当你遇到 AWT 和 Swing 代码时，再把它捡起来应该并不难。如果你想详细学习 AWT 和 Swing，可能会在某些书店找到本书的第 2 版，或者可以在本书的网站上研读 S17 和 S18 章，这两章的 GUI 全部都是使用 AWT 和 Swing 来实现的。

17.2　SimpleWindow 程序

稍后，我们会完成一个更有用的窗口，它将包含不止一条项目，但是现在一切从简，仔细审视一个窗口中只展示一行文本的程序，例如右侧图片中的窗口。

©JavaFX

首先关注最直接的需求——如何创建文本条目并添加到该窗口。想理解这是如何实现的，首先要熟悉 JavaFX 用于其结构元素的术语。JavaFX 程序借用了戏剧界的术语。每一个 JavaFX 窗口都是用 Stage 对象创建的。想来 Oracle 选择 Stage（舞台）作为名称，可能是因为舞台是呈现演出的基础，就像窗口是呈现组件的基础一样。在演出中，舞台通过添加一幕或多幕场景而变得生动。同样地，为了在 JavaFX 窗口中展现某些内容，可以实例化一个 Scene（场景）对象，并将该 Scene 对象添加到 Stage 对象。

在只展示一行文本的程序中，使用以下代码：

```
Label label = new Label("Hi! I'm Leah the label!");
Scene scene = new Scene(label, WIDTH, HEIGHT);
stage.setScene(scene);
```

以上代码使用 Label 类容纳窗口的文本。更具体地说，我们实例化一个 Label 对象，并提供文本作为 Label 构造器调用的参数，然后实例化一个 Scene 对象，并且将该 Label 控件作为 Scene 构造器调用的参数。接下来，使用 Stage 对象的 setScene 方法将 Scene 对象添加到场景。

前面的代码是必需的且正确的，但它无法独立运行。现在我们来研究前述代码还需要提供哪些支持。其他的事务虽然乏味，但是对很多程序而言都差不多，而且可以做很多复制粘贴的工作来让你的大脑好好休息一下。

图 17.2 中是完整的 SimpleWindow 程序，它生成了前面展示的窗口。注意，即使这是个非常简单的程序，还是需要相对较多的 import 语句，它们提供了对 Application、Stage、Scene 及 Label 等类的访问。此外，它们还提供了用于布局和格式的 Pos 类和 Font 类的访问。

```java
/**********************************************************
 * SimpleWindow.java
 * Dean & Dean
 *
 * 该程序在窗口中展示一个标签
 **********************************************************/

import javafx.application.Application;
import javafx.stage.Stage;
import javafx.scene.Scene;
import javafx.scene.control.Label;
import javafx.geometry.Pos;
import javafx.scene.text.Font;


public class SimpleWindow extends Application          ◄── SimpleWindow 是 Application 类的子类
{
  private static final int WIDTH = 300;
  private static final int HEIGHT = 100;

  @Override
  public void start(Stage stage)
  {
    Label label = new Label("Hi! I'm Leah the label!");    ◄── 创建一个标签
    Scene scene = new Scene(label, WIDTH, HEIGHT);          ◄── 创建一个场景

    label.setAlignment(Pos.TOP_CENTER);
    label.setFont(new Font(16));                            ◄── 修改 label 属性
    stage.setTitle("Simple Window");
    stage.setScene(scene);
    stage.show();
  } // start 结束
                                                           添加场景到舞台

  //Java main, 用于在没有 JavaFX 启动器的情况下运行程序
  public static void main(String[] args) { launch(args); }
} // SimpleWindow 类结束
```

图 17.2　SimpleWindow 程序

注意 SimpleWindow 程序类的头部包含有 extends Application 子句。这意味着 SimpleWindow 类是 Application 类的子类。Application 是一个抽象类，可以使用它作为所有 JavaFX 程序的超类。

Application 类强制你去做的事情之一是引入一个 start 方法，并重写 Application 类的 abstract start 方法。就像 main 方法是一个常规 Java 程序的启动入口，这个重写的 start 方法是 JavaFX 程序的启动入口。Java 的 main 方法是一个静态方法，而 JavaFX 的 start 方法是一个实例方法，所以 start 方法标题中没有 static 修饰符。

在图 17.2 中，注意 start 方法之上的@Override 注解。这是告诉编译器去验证随后的方法是和父类中方法具有相同签名的重写方法。在本例中，因为被重写的 start 方法是一个抽象方法，编译器已经准备好去检查匹配签名的两个 start 方法。因此，对于 start 方法，@Override 注解并没有提供太多的好处。如果你喜欢它的自文档，放心地引入它，不过在之后的 JavaFX 程序中会省略它。

按照超类 Application 规定，SimpleWindow 程序自动从后台调用 start 方法，就像常规程序中 JRE 自动从后台调用 main 方法一样。同样是按照超类 Application 的规定，SimpleWindow 程序的 start 方法接收 Stage 对象作为程序的窗口。因此，要想修改与窗口展示相关的内容，可以使用 start 方法传入的 stage 参数，并调用它的方法。例如，注意 SimpleWindow 程序中这些 stage 参数的方法调用：

```
stage.setTitle("Simple Window");
stage.setScene(scene);
stage.show();
```

setTitle 方法调用将文本添加到 GUI 窗口顶部的标题栏。setScene 方法调用将之前实例化的 Scene 对象添加到窗口。show 方法调用将窗口内场景的当前内容展示出来。

在 start 方法接近顶部的位置，可以看到：

```
Scene scene = new Scene(label, WIDTH, HEIGHT);
```

通过调用具有三个参数的 Scene 构造器，声明并初始化了一个 Scene 引用变量。第一个参数 label 接收一个 Label 控件，用以展示窗口的信息，接下来的两个参数 WIDTH 和 HEIGHT 是可选的，它们分别用于设定窗口的宽度和高度。如果省略这些参数，窗口的尺寸会自适应它的内容的尺寸，像下图这样。

©JavaFX

在 SimpleWindow 类的顶部，可以看到对窗口的宽度和高度值使用了静态常量：

```
private static final int WIDTH = 300;
private static final int HEIGHT = 100;
```

这里的宽度和高度的值指定的是像素。像素是计算机屏幕的最小显示单元，像素在屏幕上以点的形式存在。如果创建一个宽为 300、高为 100 的场景，窗口就会由 100 行像素、每行 300 个像素组成。每个像素显示一种特定的色彩，像素通过拥有不同色彩来组成图片。

要想预见 300×100 像素大小的窗口有多大，需要知道整个计算机屏幕的像素尺寸。计算机屏幕的尺寸称为屏幕的分辨率。桌面显示器的典型分辨率是 1366 × 768 或 1920 × 1080。智能手机的典型分辨率是 720 × 1280。720 × 1280 分辨率显示 1280 行像素，每行 720 个像素。

在 start 方法中注意这两句：

```
label.setAlignment(Pos.TOP_CENTER);
label.setFont(new Font(16));
```

这些语句用于修改标签的显示格式。具体而言，将演示文本从左下方的内容更改为右下方的内容。

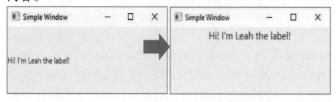

©JavaFX

setAlignment 方法调用将标签的文本放置在标签区域的顶部居中的位置。标签的区域是什么意思？Label 控件扩展到填满整个窗口，所以标签的文本展示在窗口的顶部居中位置。顶部居中排列来自该方法调用的 Pos.TOP_CENTER 参数，其中，Pos 是一个枚举类型，TOP_CENTER 是它的一个值。

setFont 方法调用在 Font 对象参数的帮助下设定标签的字体。Font 类是字体类型和大小的包装器类，Font 的双参数构造器可以设定字体的这两个属性。上面的代码使用的是 Font 的单参数构造器，表示 JVM 使用默认的字体类型，并将字体大小设定为 16 磅。磅（point）是从出版业借来的计量单位，并且被文字处理软件采用。一个典型的 Microsoft Word 文档使用的默认字体大小是 12 磅。

在图 17.2 的最下方插入了一个隐秘的 main 方法。通常对于 JavaFX 程序而言，是没必要包含 main 方法的，但是在这里引入它是为了展示可能时不时需要的东西。如果在当前流行的某一款 IDE 中运行 JavaFX 程序，则不需要引入 main 方法。IDE 会自己生成 main 方法，并且生成的 main 方法会调用 Application.launch，就像 SimpleWindow 程序中这样。同样地，如果从命令行运行 JavaFX 程序，则不需要引入 main 方法，因为它会自动创建。如果使用比较旧的 IDE，则需要引入 main 方法。所以为了最大限度的兼容，需要引入 main 方法，但是为了节省书中篇幅，从下一个 JavaFX 程序开始会省略它。

17.3　Stage 和 Scene

在 17.2 节中，作为 SimpleWindow 程序的一部分，我们使用过 Stage 类和 Scene 类，但是并没有深入细节。在本节会深挖一点。下面是 API 中 Stage 对象更有用的一些方法的标题和描述：

```
public final void setHeight(double value)
    设置舞台窗口高度的像素值
public final void setScene(Scene value)
    设置舞台的当前场景
public final void setTitle(String value)
    设置舞台窗口的标题，它出现在顶部的标题栏
public final void setWidth(String value)
    设置舞台窗口宽度的像素值
public final void setX(double value)
    设置窗口左上角在屏幕上的水平位置
public final void setY(double value)
    设置窗口左上角在屏幕上的垂直位置
public final void show()
    展示窗口中当前场景的内容
```

上面方法中的 setTitle、setScene 和 show 方法定义在 Stage 类中，其他方法定义在 Window 类中，它

是 Stage 类的超类。

如前所述，可以通过 Scene 构造可选的第二个和第三个参数来设定场景的宽度和高度，而且 JavaFX 的窗口会适应场景的大小，可以通过调用 Stage 对象的 setWidth 方法和 setHeight 方法来设定窗口大小。像所有 GUI 大小值（除了字体大小）一样，这些方法的参数使用的单位是像素。可以通过调用 Stage 对象的 getWidth 方法和 getHeight 方法来获取窗口的大小。

调用 Stage 对象的 setX 方法和 setY 方法时会传入参数 x 和 y，通过调整这两个参数的值可以把程序的窗口放在屏幕上的指定位置。参数 x 和 y 是整数，它们对应的是窗口左上角相对计算机屏幕左上角的坐标点的 x 和 y 的值。如果 x 等于 0 且 y 等于 0，那么窗口的左上角就会和计算机屏幕的左上角重合。正的 x 值向右移动，正的 y 值向下移动。可以通过调用 Stage 对象的 getX 方法和 getY 方法获取窗口左上角的位置。

Stage 这个名称可能会让人想起剧院里的舞台，它是表演者进行表演的平台。同样地，JavaFX 的舞台支持并围绕 GUI 程序的表现。更具体地说，Stage 类构成 JavaFX 窗口的外框，并且自动提供标准的 Windows 特征：一个标题栏、一个边框、一个最小化按钮、一个关闭窗口按钮和调整窗口大小[①]的能力，等等。这些不需要进行任何编程，只要运行 JavaFX 应用，当 Java 虚拟机（JVM）调用重写实现的 Application 的 start 方法时，后台的 API 软件实例化 Stage 对象并使它可以作为参数被访问。

如果没有调用 Stage 的 setScene 方法放置任何内容到场景，场景就会是一个空的窗口框。因此，为了一开始就显示 JavaFX 程序，需要调用 setScene 方法。如果想在最初的展示之后升级场景的内容，可能用于用户的交互，可以调用场景中各种组件的方法。我们会在稍后展示该怎样做。如果想把整个场景换掉，可以再次调用 setScene 方法，并且使用一个不同的 Scene 对象。

在后台创建并在执行时提供的 Stage 对象，并不需要是程序唯一的舞台。莎士比亚的《哈姆雷特》在主体戏中还有一出戏。要想在 JavaFX 程序中实现戏中戏的效果，需要实现第二个场景：[②]

```
Stage stage2 = new Stage();
Label label = new Label(
    "\tSomething is rotten in the state of Denmark.");

stage2.setScene(new Scene(label, 300, 50));
stage2.show();
```

右图是结果窗口。

如果 stage.show()方法调用先于上面的 stage2.show()方法调用，则 stage2 会覆盖最初的 stage，但是如果用户选择这样做，可以拖动第二个场景的窗口离开最初的场景的窗口。第二场景机制提供了一种很便捷的途径来警告或提示用户出现了异常情况。

默认情况下，第二场景的标题装饰与按钮与最初场景是相同的。但是，也可以把第二场景的标题精简成右图的样子。

要想得到这样精简的标题，添加以下 import 语句：

```
import javafx.stage.StageStyle;
```

然后，构造第二场景时采用 StageStyle.UTILITY 参数，例如：

```
Stage stage2 = new Stage(StageStyle.UTILITY);
```

©JavaFX

©JavaFX

---

① 如果想阻止调整窗口大小，可以引入语句 stage.setResizable(false);。

② 标签的文本出自 Hamlet 等. Barbara Mowat（New York: Simon & Schuster. 1992），第 1 幕第 4 场第 90 行。

17.4　JavaFX 组件

现在我们来考虑窗口中的对象——组件。下面是一些 JavaFX 组件的例子：

- Label、TextField 和 Button。
- TextArea、CheckBox、RadioButton 和 ComboBox。
- ImageView。
- MenuBar、Menu 和 MenuItem。

这些并不是 JavaFX 的全部组件，仅仅是比较常用的那些。我们会在本章讲述前三个组件，并在之后的两章讲述其他组件。前两行的组件类的类层级树上有超类 Control 类。Control 类支持很多有用的可继承特征。与其他方法一样，Control 类包含处理这些组件特征的方法。

- 前景色和背景色。
- 文本字体。
- 边框外观。
- 工具提示。
- 焦点。

想获取这些特征的详细信息，可以到 JavaFX 的 API 网站查阅 Control 类。

17.5　Label 控件

17.5.1　用户界面

Label 控件功能不多，只是用来展示文本。它可以被认为是一个只读的控件，因为用户可以阅读但不能直接修改。通常，Label 控件展示单行文本，但并不总是如此。可以通过向 Label 的文本字符串中插入换行符（\n）来强制换行，或者像之后会看到的那样，可以设定为比文本宽度更窄的宽度，并在文字边界处打开文本换行。

17.5.2　Label 实现

要创建 Label 控件，需要导入 javafx.scene.control 包，并像这样调用 Label 的构造器：

```
import javafx.scene.control.*;
...
Label 标签参考 = new Label(标签文本);
```
可选的

标签文本是出现在 Label 控件内的文本。如果省略该参数，Label 控件什么都不显示。你可能想实例化一个空标签，以便之后再将依赖某些条件的文本填入标签。

在 SimpleWindow 程序中使用下面这句实例化 Leah 标签：

```
Label label = new Label("Hi! I'm Leah the label!");
```
实例化 Leah 标签之后，我们把该标签作为 Scene 构造器调用的参数，从而把它添加到程序的 Scene

对象。下面是相关代码：

```
Scene scene = new Scene(label, WIDTH, HEIGHT);
```

对于一个现实的应用程序，场景中你会需要不止一个组件。在那种情况下，把这些组件添加到一个容器中，然后把该容器添加到场景，与操作的先后顺序无关。下面的语句添加一个 Label 控件到一个 pane 容器（假设该 pane 被实例化为 FlowPane 容器；你会在本章之后的内容中学习 FlowPane）：

```
pane.getChildren().add(label);
```

注意，你需要调用 getChildren 方法来获取 pane 容器中包含的组件群组，然后你可以调用 add 方法添加新的组件（label）到该群组。

在添加组件（如上面的标签）到 pane 容器的群组后，你可以按如下程序调用 Scene 构造器把 pane 添加到程序的 Scene 对象：

```
Scene scene = new Scene(pane, WIDTH, HEIGHT);
```

17.5.3　方法

正如之前提及的，OpenJFX 是支持 JavaFX 的组织，而且它维护包括一个 JavaFX 包和类的 API 网站（https://openjfx.io）。OpenJFX 和 Oracle 协调它们的发行号，但是在某一特定程序中 Java 和 JavaFX 的发行号没必要一致。每次 JavaFX 发行新的版本并没太大的改变，所以在本书这一版学到的内容能涵盖之后发行的 JavaFX 的绝大部分。

如果在 JavaFX API 网站上查询 Label 类，会看到以下层级树：

```
java.lang.Object
  javafx.scene.Node
    javafx.scene.Parent
      javafx.scene.layout.Region
        javafx.scene.control.Control
          javafx.scene.control.Labeled
            javafx.scene.control.Label
```

Label 类有些方法是为它量身打造的，但是绝大多数方法是继承自它的祖先类。

Label 类的直接父类是 Labeled 类，用于包含标签的控件，如 Label 和 Button 控件。Label 类继承了 Labeled 类很多方法。下面是其中更有用的一些方法的 API 标题和描述：

`public final void setAlignment(Pos alignment)`
　　使用 Pos 枚举类型的参数设定含 Label 组件的对齐方式。在 SimpleWindow 程序中使用 Pos.TOP_CENTER 作为 Pos 参数。

`public final void setFont(Font value)`
　　使用 Font 参数的值设定含 Label 组件的对齐方式。在 SimpleWindow 程序中使用 new Font(16) 作为 Font 参数，设定字体大小为 16。

`public final String getText()`
　　返回含 Label 组件的文本。

`public final void setText(String value)`
　　设定含 Label 组件的文本。注意，程序员可以更新文本内容，用户不可以。

`public final void setWrapText(boolean value)`
　　如果参数是 true 并且含 Label 组件的文本长度超过了对应标签的宽度，当文字触碰到组件的右边缘时，文本自动换到下一行。

如你在 Label 类层级树更高层级看到的，Region 类是 Label 类的一个祖先类。Label 类继承了 Region

类的很多方法。下面是在接下来的示例中用到的一个方法：

```
public final void setMaxWidth(double value)
```
设定组件最大宽度的像素值。

标签的默认宽度是表现内容的宽度。这通常符合你的需求，但是设想这样的场景，标签的内容会随着用户输入内容动态改变，而且输入内容要比窗口的宽度还长。这种情况下会想要限制标签的宽度（通过调用 setMaxWidth 方法），并且打开自动换行（通过调用 setWrapText 方法）。

如你在 Label 标签类层级树顶部位置看到的，Node 类是 Label 类的一个祖先类。Node 类是所有可以添加到场景的对象类型的超类。Label 类继承的 Node 类方法超过两百个。下面是后面章节中会使用的两个方法。

```
public final void setStyle(String specifier)
```
设定 Node 对象的样式特征。样式由传入的 JavaFX CSS 属性字符串参数设定。我们之后会在本章讲述这些属性。
```
public final void setVisible(boolean flag)
```
设定 Node 对象可见或不可见。

组件默认是可见的，但是在有些例子中可能想要调用 setVisible(false)使组件不可见。例如，在计算出结果后，你可能只想展示结果，而不是其他组件。尽管调用 setVisible(false)会使组件不可见，但它并不会收回占用的空间以供新的用途。相反，不可见组件的空间以空缺的形式保留下来，想回收这一空间，你可以像这样调用 remove 方法，而不是调用 setVisible(false)：

```
pane.getChildren().remove(component);
```
或者，你可以这样做：

```
setVisible(false);
component.setManaged(false);
```
通过这样做使组件的容器在进行布局计算时，将组件保存在内存中，但不显示它。

17.6　TextField 控件

17.6.1　用户界面

TextField 控件（通常称为文本框）用于展示一个矩形框，并允许用户向矩形框中输入文本。右图是一个例子：

17.6.2　TextField 实现

与 Label 类一样，TextField 类属于 javafx.scene.control 包，所以需要导入此包。要创建一个 TextField 对象，需调用 TextField 的构造器：

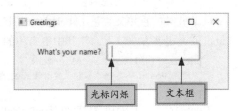
©JavaFX

```
TextField 文本字段参考 = new TextField(初始文本);  ◀──  可选的
```

*初始文本*是最初出现在文本框中的文本。如果省略初始文本参数，那么文本框中不会显示任何内容。通常来说会省略初始文本参数，但是，有时可能会想鼓励用户输入内容。例如，对于一个用于消费者反馈的文本框，可能想要使用一些内容填充它，如"这是我接受过最好的服务！"，如果采用初始文本参数，用户可以选择输入文本来替换初始文本字符串，或者什么也不做，这样程序会把初始文本当作用户输入

文本来处理。如果用户输入的文字超出了文本框可以一次展示的字数，最左边的文字会滚动出屏幕。

与 Label 控件相同，要把 TextField 控件添加到名为 pane 的容器使用以下语法：

```
pane.getChildren().add(文本字段参考);
```

17.6.3　TextField 方法

TextField 类的层级树和 Label 类的层级树相似，它们都有 Control 类作为祖先。下面是 TextField 类的层级树：

```
java.lang.Object
  javafx.scene.Node
    javafx.scene.Parent
      javafx.scene.layout.Region
        javafx.scene.control.Control
          javafx.scene.control.TextInputControl
            javafx.scene.control.TextField
```

如你所见，与 Label 类的层级树唯一不同的是，TextField 类的直接父类是 TextInputControl 类，而不是 Labeled 类。TextField 类继承了 TextInputControl 类中很多有用的方法。例如：

```
public void appendText(String text)
    将指定文本拼接到文本框中当前文本之后
public final int getLength()
    返回文本框中内容的字符数
public final String getText()
    返回文本框中的内容
public final void setEditable(boolean flag)
    表示文本框可编辑或不可编辑
public final void setPromptText(String text)
    插入灰显的文本以提示用户输入什么内容。该文本不会被当作用户输入内容处理。如果用户输入内容，该提示文本
    会被用户输入的文本覆盖
public final void setText(String text)
    设定文本框的内容
```

文本框默认是可以编辑的，即用户可以向里面输入内容。如果想阻止用户编辑文本框，调用 setEditable 方法，参数使用 false。调用 setEditable(false) 方法可以阻止用户更新文本框中的内容，但是并不会阻止程序员更新文本框中的内容。无论文本框是否可编辑，程序员都可以调用 setText 方法。

下面是 TextField 类定义的方法：

```
public final void setPrefColumnCount(int value)
    通过文本的列数设定文本框的宽度
public void setOnAction(EventHandler<ActionEvent> handler)
    给文本框注册一个事件处理器
```

setPrefColumnCount 方法的参数可以粗略地认为是文本框能容纳的最宽字符（如 W）的数量，不过文本框通常会比这更宽一点。无视首选的列数是多少，用户可以按自己的想法输入任意多的字符。如果超出可容纳的字符数，最左侧的字符会滚动到视图外。

当 TextField 控件调用 setOnAction 方法时，JVM 会给该文本框注册一个事件处理器。当光标在文本框中时，可以让程序能够对用户按 Enter 键这一事件作出响应。第 17.7 节中的程序有实现这一操作的代码。

17.7　Greeting 程序

现在来仔细研究一个将前面几节所学内容整合到一起的程序，它同时使用了 Label 控件和 TextField 控件。如图 17.3 所示，它展示了 Greeting 程序的一个示例会话。程序提示用户输入一个名字，然后以个人的问候回应。

Greeting 程序使用一个 FlowPane 容器将三个组件组合在一起：一个用于提示的标签，一个用于用户输入的文本框，以及一个用于显示底部信息的标签。FlowPane 中的 flow（流动）源自组件在添加到面板时的定位方式。默认情况下，第一个组件会被定位到左上角，之后的组件按照从左到右，从上到下的流动顺序排列在前一个组件的右边。如果一个新组件碰触到了容器的右边缘，它会流动到下一行，然后，Greeting 程序重写了默认的靠左排列方式，替代为居中排列方式。但不管哪种方式，添加的组件都是按照前述的从左到右、从上到下的流动顺序。所以在图 17.3 中，注意 message 标签是如何向下流动到第二行的，原因就是在第一行没有空间了。

不论何时，只要在一个窗口中包含不止一个可见元素（如 Greeting 程序中有三个组件），这些元素必须是作为*场景图*一部分的 Node 对象。场景图是多个 Node 对象的层级树，树顶端的节点可以被认为是*场景图*的*根*。这些 Node 对象包括控件（如按钮和文本框）和形状（如矩形和圆形），以及容纳其他 Node 对象的容器。

你将在检查该程序的 Java 源代码时看到，对 Greeting 程序而言，根节点是一个 FlowPane 容器对象。如果在 Java API 中查看 FlowPane，会看到 FlowPane，以及 Greeting 程序中的 Label 控件和 TextField 控件，都是 Node 类的子孙类。

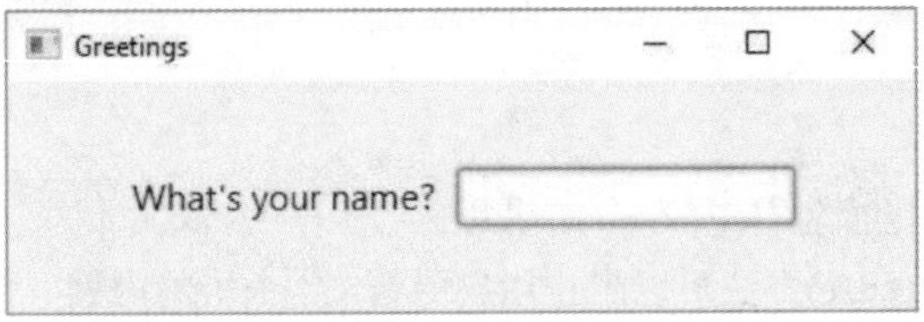

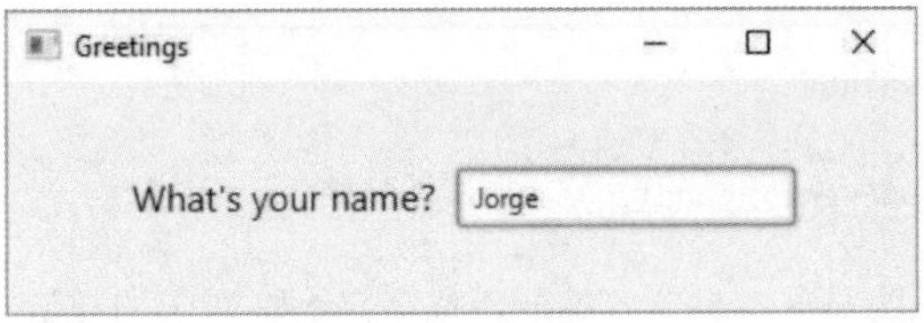

图 17.3　Greeting 程序的示例会话

©JavaFX

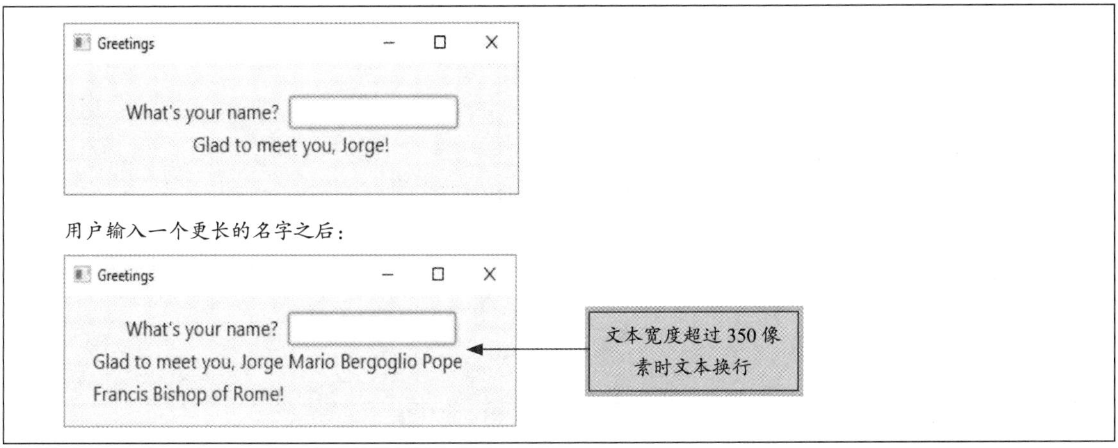

图 17.3　（续）

浏览图 17.4a 和图 17.4b 中的 Greeting 程序的源代码。图 17.4a 中的大多数代码应该看起来眼熟，因为它和 SimpleWindow 程序中的代码极其相似。区别最大的是，我们使用 FlowPane 类，它起着程序场景图中根节点容器的作用。下面是实例化 FlowPane 对象并将它确立为场景根节点的代码：

```
FlowPane pane = new FlowPane();
Scene scene = new Scene(pane, WIDTH, HEIGHT);
```

```
/***********************************************************
* Greeting.java
* Dean & Dean
*
* 当用户在输入一些内容到文本框后按 Enter 键，文本框中的内容会展示在标签底部
***********************************************************/

import javafx.application.Application;
import javafx.stage.Stage;
import javafx.scene.Scene;
import javafx.scene.layout.FlowPane;
import javafx.scene.control.*; // Label、TextField
import javafx.geometry.Pos;
import javafx.scene.text.Font;
import javafx.event.ActionEvent;    ◄──── 1.导入该包用于事件处理器

public class Greeting extends Application
{
  private static final int WIDTH = 400;
  private static final int HEIGHT = 100;

  private TextField nameBox = new TextField();
  private Label greeting = new Label();
```

图 17.4a　Greeting 程序——A 部分

```
//*********************************************************

public void start(Stage stage)
{
  FlowPane pane = new FlowPane();
  Scene scene = new Scene(pane, WIDTH, HEIGHT);

  createContents(pane);
  stage.setTitle("Greetings");
  stage.setScene(scene);
  stage.show();
} // start 结束
```

图 17.4a　（续）

```
//*********************************************************

private void createContents(FlowPane pane)
{
  Label namePrompt = new Label("What's your name? ");

  pane.getChildren().addAll(namePrompt, nameBox, greeting);
  pane.setAlignment(Pos.CENTER);
  namePrompt.setFont(new Font(16));
  greeting.setFont(new Font(16));
  greeting.setMaxWidth(350);
  greeting.setWrapText(true);
  nameBox.setOnAction(this::respond);  ◀────────  2.注册事件处理器方法
} // createContents 结束


//*********************************************************

private void respond(ActionEvent e)
{
  String message =
    "Glad to meet you, " + nameBox.getText() + "!";
  nameBox.setText("");
  greeting.setText(message);
} // respond 结束
                                      3.提供事件处理方法
} // Greeting 类结束
```

图 17.4b　Greeting 程序——B 部分

　　第 5 条 import 语句使用*通配符导入了两个控件——Label 以及 TextField；第 8 条 import 语句，导入 ActionEvent 类，该类用于事件处理。将在第 17.8 节讲述事件处理。

　　为了模块化，Greeting 程序的 start 方法调用一个辅助方法 createContents，来创建进入面板的组件。

如图 17.4b 所示，createContents 方法只有九行（包含一个空行），并且只调用了一次，因此不迫切需要辅助方法，但是我们希望你养成好的习惯。在本例中，只有三个组件和一个事件处理器。但是大多数 GUI 程序拥有超过三个组件和多个事件处理器，因此，需要大量的代码。如果把所有的代码都堆在 start 方法中，start 方法就太长了。将该代码分解并粘贴到辅助方法中是更好的做法，如此一来，代码会更容易被理解。

在 Greeting 程序中，你可以看到我们在 createContents 方法中声明并初始化了一个组件的引用变量，namePrompt。通常来说，尽量使用局部变量是更好的选择，这也是 namePrompt 被声明为局部变量的原因。但是如果回看图 17.4a 中的 Greeting 程序的实例变量部分，可以看到那里声明的两个组件引用变量，即 nameBox 和 greeting。为什么要为 nameBox 和 greeting 使用实例变量，而不是在 createContents 方法中进行局部声明？因为不仅仅在 createContents 方法中要用到这两个组件，还会在事件处理器方法（我们很快就会讲到）中用到这两个组件，当组件是实例变量时，使用起来更简单。同理，也可以在 createContents 方法中把 nameBox 声明为局部变量，然后在事件处理器方法中调用 getSource 方法来获取它；我们把这种增加复杂度的方法延后到本章后面部分再讲。

在图 17.4b 的 createContents 方法中，可以看到向窗口添加了三个组件。具体地说，我们使用名为 pane 的 FlowPane 容器调用 getChildren().addAll()：

```
pane.getChildren().addAll(namePrompt, nameBox, greeting);
```

之前，我们使用 add 方法向 FlowPane 容器的组件组添加单个组件；这一次使用 addAll 方法，因为我们要添加多个组件。

在 createContents 方法中，调用 addAll 方法之后，我们调用 setAlignment 和 setFont 来调整布局和文本字体（就像你在 SimpleWindow 程序中看到的一样）。接下来调用 greeting.setMaxWidth(350) 和 greeting.setWrapText(true) 方法，这样，如果问候标签的内容超过了 350 像素这个阈值，JVM 会把标签的文本换到下一行。回到图 17.3，注意看最下面的截图中，共有八个单词的名字发生了换行。

在 createContents 方法的最后一句中：nameBox.setOnAction(this::respond);，为 nameBox 组件注册了一个事件处理器方法。这条语句看起来可能难以理解。别担心，我们会在 17.8 节中详细解释它。现在，只需知道，每当用户按 Enter 键，它就会让 JVM 调用 respond 事件处理器方法。看一下图 17.4b 中的 respond 事件处理器方法，该方法获取用户在 nameBox 文本框中输入的文本，重置 nameBox 文本框的内容为空字符串，并且向 greeting 标签插入一条信息（包含获取的用户输入内容）。

17.8　事件处理

大多数 GUI 程序采用事件驱动编程。事件驱动编程背后的基本思想是，程序等待事件的发生，当出现事件时，程序做出响应。

17.8.1　术语

事件是什么？一个事件就是一个对象，它告诉程序发生了什么事。例如，如果用户单击按钮，就产生了一个事件，它会告诉程序，某个按钮被单击了。更正式地讲，当用户单击按钮时，这个按钮对象触发了事件。注意下面附加的事件示例：

用户	发生了什么
光标在文本框中时按 Enter 键	文本框对象触发一个事件，它告诉程序，在文本框中按了 Enter 键
单击菜单条目	菜单条目对象触发一个事件，它告诉程序，该菜单条目被选中
关闭窗口（单击窗口右上角的"关闭"按钮）	窗口对象触发一个事件，它告诉程序，窗口右上角的关闭按钮被单击了

　　如果事件被触发，而且想用程序处理它，则需要为该事件创建一个*事件处理器*（或者简称为处理器）。此外，还需要将该事件和特定的 GUI 对象关联起来。例如，如果程序在用户单击某一特定按钮时做一些事情，则需要为这个按钮创建一个处理器，然后将按钮注册到该处理器。事件处理器有时称为*侦听器*。如果把处理器看作一个用大耳朵仔细聆听的尽责服务员，这么称呼还挺有道理。如果事件被触发，却没有侦听者，该事件就永远不会被"听到"，而且不会收到响应。另外，如果有一个处理器在侦听一个触发的事件，该处理器会"听到"此事件，并且通过执行一套特定的操作来响应。图 17.5 中描绘一个按钮正被单击（看鼠标指针），一个事件正被触发（看声波），一个处理器侦听该事件（看耳朵），而且处理器的代码正在被执行（看沿着事件处理器代码向下指的箭头）。这一事件处理系统称为事件委托模型，即事件处理被"委托"给某个特定的处理器。

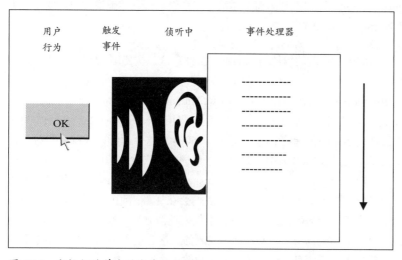

图 17.5　当按钮被单击时发生了什么

　　注册事件处理器就像注册你的车。当你注册你的车时，什么事都不会发生。但是之后，如果出现了什么事件，你的车辆注册信息就要发挥作用了。发生什么事会使你的车辆注册信息被使用？如果你超速被抓，警察会用你的注册号码作为交通罚单的一部分。如果你发生了事故，你的保险公司可以使用你的注册号码来提升保险费率。

17.8.2　事件驱动编程框架

　　基于上面的讲述，事件驱动编程可能感觉像是一种全新的编程模式，尤其是触发事件和侦听事件的触发这部分。许多人认同事件驱动编程是一种新的编程模式这一理念。但实际上，它不过是被装饰了的面向对象编程，只不过装饰量大了些而已。JavaFX 提供了一套包括大量 GUI 类的集合共同组建了一个框架，并在此基础上构建 GUI 应用。该框架包括类、方法、继承等。换句话说，它由 OOP 组件组成。

作为一名程序员，你不用了解该框架运行的所有细节，只需了解到足以使用它的程度就可以了。例如，你需要知道如何正确介入你的事件处理器。事件驱动编辑框架如图 17.6 所示。

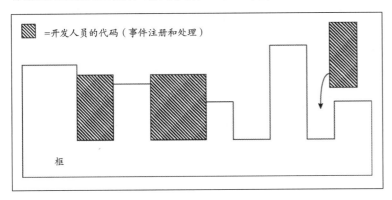

图 17.6　事件驱动编程框架

　　为什么 Java 语言的设计者要费心提供这套事件驱动编程框架呢？它实现了用最少的代码实现最多的功能这一目标。有了该框架的帮助，Java 程序员可以投入相对较少的工作就能构建并运行一个 GUI 程序。刚开始，工作量看起来可能并不轻松，但是当你通盘考虑整个 GUI 程序（自动事件触发和侦听触发的事件等）时，就会发现你的投入回报率相当可观。下面是给类似之前 Greeting 程序中 nameBox 那样的 GUI 组件实现一个处理器的步骤。这些步骤与图 17.4a 和 17.4b 中标注的序号一致。

　　（1）导入该包用于事件处理。对于之前 Greeting 程序中使用的标准事件处理类型，需要导入 javafx.event 包的 ActionEvent 类。在图 17.4a 中，可以看到 ActionEvent 类是 respond 事件处理器的参数类型。为了使事件处理器工作，还是会要求你提供一个显式的 ActionEvent 类型，尽管事件处理器方法不使用它。

　　（2）注册事件处理器方法。在图 17.4b 中，我们的 Greeting 程序通过文本框组件调用以一个*方法引用*作为参数的 setOnAction 方法来完成注册。方法引用参数将事件处理器方法绑定到被触发的事件。我们将会在第 17.8.3 节中讲述方法引用。另一种注册事件处理器方法的方式是将注册方法的参数写成 *lambda 表达式*的形式，在表达式自身中包含所有处理事件所需的代码。我们会在讲述方法引用之后讲解这种方式。

　　（3）提供事件处理器代码。这里可以像图 17.4b 中一样采用一个单独的方法引用方法，也可以写在一个 lambda 表达式中。

17.8.3　方法引用

　　像图 17.4b 中 Greeting 程序演示的那样，为了采用方法引用来实现事件处理，我们创建了一个辅助方法，它的标题是这样的：

```
private void respond(ActionEvent e)
{
    ...
```

方法名可以随便起，但是返回类型必须是 void，而且必须有一个显式的 ActionEvent 类型参数。我们把这一事件处理器方法和其他辅助方法放在一起，通常放在靠近程序代码的底部。在 Greeting 程序中，我们把 nameBox 组件注册到 respond 事件处理器方法中。下面是注册代码：

```
nameBox.setOnAction(this::respond);
```

方法引用使用特殊符号::，编译器就是通过它把方法（本例中是 respond）绑定到定义该方法的类中。在大多数事件处理的场景中，你会想把事件处理器定义在调用 setOnAction 方法的同一个类中。为指示同一个类，这里使用了 this，它指向调用对象（以及它的类）。如果想把事件处理器方法定义在其他类中，就要把该方法写成静态方法，在 setOnAction 方法调用的方法引用参数中，将::前面替换为方法所在类的类名。

方法引用事件处理器是通用的，因为它具备模块化的特性。你可以将多个组件注册到同一个事件处理器，只要让这些不同的组件各自调用 setOnAction 方法就可以了。

17.8.4　lambda 表达式

从实用的角度讲，使用方法引用进行事件处理很好，但是从代码长度的角度来看，这种技术就不太理想了。lambda 表达式[①]可以提供相同的功能，但是使用更少的代码。lambda 表达式的代码缩减主要来自不需要方法名和方法标题。下面是如何重写 Greeting 程序的事件处理器，将方法引用替换为 lambda 表达式的写法：

```
nameBox.setOnAction((ActionEvent e) -> {
  String message =
    "Glad to meet you, " + nameBox.getText() + "!";
  nameBox.setText("");
  greeting.setText(message);
});
```

注意，这里没有 respond 方法，只有该方法的参数、一个箭头（->）和方法体。很酷吧！但是不止这些。也可以省略参数的类型，因为编译器可以通过调用方法的签名来推断它的类型。在本例中，调用方法是 setOnAction，而且它的签名只有一个参数。该参数是一个使用参数为 ActionEvent 的方法。因此，可以省略 lambda 表达式前面的 ActionEvent。下面是最终精简的代码：

```
nameBox.setOnAction(e -> {
```

注意，除了省略参数类型，还可以省略参数的括号。仅当只有一个单词时，才可以省略 lambda 表达式参数的括号；这意味着只有一个参数，而且该参数没有类型。

作为进一步精简代码的措施，如果 lambda 表达式的主体只有一条语句时，可以省略包围 lambda 表达式的大括号，同时也可以省略它的结束分号。你大可以放心这么做，但是要注意，如果之后有人想再添加一句，他们就必须记得在每条语句的结尾添加分号，并用大括号包围起来。

顺便一提，lambda 表达式中参数和主体之间的->称为*箭头操作符*或*箭头标记*。

在之前展示的 lambda 表达式代码段中，lambda 表达式并没有使用 ActionEvent e 参数。即使 e 没有被使用，仍需要把它写在表达式的顶部。lambda 表达式以参数的形式出现在 setOnAction 方法调用中，而且 setOnAction 方法的签名指定了一个事件处理器参数，该事件处理器使用一个 ActionEvent 参数。因

---

① 使用 lambda（希腊字母，λ）一词，源自古老的编程语言 Lisp。在 Lisp 语言中，方法称为函数，而且没有名称的函数（匿名函数）称为 lambda 表达式。同样地，Java 的 lambda 表达式是没有名称的基本方法，这就是 lambda 表达式中 lambda 的词源。

此，如果调用 setOnAction 方法，你会被要求提供一个事件处理器方法作为参数，而且该方法必须有一个 ActionEvent 参数。

所以，你现在是否热衷于 lambda 表达式，并且好奇为什么有人会把时间浪费在方法引用上？正如之前提到的，方法引用复用起来很方便，而且可以被不同组件调用。因为 lambda 表达式没有方法名，要想复用它，你只能把它的代码复制到想要使用的地方。因为重复的代码增加了代码维护的复杂度，所以，在接下来的例子中，当我们需要复用一个事件处理器时，会使用方法引用；当不需要复用时，我们以使用 lambda 表达式为主，不过这并不是一个硬性规定。

17.9　属性绑定

在 Greeting 程序中，不论是使用方法引用技术还是 lambda 表达式技术，我们实现事件处理功能都是通过 nameBox 组件调用 setOnAction 方法。setOnAction 方法寻找的"动作"是用户在文本框中按 Enter 键。作为替代方案，让我们想象一下，实现一个事件处理器用以响应单个按键，而不是等待用户按 Enter 键。要想实现这一点，最简单的方法是把 greeting 标签的文本属性绑定到 nameBox 的文本属性。

*属性绑定*是 JavaFX 引入的相对较新的技术，它是将目标对象的属性和源对象的同类型属性绑定在一起。所以当源对象的属性改变时，目标对象的属性也会同步改变。

属性绑定的语法非常简单，只需调用 bind 方法：

目标对象的引用.*文本属性*.bind(*源对象的引用*.*文本属性*);

在下一版的 Greeting 程序中，我们使用属性绑定，将 greeting 标签的文本属性和 nameBox 的文本属性绑定在一起。下面是完成这一绑定的代码：

```
greeting.textProperty().bind(nameBox.textProperty());
```

注意，greeting 是目标对象的引用变量，nameBox 是源对象的引用变量。所以，当用户向 nameBox 中输入文本时，greeting 标签就会展示该文本。

图 17.7a 和图 17.7b 展示的是 GreetingPropertyBinding 程序。它的大部分代码和最初的 Greeting 程序是一致的，但是它大幅精简了代码。它省略了顶部 ActionEvent 的 import 语句，省略了在 createContents 方法中调用 setOnAction 方法，还省略了全部 respond 方法。通过属性绑定，不用再把文本框注册到一个事件处理器。因此，既不需要调用 setOnAction 来完成注册，也不需要引入 respond 事件处理器方法。respond 方法在其标题中使用 ActionEvent 类作为参数类型，如果移除了 respond 方法，ActionEvent 的 import 语句就变得多余了。

```
/**********************************************************
* GreetingPropertyBinding.java
* Dean & Dean
*
* 当用户向文本框输入文本时，用户输入的内容会展示在底部的标签中
**********************************************************/

import javafx.application.Application;
import javafx.beans.binding.Bindings;
```

图 17.7a　GreetingPropertyBinding 程序——A 部分

```
import javafx.stage.Stage;
import javafx.scene.Scene;
import javafx.scene.layout.FlowPane;
import javafx.scene.control.*; // Label、TextField
import javafx.geometry.Pos;
import javafx.scene.text.Font;


public class GreetingPropertyBinding extends Application
{
  private static final int WIDTH = 400;
  private static final int HEIGHT = 100;
  private TextField nameBox = new TextField();
  private Label greeting = new Label();

  //************************************************************

  public void start(Stage stage)
  {
    FlowPane pane = new FlowPane();
    Scene scene = new Scene(pane, WIDTH, HEIGHT);

    createContents(pane);
    stage.setTitle("Greetings");
    stage.setScene(scene);
    stage.show();
  } // start 结束
```

图 17.7a　（续）

```
  //************************************************************

  private void createContents(FlowPane pane)
  {
    Label namePrompt = new Label("What's your name? ");

    pane.getChildren().addAll(namePrompt, nameBox, greeting);
    pane.setAlignment(Pos.CENTER);
    namePrompt.setFont(new Font(16));
    greeting.setFont(new Font(16));
    greeting.setMaxWidth(350);
    greeting.setWrapText(true);
    greeting.textProperty().bind(Bindings.concat(
      "Welcome to the site ", nameBox.textProperty(), "!"));      ◄──── [ 属性绑定 ]
  } // createContents 结束
}   // GreetingPropertyBinding 类结束
```

图 17.7b　GreetingPropertyBinding 程序——B 部分

在 GreetingPropertyBinding 程序的 createContents 方法中，注意负责属性绑定的代码。它比之前呈现的代码稍微复杂了一点。代码如下所示，其不仅把 greeting 标签绑定到 nameBox 文本框，还添加了一些伴生文本：

```
greeting.textProperty().bind(Bindings.concat(
  "Welcome to the site ", nameBox.textProperty(), "!"));
```

如果查询 bind 方法的 API 标题，会看到它的参数被定义为一个 Observable 接口。textProperty 方法返回一个 StringProperty，它实现了 Observable 接口，所以可以使用 nameBox.textProperty()本身作为 bind 方法调用的参数。但是我们想让 greeting 标签更富有表达力，而不是简单地重复用户的名字。我们希望名字作为"Welcome to…"信息的一部分。因此，我们寻求 Bindings.concat 方法的帮助，将问候信息和用户名拼接在一起。concat 方法返回一个 StringExpression，它也实现了 Observable 接口，所以它可以作为 bind 方法调用的参数。

通过把 greeting 标签和嵌入用户输入的问候信息绑定在一起，当用户在 nameBox 文本框中按下按键时，JVM 会立即在问候信息中展示输入的内容。下面就是我们正在讨论的内容。

初始显示：

©JavaFX

用户在文本框中输入 Nelson Mand 后（没有按 Enter 键）：

©JavaFX

注意，当窗口第一次加载时，在用户未进行任何操作之前，greeting 标签展示的欢迎信息中用户名是空字符串。

17.10　JavaFX CSS

当使用 JavaFX 调整程序窗口中内容的格式时，这一行为称为设定窗口*样式*。在之前的 SimpleWindow 和 Greeting 程序中，我们通过调用 setFont(new Font(16))设置 Label 控件字体大小的*样式*。假设有一个名为 label 的 Label 控件，如果想调整该标签的文本颜色、围绕标签的不可见框的大小和标签在框中的位置，可以这样做：

```
import javafx.scene.paint.Color;
import javafx.geometry.Pos;
...
```

```
label.setTextFill(Color.BLUE);
label.setPrefWidth(400);
label.setPrefHeight(100);
label.setAlignment(Pos.CENTER);
```

使用多个方法调用，如 setTextFill 和 setPrefWidth 在某些情况下是很顺手的，但是，使用 JavaFX CSS 取而代之已成为趋势。CSS（Cascading Style Sheets，层叠样式表）、超文本标记语言（HTML）和 JavaScript 一起组成了 web 编程的基础构件。

鉴于 CSS 在 web 编程中随处可见，Oracle 决定加入这个潮流，并把它的 CSS 版本（JavaFX CSS）作为 JavaFX 的关键特征之一推出。JavaFX CSS 使用的基本语法和属性与标准 CSS 一样，这让 web 程序员学习 JavaFX 时更容易上手。JavaFX CSS 提供了一系列的属性，使程序员能够精准地调整他们 GUI 程序的格式。借鉴 web 页面中的 CSS 模型，JavaFX CSS 属性可以被应用到窗口场景画布中的容器，而且这些属性也会应用到容器中包含的节点。这种特性进一步实现了一致性和软件复用性的目标。

将 JavaFX CSS 应用到程序的途径之一是，把这些属性放在一个外部文件中，称为*样式表*，并把该文件连接到程序。我们将在下一节讨论该技术。另一种途径是使用*行内样式*，就是在调用 setStyle 方法时，把 JavaFX CSS 属性作为字符串参数传入方法调用。下面是如何使用 setStyle 方法调整 label 控件的字体大小、标签的文本色彩、包围标签的不可见框的大小以及标签在该框中的位置：

```
label.setStyle(
    "-fx-font-size: 28; " +
    "-fx-text-fill: blue; " +
    "-fx-pref-width: 400; " +
    "-fx-pref-height: 100; " +
    "-fx-alignment: center;");
```

setStyle 方法的字符串参数由属性-值对的清单组成，每一组属性-值对后跟一个分号。所以，在上面的代码片段中可以看到五组属性-值对，第一组属性-值对是“-fx-font-size: 28;”。注意，每一组属性-值对使用一个冒号分隔属性和值。同时要注意，每一个属性开头的前缀-fx-。在-fx-后面的描述符基本上匹配标准的 CSS 语法中的一种属性。

在前面的代码片段中，blue 和 center 属性的值一目了然。设定字体大小为 28，表明标签字体将会以 28 磅的大小显示。设定标签首选宽度和首选高度属性为 400 和 100，表示标签的包围框会以 400 像素 × 100 像素值的尺寸展示。

setStyle 方法定义在 Node 类中，Node 类在 JavaFX 的类层级中位置非常高。因此，所有的 JavaFX 组件都可以调用 setStyle 方法。注意，如果同一个对象调用 setStyle 方法两次，不管第二次调用的属性是否与第一次调用的属性重叠，第一次调用时设定的所有属性-值对都会被清除。例如，假设在程序中包含下面两次 setStyle 方法调用：

```
label.setStyle("-fx-alignment: center;");
label.setStyle("-fx-font-size: 16;");
```

对齐设置就会丢失，标签也不会居中排列。

如果需要晚点再设定，或者是向之前的设定了样式的组件添加新的样式，就不能简单地使用新的样式设定再次调用 setStyle 方法，因为这会清理初始的样式设定。解决方案是，拓展之前的属性-值对清单。更具点说，你可以获取当前的属性-值对清单，然后把新的属性-值对清单拼接到它后面，例如：

```
label.setStyle(label.getStyle() + " -fx-font-size: 16;");
```

17.10.1 示例程序

图 17.8a 中的 Descartes 程序使用 JavaFX CSS 属性展示法国哲学家 René Descartes 的名言："I think, therefore I am.（我思故我在）"。注意 setStyle 方法调用，它使用之前展示的设定表示字体、色彩、包围框尺寸，以及位置的代码。注意设定样式的代码是怎样在结果窗口中显示的。

```
/*************************************************************
 * Descartes.java
 * Dean & Dean
 *
 * 使用 JavaFX CSS 展示 Descartes 的本体论名言
 *************************************************************/

import javafx.application.Application;
import javafx.stage.Stage;
import javafx.scene.Scene;
import javafx.scene.layout.FlowPane;
import javafx.scene.control.Label;


public class Descartes extends Application
{
  public void start(Stage stage)
  {
    FlowPane pane = new FlowPane();
    Scene scene = new Scene(pane);

    createContents(pane);
    stage.setTitle("Descartes");
    stage.setScene(scene);
    stage.show();
  } // start 结束


  //*************************************************************

  private void createContents(FlowPane pane)          Unicode 字符
  {
    Label message = new Label("\u221a-1 think, \u2234 \u221a-1 am.");

    message.setStyle(
      "-fx-font-size: 28; " +
      "-fx-text-fill: blue; " +
      "-fx-pref-width: 400; " +
      "-fx-pref-height: 100; " +        JavaFX CSS 属性
      "-fx-alignment: center; ");
    pane.getChildren().add(message);
  } // createContents 结束
} // Descartes 类结束
```

图 17.8a　Descartes 程序

Descartes 程序实例化 Scene 对象只用了一个参数 pane，代码如下：

 Scene scene = new Scene(pane);

你可能会想起，调用这样不带宽和高参数的 Scene 构造器，窗口的大小会自动适应它所含内容的尺寸。因此，当使用-fx-pref-width: 400;和-fx-pref-height: 100;属性-值对设定 message 标签的尺寸时，这个尺寸决定了窗口的大小。

Descartes 程序使用 Unicode 字符来显示单词 *therefore* 和 *I*。Unicode 字符\u2234 显示为∴，它是 therefore 的逻辑符号。Unicode 字符\u221a 显示为√，它是平方根符号的左半边。在结果窗口中，注意平方根符号的左半边出现在-1 的左侧。你能说出为什么用√-1 表示 I 吗？原因是-1 的平方根是虚数 i。图 17.8b 展示了程序的输出内容。

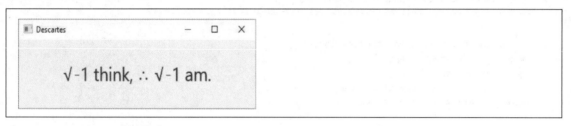

图 17.8b　Descartes 程序的输出

17.10.2　常用属性及其允许值，以及定义属性的类

可以在 https://openjfx.io/javadoc/13/javafx.graphics/javafx/scene/doc-files/cssref.html 找到 JavaFX CSS 属性的全面介绍和相关细节。有大量的属性和细节，除非你经常使用它们，否则很难全部记住它们。只要试着知道哪些是可用的，当你需要时，可以再回去查找某个属性的细节。为提供这方面的帮助，图 17.9a 和图 17.9b 总结了一些比较重要的 JavaFX CSS 属性，它们是相应的允许值，以及可以应用这些属性的 JavaFX 类。本章前面涉及的一些类看起来可能比较熟悉，其他的一些类会在之后看到。还有一些类，我们不会提及；如果你对它们感兴趣，可自行到网上查阅。

属性	属性值	适用的顶级类
-fx-alignment	[top-left, top-center, top-right, center-left, center, center-right,bottom-left, bottom-center,bottom-right]	Labeled, FlowPane, GridPane, Hbox, StackPane, TextField, TilePane, VBox
-fx-background-color	\<paint\>	Region
-fx-background-insets	\<size\>或 \<size\> \<size\> \<size\> \<size\>	Region
-fx-border-color	\<paint\>	Region
-fx-border-insets	\<size\>或 \<size\> \<size\> \<size\> \<size\>	Region
-fx-border-radius	\<size\>	Region
-fx-border-style	[none, solid, dotted, dashed]	Region
-fx-border-width	\<size\>或 \<size\> \<size\> \<size\> \<size\>	Region
-fx-column-halignment	[left, center, right]	FlowPane

图 17.9a　JavaFX CSS 属性——A 部分

属性	属性值	适用的顶级类
-fx-cursor	[null, crosshair, default, hand, move, e-resize, h-resize, ne-resize, nw-resize, n-resize, se-resize, sw-resize, s-resize, w-resize, v-resize, text, wait] 或\<url>	Node
-fx-effect	\<effect>	Node
-fx-fill	\<paint>	Shape
-fx-font	\<font>	Labeled, Text, TextInputControl, Tooltip
-fx-font-family	[serif, sans-serif, cursive, fantasy, monospace]	Labeled, Text, TextInputControl, Tooltip
-fx-font-size	\<size>	Labeled, Text, TextInputControl, Tooltip
-fx-font-style	[normal, italic, oblique]	Labeled, Text, TextInputControl, Tooltip
-fx-font-weight	[normal, bold, bolder, lighter]	Labeled, Text, TextInputControl, Tooltip
-fx-graphic	\<url>	Labeled, DialogPane, Tooltip
-fx-graphic-text-gap	\<size>	Labeled, Tooltip
-fx-grid-lines-visible	\<boolean>	GridPane
-fx-hgap	\<size>	FlowPane, GridPane, TilePane
-fx-max-height	\<number>	Region
-fx-max-width	\<number>	Region
-fx-min-height	\<number>	Region
-fx-min-width	\<number>	Region

图 17.9a　（续）

属性	属性值	适用的顶级类
-fx-orientation	[horizontal, vertical]	FlowPane, TilePane, ListView, ScrollBar, Separator, Slider, SplitPane, ToolBar
-fx-padding	\<size>或 \<size> \<size> \<size> \<size>	Region
-fx-pref-column-count	\<integer>	TextArea, TextField
-fx-pref-columns	\<integer>	TilePane
-fx-pref-height	\<number>	Region
-fx-pref-rows	\<integer>	TilePane
-fx-pref-width	\<number>	Region
-fx-pref-tile-height	\<size>	TilePane
-fx-pref-tile-width	\<size>	TilePane
-fx-rotate	\<number> (clockwise degrees from right)	Node
-fx-row-valignment	[top, center, bottom]	FlowPane
-fx-scale-x	\<number> (multiplier)	Node

图 17.9b　JavaFX CSS 属性——B 部分

属性	属性值	适用的顶级类
-fx-scale-y	<number> (multiplier)	Node
-fx-spacing	<size>	Hbox, VBox
-fx-strikethrough	<boolean>	Text
-fx-stroke	<paint>	Shape
-fx-stroke-line-cap	[square, butt, round]	Shape
-fx-stroke-type	[inside, outside, centered]	Shape
-fx-stroke-width	<size>	Shape
-fx-text-fill	<paint>	Labeled, Text, Tooltip
-fx-translate-x	<number><length-unit>	Node
-fx-translate-y	<number><length-unit>	Node
-fx-underline	<boolean>	Text, Labeled
-fx-vgap	<size>	FlowPane, GridPane, TilePane
-fx-wrap-text	<boolean>	Labeled, TextArea, Tooltip
visibility	[visible, hidden]	Node

图 17.9b （续）

在图 17.9a 和图 17.9b 的左侧可以看到几乎所有的属性都是以-fx-开头的。在-fx-前缀之后的第一个单词表示主属性。当主属性还有从属属性时，会有一个短线跟在主属性后面，之后是从属属性。例如，-fx-border-color 是由主属性 border 及从属属性 color 组合而成的。

在图 17.9a 和图 17.9b 的中部可以看到属性值被[]或<>包围起来。[]包围的值是照原样使用；<>包围的是属性值的类型。我们会在 17.10.3 小节讲述这些类型。

图 17.9a 和图 17.9b 的右侧是该属性适用的顶级类。我们说"顶级"类是因为还有其他的附加类适用该属性。所有顶级类的子类可以使用该属性。这应该很好理解，因为子类"是一个"超类。例如，在图 17.9a 中，-fx-cursor 可以应用到 Node 对象，因为 Label 对象也是一个 Node（Label 类是 Node 类的派生类），就意味着-fx-cursor 也适用于 Label 对象。

17.10.3 属性值类型

在图 17.9 的 JavaFX CSS 属性表格中的"属性值"这一列，有的值展示的是值的类型，而不是在程序中会用到的实际值。例如，对于-fx-background-color 属性，显示的是<paint>，这里的<paint>是一种属性值类型。图 17.10 讲述了 JavaFX CSS 的不同属性值类型。

注意，对于<angle>和<percentage>值类型，有效值由数字和后缀组成，之间没有空格。例如，一个有效的<angle>值可以是 90deg，一个有效的<percentage>值可以是 50%。也要注意<size>值类型，组成有效值的方式是数字后跟一个<length-unit>，之间没有空格。例如，一个有效的<size>值类型可以是 200px。如果省略单位，px 是默认单位。

回到 JavaFX CSS 的属性表，找到那些允许设置连续四个<size>值类型的属性。四个值用于表示属性的矩形框。例如，-fx-border-width 属性用于指定节点四个边的宽度。如果只设定了一个值，那么它会被应用到全部四个边。如果四个值都设定了，这些值对应各边的顺序是上、右、下、左。

属性值的类型	可选的值
<angle>	<number> deg、rad、grad 或 turn（顺时针完整旋转一周的次数）
<boolean>	true 或 false
<color>	预定义的色彩名或数值表示
<color-stop>	色彩百分比（如 red 10%, white 50%, blue 90%）
<effect>	投影或内阴影
<font>	（可选）样式（可选）粗细（必须）大小（必须）字型
<integer>	整数值
<length-unit>	px（屏幕像素）、in、cm、mm 或 pt（1 pt = 1/72 英寸）
<number>	<integer>或实数
<paint>	<color> <linear-gradient> <radial-gradient>或<image-pattern>
<percentage>	<number>%
<point>	<size> <size>
<size>	<number><length-unit> <percentage>或<number> (pixels by default)
<url>	绝对或相对、带斜杠、带或不带引号

图 17.10　JavaFX CSS 不同的属性类型值

17.11　场景图继承

　　像前面解释的那样，当窗口中超过一个组件时（通常都是这样），把这些组件添加到一个容器节点来组织它们。在 Greeting 程序中，我们把 Label 和 TextField 组件添加到一个 FlowPane 容器节点。如果有很多组件，通常会把相关的组件组合在一起放入次级容器节点。这些节点一起组成了窗口的场景图。通常，当把一个 JavaFX CSS 属性应用到一个节点时，该属性只对该节点起作用。但有些属性是特殊的，它们不仅对指定的节点起作用，还会对场景图的层级树中所有位于该节点之下的容器和组件起作用。JavaFX 文档中把这一概念称为*继承*，它和标准的继承很像。在标准的继承中，一个类的成员（变量和方法）可以被它的子类获取，通过这种继承，节点的某个属性（或多个）也会被场景图中该节点之下的其他节点获取。有时把这称为*场景图继承*，以区别于标准继承。

　　图 17.9a 中的有些属性可以表现出场景图继承，下面是这些属性：

```
-fx-cursor
-fx-font
-fx-font-family
-fx-font-size
-fx-font-weight
-fx-font-style
```

对于上面这些属性，继承是自动的。对于其他属性，如果想某个节点继承它在场景图层级树上最近的祖先的某个特定属性值，需要在为该节点提供属性-值对时，把值设为 inherit。例如，下面的代码使一个 message 标签继承它最近祖先的文本色彩：

```
message.setStyle("-fx-text-fill: inherit;");
```

　　在 Descartes 程序中，通过赋值给标签的-fx-pref-width 属性和-fx-pref-height 属性扩展了标签包围框的大小。在这个扩展的包围框中，把标签的-fx-alignment 属性设定为 center，从而使标签的文本居中显示。这一次，我们采用一种更具弹性的方式来实现。我们下一次对 Descartes 程序的迭代中还是只有一个组件

（包含 Descartes 名言的标签），但是会把大部分 JavaFX CSS 属性放在窗口场景图的根部，所以，如果之后有新节点添加到场景图，它们可以直接应用场景图根部已经存在的属性。

图 17.11a 中展示的是 Descartes2 程序的 createContents 方法。程序的其他部分都与之前相同。注意 -fx-pref-width 和-fx-pref-height 属性-值对现在是在 pane 的 setStyle 方法调用（pane 是场景图的根）中，而不是在 message 的 setStyle 方法调用中。这意味着 message 标签的包围框会适应它的文本大小，并且内部不会有余量空间，所以对该标签应用-fx-alignment 属性不会有效果。解决的办法是扩展场景图的根节点（使用-fx-pref-width 和-fx-pref-height 属性-值对），从而使 pane 的框和标签的框之间留有空间。这样，当把-fx-alignment 属性应用于 pane 时，就会确实影响标签在 pane 框中的位置。如图 17.11b 中标签位置的结果。它位于顶部居中位置，因为我们把 pane 的-fx-alignment 属性设定为 top-center。

```
private void createContents(FlowPane pane)
{
  Label message = new Label("\u221a-1 think, \u2234 \u221a-1 am.");

  pane.setStyle(
    "-fx-pref-width: 400;"+
    "-fx-pref-height: 150;" +
    "-fx-alignment: top-center;" +
    "-fx-font-size: 28;" +
    "-fx-font-weight: bold;" +
    "-fx-font-style: italic;" +
    "-fx-text-fill: pink;" +
    "-fx-background-color: lightgreen;" +
    "-fx-border-style: solid;" +
    "-fx-border-color: pink;" +
    "-fx-border-width: 5;" +
    "-fx-border-radius: 15;" +
    "-fx-background-insets: 5;" +
    "-fx-border-insets: 10;" +
    "-fx-padding: 10;");
  message.setStyle(
    "-fx-text-fill: inherit;" +
    "-fx-background-color: white;" +
    "-fx-padding: inherit;");

  pane.getChildren().add(message);
} // createContents 结束
```

图 17.11a　Descartes2 程序的 createContents 方法

（1）在图 17.11a 的 pane 容器的 setStyle 方法调用中，注意我们怎样设定 font 的属性值：字体大小设定为 28；字宽设定为 bold；样式设定为 italic。所有字体属性都自动显示场景图继承，所以你可以在屏幕截图中看到，message 标签展示的文字也有这些特征。

（2）pane 的 setStyle 方法调用中的下一个是-fx-text-fill:pink 属性-值对。我们想要 message 标签字体颜色继承粉色，但是-fx-text-fill 属性默认不会被继承。因此，message 标签调用 setStyle 方法时使用的是 -fx-text-fill: inherit。

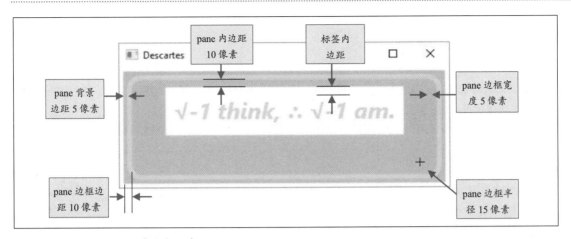

图 17.11b　Descartes2 程序生成的窗口

©JavaFX

（3）pane 的 setStyle 方法调用中的下一个是-fx-background-color: lightgreen 属性-值对。注意，在 Descartes2 程序的屏幕截图中，其中大部分是浅绿色的背景，但是文本的背景颜色是白色的。白色来自 message 标签的 setStyle 方法调用中的-fx-background-color: white 属性-值对。-fx-background-color 的默认值是透明的，意思就是，如果没有显式的-fx-background-color: white 属性-值对，message 标签的背景颜色会是和 pane 容器一样的浅绿色。

（4）pane 的 setStyle 方法调用中的下一个是边框的属性值：样式为 solid，颜色为 pink，宽度为 5，半径为 15。注意，在 Descartes2 程序的屏幕截图中，pane 容器的边框是 5 像素宽的粉红色实线。边框的弯角是-fx-border-radius 属性设定的。如果没有边框半径属性，边框的角会是标准 90°角。有了边框半径属性，边框的半径值（本例中为 15 像素）定义了弯角的弧线到圆心的半径是多少像素。在图 17.11b 中，十字线标志的位置就是边框右下角弧线的圆心。

（5）pane 的 setStyle 方法调用中的下一个是-fx-background-insets: 5 和-fx-border-insets: 10 属性-值对。注意，Descartes2 程序的屏幕截图中标示的边距。使用-fx-background-insets 属性在 pane 的边框（和窗口的边框相匹配）和背景颜色影响区域之间创建一个空隙。使用-fx-border-insets 属性在 pane 的边框和 pane 边框的外部之间创建一个空隙。不管哪一种边距属性，如果只提供一个值，它会应用到全部四个边上。如果提供了四个尺寸值，这些尺寸对应的四边顺序为上、右、下、左。这听起来很耳熟，因为我们在讲-fx-border-width 属性时也提到了相同的概念。

（6）pane 的 setStyle 方法调用中的最后一个是-fx-padding: 10 属性-值对。内边距属性设定的是节点边框内缘的区域。默认是没有内边距的。内边距属性作用于边框以内，而边距属性是作用于边框之外。如果觉得难记的话，想一下你用于邮递的包裹。你会往易碎包裹的箱子里放入内衬（padding），所以内边距属性是作用于边框内部。注意，在 Descartes2 程序的屏幕截图中，pane 的内边距为 10 像素，位于它的边框之内，标签的内边距是 10 像素，位于它的（不可见）边框内。标签继承了内边距属性，因为它的 setStyle 方法调用使用的是-fx-padding: inherit。

17.12　样式表和层叠

在图 17.11a 的 setStyle 方法调用中，属性-值对全是字符串拼接，你是否对此感到烦恼？除了在 setStyle 方法中大量拼接字符串这一途径，还有其他手段可以嵌入 JavaFX CSS 属性-值对，即把它们嵌入到一个外部文件中，在运行时把该文件与 Java 程序连接到一起。JavaFX 文档把这种外部文件称为*样式表*。

17.12.1　样式表

使用样式表有很多优势。因为样式表是一个简单的文本文件，而不是 Java 文件，如果改变它的属性-值对，则不需要重新编译 Java 程序。只要运行它，就会自动使用升级后的样式表。把程序的 CSS 属性-值对移到程序之外的单独文件中，使分享该格式代码到其他程序也变得更加简单。而分享可以进一步实现一致性和软件的复用性。

将样式表添加到程序的方法不止一种。虽然可以把它添加到一个独立的组件或是作为场景图根节点的面板容器，但我们会跳过这些方案，而是坚持采用更常见的方案，即把它添加到程序的 Scene 对象。在 Descartes2 程序中的场景图的 Scene 对象名为 scene，要把一个名为 descartes.css 的样式表关联到它，需要调用 getStylesheets 和 add 方法：

```
scene.getStylesheets().add("descartes.css");
```

getStylesheets 方法获取所有已经关联到场景的所有样式表的列表，add 方法把指定的样式表添加到该列表中。在本例中，因为只有一个样式表，getStylesheets 方法获取的是一个空的列表，然后把新的样式表添加了进去。

如图 17.12 演示了用于第 3 版 Descartes 程序的样式表。顶部的序言看起来应该熟悉；和 Java 一样，CSS 使用/*和*/来表示注释。属性—值对看起来也应该熟悉，因为它们和 Descartes2 程序中的一样。

该文件包含两条规则。每条规则包含一个标题和一个{}包围的属性-值对代码块。每个标题由一个点号和一个*选择器*组成（如.root 和.message）。选择器的名字（例子中是 root 和 message）是规则连接到 JavaFX 程序场景图中节点的原因。对于这两条规则中的每一条，注意左大括号（{）的位置（与选择器在同一行），在选择名称和大括号之间有一个空格。JavaFX 借鉴了 Web 编程中 CSS 规则的编码规约，这种编码规约称为 *K&R 风格*。其中，K 代表 Brian Kernighan，R 代表 Dennis Ritchie，他们发明了 UNIX 系统、C 语言以及时间起点[1]。在其关于 C 语言的著作中，使用左大括号放在第一行的编码风格。

第一条规则使用 root 作为选择器的名称。单词 root 是保留字，它告诉 JVM 把.root 规则应用到程序场景图的根节点。在图 17.13 的 Descartes3 程序中可以看到场景图的根节点是 pane，和之前 Descartes 程序一样，因此，.root 选择器的规则（和它的属性-值对）被应用于 pane 容器。

第二条规则使用 message 作为选择器的名称。要把名称不是 root 的选择器（如.message）的规则连接到程序中的节点，程序节点需要调用 getStyleClass 方法，然后是 add 方法。例如，在 Descartes3 程

---

[1]　在许多编程语言（包括 Java）中，会有方法/函数以 1970 年 1 月 1 日到现在所经过的毫秒值作为当前时间。据说，这个日期是 Kernighan 和 Ritchie 为他们的产品，即 UNIX 和 C 语言选择的诞生日。因为紧凑与极客化的词源，骇客们喜欢 K&R 风格，并称之为 1TBS（the one true brace style）。本书中的 Java 源码把左大括号单独列为一行，因为这样可读性更强，但如果你和你的老师更喜欢 K&R 风格来编写 Java 源码，就放手去用吧！

序中，注意，我们如何使用下面这行代码，把程序的 message 标签和外部文件的.message 规则连接到一起：

```
message.getStyleClass().add("message");
```

```
/****************************************************************
 * descartes.css
 * Dean & Dean
 *
 * 为 Descartes3.java 提供 CSS 规则
 ****************************************************************/

.root {                    ◄──────[ K&R 风格 ]
  -fx-pref-width: 400;
  -fx-pref-height: 150;
  -fx-alignment: top-center;
  -fx-font-size: 28;
  -fx-font-weight: bold;
  -fx-font-style: italic;
  -fx-text-fill: pink;
  -fx-background-color: lightgreen;
  -fx-border-style: solid;
  -fx-border-color: pink;
  -fx-border-width: 5;
  -fx-border-radius: 15;
  -fx-background-insets: 5;
  -fx-border-insets: 10;
  -fx-padding: 10;
}

.message {
  -fx-text-fill: inherit;
  -fx-background-color: white;
  -fx-padding: inherit;
}
```

图 17.12　descartes.css 样式表

选择器的名称并不要求使用 message；我们可以使用任何词，只要 add 方法调用的参数与选择器的名称匹配就可以。但是 message 是一个不错的名称，因为它的目的就是把一条规则连接到 message 标签。

```
/****************************************************************
 * Descartes3.java
 * Dean & Dean
 *
 * 使用样式表显示 Descartes 的本体论名言
 ****************************************************************/
```

图 17.13　Descartes3 程序

```
import javafx.application.Application;
import javafx.stage.Stage;
import javafx.scene.Scene;
import javafx.scene.layout.FlowPane;
import javafx.scene.control.Label;


public class Descartes3 extends Application
{
  public void start(Stage stage)
  {
    FlowPane pane = new FlowPane();
    Scene scene = new Scene(pane);

    scene.getStylesheets().add("descartes.css");   ◄──── 添加样式表到场景
    createContents(pane);
    stage.setTitle("Descartes");
    stage.setScene(scene);
    stage.show();
  } // start 结束


  //*************************************************************


  private void createContents(FlowPane pane)
  {
    Label message = new Label("\u221a-1 think, \u2234 \u221a-1 am.");
    pane.getChildren().add(message);
    message.getStyleClass().add("message");   ◄──── 连接 .message 规则到
  } // createContents 方法结束                        message 标签
} // Descartes3 类结束
```

图 17.13 （续）

17.12.2 层叠

CSS 的一个关键特征是，它如何应用属性值的层叠特性。像你已经学到的，有不同的技术可以设置 JavaFX 窗口的样式。可以调用一个单独的方法来调整每个需要调整的属性（如 label.setFont(new Font(16));），也可以调用 setStyle 方法来使用行内样式，或者可以创建一个样式表的外部文件，并且通过调用 getStylesheets 方法把它连接到 JavaFX 程序。所以，如果尝试使用多种技术手段调整同一个属性会发生什么？哪种技术会在冲突出现时胜出？这时候就需要层叠来补救。

如果你在网上或者词典中查询"层叠"①，会看到类似"过程中的一系列阶段"这样的内容。同样地，

---

① *词典*是一种原始的交流方式，是用来记录单词定义的工具。这些定义出现在压缩的木纤维薄片上。

层叠样式表（CSS）使用一系列的阶段。影响窗口外观的属性值可以被赋值到不同的阶段式位置。将多个属性-值对的集合组织在一个分阶段的结构中，这整个过程称为层叠样式表。

为了处理赋值到不同位置的属性值可能产生的冲突，不同的位置有不同的优先级。图 17.14 展示了属性值可以被赋值的位置。越靠上的位置，优先级越高，所以行内样式拥有最高的优先级。

场景图的节点样式属性可以被赋值的位置，越靠上优先级越高
1. 行内样式（setStyle 方法调用）
2. Parent 样式表（连接到场景图节点的外部文件）
3. Scene 样式表（连接到 Scene 对象的外部文件）
4. 组件属性方法调用
5. 用户代理样式表

图 17.14　属性值可以被赋值的位置

当存在连接到场景图中 Parent 节点的样式表时，属性值可以被赋值的位置中，它的优先级仅次于行内样式。你可能会想起我们之前的类层级树，Parent 类是场景图中几乎所有其他类的超类，所以可以认为，层叠样式表层级中的这一层级只要存在样式表，就会被赋值到场景图中的所有节点。

当存在连接到场景图中的 Scene 对象的样式表时，属性值可以被赋值的位置里，它是优先级再次一级的。这之后是当组件调用样式方法（如 setFont）来调整该组件的某个特定属性时。

最后，属性值可以被赋值的位置中优先级最低的位置，用来运行程序平台的本地样式表。作为一名程序员，你无法修改平台的样式表，所以不用描述那里的设置。但是不用担心，这些设置产生的常见标准格式被大多数用户习惯性地当作默认格式。

将节点展示在场景图中的过程中，JVM 会检查匹配该节点的属性值赋值，从图 17.14 中的层叠属性赋值列表的顶部开始，自上而下按照需求搜索这个列表。当存在匹配的属性时，属性值就会被应用到该节点，并且停止对该属性按此该列表向下的搜索行为。

17.12.3　样式表的优点、局限性及使用策略

样式表很好的一个特点是它们独立于它们服务的 Java 代码，这样可以在既不用修改 Java 源代码也不用重新编译的情况下，调整已经编译好的 Java 程序的样式，只需替换 CSS 文件中的规则即可。这一点对有些移动设备尤其有用，这些移动设备没有配套的便携版 JDK，甚至可能没有 JRE，但是可以兼容已经被编译成它们处理器本地语言的 Java 程序。对于这些设备，程序员可以使用 Java 语言创建主体程序，使用非常少的内部样式，也就是说，尽量减少类似 Font、Pos 及 Insets 类的使用，并且尽量减少使用类似 setAlignment、setFont 及 setStyle 的方法调用。尽力在外部样式表中使用 CSS 来设定样式。

通过样式表使用不同的文件名提供一个备选的 CSS 文件，从而为程序提供备选的样式选项。例如，在 Descartes3 程序的 start 方法中有以下一行：

```
scene.getStylesheets().add("descartes.css");
```
为了动态加载样式表，把这一行改成下面这样：
```
scene.getStylesheets().add(getParameters().getRaw().get(0));
```

然后，当执行编译好的 Java 程序时，简单地把目标.css 文件追加进来，其中的#用于区别不同的样式表文件：

```
> java Descartes3 descartes#.css
```

程序不是必须使用样式表里的全部规则，而且在展示窗口之前不需要添加规则。程序可以在执行过程中的任意时间点给场景图中的任意节点添加样式规则，而且它可以给同一个节点添加不止一条规则。每一条添加的规则，都会成为该节点处理的样式规则列表中的另一个元素。在已知添加到对象的样式规则序列的情况下，程序可以使用不同的样式规则替换任何之前添加的样式规则，就像替换 ArrayList 中的某个特定元素一样。假设想使用选择器为.nighttime 的样式规则替换 sky 节点的第一条（索引为 0）样式规则，可以使用下面的代码实现这点：

```
sky.getStyleClass().set(0, "nighttime");
```

像这样，通过分布在一个或多个外部样式表中的、不同样式规则的详细样式设定，程序可以在运行中的任意时间点调整它的样式。

17.13　Button 控件和 FactorialButton 程序

现在，是时候学习另一种 GUI 控件——Button 了。

17.13.1　用户界面

如果在某台电子设备上按下按钮，通常会发生一些事情。例如，如果你按下电视机的电源按钮，电视机就会打开或关闭。同样地，如果你按下/单击一个 GUI *按钮*，通常也会发生一些事情。例如，在图 17.1 的 TrustyCredit 窗口中，如果单击 OK 按钮，输入的信用卡卡号就会传给 Trusty Credit 公司。

17.13.2　实现

要想创建一个按钮控件，像下面这样调用 Button 构造器：

```
Button helloButton = new Button("Press me")
```

> 按钮标签的文本

当这个按钮显示时，Press me 会出现在按钮的中央。构造其中的字符串参数是可选的。如果省略该参数，按钮上不会有任何文字。

在创建 helloButton 按钮之后，可以把它添加到一个 pane 容器：

```
pane.getChildren().add(helloButton);
```

要想在一个方法中添加多个按钮，可以调用 addAll 方法来替换 add 方法。要让按钮起作用，需要为它实现一个事件处理器，可以使用 lambda 表达式或者一个方法引用来注册的普通方法。

使用 Button 类需要 javafx.scene.control 包，这可能已经满足了，因为 Label 和 TextArea 也需要它。方法引用事件处理需要额外导入 ActionEvent。

17.13.3　方法

如果你在 JavaFX 的 API 网站查看 Button 类，将会看到下面这样的层级树：

```
java.lang.Object
```

```
javafx.scene.Node
  javafx.scene.Parent
    javafx.scene.layout.Region
      javafx.scene.control.Control
        javafx.scene.control.Labeled
          javafx.scene.control.ButtonBase
            javafx.scene.control.Button
```

这看起来应该很熟悉，因为除了 ButtonBase 和 Button 类，它和 Label 类的层级树完全一样。从 Node 到 Labeled，有同样的祖先类，Button 类继承了之前已经讲述过的方法：setFont、getText、setText、setStyle 及 setVisible。

Button 类从 Node 类继承了 setEffect 方法，可以用于模拟弹起或按下的按钮：

```
public final void setEffect(Effect value)
```
设定的参数值是 DropShadow（用于弹起效果）或 InnerShadow（用于按下效果）的实例。

Effect 类属于 javafx.scene.effect 包，所以需要导入该包。

Button 类从 Region 类继承了 setPrefSize 方法：

```
public void setPrefSize(double prefWidth, double prefHeight)
```
重写默认的尺寸值。

除了从 Node 类一直到 Labeled 类的这些祖先类中继承的方法，Button 类从 ButtonBase 类继承了 setOnAction 方法。你应该已经熟悉了 setOnAction 方法，因为它是 TextField 类的一部分，并且在 Greeting 程序中使用过。我们用方法引用和 lambda 表达式调用过 setOnAction 方法。当你使用 Button 控件调用它时，也需要面对这样的选择。

17.13.4　FactorialButton 程序

下面将关于按钮的概念付诸实践，我们会通过一个完整的程序演示如何使用它。我们已经写好了一个 FactorialButton 程序，它使用一个 Button 控件来计算用户输入数字的阶乘[①]。为了更好地理解该程序怎样运行？请看图 17.15 中的示例会话。

在分析 FactorialButton 程序时，我们先从样式表开始。图 17.16 中是样式表中的三条规则：一条针对场景图根节点；一条针对 x 文本框；一条针对 x!文本框。.root 规则的-fx-pref-width 和-fx-pref-height 属性决定了窗口的首选的整体宽度与高度。"首选的"意思是，如果组件适合此大小的窗口的话，这就是窗口的初始尺寸（在用户可能调整窗口大小之前）。如果窗口对组件来说太小了，窗口会相应地扩大。.root 规则使用-fx-alignment:center 属性-值对保证窗口的组件在水平方向和垂直方向都在窗口中居中显示。.root 规则使用-fx-hgap 属性设定窗口中 FlowPane 容器中组件之间的水平间距。最后，.root 规则使用-fx-font-size 属性确定窗口中组件的字体大小（原因是场景图继承）。

[①] 数字的阶乘是比该数字小的所有正整数的乘积。n 的阶乘写作 $n!$。例如，4 的阶乘写作 4!，4!等于 24，因为 $1 \times 2 \times 3 \times 4 = 24$。

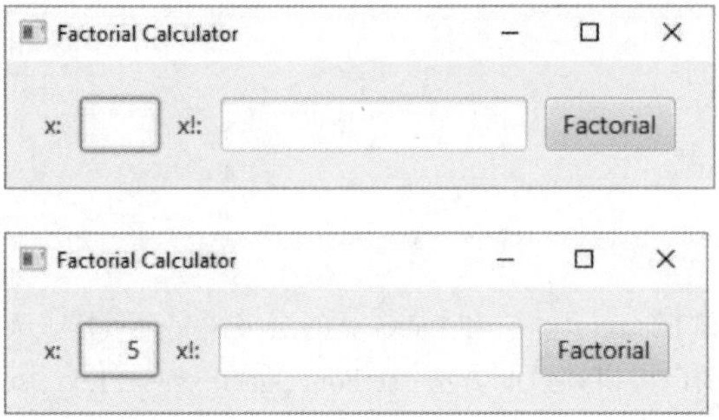

当光标在 x 文本框中时，按 Enter 键或单击 Factorial 按钮：

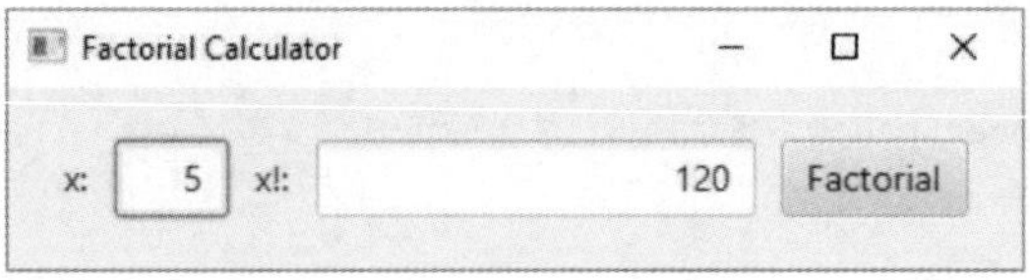

图 17.15　FactorialButton 程序的示例会话

©JavaFX

```
/*****************************************************************
* factorial.css
* Dean & Dean
*
* 为 FactorialButton 程序提供 CSS 规则
*****************************************************************/

.root {
  -fx-pref-width: 400;
  -fx-pref-height: 70;
  -fx-alignment: center;
  -fx-hgap: 10;
  -fx-font-size: 14;
}
.x {
  -fx-pref-column-count: 2;
  -fx-alignment: center-right;
}
.xf {
  -fx-pref-column-count: 12;
  -fx-alignment: center-right;
}
```

图 17.16　factorial.css 样式表

.x 规则使用-fx-pref-column-count: 2 属性-值对使创建的文本框只能容纳两个输入的字符。为什么只有两个字符？原因是 JVM 无法计算三位数的阶乘，因为结果太大了。.xf 规则使用-fx-pref-column-count:

12 属性-值对使创建的文本框可以容纳 12 个字符的输出结果。.x 规则和.xf 规则都使用了-fx-alignment: center-right 属性-值对使文本框中的数字靠右排列。通常，字符串会靠左排列，而数字会靠右排列，这是作为一个开发人员经常要做的。

如图 17.17a 和 17.17b 所示为 FactorialButton 程序。大部分代码应该是好理解的，因为程序的结构类似之前的 GUI 程序。我们会跳过比较熟悉的代码，聚焦在更复杂的代码上。

```java
/****************************************************
 * FactorialButton.java
 * Dean & Dean
 *
 * 当用户单击按钮，或者在输入框中按 Enter 键时,输入数字的阶乘会展示在输出文本框中
 ****************************************************/

import javafx.application.Application;
import javafx.stage.Stage;
import javafx.scene.Scene;
import javafx.scene.layout.FlowPane;
import javafx.scene.control.*;              // Label、TextField、Button
import javafx.event.ActionEvent;


public class FactorialButton extends Application
{
  private TextField xBox = new TextField();    // 用户输入
  private TextField xfBox = new TextField();   // 阶乘结果

  public void start(Stage stage)
  {
    FlowPane pane = new FlowPane();
    Scene scene = new Scene(pane);

    scene.getStylesheets().add("factorial.css");
    createContents(pane);
    stage.setTitle("Factorial Calculator");
    stage.setScene(scene);
    stage.show();
  } // start 结束

  //****************************************************

  private void createContents(FlowPane pane)
  {
    Label xLabel = new Label("x:");
    Label xfLabel = new Label("x!:");
    Button btn = new Button("Factorial");

    pane.getChildren().addAll(xLabel, xBox, xfLabel, xfBox, btn);
```

图 17.17a FactorialButton 程序——A 部分

```
        xBox.getStyleClass().add("x");
        xfBox.getStyleClass().add("xf");
        xfBox.setEditable(false);
        xBox.setOnAction(this::handle);
        btn.setOnAction(this::handle);
    } // createContents 结束
```

图 17.17a　（续）

```
    //**************************************************

    private void handle(ActionEvent e)
    {
      int x;                  // 用户输入的 x 值
      long xf;                // x 的阶乘

      try
      {
        x = Integer.parseInt(xBox.getText());  ◄──── [把用户输入从字符串转换成数字]
      }
      catch (NumberFormatException nfe)
      {
        x = -1;               // 提示无效输入
      }
      if (x < 0 || x > 20)    // 注意: 21! > Long.MAX_VALUE
      {
        xfBox.setText("undefined");
      }
      else
      {
        if (x == 0 || x == 1)
        {
          xf = 1;
        }
        else
        {
          xf = 1;
          for (int i=2; i<=x; i++)  ◄──── [阶乘的计算]
          {
            xf *= i;
          }
        } // else 结束

        xfBox.setText(Long.toString(xf));
      } // else 结束
    } // handle 结束
  } // FactorialButton 类结束
```

图 17.17b　FactorialButton 程序——B 部分

在 FactorialButton 类的顶部声明了两个文本框作为实例变量，因为它们会被两个方法使用，即 createContents 方法和 handle 方法。

在 createContents 方法中声明两个 Label 控件和一个 Button 控件。同样在 createContents 方法中调用 xfBox.setEditable(false)，它阻止用户直接向阶乘文本框中直接输入任何内容。这很好理解，因为它应该是程序（而不是用户）来生成阶乘。注意，在示例会话中，阶乘文本框的边框是暗淡的。只要使用文本框控件调用 setEditable(false)，就可以直接拥有该视觉提示了。

createContents 方法中的最后两句使用方法引用把输入文本框和按钮注册到同一个事件处理器中。这样给了用户两种途径来触发响应。当光标在输入文本框中时，用户可以按 Enter 键，或者单击按钮。在本例中使用的是方法引用，使用 lambda 表达式是不明智的，因为那样会有冗余代码。

图 17.17b 的 handle 方法中全是有趣的代码。首先，注意 xf，它是用来保存 x 的阶乘的局部变量，它被声明为 long 类型，而不是 int 类型。这是因为阶乘很快就会变得非常大。

在 try 代码块中，注意 Integer.parseInt 方法调用。如果你需要从 GUI 程序中读取或者展示数字，必须使用字符串形式的数字。所以，要读取输入文本框中的数字，首先使用 xBox.getText 方法读取字符串，然后使用 Integer.parseInt 方法把它转换为数字。

理想情况下，你应该经常检查用户的输入，以确保它是有效的。在 handle 方法中检查了三种类型的无效输入：非整数、负数，以及数值过大。使用 Integer.parseInt 方法检查输入的字符能否构建一个整数。如果不能，在 catch 代码块中为 x 赋值，使它无法通过接下来的测试。在接下来的测试中，如果输入的数值是负数，或者超过了最大输入值（20），因为它的阶乘会是一个 Long（Long.MAX_VALUE = 9223372036854775807，这真的是一个非常大的数！），就会在 xfBox 的可视区显示 undefined。如果结果不是 undefined，handle 方法继续进行阶乘计算，并把结果展示在 xfBox 的可视区域中。

在验证输入内容之后，使用 handle 方法计算阶乘：首先考虑当 x 等于 0 或 1 的特殊情况，然后考虑 x≥2 的情况，它使用一个循环来解决。研究一下这些代码。它可以顺利完成任务，但是你是否发现有方法可以使它更加精炼？你可以省略 if (x == 0 || x == 1)开头的代码块，因为这种情况在 else 代码块中已经被处理了。具体来说，你可以第二个 xf = 1;以上的六行内容。

17.14　区分多个事件

在此之前，事件处理器的 ActionEvent 参数什么也不做。这只是一个小烦恼。在本节，你会看到 ActionEvent 参数的对象发挥作用的例子。具体来说，你会看到我们如何使用它来获取触发事件的组件，以及如何使用该组件来区分各种可能发生的事件。

17.14.1　通过按钮的引用名使用 getSource 方法

假设你像我们之前在 FactorialButton 程序中那样，把两个组件注册到同一个事件处理器方法。如果你希望根据触发事件的不同组件作出不同的响应，必须首先明确是哪个组件触发了事件，然后可以定制你的事件处理器：如果是组件 X 触发的事件，就做某件事；如果是组件 Y 触发的事件，就做另一件事。

　　在一个事件处理器方法中，怎样才能断定事件的源头呢？换句话说，如何明确哪个组件触发了事件？具体来说，在事件处理器方法中使用 ActionEvent 参数来调用 getSource 方法，返回一个触发事件的组件的引用。想看到它是哪个组件，可以使用==来比较返回的引用和某个特定组件的引用。例如，在 FactorialButton 程序中，如果提醒用户单击按钮，而不是在输入框中按 Enter 键，可以添加以下代码：

```
Alert alert;      // 提醒用户单击按钮

if (e.getSource() == xBox)
{
  alert = new Alert(Alert.AlertType.WARNING);
  alert.setTitle("Alert");
  alert.setHeaderText("");
  alert.setContentText(
    "Click factorial button to perform operation.");
  alert.showAndWait();
} // if 结束
```

　　Alert 类实现一个对话框，它让用户在执行后续操作前必须先对它作出回应。它和其他空间一起被定义在 javafx.scene.control 包里。想了解更多关于 Alert 类实现的对话框以及其他对话框，如 TextInputDialog 和 ChoiceDialog 对话框，可以回看第 3 章末尾的 GUI 部分。

17.14.2　通过按钮的标签使用 getSource 方法

　　在前面的例子中，为了明确哪个组件应该为事件的触发负责，事件处理器将事件的源头和一个特定的按钮的引用变量做比较。通常情况下，这是管用的，但也有例外。设想一下，事件处理器无法获取引用变量的名字。当组件在与事件处理器方法所在类不同的另一个类中声明时，就会发生这种情况。

　　另一种无法将事件的源头和引用变量进行比较的情况是，当需要的组件是*模态组件*时。模态组件是拥有多种状态或状况的组件。例如，假设有一个按钮，它的标签在 Show Details 和 Hide Details 之间切换。这两个标签对应两种不同模式的选项：一种模式下显示细节，另一种模式下隐藏细节。如果模态按钮被单击，getSource 方法可以获取该按钮，但是无法获取该按钮的模式。要想获取该按钮的模式，关键是获取该按钮的标签。在接下来的代码片段中，注意我们是如何通过 e.getSource 方法获取按钮，以及如何通过 getText 方法获取按钮的标签，并把获取的标签和 Show Details 进行对比。如果它们相等，我们就把一个字符串赋值给 instructions 标签，并把按钮的标签切换到 Hide Details；如果它们不相等，我们就把空字符串赋值给 instructions 标签，并把按钮的标签切换成 Show Details。

```
private void handle(ActionEvent e)
{
  Button btn = (Button) e.getSource();
  if (btn.getText().equals("Show Details"))
  {
    instructions.setText("Buy a toilet tank flapper." +
      " Remove old flapper. Mount new flapper");
```

```
       btn.setText("Hide Details");
   }
   else
   {
       instructions.setText("");
       btn.setText("Show Details");
   }
} // handle 结束
```

17.14.3　getEventType 方法

除了知道事件的源头，你可能还想知道事件的类型。如果在事件处理器方法中使用一个 ActionEvent 参数，你可以使用 e.getEventType().getName()方法来获取事件类型的名称。如果事件处理器方法中使用某种 InputEvent 参数，如 KeyEvent 或者 MouseEvent，可以使用 e.getEventType(). toString()方法来获取一个字符串值，类似 KEY_PRESSED、KEY_RELEASED、MOUSE_PRESSED、MOUSE_RELEASED、MOUSE_DRAGGED 和 MOUSE_CLICKED。然后，可以在 if 语句或者 switch 构造中对比返回的值并采取适当的处理。在本章后面，我们会提供一个例子解释这些概念。

17.15　色彩

像之前提到的，用户不会买不是基于 GUI 的程序，为什么？因为 GUI 程序提升的功能性可以带来更好的用户体验。更好的用户体验有一部分是来自对色彩的正确使用。例如，一致的颜色模式可以为输入提示和警告信息提供视觉线索，这可以加速用户的输入过程。色彩仅仅通过自身就可以大大提升用户体验。记住，色彩是有趣的！

要想设定色彩值，可以使用下面五种方式。

（1）色彩名称：如 chartreuse。

（2）rgb 值：用于设定红色、绿色和蓝色的数值。

（3）rgbA 值：用于设定红色、绿色和蓝色的数值，加上不透明度。

（4）hsb 值：用于设定色调、饱和度及亮度。

（5）hsbA 值：用于设定色调、饱和度及亮度，加上不透明度。

第一种方式，使用色彩名称，是我们在之前例子中使用过的。具体地说，我们使用了色彩名称 white、lightgreen 以及 pink 来对属性-fx-text-fill、-fx-background-color 以及-fx-border-color 设定色彩值。图 17.18 展示的是 JavaFX CSS 定义的所有色彩名称。可以看到色彩名称都使用小写字母，多个单词名称中间不使用空格。例如，如果你的应用想使用浅杏仁色，可以使用 blanchedalmond 色彩值。JavaFX 的色彩名称与 web 编程中 CSS 指定的色彩名称相匹配。在第 18 章中有一道练习题会要求你写一个程序，它能够生成图 17.18 中的屏幕截图。我们把这个练习放到第 18 章的原因是该程序需要用到第 18 章才引入的布局的概念。

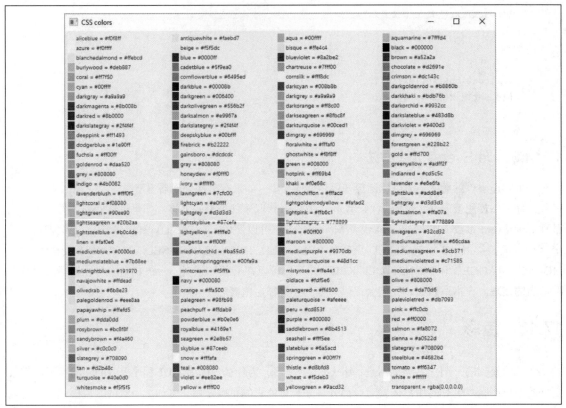

图 17.18　色彩名称

©JavaFX

17.15.1　rgb 值

如果你不能找到想要的色彩名称作为另一种选择，你可以通过混合指定量的红色、绿色和蓝色组成一种色彩。为了设定每种色彩的量，你可以使用百分比、整数或十六进制数。下面是每种方法的取值范围：

（1）百分比：每种色彩的 0% ~ 100%。

（2）整数：每种色彩的 0 ~ 255。

（3）十六进制：每种色彩的 00 ~ ff。

这种通过混合特定量的红色、绿色和蓝色来生成色彩的技术被许多编程语言所采用。红色、绿色和蓝色三项通常称为 *RGB 值*。

（1）使用百分比设定一个 RGB 值，可以使用下面的格式：

rgb(*红色百分比,绿色百分比,蓝色百分比*)

每个百分比的值必须介于 0% ~ 100% 之间。下面是使用百分比设定 rgb 值的样式表规则示例：

.root {-fx-background-color: rgb(56%,93%,56%);}

上面的规则生成的背景色是什么样的？第二个值为 93%，说明在混合的色彩中它有相当大的绿色成分。三项值都超过了 50%，说明从明暗的角度看，结果色彩是相对较亮的，所以，该规则产生了一种浅绿色。它和 Descartes3 程序中使用色彩名称 lightgreen 生成的色彩是一样的。

注意，在上面的样式表规则中，全部规则就一行。之前我们讲到对样式表规则使用 K&R 风格，它规定左大括号在选择器同一行，属性值和右大括号在不同的行。但是对于较短的规则，编码约定表示可以选择。尽量使用 K&R 风格，但是作为节省空间的另一种选择，可以将整条规则放在一行之内。

白光是所有色彩的结合[①]，所以 rgb(100%,100%,100%) 生成白色。黑色是什么色彩也没有，所以 rgb(0%,0%,0%) 生成黑色。

（2）要是用整数设定 RGB 值，可以使用下面的格式：

rgb(*红色的整数,绿色的整数,蓝色的整数*)

每个整数必须介于 0～255 之间。下面是使用整数设定 RGB 值的样式表规则：

`.root {-fx-border-color: rgb(255,192,203);}`

上面的规则生成什么色彩？第一项为 255，说明它混合的色彩中很大一部分是红色。第二项和第三项分别为 192 和 203，说明绿色和蓝色都超过了中间点，这条规则生成一种较浅的红色；它生成的颜色和 Descartes3 程序中使用色彩名称 pink 指定的色彩一致。

（3）正如在第 12 章学到的，十六进制数由 16 个字符组成：0，1，2，3，4，5，6，7，8，9，A，B，C，D，E，以及 F。要使用十六进制设定 rgb 值，你需要使用格式#rrggbb，其中：

● rr 表示两个十六进制数字，表示红色的量。

● gg 表示两个十六进制数字，表示绿色的量。

● bb 表示两个十六进制数字，表示蓝色的量。

下面是使用十六进制色彩值的样式表规则示例：

`.root {-fx-border-color: #ffc0cb;}`

十六进制数是大小写不敏感的，所以 ff（FF）也同样表示红色的最大量。c0 和 cb 值提供相当多的另两种色彩，结果和前面例子中使用 rgb(255,192,203) 值生成的粉色是一样的。

17.15.2　不透明度值

前面章节已经学习了 rgb 构造，下面学习 rgba 构造。rgba 构造同样使用红色、绿色和蓝色表示色彩，并且添加了用于表示不透明度的第四个值。不透明度是指透过某事物看不见的程度，与透明度相反。如果不透明度是 100%，这意味着色彩完全不透明，如果色彩后面有内容，该内容会被遮盖。相反，如果不透明度是 0%，这意味着颜色完全透明。使用介于两个极值之间的不透明度值，可以使组件的背景色彩与组件容器的背景色彩混合。

要设定一个 rgba 值，使用下面两种格式之一：

rgba(*红色的整数,绿色的整数,蓝色的整数,介于0～1之间的不透明度值*)

rgba(*红色百分比,绿色百分比,蓝色百分比,介于0～1之间的不透明度值*)

不透明度值必须是介于 0～1 之间的小数，如果为 0，则完全透明；如果为 1，则完全不透明；如果为 0.5，则在中间值。对于上面的第一种格式，每项整数值必须介于 0～255 之间，0 表示最小强度，255 表示最大强度。这听起来应该熟悉，因为我们在使用 rgb 构造时也是这种情况。对于第二种格式，每一项的百分比必须介于 0%～100%之间。

---

① 1666 年，Isaac Newton 发现白光是由光谱中的所有色彩组成的。他演示了当白光穿过三棱镜后被分成了各种色彩。而且当分开后的色彩在穿过另一个三棱镜时，它们又集合在一起形成了最初的白光。

下面是使用 RGBA 色彩值的样式表示例：

```
.message {-fx-text-fill: rgba(127,127,255,.5);}
```

蓝色为 255，及不透明度为 0.5，JVM 展示 message 的文本使用的是把指定的蓝色和容器的背景色按照 50/50 混合的色彩。

17.15.3　hsb 与 hsba 值

有时完成同一件事有很多种办法。现在已经学习了如何使用名称、rgb 构造，以及 rgba 构造来设定色彩值。下面介绍 hsb 构造使用下面的格式：

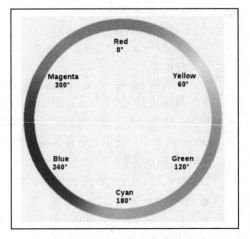

　　hsb(色调的整数, 饱和度百分比, 亮度百分比)

hsb 表示色调、饱和度及亮度。hsb 构造中的第一项的值是色彩的色调，它表示的是图 17.19 中展示的色轮位置的角度。其中，0°是红色；120°是绿色；240°是蓝色。对于圆来说，0°和 360°是相等的，所以指定红色，可以选择用360 替换 0。

　　hsb 构造中的第二项的值是色彩饱和度的百分比。饱和度的值越高，越接近色彩的全色。饱和度越低，越接近灰色。

图 17.19　对应 hsb 和 hsba 中色调值的色轮

　　hsb 构造中的第三项的值是色彩亮度的百分比。亮度值0%会成为黑色，不管色调和饱和度是多少。100%亮度的效果取决于饱和度。当饱和度为 0%，100%亮度生成白色。当饱和度为 100%时，100%亮度生成非常亮的色彩。

　　下面是使用 hsb 色彩值的演示表规则示例：

```
.root {-fx-background-color: hsb(120,39%,93%);}
```

第一项的值为 120，表示生成绿色色调。第二项和第三项的值缓和了绿色，所以结果是浅绿色。它和 Descartes3 程序中使用色彩名称 lightgreen 生成的颜色一样。

　　前面学习了如何使用 rgba 构造为 rgb 值添加透明度。同样地，添加透明度到一个 hsb 值，可以使用hsba 构造。使用下面的语法格式：

　　hsba(色调的整数, 饱和度百分比, 亮度百分比, 介于 0 ~ 1 之间的不透明度值)

第四项的值用于设定不透明度。不透明度值必须是介于 0 ~ 1 之间的小数，如果为 0，则完全透明；如果为 1，则完全不透明。

　　在程序中使用 rgb 和 hsb 值时，采用试错法是完全可以接受的，但是为了节约时间可能会使用一个在线色彩选择器。例如，查看 http://colorizer.org。

17.16　ColorChooser 程序

现在将已经学到的事件处理器和色彩的部分内容在一个完整程序的背景下应用于实践。在ColorChooser 程序中实现 Stop 和 Go 按钮，分别用于将窗口的背景颜色设定为浅红色（用于 Stop）或者浅绿色（用于 Go），如图 17.20 所示。

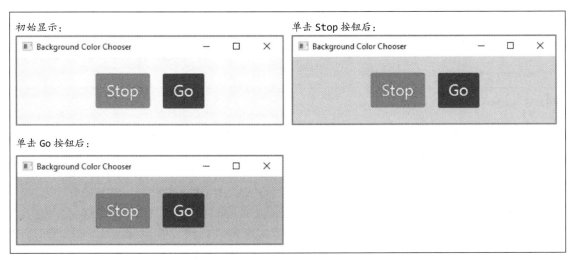

图 17.20　ColorChooser 程序的示例会话

©JavaFX

请看图 17.21 中的 colorChooser.css 文件。特别要注意色彩属性。为了使窗口背景变为浅蓝色，我们对场景图的根节点使用-fx-background-color: rgb(245,245,255)。对两个按钮的背景色分别使用-fx-background-color: red 和-fx-background-color: green。

按钮标签默认是黑色的。在 ColorChooser 程序中，我们需要把按钮的标签设为白色，这样会在按钮的红色和绿色背景中更加显眼。为了把标签设定为白色，可以对两个按钮都添加-fx-text-fill: white 属性-值对，但是这样会有冗余代码。另一种做法是把这一属性-值对添加到.root 规则，并在两个按钮的规则中添加-fx-text-fill: inherit，从而继承这一特征。这种做法非常优雅，但还有更好的方法。下面是 colorChooser.css 样式表中的相关代码：

```
Button {-fx-text-fill: white;}
```

```
/******************************************************
 * colorChooser.css
 * Dean & Dean
 *
 * 为 ColorChooser 程序提供 CSS 规则
 ******************************************************/

.root {
  -fx-pref-width: 400;
  -fx-pref-height: 100;
  -fx-alignment: center;
  -fx-font-size: 24;
  -fx-hgap: 20;
  -fx-background-color: rgb(245,245,255);        ← 浅蓝色
}
```

图 17.21　colorChooser.css 样式表

```
.stopButton {-fx-background-color: red;}
.goButton {-fx-background-color: green;}

Button {-fx-text-fill: white;}
```

图 17.21　（续）

　　注意，这条规则使用按钮作为选择器。之前，我们的 JavaFX CSS 选择器全部都是以点号开始（如.root、.goButton）。点前缀选择器通常称为*类选择器*。你应该回想起来，这些选择器是通过调用：component.getStyleClass().add("selector")绑定到面板场景图中的组件。另外，没有点号的选择器（如按钮）称为*类型选择器*。类型选择器匹配面板场景图中特定"类型"的组件。节点的类型是由它们的类名决定的。所以按钮选择器匹配面板场景图中所有的按钮组件。因此，这条规则会使两个按钮的标签都使用白色。

　　请看图 17.22a 和图 17.22b 中的 ColorChooser 程序。大多数代码你应该已经理解了，因为它的结构和之前 GUI 程序的结构是一样的。我们会聚焦在新代码上——事件处理器代码。因为两个按钮需要不同的操作，单独使用一个事件处理器的方法引用并没有避免冗余的优势，所以，我们使用更加精简的 lambda 表达式技术。

```
/**********************************************************
* ColorChooser.java
* Dean & Dean
*
* 该程序的按钮使用户可以把窗口的背景色设定为浅红色或浅绿色
**********************************************************/

import javafx.application.Application;
import javafx.stage.Stage;
import javafx.scene.Scene;
import javafx.scene.layout.FlowPane;
import javafx.scene.control.Button;


public class ColorChooser extends Application
{
  public void start(Stage stage)
  {
    FlowPane pane = new FlowPane();
    Scene scene = new Scene(pane);

    scene.getStylesheets().add("colorChooser.css");
    createContents(pane);
    stage.setTitle("Background Color Chooser");
    stage.setScene(scene);
    stage.show();
  } // start 结束
```

图 17.22a　ColorChooser 程序——A 部分

```
//*********************************************************

private void createContents(FlowPane pane)
{
  Button stopButton;              // 将背景改变为粉色
  Button goButton;                // 将背景改为浅绿色

  stopButton = new Button("Stop");
  pane.getChildren().add(stopButton);
  stopButton.getStyleClass().add("stopButton");
  stopButton.setOnAction(e -> {
    pane.setStyle(pane.getStyle() +
      " -fx-background-color: pink;");
  });
  goButton = new Button("Go");
  pane.getChildren().add(goButton);
  goButton.getStyleClass().add("goButton");
  goButton.setOnAction(e -> {
    pane.setStyle(pane.getStyle() +
      " -fx-background-color: lightgreen;");
  });
} // createContents 结束
} // ColorChooser 类结束
```

图 17.22b　ColorChooser 程序——B 部分

在 createContents 方法中，Stop 按钮调用 setOnAction 方法时使用 lambda 表达式作为参数：

```
e -> {
  pane.setStyle(pane.getStyle() +
    " -fx-background-color: pink;");
}
```

注意，我们使用 setStyle 给 pane 容器添加一条新的样式规则。如果回看 colorChooser.css 文件，你可以看到 pane 容器的原始样式规则，它使用 .root 选择器。在原始样式规则中，背景色被设定为浅蓝色（使用 rgb(245,245,255)）。在上面的 lambda 表达式中，pane 容器的新样式规则是 pane 容器的当前样式规则拼接上一个新的属性-值对，该属性-值对将背景色设定为粉色。这意味着 pane 容器的背景色赋值出现了冲突——先是浅蓝色，然后是粉色。当出现这种冲突时，后面的赋值会胜出。因此，背景色会变成粉色。

你自行研究 Go 按钮的 setOnAction 方法调用。可以看到它的 lambda 表达式和 Stop 按钮的 lambda 表达式类似。

总结

● Application 类应该用作所有 JavaFX GUI 应用窗口的父类。

● 当 Application 的子类程序加载时，它们会自动调用自己的 start 方法，所以 start 方法可以作为启动点，而 main 方法不是必需的。

- Stage 类实现了所有的标准窗口特征，如边框、标题栏、最小化按钮、关闭窗口按钮（X 号）及调整窗口尺寸的能力等。
- Label 是只读控件，用户只读取标签的信息。
- TextField 控件允许用户把文本输入到文本框中。
- 当用户与组件交互（例如，当用户单击按钮或在文本框中按 Enter 键）时，组件会触发一个事件。
- 如果组件有注册到事件处理器，触发的事件会被事件处理器"听到"，并执行其指令。
- 使用 JavaFX 可以通过方法引用或 lambda 表达式来实现事件处理器。
- 属性绑定使你可以在源组件改变时同步更新目标组件。
- JavaFX CSS 属性源自 web 编程中的 CSS 标准，并与之紧密匹配。
- 场景图继承是指，当 JavaFX CSS 属性被应用到某个节点时，场景图层级树中该节点之下的所有容器节点和组件节点也会拥有该属性。
- 层叠是 JavaFX CSS 中的概念，是指属性被定义在不同位置以及如何对不同位置的定义赋予不同的优先级。
- 区分多个事件的技术不止一种，可以通过按钮的引用名或标签来使用 getSource，或者使用 getEventType 来判断事件的类型。
- 如果要设定色彩，可以使用名称、rgb 值、rgba 值、hsb 值，或者 hsba 值。

复习题

§17.1　引言

1. 为什么 Swing 组件被认为是轻量级的（与被认为是重量级的 AWT 组件相比）？

2. RIA 是什么？

3. JavaFX 相比 Swing 和 AWT 有哪些提升？

§17.2　SimpleWindow 程序

4. JavaFX 程序中应该使用哪个类做超类？

5. start 方法的特别之处是什么？

§17.3　Stage 和 Scene

6. 设定窗口尺寸的两种方法是什么？

7. 为了把程序的窗口放在计算机屏幕的指定位置，可以调用 Stage 对象的 setX 和 setY 方法，使用 x 和 y 参数指定窗口左上角坐标值的 x 值和 y 值。（对/错）

§17.5　Label 控件

8. 在单独一条语句内声明一个名为 hello 的 Label 引用变量，使用 Hello World 字符串对其进行初始化。

9. 如果你想把 Label 控件的宽度限定到比包围它的容器要窄，应该调用哪两个方法？

§17.6　TextField 控件

10. 写出语句，将一个文本框当前首选列数减小两列。假设文本框的名称是 nameBox。提示：使用 getPrefColumnCount 方法。

11. TextField 类的 setPromptText 方法与它的 setText 有何区别？

§17.7　Greeting 程序

12. 如果只有一个组件，可以直接把它添加到 Scene 对象，但是多个组件就不可以了。如何把多个组件添加到一个场景？

§17.8 事件处理

13．事件是什么？

14．写出语句，使用 setOnAction 把一个名为 verifyButton 的 Button 控件注册到名为 verify 的事件处理器。

15．如果你想复用一个事件处理器的代码，哪种方法更好——方法引用还是 lambda 表达式？

§17.9 属性绑定

16．bind 方法用于属性绑定。bind 方法的参数实现的是哪种类型的接口？

§17.10 JavaFX CSS

17．写出语句，用名为 heading 的标签调用 setStyle 方法来使其在容器中顶部居中位置，并将它的字体大小设定为 16。

18．哪一个 JavaFX CSS 属性可以画出水平删除线，就像这样？

19．下面是将 JavaFX CSS 属性-fx-rotate 设定为 45°，哪里有错误？

```
-fx-rotate: 45 deg;
```

§17.11 场景图继承

20．如果给一个容器设定了样式属性，则所有属性自动被应用到容器中的所有组件。（对/错）

21．对于默认不能被继承的 JavaFX CSS 属性，怎样能让它们被继承？

22．.root 选择器的作用？

§17.12 样式表与层叠

23．写出语句，将名为 petShop.css 的样式表连接到 JavaFX 窗口，该窗口的 Scene 对象名为 scene。

24．给场景图的根容器添加多个样式表是合法的。（对/错）

25．按照位置越高，优先级越高的顺序，JavaFX CSS 属性值可以给一个场景图节点赋值的位置的层叠是什么？

§17.13 Button 控件和 FactorialButton 程序

26．在 FactorialButton 程序中，哪一条语句阻止用户直接向阶乘文本框中输入内容？

27．哪一个 JavaFX CSS 属性决定容器中两个组件之间的水平距离？

§17.14 区分多个事件

28．在事件处理器中，当调用 e.getSource()方法时返回什么？

29．哪一个 Button 方法可以获取按钮的标签？

§17.15 色彩

30．写出三条样式表规则，选择器的名字分别为 message1、message2 和 message3，使用红色、绿色，以及蓝色展示一个不透明的深品红色背景色。这三条规则，第一条使用百分比，第二条使用整数，第三条使用十六进制。

31．写出一条样式表规则，选择器名为 label，使用 hsba 构造展示透明度 50%的浅蓝色背景色。

练习题

1．[§17.1] 在第一个 Java 编译器中，所有的 GUI 类都被打包到 Java API 库中的一个区域，它的名字是_____。

2．[§17.2] 对下面各项，分别需要导入 Java API 的哪个包？

（1）Application

（2）Stage

（3）Scene

（4）Label

3.［§17.3］写一个简短的 JavaFX 程序，展示一个包含 Good Morning 文本的 Label。不要注释，不需要 lanch 方法。它的展示如下：

©JavaFX

4.［§17.6］如何阻止用户更新一个名为 textBox 的 TextField？

5.［§17.8］举出三个用户可能触发事件的例子。

6.［§17.8］一个 HelloGoodbye 程序生成两个窗口，例如：

©JavaFX

用户单击×关闭小窗口后，外面的窗口展示 Goodbye, World!，例如：

©JavaFX

setOnHiding 方法和 setOnAction 方法类似，也是会把场景图中的节点注册到事件处理器。在下面的框架代码中，使用 setOnHiding 方法调用替换 Insert setOnHiding method call here，并且在该调用中，使用 lambda 表达式作为 setOnHiding 方法的参数。

```
public class HelloGoodbye extends Application
{
  private Label goodbye = new Label();

  public void start(Stage stage)
  {
    Stage secondaryStage = new Stage();

    stage.setScene(new Scene(goodbye, 300, 50));
    secondaryStage.setScene(new Scene(new Label("Hello, World!")));

    <在这里为 secondaryStage 窗口插入 setOnHiding 方法调用.>

    stage.show();
    secondaryStage.show();
  } // start 结束
} // HelloGoodbye 结束
```

7.［§17.11］完成程序，展示像这样的 "Hello World" 信息。

©JavaFX

　　注意这些样式特点：①面板顶部居中排列，内边距为 10 点；②标签字体为斜体，30 磅，衬线；③工具条为字体 10 磅。把 setStyle 方法调用插入下面的代码片段，以实现这样的样式：

```java
import javafx.application.Application;
import javafx.stage.Stage;
import javafx.scene.Scene;
import javafx.scene.layout.FlowPane;
import javafx.scene.control.*; // Label、Tooltip
import javafx.scene.effect.Reflection;
public class BigHello extends Application
{
  public void start(Stage stage)
  {
    Label label = new Label("Hello World");
    Tooltip tip = new Tooltip("Life is Great!");
    FlowPane pane = new FlowPane();
    Scene scene = new Scene(pane, 250, 100);
    pane.getChildren().add(label);

    < 在这里插入 setStyle 方法调用 >

    label.setEffect(new Reflection());
    label.setTooltip(tip);
    stage.setScene(scene);
    stage.show();
  } // start 结束
} // BigHello 类结束
```

8. [§17.12] 相比行内样式，样式表的两个优势是什么？

9. [§17.12] 现有如下 start 方法：

```java
public void start(Stage stage)
{
  Label message = new Label("Hello World");
  Scene scene = new Scene(message, 300, 200);

  <在这里写样式表的注册语句>

  stage.setTitle("Rotated Hello");
  stage.setScene(scene);
  stage.show();
```

```
    } // start 结束
```

使用上面的方法完成一个程序和一个样式表，它们共同生成如下窗口。宽度、高度分别是 300 像素和 200 像素，颜色是浅蓝色，字体大小是 24 磅。

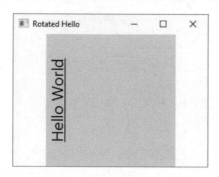

10. [§17.13] 通过调用 setDisable(true)可以使按钮不可单击且外表暗淡（灰显），并且管理器对它的单击事件不作出响应。修改 FactorialButton 程序，使按钮一开始就是不可用的。只有当 xBox 文本框有焦点，并且在用户输入内容之后才使其可用。当用户单击 Factorial 按钮时，计算并展示阶乘，并且按钮不可用。

提示：①把 btn 声明为实例变量；②用 xBox 调用 setOnKeyTyped，而不是 setOnAction。

```
    xBox.setOnKeyTyped(e -> btn.setDisable(false));
```

11. [§17.15] 展示怀旧的草地后院最好使用哪种色彩的名字？

12. [§17.15] 给一个样式表写出三个类选择器规则，每条规则展示一个不透明的暗黄色背景色，但是使用不同的技术。三条规则都使用 rgb 值：第一条规则使用百分比；第二条规则使用整数；第三条规则使用十六进制数。三个选择器的名字分别为 label1、label2 和 label3。

13. [§17.15] 给一个样式表写一个类选择器规则，使用 hsba 构造展示一个 50%透明度的浅绿色背景色。选择器的名字为 header。

复习题答案

1. Swing 组件之所以被认为是轻量级的，是因为它们是用 Java 代码构建的，"轻"到足以从一个平台"摇荡"到另一个平台。

2. RIA 意思是 Rich Internet Application。RIA 是 web 应用程序（运行在 PC 或便携设备的浏览器上的程序），它具有典型的桌面应用程序的全部功能。

3. JavaFX 被认为优于 Swing 和 AWT，原因是它具有更一致的组件集合，它内置了对手势操作的支持，它的样式支持 web 编程中的样式，以及对动画的更好支持。

4. 使用 Application 类作为 JavaFX 程序的超类。

5. start 方法的特殊性是，它是所有 JavaFX 程序的运行起点，而且它可以自动被调用。

6. 要把窗口设定为特定尺寸，可以在 Scene 构造中设定场景的宽度和高度，或者可以调用 Stage 对象的 setWidth 方法和 setHeight 方法。

7. 对。可以通过调用 Stage 对象的 setX 和 setY 方法实现窗口在计算机屏幕上的定位。

8. `Label hello = new Label("Hello World!");`

9. 要限制 Label 控件的宽度比包围它的容器更窄，你应该调用 setWrapText 方法和 setMaxWidth 方法。

10. nameBox.setPrefColumnCount(nameBox.getPrefColumnCount() - 2);

11. setPromptText 方法插入灰显的文本到文本框来指导用户输入内容。该文本不会被当作用户输入使用，而且当用户输入一些内容时它会被覆盖。

12. 可以把多个组件添加到一个容器中（如 FlowPane 对象），再通过场景构造器调用把容器添加到场景，从而实现将多个组件添加到一个场景的目的。

13. 事件是一个对象，它告诉程序某些事情发生了。

14. verifyButton.setOnAction(this::verify);

15. 方法引用更方便代码复用。

16. bind 方法的参数实现的是 Observable 接口。

17. heading.setStyle("-fx-alignment: top-center; -fx-font-size: 16");

18. -fx-strikethrough。

19. 值中不允许有空格。应该写成 45deg。

20. 错。容器的属性不会自动应用到容器中的左右组件。

21. 要想使一个 JavaFX CSS 属性被继承，可以把属性-值对的值写为 inherit。例如：
     message.setStyle("-fx-text-fill: inherit;");

22. .root 是一个可以把属性-值对赋值给程序场景图根节点的选择器。

23. scene.getStylesheets().add("petShop.css");

24. 对。将多个样式表文件添加到一个场景图根容器是合法的。

25. 按照位置越高，优先级越高的顺序，JavaFX CSS 属性值可以给一个场景图节点赋值的位置的层叠是：
（1）行内样式。
（2）Parent 样式表。
（3）Scene 样式表。
（4）组件调用样式方法。
（5）用户代理样式。

26. xfBox.setEditable(false);

27. -fx-hgap 属性决定容器中组件之间的水平距离。

28. GetSource 方法返回一个触发事件的组件的引用。

29. 可以调用 getText 方法来获取按钮的标签。

30. .message1 {-fx-background-color: rgb(40%,0%,40%);}
     .message2 {-fx-background-color: rgb(102,0,102);}
     .message3 {-fx-background-color: #660066;}

31. .label {-fx-background-color: hsba(240,100%,90%,.5);}

第 18 章

GUI 编程：布局面板

目标

- 了解使用布局的好处。
- 理解 FlowPane 布局的细节。
- 理解 VBox 和 HBox 布局的细节。
- 理解 BorderPane 和 GridPane 布局的细节。
- 理解 TilePane 和 TextFlow 布局的细节。
- 了解如何将布局面板嵌入其他布局面板。

纲要

18.1　引言

这是我们连续三章 GUI 编程中的第二章。在第 17 章介绍了 JavaFX GUI 的基础。学习到窗口的框架是舞台，填充框架的是场景，还学到了场景总是会包含一个节点——场景图的根节点。在最简单的例子中，场景中的这个节点是简单组件，如 Label。在更复杂的例子里，这个节点是一个容器，如 FlowPane，它可以容纳多个组件，并像文字处理器在页面排列文字一样排列其中的组件。它在当前行按照从左到右的顺序添加组件，直到组件超出当前行的空间。然后它会换行到下一行的左边，并从那里继续排列。如果用户改变窗口的尺寸，每行的组件数也会相应改变，就可能让布局变成我们不想要的样子。彼时我们不会允许出现这种情况，而为了取得令人满意的结果，需要采用不同的排列方式调整场景的宽度和高度值，以及面板内边距或空隙等措施来补救。

在之前例子中的自动布局调整只是稍微有一点帮助，因为（为简单起见）我们在每个应用里都是使用同样的 FlowPane。还有许多其他类型的容器，如果正确选择了容器类型，默认的初始设置以及用户调整窗口尺寸时的自动调整都能提供有效的帮助。如果你阅读了之前章节结尾的 GUI 部分，应该已经熟悉了一些其他类型的容器。

在间章，以及第 5 章、第 11 章、第 13 章以及第 14 章的 GUI 编程部分，我们使用过 Group 类。Group 类自动把添加的组件叠放在屏幕左上角，除非程序员显式设定组件的位置。尽管程序员通常需要指定每个组件的位置，Group 类会自动调整自身尺寸（放大或缩小）来包裹它所有的组件——不论它们在什么位置，也不论它们可能有多大。Group 类适用于那些程序员想要显式定位组件位置的应用。

如果你想要这种显式定位，但又不希望容器的大小随着它的内容变化，还有另一个选择——Pane 类。我们会在本章的结尾讲述 Pane 类。

我们在第 8 章的可选 GUI 编程部分使用过 FlowPane、SplitPane 和 VBox 容器类。SplitPane 与 FlowPane 的区别是不会换行，而且相邻组件之间有可视化的、用户可以移动的分割器。VBox 与 FlowPane 之间的区别是不会换行，而且它是垂直定向的。本章会对 VBox 进行详细讲解，也会在之后的部分看到 VBox 的其他例子。

我们在间章和第 13 章的 GUI 编程部分使用过 StackPane 类。StackPane 类似 VBox，但是，它不是把新组件添加到之前组件的下方（沿 y 轴方向），而是把新组件放在之前组件的上方（"堆"在各自上方）。尽管可以设定另一个组件的位置，默认情况下，所有组件都聚集在 StackPane 容器的中心，而且如果用户改变窗口尺寸，它们仍然会在中心位置。在 StackPane 容器中，把一个相对较小的标签贴在它后面大一点的背景图的中心位置是很容易的事。如果后来的组件有些透明，前一个组件会透过它显示出来，便于创建有趣的艺术效果。

本章从设计 GUI 窗口的基本布局原则讲起，然后介绍几种容器：GridPane、VBox、BorderPane、TilePane、TextFlow 以及 HBox，并且提供一些例子来说明如何把它们应用于不同的布局目的。我们还会演示如何把这些容器嵌入到其他容器中，以进一步细化窗口的布局。

图 18.1 几乎[①]包含了本书用到的所有 JavaFX 类。在图 18.1 中，粗框的类是在本章以及下一章会用到

[①]　因为篇幅有限，图 18.1 没有包含第 19 章 LunarEclipse 程序中会用到的三个类：Stop（Object 的子类）、CycleMethod（Object 的孙子类，Enum 的子类），以及 BoxBlur（Object 的孙子类，Effect 类的子类）。图 18.1 中也没有包含 MouseEvent 类，它会在第 19 章的 DragSmiley 程序中被使用。

的类。随着本章和第 19 章的学习，你可能会多次回来看这张图。它会帮助你回想起那些有用的继承方法。

在图 18.1 中，注意 Pane 类和它的子孙类。这些都是容器类，而且它们是本章的重点。同时注意抽象的 Control 类下面的类，这些类的对象称为控件。

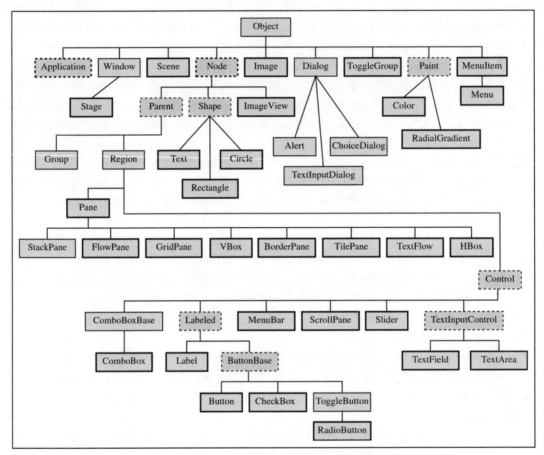

图 18.1　JavaFX 类的继承关系

粗边框中的类出现在第 18 章和第 19 章中。虚线框中的类是抽象类。

18.2　布局面板

基于文本界面的程序非常直白——只要向用户提问，然后等待用户提供一个回答。对于 GUI 程序，从程序员的角度看，界面引入了更多的工作量，但结果是值得的，对吧？用户获得了有趣、多彩的窗口，可以多点互动。真棒！为了使界面容易理解，恰当地定位窗口中的组件，对于一名程序员来说，是非常重要的。在以前，定位组件是乏味、耗体力的过程，程序员需要投入大量的时间来计算和设计每个组件之间需要的空间、每个组件的像素坐标值，以及窗口大小的函数。现在，程序员们从这种乏味中解脱了出来，因为布局面板在后台自动完成了所有的计算工作。

*布局面板*是一个容器类，它的目的是管理添加到该容器的组件的位置。在第 17 章，我们选择

FlowPane 作为布局面板。在接下来的 GUI 程序中，我们使用的布局面板范围会很广。通常来说，每种布局面板的目标都是把组件排列得井然有序，并且在用户改变窗口大小时适当调整这种排列。通常，井然有序这个目标等同于确保组件对齐，并且使组件在面板中的间距适当。

如果用户调整窗口的大小，或者事件处理器调整组件的大小或位置，Java 虚拟机（JVM）会重新计算窗口中每个布局面板中所有组件的像素坐标。

正如之前提到的，布局面板有多种类型，而且它们采用不同的策略来定位组件。图 18.2 中的表格说明了一些常用布局面板类的策略。你应该已经熟悉了表格的第一条（FlowPane），然后会在本章涵盖其他布局面板，除了 StackPane 容器，它被包含在本书之前的 GUI 部分。

图 18.2 中的布局面板类位于 javafx.scene.layout 包，但 TextFlow 类位于 javafx.scene.text 包。把 TextFlow、VBox 及 HBox 称为布局面板可能有点奇怪，它们的类名中甚至没有"面板"。作为替代方案，可以使用更通用的术语"布局容器"来替代布局面板，不过我们还是会继续使用"布局面板"。

布局类型	说明
FlowPane	允许组件从左往右添加，如有必要，会换到下一行
GridPane	使程序员可以直接控制每个组件的行列位置。网格单元大小会随着所含的最大组件设定的列宽和行高变化。每个单元只允许一个组件
VBox 和 HBox	允许组件排列在单独一列或一行
BorderPane	将容器分为五部分：顶、底、左、右及中部。每个区域允许一个组件
TilePane	将容器分割为等大的矩形格子。每个单元中允许一个组件
TextFlow	类似 FlowPane，不过允许独立的文本组件在文字边界换行
StackPane	把组件叠放在窗口中心，当用户改变窗口大小时，保持组件仍位于窗口中心

图 18.2　一些常用的布局面板类

如果要想在窗口中布置一个布局面板，就在实例化一个 Scene 时使用一个面板参数。例如：

```
FlowPane pane = new FlowPane();
Scene scene = new Scene(pane, WIDTH, HEIGHT);
```

对于 FlowPane 之外的其他布局面板，有时可能需要向这些布局面板的构造器传递参数，而且不同的布局面板的参数也不一样。之后我们会讲到这些细节。

图 18.2 中的所有类都继承自 Pane 类，它来自 javafx.scene.layout 包。Pane 类会自动把组件叠放在它的左上角。使用 Pane 来管理窗口中的组件是合法的，但是它的功能不像它的子类那样强大，因此用的并不多，但是 Pane 类有很多有用的方法被子类继承了。相比我们经常在章末 GUI 部分使用的 Group、Pane 和它的派生类是可以调整大小的另一种选择。Group 在几乎不含有组件时会自动收缩自身，而 Pane 则会自动扩张自身来填充包围它的容器。

18.3　FlowPane 和 GridPane：竞争性布局理念

在前面的章节中我们希望演示 GUI 的基础知识，避免陷入布局细节的"泥沼"，所以只使用简单的 FlowPane 容器，它不需要太多的解释。尽管使用简单，但 FlowPane 容器也可能令人失望，因为你无法充分掌控它的行为。如果你需要更直接地控制容器的大小，应该考虑使用 GridPane 容器。本节会说明如何权衡 FlowPane 和 GridPane 两种容器之间的选择。

18.3.1　FlowPane 布局的机制

如之前所学，FlowPane 容器实现了一个简单的单格布局方案，它可以接受多个组件。默认情况下，当第一个组件加入格子时，它会被定位在左上角。后续加入的组件，会定位在之前加入组件的右边。如果没有足够的空间在之前的组件右边添加组件，新的组件会放在下一行，即它"流动"到了下一行的左边。现在看一下第 17.7 节中的 Greeting 程序，这个程序提示用户输入名字，并在用户按下 Enter 键后输出一句个人化的问候语。下面是用户输入 Jorge 并按下 Enter 键后呈现的结果：

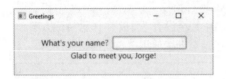

©JavaFX

下面是用户把右边框向右拖曳，扩展窗口后出现的情形：

©JavaFX

有点丑陋，是吧？如果用户向左拖曳右边框，缩小窗口，会出现下面这样的结果：

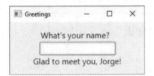

©JavaFX

注意，组件在水平方向和垂直方向都是居中的。这是因为程序调用了 setAlignment：

```
pane.setAlignment(Pos.CENTER);
```

作为备选方案，如果你想使用 JavaFX CSS 来对齐，你可以调用 setStyle：

```
pane.setStyle("-fx-alignment: center;");
```

如果你想换一种对齐方式，可以从下面这些值中选一个赋值给 -fx-alignment 属性：

`top-left, top-center, top-right, center-left, center-right, bottom-left, bottom-center, bottom-right`

18.3.2　GridPane 布局

对于 FlowPane 布局，随着窗口大小和组件大小的改变，组件会四处移动。如果你足够了解数据的大小，而且把窗口设定到足以展示所要展示的内容，可以切换到另一种能把窗口稳定下来的布局——GridPane 生成的布局。GridPane 会把容器分割成小的矩形格，你可以精确设定每行和每列有多少个组件。这样可以避免组件改变它的行列位置。

下面使用 GridPane 来转换第 17 章的 Greeting 程序，从而使它具有更稳定的布局。请看图 18.3a 和图 18.3b 中的 GreetingGrid 程序。注意它的代码有多少是与原来的 Greeting 程序相同。区别在于实例化并使用了一个 GridPane 对象，而不是一个 FlowPane 对象，我们使用三个 add 方法向该面板添加了三个组件，然后使用行内样式来格式化，事件处理器使用的是 lambda 表达式。下面会聚焦在 GridPane 的问题上。

```
/************************************************************
 * GreetingGrid.java
 * Dean & Dean
 *
 * 该程序演示 GridPane 中的文本框和标签。当用户在向文本框中输入了一些内容后，按 Enter 键，
 * 文本框中的内容会展示在下面的标签上
 ************************************************************/

import javafx.application.Application;
import javafx.stage.Stage;
import javafx.scene.Scene;
import javafx.scene.layout.GridPane;          ◁──  导入 GridPane
import javafx.scene.control.*;    // Label、TextField


public class GreetingGrid extends Application
{
  private TextField nameBox = new TextField();
  private Label greeting = new Label();

  //***********************************************************

  public void start(Stage stage)
  {
    GridPane pane = new GridPane();  ◁──  实例化 GridPane
    Scene scene = new Scene(pane);

    createContents(pane);
    stage.setTitle("Greetings");
    stage.setScene(scene);
    stage.show();
  } // start 结束
```

图 18.3a   GreetingGrid 程序——A 部分

```
  //***********************************************************

  private void createContents(GridPane pane)
  {
    Label namePrompt = new Label("What's your name?");

    pane.add(namePrompt, 0, 0);  ◁──  第一行第一个单元格
```

图 18.13b   GreetingGrid 程序——B 部分

```
    pane.add(nameBox, 1, 0);          ◄—— 第一行第二个单元格
    pane.add(greeting, 0, 1, 3, 1);
                                      第二行第一个单元格,
    pane.setStyle(                    跨度为一行三列
      "-fx-pref-width: 550; " +
      "-fx-pref-height: 120; " +
      "-fx-alignment: center; " +
      "-fx-font-size: 14; " +
      "-fx-hgap: 10; " +
      "-fx-vgap: 10; ");
    greeting.setStyle(
      "-fx-font-size: 20; " +
      "-fx-max-width: 500; " +
      "-fx-wrap-text: true;");

    nameBox.setOnAction(e -> {
      String message =
        "Glad to meet you, " + nameBox.getText() + "!";
      nameBox.setText("");
      greeting.setText(message);
    });
  } // createContents 结束
} // GreetingGrid 类结束
```

图 18.13b （续）

你可能还记得，在最初的 Greeting 程序中，我们调用 getChildren 方法和 addAll 方法来向 FlowPane 添加全部三个组件。下面是使用的代码：

```
pane.getChildren().addAll(namePrompt, nameBox, greeting);
```

在 GreetingGrid 程序中把这一行替换为下面三行：

```
pane.add(namePrompt, 0, 0);
pane.add(nameBox, 1, 0);
pane.add(greeting, 0, 1, 3, 1);
```

我们没有使用把三个组件当作参数来放置组件的 addAll 方法调用，这里使用的是三个 add 方法，每个方法用于定位一个组件到单元格。顺便一说，你可以改变这三个方法调用的顺序，不会有影响。add 方法有三个参数：第一个参数是组件；第二个参数是你想要放置组件的网格所在列的索引，第一列索引值为 0；第三个参数是你想要放置组件的网格所在行的索引，第一行的索引值为 0。回想一下，在用二维数组中先设定行，然后是列。请努力记住这里参数顺序是不同的——先是列，然后才是行。

add 方法的第四和第五个参数是可选的，如果组件需要使用多个单元格，这两个参数分别设定组件可以占据几列、几行。所以，greeting 组件放置的单元格列索引为 0，行索引为 1，而且分配给它一行三列的空间。换句话说，greeting 组件可以使用第二行中第一、第二和第三列的全部空间。

下面是 GreetingGrid 程序在输入 Mozart 的姓以及全名后展示的内容：

©JavaFX

©JavaFX

GridPane 布局的前两列采用的宽度分别是姓名提示和姓名输入框的默认宽度。可以看到底部标签占据了所有列空间，会按需加长。因为我们分配了三列用于问候，第三列变得宽到足够容纳超出的问候内容。如果只分配两列用于问候，第二列就会扩展，以容纳较长的名字。对于长问候语，这样是合适的，但这会给姓名文本框带来问题。除非显式设定组件的尺寸，否则它会扩展自身来填充它所在的单元格。所以，如果只给长问候语分配了前两列（不是三列），姓名文本框就会扩展，直到它的右边缘和长问候语的右边缘相适配。下面就是结果，姓名文本框有着异常的宽度：

©JavaFX

如果不想通过 GridPane 组件来决定 GridPane 的列宽和行高，还有另一种选择。从第 0 列开始，可以使用以下语句依次显式地设定列宽：

```
pane.getColumnConstraints().add(new ColumnConstraints(125));
pane.getColumnConstraints().add(new ColumnConstraints(150));
```

ColumnConstraints 类属于 javafx.scene.layout 包。这两句约束第一列的宽度为 125 像素，第二列的宽度为 150 像素，无视这两列中组件的尺寸。调用 ColumnConstraints 的零参数构造器可以让 GridPane 的内部布局管理器，而不是程序员，来决定特定列的宽度为多少。可以对行也进行类似的处理，只需把上面语句的 Column 换成 Row。

18.4 使用两个 Stage 以及一个图片文件的 VBox 程序

本节会实现一个使用两个不同 Stage 的程序：一个 Stage 使用 FlowPane 来接收用户输入；另一个 Stage 使用 VBox 展示垂直（VBox 中的 V 表示垂直）排列的输出标签。顺便说一下，之后我们还会用到 HBox，它是水平（HBox 中的 H 表示水平）定位组件。

18.4.1　舞蹈演出海报示例

假设你要实现一个输出海报的程序，海报内容是即将上演的舞蹈演出的相关细节。要求程序具备灵活性，这样就可以复用于之后的其他演出。所以不会把事件细节写死，而是让程序提示用户输入事件细节，然后用像海报这样令人愉快的方式展示这些细节。需要注意的是，海报中应该从上到下依次展示以下细节：

- 演出名称。
- 演出图片，如表演嘉宾的照片。
- 演出日期。
- 演出时间。
- 演出地点。

这五条项目的值来自图 18.4 中显示的五次用户输入。每次输入会使用同一个 TextField 控件，但是每次输入时，TextField 控件会显示不同的提示内容（此功能由事件处理器提供，它会更新标签内容来作为文本框的提示内容）。图 18.5 演示的是程序在用户输入最后一条项目（即演出地点）之后的响应。

图 18.4　Recital 程序的示例会话

©JavaFX

图 18.5　Recital 程序生成的代表性海报

图片中的芭蕾舞演员 Jessica Sapenaro，是一名帕克大学计算机科学专业的校友，也是一位软件承包商，同时还是一位专业的舞者。

©JavaFX；由 Shane Immelt 提供

　　图 18.6a ~ 图 18.6c 展示的是该演出程序的代码。图 18.6a 展示的是程序的 import 语句以及实例变量。data 实例变量是一个字符串数组，用于接收五条输入项目。index 实例变量用于追踪 data 数组中正在处理的数据的索引位置。

```
/*************************************************************
 * Recital.java
 * Dean & Dean
 *
 * 该类收集并展示即将到来的活动信息
 *************************************************************/

import javafx.application.Application;
import javafx.stage.*;          // Stage、StageStyle
import javafx.scene.Scene;
import javafx.scene.layout.*;   // FlowPane、VBox
import javafx.scene.control.*;  // Label、TextField
import javafx.scene.image.ImageView;
```

图 18.6a　Recital 程序——A 部分

```
public class Recital extends Application
{
  private String[] data = new String[5];
  private int index = 0;

  //**********************************************************
```

图 18.6a （续）

```
//生成一个收集用户为活动输入的信息的窗口
//窗口中展示一个文本框和每次输入时会变化的提示信息

public void start(Stage stage)
{
  String[] prompts = {"Name of performance:",
    "Image file:", "Performance's date:",
    "Performance's time:", "Performance's venue:"};
  Label prompt = new Label(prompts[0]);
  TextField dataBox = new TextField();
  FlowPane pane = new FlowPane(prompt, dataBox);    ◄─── 可以在调用 FlowPane 构造器时传入
  Scene scene = new Scene(pane);                          组件，这些组件就会被添加到面板

  stage.initStyle(StageStyle.UTILITY);
  scene.getStylesheets().add("recitalInput.css");
  dataBox.getStyleClass().add("dataBox");
  stage.setTitle("Dance Recital Input Form");
  stage.setScene(scene);
  stage.show();

  dataBox.setOnAction(e -> {
    data[index] = dataBox.getText();
    dataBox.setText("");
    index++;                              ◄─── 这里将用户输入填
    if (index < data.length)                   充到 data 数组
    {
      prompt.setText(prompts[index]);
    }
    else
    {
      stage.close();
      displayPoster();    ◄─── 这里在新窗口中展示舞蹈演出的信息
    }
  });
} // start 结束
```

图 18.6b Recital 程序——B 部分

```
//****************************************************
// 生成展示舞蹈演出海报的窗口

private void displayPoster()
{
  Stage stage2 = new Stage();
  VBox pane = new VBox();
  Scene scene = new Scene(pane);
  Label performance = new Label(data[0]);
  ImageView view = null;

  try
  {
    view = new ImageView(data[1]);
  }
  catch (Exception e)
  {
    System.out.println(data[1] + "?");
  }

  Label error = new Label("[Image " + data[1] + " not found]");
  Label date = new Label(data[2]);
  Label time = new Label(data[3]);
  Label venue = new Label(data[4]);

  scene.getStylesheets().add("recital.css");
  performance.getStyleClass().add("performance");
  pane.getChildren().addAll(
    performance,
    ((view == null) ? error : view),
    date, time, venue);
  stage2.setTitle("Dance Recital");
  stage2.setScene(scene);
  stage2.show();
} // displayPoster 结束
} // Recital 类结束
```

图 18.6c　Recital 程序——C 部分

　　图 18.6b 中包含的是 start 方法。首先是变量的初始化语句，这些变量用于收集输入内容。第一条初始化语句把不同的提示字符串赋值到一个 prompts 数组。

　　第四条初始化语句赋值一个实例化的 FlowPane：

```
FlowPane pane = new FlowPane(prompt, dataBox);
```

　　在之前调用 FlowPane 的构造器时，括号里是空的。如果在调用构造器时用组件作为参数，就不用在之后调用 add 方法。这两个组件会按预期的方式添加进来，即在居中位置，先是 prompt，然后是 dataBox。

　　在初始化之后，调用舞台的 initStyle 方法，参数使用 StageStyle.UTILITY。这会生成一个只有基本元素的窗口，它省略了标题栏中的最小化和最大化按钮（参阅图 18.4 核实省略部分）。输入收集过程相当单调，只有基本元素的舞台完美适配这项任务。接下来的两条语句将 recitalInput.css 样式表和.dataBox 规则连接到程序。稍后会有更多 CSS 内容。在 start 方法中是常用的 setTitle、setScene 和 show 方法，分别用于设置标题、场景和使舞台可见。然后，TextField 控件调用 setOnAction，它注册了一个 lambda 表达式，用于处理用户向文本框中输入内容并按 Enter 键之后触发的事件。不论事件何时发生，计算机都会把用户输入的内容复制到 data 数组当前的 index 位置上，然后它增加 index，为下一次用户输入做准备。如果下一个 index 值小于 data.length，程序就用 prompts 数组中 index 位置的字符串更新 prompt 标签。但是如果下一个 index 值超出了 prompts 和 data 数组的范围，程序就会关闭舞台，并调用 displayPoster 方法，在新窗口中展示舞蹈演出的信息。

现在来检查一下 lambda 表达式中使用的变量的声明。我们把 data 数组声明为实例变量，因为会在两个不同的方法中使用它（start 和 displayPoster）。将 dataBox、prompt 和 prompts 声明为 start 方法中的局部变量，因为除了 start 方法，它们并没有在其他方法中使用。index 变量也是只在 start 方法中使用，但是我们把它声明为实例变量，为什么？因为它需要在多次执行 lambda 表达式的过程中保持存在。如果 index 被声明为 start 方法中的局部变量，编译器会产生一条错误信息 "Local variables referenced from a lambda expression must be final or effectively final（lambda 表达式中的布局变量引用必须是 final 类型或者等效于 final 类型）"。这到底是什么意思？局部变量 dataBox、prompt 和 prompt 是引用变量，而且它们的引用值不会变，所以会被编译器认为是 final 类型的。所有的变化都是引用指向的对象。另外，index 是原始数据类型，而且它的值改变了，所以编译器报错，说它不是等效于 final 的类型。

现在来检查图 18.6c 中的 displayPoster 方法。它首先创建了一个新的舞台，用于作为展示舞蹈演出信息的存储库。我们使用一个新的舞台，因为原来的舞台只有基本元素（没有最小化和最大化按钮），而这一次，我们不希望如此。为了展示演出"海报"，我们希望是一个标准的窗口，以展示出所有风采。在实例化新舞台后，该方法实例化了 VBox 和 Scene 对象，将 VBox 容器设计为舞台场景图的根节点。VBox 类似于垂直方向的 FlowPane，只要简单地添加组件即可，不需要设定它们的位置。不同之处在于，组件是按照从顶到底的布局方案添加进来，不论多少个组件，都只有一列。

默认情况下，VBox 添加的组件之间没有空隙。如果想引入这种空隙，你可以在调用 VBox 构造器时，传入一个表示此 VBox 容器组件间空隙距离的像素值。例如：

```
VBox pane = new VBox(5);
```

作为另一种选择，可以在样式表中使用-fx-spacing 属性来引入此空隙，你将会在后面的 Recital 程序的样式表中看到。

在 displayPoster 方法中，注意关于 ImageView 的这部分代码：

```
ImageView view = null;
try
{
  view = new ImageView(data[1]);
}
catch (Exception e)
{
  System.out.println(data[1] + "?");
}
```

ImageView 对象封装了一个图像文件，使该文件的图像可以像其他组件一样展示在场景图中。在上面的代码中，使用默认值 null，初始化 ImageView 引用变量的 view。在随后的语句中，尝试使用一张图片替换 null 值，该图片的文件位置由 data[1]中的字符串指定。如果当前目录下的该位置没有匹配一个实际图片文件，JVM 会抛出一个异常，在 catch 代码块中会把用户输入的图片文件名显示出来，帮助用户判断可能的输入错误。因为使用的是 System.out.println，该错误信息会出现在控制器窗口中。

继续我们对 displayPoster 方法的检查，接下来的四行用于创建处理错误信息和舞蹈演出信息的标签，然后，调用 getStylesheets 和 getStyleClass，分别用来连接 recital.css 样式表和它的.performance 规则到 VBox 面板和 performance 标签，最后把所有组件添加到场景图。addAll 方法调用的第二个参数，注意，我们是如何使用一个条件运算符来判断添加哪一个组件。如果 view 依然是 null，这意味着实例化 ImageView 对象出现了问题，因此使用 error 标签；否则使用 ImageView 对象来展示图片。displayPoster 方法的最后三条语句用于赋值舞台的标题和场景，并使舞台可见。

现在，介绍一下程序中两个舞台的样式表。图 18.7a 中是用于用户输入的第一个舞台的样式表。注意，.root 规则是如何将 FlowPane 容器的组件居中排列并在组件之间添加水平空隙，以及.root 规则如何将内边距应用到场景图根节点，即 FlowPane 容器。如果没有此内边距设置，窗口的顶部和底部边框会触碰到提示标签和文本框——太丑了！为什么这个程序中需要内边距，而之前的程序不需要呢？在之前的程序中，我们把设定窗口尺寸作为实例化 Scene 的一部分，或者通过 JavaFX CSS 规则来设定。这一次通过窗口内容来决定窗口大小，所以需要内边距在顶部和底部提供空隙。在样式表底部，可以看到.dataBox 规则。它使用-fx-pref-column-count 属性来保证文本框有足够空间来容纳用户的输入。

```
/**************************************************
 * recitalInput.css
 * Dean & Dean
 *
 * 为 Recital 程序的用户输入舞台提供 CSS 规则
 **************************************************/

.root {
  -fx-alignment: center;
  -fx-hgap: 10;
  -fx-padding: 15;
}

.dataBox {-fx-pref-column-count: 15;}
```

图 18.7a　recitalInput.css 样式表

图 18.7b 中是用于舞蹈演出海报的第二个舞台的样式表。注意，.root 规则如何把首选宽度、背景色、内边距、空隙，以及字体值等设置应用到场景图根节点，即 VBox 容器。在前面的例子中，除了-fx-spacing 和-fx-font，其他的属性我们都使用过。-fx-spacing 属性只对 VBox 和 HBox 面板起作用，顾名思义，它是在容器添加的组件之间引入了空隙。recital.css 样式表将-fx-spacing 属性值设为 5，这就会在 VBox 容器的每个组件之间生成距离为 5 像素的空隙。注意，-fx-font 属性的赋值有四个。-fx-font 属性被称为*简写属性*，这是用一种紧凑的方式来处理一组相关属性。具体来说，使用-fx-font 属性时，设定的值分别赋值给-fx-font-weight、-fx-font-style、-fx-font-size 和-fx-font-family 属性。所以，下面这行代码生成的是加粗、非斜体、25 磅、衬线体字体：

```
                -fx-font: bold normal 25 serif;
```

注意，样式表的.performance 规则是如何使用-fx-font 简写属性设定几个字体值的。具体来说，它生成的是标准宽度、斜体、75 磅、衬线体字体。

```
/*******************************************
 * recital.css
 * Dean & Dean
 *
 * 为 Recital 程序的海报窗口提供 CSS 规则
 *******************************************/

.root {
  -fx-pref-width: 480;
  -fx-background-color: #d3d3d3;     ◄──  亮灰色
  -fx-alignment: center;
  -fx-padding: 15;
  -fx-spacing: 5;
  -fx-font: bold normal 25 serif;
}

.performance {-fx-font: normal italic 75 serif;}
```

图 18.7b　recital.css 样式表

现在回到下面这个问题，用户输入的图片文件名是无效文件名时会发生什么？程序允许用户继续输入值，因为此时，它们只是字符串而已。在用户完成最后一项输入时，无效的文件名会展示在控制台，并跟着一个问号。如果用户输入 sancer.jpg，程序就会把下面内容展示在控制台：

>sancer.jpg?

并且程序会生成下面这样的 GUI 窗口：

©JavaFX

注意 VBox 的高度是如何自适应内容的高度的。你可能已经注意到，这一节对 VBox 的设定不像之前对 FlowPane 和 GridPane 的设定那么长。这是因为 VBox 不需要这么多设定。它只会把按照调用 getChildren().add 或 getChildren().addAll 时添加组件的顺序将组件从上到下依次排列。

如果在 VBox 面板中使用 TextField 控件（或者 TextArea 控件，第 19 章会讲到），就需要注意：在默认情况下，TextField 会填满面板的全部宽度，即使调用 setPrefColumnCount 时设定的值比面板宽度小。但只需调用 setFillWidth 就可以关掉 fillWidth 属性：

```
pane.setFillWidth(false);
```

18.5 BorderPane

FlowPane 和 VBox 布局很不错，因为它们可以把组件一个接一个地放进去，并且让计算机来处理细节。GridPane 也很棒，因为它可以精准定位组件。但是，如果需要比 FlowPane 或 VBox 更复杂一些，同时又比 GridPane 更自由一点。就可能会需要 BorderPane。

18.5.1 BorderPane 区域

对于那些需要组件靠近边缘的窗口，BorderPane 是非常有用的。标题一般会放置在窗口顶部，菜单一般会放在窗口左边，按钮一般会放在窗口底部。BorderPane 考虑到这些情况，把它的容器划分为五个布局区域：四个区域靠近边缘，一个区域位于中央。稍后讲到代码时会看到，这些区域分别称为中部、顶部、右部、底部及左部（center、top、right、bottom 及 left）。注意图 18.8 中这些区域的位置。在实际展示时，虚线不会出现。我们画出来它们是为了展示区域的边界。

五个区域的大小在运行时决定，而且它们基于每个区域的内容来划分。所以，如果左部区域包含的是宽组件，如有文本内容很多的标签，JVM 会扩大左部区域。但是如果左部区域包含的是窄组件，JVM 会缩小左部区域。

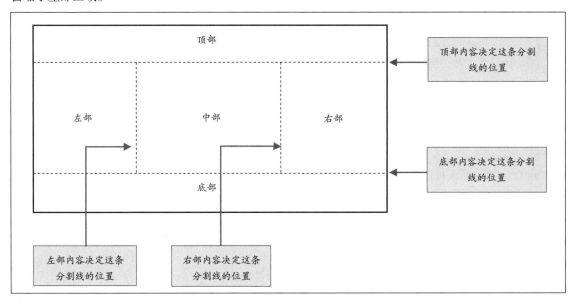

图 18.8 BorderPane 区域

如果外部区域是空的，它会折叠起来，因此不会占据任何空间。但是在折叠过程中究竟发生了什么？因为每一个外部区域控制的只有一条分割线，所以，在每个折叠区域移动的只是一条分割线。图 18.8 展示的是左部区域分割线是左部和中部的边界，顶部区域分割线是顶部和下面区域的边界等。所以，如果顶部区域是空的，顶部分割线会一直向上移动到顶边框，而且，左部、中部和右部区域会向上扩展。如果右部和底部区域都是空的会发生什么？如果右部区域是空的，会让右部分割线一直移动到右边框。如果底部区域是空的，会让底部分割线一直向下移动到底部边框。下面是结果布局：

这次也是，虚线不会出现在真实的窗口中。如果中部区域是空的会发生什么？中部区域不控制任何分割线，所以任何事都不会发生。

18.5.2　添加新组件

创建 BorderPane 并向它添加组件是相当简单直接的。下面的示例是调用 setTop 向 BorderPane 的顶部区域添加一个写有"Welcome to Your Life"的标签：

```
BorderPane pane = new BorderPane();
pane.setTop(new Label("Welcome to Your Life"));
```

像你所猜测的，有类似的方法（setCenter、setRight、setBottom 和 setLeft）可以添加组件到其他四个区域。BorderPane 除了上面展示的零参数构造器，还有一个单参数构造器，它的参数是中部区域的组件，并且有一个五参数构造器，它的参数是用于放入面板中五个部分的组件。传入的五个组件必须按照如中部、顶部、右部、底部和左部的顺序。

使用 FlowPane 可以添加任意多个组件。使用 BorderPane 只能直接添加五个组件，每个区域一个组件。如果你向已经添加了组件的区域添加组件，新组件会替换原先的组件。所以，执行下面的语句，"You're such a big mess."标签会替换"We're back in business."标签：

```
pane.setCenter(new Label("We're back in business."));
pane.setCenter(new Label("You're such a big mess."));
```

如果要向一个区域添加多个组件，很容易犯下向同一区域添加两次的错误。最终，也不会有编译错误警告。但应该向添加多个组件的区域添加一个面板，然后，向该面板添加多个组件。我们会在本章后面部分讨论面板嵌套面板策略。

18.5.3　AfricanCountries 程序

下面通过在一个完整程序中把 BorderPane 的这些内容付诸实践。在 AfricanCountries 程序中，把含有非洲国家名字的按钮添加到 BorderPane 的五个区域，如图 18.9 所示。之所以使用按钮，而不是使用标签，是因为我们想要使区域的边框明显一点，按钮含有内置的边框，而标签没有。为了使边框更加明显，我们添加了代码来扩展按钮，所以每个按钮会填充它的区块。同样，添加了代码来生成围绕五个按钮的边距以及 BorderPane 的内边距。

在 AfricanCountries 的窗口中，注意，左部和右部的按钮是如何保证宽度足以完整展示它们的标签的，而中部区域的按钮则太窄，以致无法完整展示其中的标签。记住，两条垂直的分割线（分隔左部、中部和右部区域）为左部和右部区域的内容做调整，然后中部区域获得的是剩余的空间。注意，底部按

钮的标签有两行，按钮高度足以完全展示标签的两行内容，
因为底部区域分割线会为底部区域内容做调整。

　　浏览图 18.10 中的 AfricanCountries 程序。大多数代码
都是简单明了，但是有些值得仔细一看。注意，setCenter、
setTop、setRight、setBottom，以及 setLeft 方法可以将五个
按钮添加到 BorderPane 的五个区域。在 setBottom 方法中，
注意 South 和 Africa 之间的\n。这就是此按钮的标签分为两
行的原因。

　　同样在 AfricanCountries 程序中，注意以下语句：

```
pane.setPadding(new Insets(6));
```

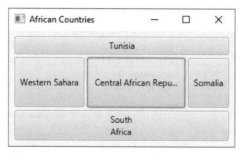

图 18.9　AfricanCountries 程序的结果窗口
©JavaFX

它在 BorderPane 的边缘内部生成 6 像素的内边距。Insets 构造器调用为矩形的四边生成空隙。在本
例中，矩形孔隙被应用于 BorderPane 的内部。在这里展示的 Insets 的单参数构造器中，此参数值可以指
定矩形四边的空隙相同。还有一个四参数的 Insets 构造器，它的参数按照上、右、下、左的顺序指定四
边的空隙。

　　下面的代码可以扩展按钮，并为它们分别添加边距：

```
for (Node child : pane.getChildren())
{
  ((Button) child).setMaxSize(Double.MAX_VALUE, Double.MAX_VALUE);
  BorderPane.setMargin(child, new Insets(2));
}
```

getChildren 方法用于获取面板容器的所有子节点。在本例中是五个按钮。Button 类的 setMaxSize 方
法可以扩展每一个按钮，从而使其填充它的区块。setMargin 方法调用为每个按钮配置一个 2 像素的边
距。这意味着两个相邻按钮之间的空隙是 4 像素（每个像素边距分担 2 像素）。

```
/***************************************************
 * AfricanCountries.java
 * Dean & Dean
 *
 * 本类生成的组件在每一个 BorderPane 区域中居中排列
 ***************************************************/

import javafx.application.Application;
import javafx.stage.Stage;
import javafx.scene.*;          // Scene、Node
import javafx.scene.layout.BorderPane;
import javafx.scene.control.Button;
import javafx.geometry.*;       // Pos、Insets

public class AfricanCountries extends Application
{
  public void start(Stage stage)
  {
    BorderPane pane = new BorderPane();
    Scene scene = new Scene(pane, 320, 160);
```

图 18.10　AfricanCountries 程序

```
        createContents(pane);
        stage.setTitle("African Countries");
        stage.setScene(scene);
        stage.show();
    } // start 结束

    //***********************************************************

    private void createContents(BorderPane pane)
    {
        pane.setCenter(new Button("Central African Republic"));
        pane.setTop(new Button("Tunisia"));
        pane.setRight(new Button("Somalia"));              \n 使按钮的标签分为两行
        pane.setBottom(new Button("South\nAfrica"));
        pane.setLeft(new Button("Western Sahara"));
        pane.setPadding(new Insets(6));                    生成面板边缘内边距

        for (Node child : pane.getChildren())
        {
            ((Button) child).setMaxSize(Double.MAX_VALUE, Double.MAX_VALUE);
            BorderPane.setMargin(child, new Insets(2));
        }
    } // createContents 结束
} // AfricanCountries 类结束
```

图 18.10　（续）

现在来修改 AfricanCountries 程序，使它的按钮是其自身的大小。也就是说，舍弃 setMaxSize 方法调用，并且添加一个居中对齐的方法调用。下面是修改过的 for-each 循环：

```
for (Node child : pane.getChildren())
{
    BorderPane.setMargin(child, new Insets(2));
    BorderPane.setAlignment(child, Pos.CENTER);
}
```

有了这些改变，窗口看起来是右图这样的。

没有显式地将按钮居中排列，每个按钮会使用它所在
BorderPane 区域的默认排列方式——顶部和底部区域靠左
排列，左部和右部区域是靠上排列，中部区域是居中排列。
在本章末的一道练习题中，你会被要求展示出不调用
setAlignment 方法时的窗口。

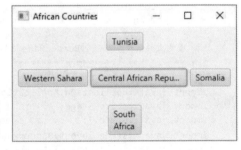

©JavaFX

鉴于使用样式表设计样式已成为趋势，你可能会问为什么我们没有在 AfricanCountries 程序中使用样式表？当然，我们可以使用样式表来设定窗口的尺寸和它的内边距。具体来说，下面的规则可以实现此功能：

```
.root {
    -fx-pref-width: 320;
```

```
    -fx-pref-height: 160;
    -fx-padding: 6;
}
```

但是对于设计按钮的样式，没有对 Button 控件起作用的 JavaFX CSS 边距和排列属性。这就是我们使用 BorderPane 的静态样式方法（setAlignment 和 setMargin）的原因。下面再演示一遍此代码：

```
for (Node child : pane.getChildren())
{
    BorderPane.setMargin(child, new Insets(2));
    BorderPane.setAlignment(child, Pos.CENTER);
}
```

在上面代码中，可以看到 BorderPane 中的每个组件都设定了相同的样式。如果想要为每个组件提供个性化的样式，可以使用面板调用 getCenter、getTop、getRight、getBottom 或 getLeft 来获取你感兴趣的区域的组件，然后在调用某个样式方法时使用获取的组件作为参数。例如：

```
BorderPane.setAlignment(pane.getCenter(), Pos.TOP_LEFT);
```

18.6　TilePane 和 TextFlow 容器

BorderPane 的分块策略（顶部、左部、中部、右部及底部）在适合它的情形下用起来很棒。GridPane 可以把组件放置在指定位置的矩形格子中，以精确地控制彼此之间有关联的事物——不必考虑窗口的大小。

FlowPane 把组件添加到之前添加的组件的右边。如果组件触碰到了窗口的右边框，它会被放置在下一行的左边。如果组件的大小不一致，那些在后面行中的组件不会与上面的组件按列对齐，而且，通常不同行的长度是不一样的。例如，注意右边的窗口，它来自某个使用 FlowPane 的程序（FlowPaneDemo）。

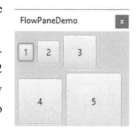

©JavaFX

请看图 18.11 中的 FlowPaneDemo 程序。正如 scene.getStylesheets(). add("flow.css");这句表明的，该程序使用一个样式表，该样式表的代码如图 18.12 所示。我们会在接下来的例子中使用同一个样式表，以说明 TilePane 和 TextFlow 容器的使用方法。三个程序都会使用.root 类选择器的规则。但是 FlowPaneDemo 是唯一使用.flowPane 规则的，TilePaneDemo 是唯一使用.tilePane 规则的，TextFlowDemo 是唯一使用.love 规则的。

```
/**********************************************************
 * FlowPaneDemo.java
 * Dean & Dean
 *
 * 该程序用于说明 FlowPane 中包含不同大小的按钮的情况
 **********************************************************/

import javafx.application.Application;
import javafx.stage.*;    // Stage、StageStyle
import javafx.scene.Scene;
import javafx.scene.layout.FlowPane;
import javafx.scene.control.Button;
```

图 18.11　FlowPaneDemo 程序，使用图 18.12 中的 CSS 文件

```
public class FlowPaneDemo extends Application
{
  public void start(Stage stage)
  {
    FlowPane pane = new FlowPane();
    Scene scene = new Scene(pane);
    Button button;        //用于所有按钮

    scene.getStylesheets().add("flow.css");
    pane.getStyleClass().add("flowPane");
    for (int i=0; i<5; i++)
    {
      button = new Button(Integer.toString(i+1));
      button.setPrefSize(16*(1+i), 16*(1+i));   ◄──── 每循环一次生成一个大一点的按钮
      pane.getChildren().add(button);
    }
    stage.setTitle("FlowPaneDemo");
    stage.initStyle(StageStyle.UTILITY);
    stage.setScene(scene);
    stage.show();
  } // start 结束
} // FlowPaneDemo 类结束
```

图 18.11 （续）

```
/********************************************************
 * flow.css
 * Dean & Dean
 *
 * 用于 FlowPaneDemo、TilePaneDemo，以及 TextFlowDemo
 ********************************************************/

.root {
  -fx-background-color: lightgray;
  -fx-padding: 5;
  -fx-hgap: 5;
  -fx-vgap: 5;
}

.flowPane {-fx-pref-width: 175;}
.tilePane {-fx-pref-columns: 3;}
.love {-fx-font-size: 20; -fx-font-style: italic;}
```

图 18.12 FlowPaneDemo、TilePaneDemo，以及 TextFlowDemo 程序共享的样式表

注意，程序中的 for 循环实例化了五个按钮，并且把它们添加到面板中。该程序的 stage.initStyle (StageStyle.UTILITY);中的 StageStyle.UTILITY 值会舍弃标题栏中的最小化和最大化按钮。回到程序生成

的窗口，可以看到标题栏是如何精简的，因此窗口有足够的空间容纳标题。

18.6.1　TilePane

TilePane 与 FlowPane 类似，它会把添加的组件放在前面添加组件的右边。如果组件触碰到面板的右边缘，它会被放置在下一行的左边。在向 TitlePane 中添加组件时，JVM 会把它放进一个盒子（图块），盒子的宽度和 TilePane 中最宽组件的宽度相匹配，盒子的高度和 TilePane 中最高组件的高度相匹配。TilePane 中所有的组件使用相同大小的图块。记住，TilePane 容器使用统一大小的图标。

TilePane 默认宽度是五列，每一列的宽度就是图块的宽度。列数决定了面板的尺寸：①面板的宽度是每个图块的宽度乘以列数；②面板高度是每个图块高度乘以容纳组件所需的行数。通常需要精确控制 TilePane 的窗口尺寸。为此，可以在 Scene 的构造器中设定像素尺寸（像你在前面的例子中看到的那样）。但是使用 TilePane，作为另一种选择，可以在样式表中使用-fx-pref-columns 属性建立面板的尺寸。例如，可以在 TilePaneDemo 程序中使用 flow.css 样式表的这条规则：

```
-fx-pref-columns: 3;
```

这条规则使窗口包括 3 列。像之前解释的，列数（与图块数和每个图块的大小协同）决定面板的尺寸。

请看图 18.13 中的 TilePaneDemo 程序。除了使用 TitlePane 和图 18.12 样式表中的.tilePane 规则外，它和 FlowPaneDemo 程序完全一样。这条规则设定首选列数为 3。右边的图片展示的是 TilePaneDemo 程序的输出，而且可以看到它确实是 3 列。前两列各容纳两个图块，最后一列容纳一个图块。图块的边界是不可见的，但是你可以想象它们在哪里。第五个按钮是最大的，所以它决定了所有五个图块的大小。其他按钮位于它们的图块的中心位置，图块之间没有空隙。

©JavaFX

```
/*************************************************
 * TilePaneDemo.java
 * Dean & Dean
 *
 * 该程序说明 TilePane
 *************************************************/

import javafx.application.Application;
import javafx.stage.Stage;
import javafx.scene.Scene;
import javafx.scene.layout.TilePane;
import javafx.scene.control.Button;

public class TilePaneDemo extends Application
{
  public void start(Stage stage)
  {
    TilePane pane = new TilePane();
```

图 18.13　TilePaneDemo 程序

```
              Scene scene = new Scene(pane);
              Button button;

              scene.getStylesheets().add("flow.css");
              pane.getStyleClass().add("tilePane");
              for (int i=0; i<5; i++)
              {
                button = new Button(Integer.toString(i+1));
                button.setPrefSize(16*(1+i), 16*(1+i));
                pane.getChildren().add(button);
              }
              stage.setTitle("TilePaneDemo");
              stage.setScene(scene);
              stage.show();
          } // start 结束
      } // TilePaneDemo 类结束
```

图 18.13　（续）

在 TilePaneDemo 程序中，采用水平布局策略将组件添加到 TilePane 中，这意味着到下一行前都是从左到右的顺序。作为另一种选择，可以设定一种垂直布局策略（到下一列前按照从上到下的顺序），在调用 TilePane 构造器时，使用参数 Orientation.VERTICAL 就可以实现。例如：

```
  pane = new TilePane(Orientation.VERTICAL)
```

Orientation 类属于 javafx.geometry 包，因此需要导入该包。

默认情况下，TilePane 展示它的图块时彼此之间没有空隙。具有两个参数的 TilePane 构造器可以引入空隙。例如，下面是如何实例化一个水平方向空隙是 2 像素，垂直方向是 4 像素的 TilePane：

```
  pane = new TilePane(2, 4);
```

还有一个具有三个参数的 pane = new TilePane(2, 4);构造器，它可以同时设定为垂直朝向和空隙。例如：

```
  pane = new TilePane(Orientation.VERTICAL, 2, 4);
```

18.6.2　TextFlow

假设你需要一个容器像文字处理软件一样展示文本，当按 Enter 键或文字遇到文档的右边缘时换到下一行，还想要它可以在文本中任何位置的文字之间插入任意一个 Node 组件。你可以把每个字放在单独的 Label 中，并把它们一个接一个，跟其他节点一起流线型排列在一个水平的 FlowPane 中。但如果你最想要的是普通文本，这种方式会需要实例化大量的标签。更好的方法是把文本的连续字符串放在 Text 对象中，并且把这些 Text 对象和其他节点一起添加到一个 TextFlow 容器中。

在最简单的例子中，你所想要的就是一篇统一格式的文本，可以把一个大字符串放入一个单独的 Text 组件中，并把该组件添加到 TextFlow 容器中。除了在换行时添加\n 字符，JVM 还会识别 Text 组件中字符串的空间，并且会在任何触碰到 TextFlow 容器右边缘的文字后面换行。这像是一个调用了 setWraptext(true)的 Label 组件的行为。更有趣的场景是，当 TextFlow 容器中包含多种类型和样式的组件时会像前面一样换行，但是现在，不仅对 TextFlow 容器中的文字生效，还会对添加到容器中的其他类型组件生效，如按钮或图片对象。①

　　下面左边的截图②来自 TextFlowDemo 程序，该程序中添加 Text 组件和一个 Button 组件到 TextFlow 容器。在右边的截图中，注意当文字触碰到窗口右边缘时是如何换行的。③

最初的展示：

用户调整窗口大小后：

©JavaFX

　　下面看图 18.14 中的 TextFlowDemo 程序。TextFlow 属于 javafx.scene.text 包，所以需要引入此包，而不是像之前的程序那样引入 javafx.scene.layout 包。在 start 方法中，注意 TextFlow 构造器的调用。接下来，实例化了四个 Text 组件和一个 Button 组件。我们调用 addAll 方法添加一个 Text 组件、Button 组件，然后是另外三个 Text 组件。如果想要所有文本具有相同样式，可以把后三个 Text 组件组合进一个 Text 组件。使用三个不同的组件可以将中间组件设定为一个完全不同的大号斜体字（这个组件文字是 love）。在生成的窗口中，除了字体尺寸更大号一点，单词 love 依然很自然地填充在连续的文本流中。同样地，按钮也很自然地填充在连续的文本流中。注意在单词 "them" 后是新的一行。这是由第二个 Text 组件中的 \n 字符决定的。

```
/***********************************************
 * TextFlowDemo.java
 * Dean & Dean
 *
 * 该程序说明 TextFlow 的用法
 ***********************************************/

import javafx.application.Application;
import javafx.stage.Stage;
import javafx.scene.Scene;
import javafx.scene.text.*; // Text、TextFlow
import javafx.scene.control.Button;

public class TextFlowDemo extends Application
{
  public void start(Stage stage)
  {
```

图 18.14　TextFlowDemo 程序

---

①　像第 17 章解释的，Image 类不是 Node 类的子类，但 ImageView 是。因此，如果想添加一张图片到面板，首先通过调用 ImageView 的构造器把 Image 对象包装为 ImageView。

②　引用的语录出自陀思妥耶夫斯基的《卡拉马佐夫兄弟》的英文译本。

③　我们讲述的换行对水平方向的西方语言中是有效的。TextFlow 容器不支持那些垂直方向的语言，如传统的中文、日文或韩文，文字是按列排列的，并且是换到下一列的顶部。

```
        TextFlow pane = new TextFlow();
        Scene scene = new Scene(pane);
        Text reject = new Text("Men reject their prophets and ");
        Button slay = new Button("slay");
        Text but = new Text(" them,\nbut they ");
        Text love = new Text("love");
        Text honour = new Text(" their martyrs and " +
          "honour those whom they have slain.");

        scene.getStylesheets().add("flow.css");
        love.getStyleClass().add("love");
        pane.getChildren().addAll(reject, slay, but, love, honour);
        stage.setTitle("TextFlowDemo");
        stage.setScene(scene);
        stage.show();
    } // start 结束
  } // TextFlowDemo 结束
```

图 18.14　（续）

在该程序的中间部分，注意 scene.getStylesheets().add("flow.css")调用，它加载了程序的样式表。回到图 18.12 中的样式表代码，可以看到.root 规则将窗口的背景色设为浅灰色。.root 规则的内边距和空隙属性-值对被忽略了，因为 TextFlow 面板不支持这些属性。也就是说，你不能给 TextFlow 容器添加内边距，而且不能在它的节点之间添加空隙。样式表的.love 规则将 love Text 组件文字设定为斜体 20 磅。

18.7　TicTacToe 程序

本节将开发一个三子棋游戏。三行三列的棋盘很适合用于讲解不同容器之间的取舍。

18.7.1　用户界面

程序一开始展示的是一个由三行三列空白按钮组成的格子结构。两个用户，玩家×和玩家○，轮流单击空白按钮。玩家×先玩。当玩家×单击一个按钮时，按钮的标签内容从空白变为×。当玩家○单击一个按钮时，按钮的标签内容从空白变成○。玩家×达成一行三个×、一列三个×或沿对角线三个×就算赢。玩家○赢的方式相同，只不过把×换成○，如图 18.15 中的示例会话。

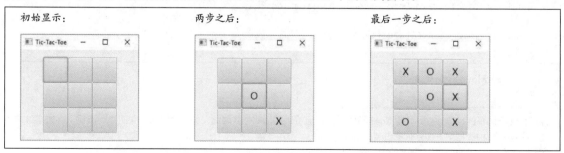

图 18.15　TicTacToe 程序示例会话

©JavaFX

18.7.2　程序设计

按钮的自然大小就是刚好可以容纳按钮的标签以及一点围绕标签的内边距。对于一个三子棋棋盘，自然大小的按钮太小了，不足以成为一个友好的界面。因此，对于三子棋棋盘，我们扩展了按钮，通过样式表使每个按钮都有统一的大小。

按钮被添加到一个三行三列的布局面板。最简单的布局面板是 FlowPane。FlowPane 要正常工作需要为该面板提供一个宽度，使它的宽度足以容纳一行三个按钮，而不是四个。还需要通过一行三个按钮的宽度计算面板的宽度，这一点也不优雅，所以，试一试另一种面板：TitlePane。使用 TitlePane 不用设定面板的宽度，可以使用更优雅的方式来设定面板的列数。可以在样式表中使用-fx-pref-columns: 3;属性-值对来达成这一目标，也可以调用 pane.setPrefColumns(3);。

不管使用 FlowPane 还是 TilePane，如果用户调整窗口大小，按钮会移动，以适应窗口的新尺寸。例如，如果用户使窗口变宽，第四个按钮会向上移动到第一行的右侧，那会毁掉这个游戏。你可以通过引入语句 stage.setResizable(false);来阻止用户调整窗口大小。但是会有另一个问题：最初的窗口尺寸太小了，无法在顶部完整地展示 Tic-Tac-Toe 标题。下图是我们正在讨论的使用 TilePane 的实现。

©JavaFX

解决之道是什么？如果你在样式表中对面板使用-fx-pref-width 属性来将窗口变宽，这会像用户调整了窗口大小一样影响窗口，当窗口变得宽到可以容纳它时，第四个按钮移动到第一行。作为另一种选择，可以把 FlowPane 或 TilePane 嵌入到一个大到足以展示 Tic-Tac-Toe 标题的面板中。在下一节会学到如何把面板嵌入到另一个面板。现在，使用另一种类型的面板 GridPane。回到图 18.15，可以看到使用 GridPane 后的结果。我们可以设定一个更宽的面板，且不会影响一行中的按钮数量。使用更宽的面板后，窗口的完整标题 Tic-Tac-Toe 展示了出来。

图 18.16a 和 18.16b 展示了使用 GridPane 的 TicTacToe 程序。图 18.16a 包含导包、一个实例变量，以及 start 方法。导包部分你现在应该很熟悉了。实例变量 xTurn 是一个 Boolean 值，它用来记录该轮到谁了。start 方法实例化了一个 GridPane，并加载了 ticTacToe.css 样式表。

```
/*****************************************************
 * TicTacToe.java
 * Dean & Dean
 *
 * 该程序使用 GridPane 实现三子棋游戏
 *****************************************************/
```

图 18.16a　TicTacToe 程序——A 部分

```
import javafx.application.Application;
import javafx.stage.Stage;
import javafx.scene.Scene;
import javafx.scene.layout.GridPane;
import javafx.scene.control.Button;


public class TicTacToe extends Application
{
  private boolean xTurn = true;  // 是否轮到 X 了？

  //**************************************************

  public void start(Stage stage)
  {
    GridPane pane = new GridPane();
    Scene scene = new Scene(pane);

    scene.getStylesheets().add("ticTacToe.css");
    createContents(pane);
    stage.setTitle("Tic-Tac-Toe");
    stage.setScene(scene);
    stage.show();
  } // start 结束
```

图 18.16a　（续）

　　图 18.16b 展示的是 TicTacToe 程序的 createContents 辅助方法。注意，它如何使用嵌套的 for 循环来迭代棋盘的三行三列。在 for 循环中，注意我们如何实例化一个按钮，并且把按钮注册到一个事件处理器。

```
  //***************************************************

  private void createContents(GridPane pane)
  {
   Button button; // 重复实例化按钮来填充棋盘

   for (int i=0; i<3; i++)        // 行
   {
    for (int j=0; j<3; j++)       // 列
    {
     button = new Button();
     button.setOnAction(e ->            ┌─────────────────┐
     {                                  │ 局部声明按钮避免错误 │
       Button btn = (Button) e.getSource();  └─────────────────┘
```

图 18.16b　TicTacToe 程序——B 部分

```
                if (btn.getText().isEmpty())
                {
                  btn.setText(xTurn ? "X" : "O");
                  xTurn = !xTurn;    ◄─────  切换轮到了谁
                }
            }); // lambda 表达式结束

            pane.add(button, j, i);
          } // j 的 for 循环结束
        } // i 的 for 循环结束
      } // createContents 结束
    } // TicTacToe 类结束
```

图 18.16b　（续）

让我们慢下来，深入检查一下按钮的事件处理器。我们使用 lambda 表达式实现该事件处理器。在
lambda 表达式中声明了一个新的变量 btn，用于存储获取到的被单击的按钮。你可能会认为，在 lambda
表达式中，简单地使用 createContents 方法中声明的局部变量 button 就可以了，而不去声明一个变量 btn。
但是，如果我们试着这样做，编译器会报错："Local variables veferencedl from a lambda expression must be
final effectively final.（lambda 表达式中的局部变量引用必须是 final 或者等效于 final。）"。在 DanceRecital
程序的 lambda 表达式中遇到过同样的问题。在包围 lambda 表达式的方法中声明的局部变量是不可以更
新的，否则就是非法的，而我们调用 setText 方法来升级按钮，这就是问题所在。解决办法是把 btn 作为
一个实例变量使用，或者在 lambda 表达式中把它声明为局部变量。因为在 lambda 表达式之外用不到它，
所以使用下面的语句在 lambda 表达式中声明它：

```
Button btn = (Button) e.getSource();
```

我们使用(Button)进行类型转换操作，因为如果没有类型转换操作，编译器会生成一个错误。为什么？
因为编译器会看到右边的 Object 被赋值给左边的 Button。因为 getSource 的返回类型是 Object，所以它
看到右边是 Object。在这个例子中，因为 getSource 实际返回的是一个 Button，所以，把它的返回值转换
成 Button 是合法的，而且这可以满足编译器并消除掉这个错误。

在 lambda 表达式中，请看如下代码片段：

```
if (btn.getText().isEmpty())
{
  btn.setText(xTurn ? "X" : "O");
  xTurn = !xTurn;
}
```

if 条件检查是否是空白按钮，如果是空白按钮，就把适当的字符（×或○）赋值给按钮的标签，然
后切换 Boolean 变量 xTurn。xTurn 变量是一个实例变量，所以在 lambda 表达式中更新它的值（通过调
用 setText）是合法的。

在 lambda 表达式下面的代码把按钮添加到面板：

```
pane.add(button, j, i);
```

j 在 i 前面——这是为什么？回看之前讨论过的 GridPane 容器，它的构造器的第二和第三个参数分
别用于设定列和行，也就是组件放置的位置。如果你查看程序中嵌套的 for 循环，就会看到 j 处理列的
值，i 处理行的值，所以一切都没问题。

现在看一下在图 18.17 展示的程序的样式表。注意，.root 规则如何决定窗口的初始尺寸以及 GridPane 的居中对齐方式；Button 规则（Button 前没有点号，表明这是类型选择器规则）如何决定按钮的尺寸和标签字体大小。

```
/***********************************************
 * ticTacToe.css
 * Dean & Dean
 *
 * 提供 TicTacToe 程序的 CSS 规则
 ***********************************************/

.root {
  -fx-pref-width: 240;
  -fx-pref-height: 180;
  -fx-alignment: center;
}

Button {
  -fx-pref-width: 50;
  -fx-pref-height: 50;
  -fx-font-size: 20;
}
```

图 18.17　TicTacToe 程序的样式表

18.8　嵌入式面板：HBox 和 MathCalculator 程序

设想要实现一个 GUI 程序，提示用户输入一个数字，并且根据用户单击的按钮决定计算该数的平方根或对数。如图 18.18 所示。用户在左边的文本框中输入一个值代表 x，然后单击 sqrt x 或者 log10 x 按钮分别生成 x 的平方根或以 10 为底 x 的对数。应该使用哪种布局策略？下面介绍该程序的创建过程。

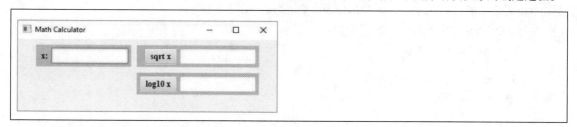

图 18.18　MathCalculator 窗口

©JavaFX

18.8.1　从备选布局到嵌套布局

在图 18.18 中，注意 Math Calculator 窗口中的对数组件（按钮和文本框）是如何直接位于平方根组件之下的。它们是水平排列的，这说明解决方法中面板需要有行列方向。这就直接排除了 FlowPane、VBox、BorderPane 以及 TextFlow 面板。

Math Calculator 窗口中似乎分为两行四列。那么一个两行四列的 TilePane 策略是否合适？使用 TilePane，组件是按照从左到右、从上到下的顺序添加。因此，要把对数组件放在右下角的图块位置，需要首先把一个不可见的组件（空白的标签就可以）添加到左下角的图块。鉴于 TilePane 从左到右、从上到下的组件定位策略，这意味着如果用户充分扩大了窗口宽度，第二行的第一个组件可能会向上移动并定位到第一行的结尾，就会导致一个非常难看的布局。

TilePane 生成同样大小的单元格。这对 Math Calculator 窗口中大多数单元格是没问题的，但是左上角单元格例外。左上角单元格处理 x:标签。对于这样一个小标签，我们希望对它使用一个相对较小的单元格，但是对 TilePane 来说，并没有这个选项。

鉴于所有这些 TilePane 的问题，是时候继续前行了。对于行列结构，GridPane 可能有效。使用 GridPane 可以指定添加组件的位置，所以，在添加对数组件到右下角之前，不需要向左下角添加多余的不可见组件。不像 TilePane、GridPane 的列可以有不同的宽度。列宽取决于列内组件的宽度。所以对左上角单元格，它处理狭窄的 x:标签。

注意在图 18.18 中有三对组件。每对组件在左边有一个标签，然后是一个文本框或按钮。为了给每一对组件实现可视分组，注意每一对组件如何有一个融合的背景色，而每对组件之间没有背景色。使用一个两行四列的 GridPane，这种背景色策略是难以实现的。因此需使用一个两行两列的 GridPane，配有三个次级面板，三对组件各有一个。

*线框图*是演示窗口内组件定位的框架。对于一个较复杂的窗口，有时需要先绘制一个线框图，用它可以帮你决定在窗口中使用哪种布局。下面是 Math Calculator 窗口的线框图，并配有提示框展示应该在布局面板中考虑哪些问题。

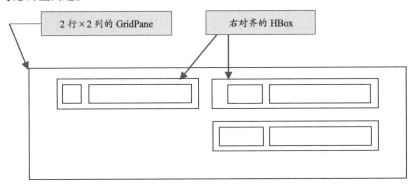

我们应该使用哪种类型面板作为 GridPane 的三个次级面板呢？可以使用 FlowPane，但这会使次级面板的内容换行。一个更好的选择是 HBox，即我们之前看到的 VBox 的水平版本。组件依然是按顺序添加，就像在 FlowPane 或 VBox 中一样，只不过在 HBox 中，一切都是在同一行。所以，我们得出的结论是在 GridPane 中加三个 HBoxe，即一种类型的面板中包含另一种类型的面板。

一个复杂的窗口中含有嵌入式面板是很常见的。在这种情况下，需要调整一下使窗口看起来合适。除了需要调整，使用嵌入式布局要比使用像素值手动定位许多独立组件简单得多。[①]

[①]　如果你想手动定位组件，可能是因为不想它们四处移动，除了采用嵌入一个 Pane 类派生类的实例这一方法，还可以嵌入一个 Group 类的实例，或者 Pane 类自身。Group（属于 javafx.scene 包）和 Pane（属于 javafx.scene.layout）存放组件，像已经学过的其他容器一样，但是，如果窗口大小改变，它们不会调整组件的位置。我们会在本章稍后提供 Pane 容器的细节。

18.8.2　MathCalculator 程序

现在，请看图 18.19a ~ 图 18.19e 中的 MathCalculator 程序。图 18.19a 展示的是导包、实例变量，以及 start 方法。start 方法实例化一个 GridPane，加载程序的样式表，并调用 createContents 辅助方法。

```java
/**********************************************************
 * MathCalculator.java
 * Dean & Dean
 *
 * 该程序使用嵌入式布局面板展示用户输入数字的平方根与对数
 **********************************************************/

import javafx.application.Application;
import javafx.stage.Stage;
import javafx.scene.Scene;
import javafx.scene.layout.*;          // GridPane、HBox
import javafx.scene.control.*;         // Button、Label、Labeled、TextField
import javafx.event.ActionEvent;

public class MathCalculator extends Application
{
  private TextField xBox;              // 用户输入的值
  private Button xSqrtButton;
  private TextField xSqrtBox;          // 生成平方根
  private Button xLogButton;
  private TextField xLogBox;           // 生成对数


  //**********************************************************

  public void start(Stage stage)
  {
    GridPane pane = new GridPane();
    Scene scene = new Scene(pane);

    scene.getStylesheets().add("mathCalculator.css");
    createContents(pane);
    stage.setTitle("Math Calculator");
    stage.setScene(scene);
    stage.show();
  } // start 结束
```

图 18.19a　MathCalculator 程序——A 部分

图 18.19b 展示的是 createContents 方法。注意，声明了三个 HBox 面板变量：xPane 用于用户输入区域，xSqrtPane 用于平方根区域，以及 xLogPane 用于对数区域。每一个面板变量都会调用辅助方法 getSubPane，该方法用于创建与填充次级面板。在生成三个次级面板之后，createContents 方法将它们添加到包围的 GridPane。例如，下面的程序是将第一个次级面板添加到 GridPane 的左上单元格：

```java
    pane.add(xPane, 0, 0);
```

最终，createContents 方法为 sqrt x 按钮和 log10 x 按钮注册了一个事件处理器。在这两种情形中，事件处理器使用的方法引用指向的都是 handle 方法。

```
//*****************************************************

private void createContents(GridPane pane)
{
  HBox xPane;                    // 处理 x 标签及其文本框
  HBox xSqrtPane;                // 处理 sqrt x 标签及其文本框
  HBox xLogPane;                 // 处理 log x 标签及其文本框
  Label xLabel;                  // 提示用户为 x 输入一个值

   // 创建 x 面板
  xLabel = new Label(" x:");
  xBox = new TextField();
  xPane = getSubPane(xLabel, xBox, true);

  // 创建 sqrt x 面板
  xSqrtButton = new Button("sqrt x");
  xSqrtBox = new TextField();
  xSqrtPane = getSubPane(xSqrtButton, xSqrtBox, false);

  // 创建 log10 x 面板
  xLogButton = new Button("log10 x");
  xLogBox = new TextField();
  xLogPane = getSubPane(xLogButton, xLogBox, false);

  // 将面板添加到父面板
  pane.add(xPane, 0, 0);         // left upper
  pane.add(xSqrtPane, 1, 0);     // right upper
  pane.add(xLogPane, 1, 1);      // right lower

  // 添加处理器
  xSqrtButton.setOnAction(this::handle);
  xLogButton.setOnAction(this::handle);
} // createContents 结束
```

图 18.19b　MathCalculator 程序——B 部分

图 18.19c 展示的是 getSubPane 辅助方法。它接收三个参数：两个组件（一个提示标签或一个按钮，以及一个文本框），然后是一个 Boolean 变量，它决定文本框是否可以被编辑。只有第一个次级面板是可编辑的，所以只有第一次调用 getSubPane 时把它的第三个参数设定为 true。该方法首先实例化一个 HBox 面板，添加两个传入的组件到面板，然后它处理一组格式问题。第一个格式问题是，如果用户调整窗口大小，使窗口变窄，使文本框变窄没有问题，因为用户依然可以毫无阻碍地向文本框输入。但是我们不希望提示标签或按钮变窄，因为这样可能使用户界面显得混乱。因此，我们调用 labeled.setMinWidth(Labeled.USE_PREF_SIZE);阻止提示标签或按钮变得比它的自然宽度更窄。第二个格式问题是，调用 setEditable 使文本框可编辑或只读，这取决于传入的第三个参数。通常来说，我们倾向于使用样式表来

设定格式，但是样式表规则无法以一种优雅的方式处理这两个格式问题。所有其他的格式问题都在程序的样式表中解决，我们会在完成对程序 java 代码的梳理之后再审视样式表中的 CSS 规则。

```
//*********************************************************

// 该方法添加组件到次级面板并设置样式

private HBox getSubPane(
  Labeled labeled, TextField textBox, boolean editable)
{
  HBox subPane = new HBox();

  subPane.getChildren().addAll(labeled, textBox);

  // 阻止提示标签和按钮缩小
  labeled.setMinWidth(Labeled.USE_PREF_SIZE);
  textBox.setEditable(editable);
  return subPane;
} // getSubPane 结束
```

图 18.19c　MathCalculator 程序——C 部分

　　图 18.19d 展示的是 handle 方法，它是两个按钮的事件处理器。注意 try 和 catch 代码块，它们尝试读取用户的输入，并把它保存在 double 类型变量 x 中。如果用户输的值不是一个 double 类型，然后会将 x 被赋值为-1，-1 用作无效输入的标志。在使用 getSource 判断被单击的是哪一个按钮后，用 handle 方法检查用户输入是否是负数（是否无效）并看情况展示一条错误信息。如果用户输入是非负数，方法调用 Math.sqrt(x)或 Math.log10(x)（取决于哪个按钮被单击），并且将结果展示在适当的只读文本框中。例如，我们如何把结果放入平方根文本框中：

```
xSqrtBox.setText(String.format("%7.5f", result));
```

```
//*********************************************************

public void handle(ActionEvent e)
{
  double x;          // 用户输入 x 的值
  double result;     // 计算出的值

  try
  {
    x = Double.parseDouble(xBox.getText());
  }
  catch (NumberFormatException nfe)
  {
    x = -1;          // 表示无效的 x
  }
```

图 18.19d　MathCalculator 程序——D 部分

```
      if (e.getTarget().equals(xSqrtButton))
      {
        if (x < 0)
        {
          xSqrtBox.setText("undefined");
        }
        else
        {
          result = Math.sqrt(x);
          xSqrtBox.setText(String.format("%7.5f", result));
        }
      } // 平方根运算结束
      else // 计算对数
      {
        if (x < 0)
        {
          xLogBox.setText("undefined");
        }
        else
        {
          result = Math.log10(x);
          xLogBox.setText(String.format("%7.5f", result));
        }
      } // 对数运算结束
    } // handle 结束
  } // MathCalculator 类结束
```

图 18.19d　（续）

看到 String.format 方法调用了吗？不论何时，只要你想让输出更好看一点，format 方法就是专门处理这种需求的。它和 printf 方法功能差不多，只不过它不是输出一个格式化的值，而是返回一个格式化的值。在 handle 方法中，我们调用 String.format 来获取计算出的对数值格式化后的版本。具体来说，%7.5f 转换修饰符返回一个浮点数，小数位为五位，总共七个字符。

现在来关注 MathCalculator 程序的样式。回看一下图 18.18 中程序的窗口，注意具有四个格子区域布局的两行两列的 GridPane。具体来说，注意边缘的内边距、四个格子区域之间的空隙，以及格子区域的顶部居中对齐。这些属性都不是默认提供的：对 GridPane 来说，默认是没有内边距，没有空隙，以及顶部靠左对齐。对 MatchCalculator 程序来说，在程序的样式表中提供了这些属性，如图 18.19e 所示。具体来说，在 .root 规则中，-fx-padding、-fx-hgap、-fx-vgap 及 -fx-alignment 属性负责内边距、水平以及垂直空隙，还有对齐方式。

回到 HBox 次级面板，看一下程序的窗口，注意，三个次级面板中各自组件的布局。每一个次级面板都有内边距、水平空隙，以及右对齐。使用 GridPane 时，HBox 默认没有内边距，没有空隙，以及顶部靠左对齐。我们在程序的样式表中重写了默认属性。具体来说，HBox 类型选择器规则中的 -fx-padding、-fx-spacing 和 -fx-alignment 属性负责内边距、水平空隙和对齐方式。还有一个 -fx-background-color 属性，它把次级面板的背景色设定为浅天空蓝。

```
/************************************************
 * mathCalculator.css
 * Dean & Dean
 *
 * 提供 MathCalculator 程序的 CSS 规则
 ************************************************/

.root {
  -fx-pref-width: 440;
  -fx-pref-height: 120;
  -fx-padding: 10;
  -fx-hgap: 10;
  -fx-vgap: 10;
  -fx-alignment: top-center;
  -fx-font: bold normal 14 serif;
}

HBox {
  -fx-padding: 5;
  -fx-spacing: 5;
  -fx-alignment: center-right;
  -fx-background-color: lightskyblue;
}

TextField {-fx-pref-column-count: 8;}
```

图 18.19e　MathCalculator 程序的样式表

在实例化它的 HBox 容器时，MathCalculator 程序调用的是无参数的 HBox 构造器。作为备选可以调用 HBox 的单参数构造器，并传入一个表示 HBox 容器组件之间空隙的像素值。例如：

```
HBox subPane = new HBox(5);
```

18.9　简单 Pane 容器与组件定位

18.9.1　Pane 类

在图 18.1 中的 Region 之下，容器层级树最顶端的是 Pane 类。到目前为止，在所有的例子中使用的都是 Pane 类的派生类（FlowPane、GridPane 等），但是没用 Pane 类本身。Pane 类可以存放多个组件，但是，它不会尝试将组件以一种友好的方式定位。如果你不想控制容器中组件的位置，这是一件好事。需要记住的是，组件的默认位置是在 Pane 的左上角，以及组件的重叠程度，后面添加的组件会覆盖在之前添加的组件之上。

因为 Pane 是 Region 的派生类，它的对象可以使用诸如-fx-background-color 这样的 CSS 属性。而且，Pane 也是 Node 的派生类，它的对象也可以使用-fx-translate-x、-fx-scale-x 和 -fx-rotate 等 CSS 属性。

Pane 可以容纳一个 Node 对象或任何其派生类的对象。Node 类是 Parent 类的父类，Node 类下面的

Parent 类有一个兄弟类是 Shape 类。鉴于 Shape 类不是 Parent 类的子类，Shape 不能还有组件，尽管如此，像 Circle 和 Rectangle 这样的 Shape 是非常有用的。有些 Circle 和 Rectangle 的构造器包含偏移及尺寸参数，所以当添加某一种这类形状到组群时，同时可以设定它的位置和尺寸。

默认情况下，大多数组件是不透明的。所以，当你添加另一个组件到面板时，新的组件会盖在之前所有的组件上面。但是，你可以使用一个或多个在下面会讲到的平移方法将不同的组件移动到不同的位置，从而使组件之间没有重叠区域。这时，进入组件群组的顺序就没有影响了，所有组件都会被完整地看到。有时需要把组件放在其他组件之上，以创造更复杂的结构。可以在 0.0（完全透明）~ 1.0（完全不透明）的连续区间内设置一定量的不透明度，也可以设置色彩梯度。通过精细控制获取位置、不透明度及色彩梯度可以创造出一些有趣的效果。

18.9.2 Pane 组件定位

如图 18.1 所示，Pane 是许多不同类型容器的共有父类。默认情况下，Pane 容器把它的 Node 组件一个叠一个地定位在它的左上角。对于矩形组件，这意味着组件的左上角和面板的左上角是重合的。对于椭圆或圆形，这意味着组件的圆心和面板的左上角重叠。通常，这样的组件定位是不合适的，所以使用 Pane 容器时通常会使用显式的程序代码来设定每个组件的期望位置。

Node 类定义了两种组件定位方式：布局定位和平移定位。布局定位建立相对稳定的参考位置。平移定位建立布局位置的动态偏移。在任何时候，当前位置都是布局位置加上平移位置。

每个 Node 对象通过 layoutX、layoutY、translateX 和 translateY 来记录它的位置。节点的 layoutX 和 layoutY 属性取决于它所在的布局面板。布局面板将其节点的 translateX 和 translateY 值保留为 0。而对于 Pane 容器，它将其节点的四个定位属性都保留为 0。后面的程序代码会修改节点的默认定位，采用的方法是把特定节点的 translateX 和 translateY 属性设置为非 0 值。

如果程序要显式定位 Pane 容器组件的话，应该调用每个组件的 setTranslateX(double x) 和 setTranslateY(double y) 方法，其中的 x 和 y 是期望的水平位移和垂直位移。

当存在用户交互时，组件的当前位置可能是未知的。当期望的新位置依赖当前位置时，组件需要判断它的当前位置。可以通过调用一个或多个方法来获取，即 getLayoutX、getLayoutY、getTranslateX 及 getTranslateY。

默认情况下，Pane 的宽高取决于 Pane 容器的宽高。例如，它可能是另一个 Pane 或 Scene。如果嵌入式的 Pane 组件的大小和位置导致一些组件的部分超出了嵌入的 Pane 的边界，这些部分也会超出嵌入式的 Pane 容器的边界，嵌入式面板的容器会剪切掉这些超出部分，只有位于嵌入式面板容器范围内的部分。这一特性使程序可以描绘出组件进入或离开当前可视区域的过程。

总结

- 布局面板可以自动定位组件。
- FlowPane 类可以实现一个简单的单格布局策略，并且允许多个组件插入到此该格子中。
- GridPane 类可以实现一个矩形格子结构，而且程序员可以设定每个组件到指定的行列位置。列宽取决于此列中最宽组件的宽度，行高取决于此行中最高组件的高度。

- HBox 和 VBox 布局分别把进入的组件按顺序放入一行或一列。
- BorderPane 布局提供五个可以插入组件的区域，即中部、顶部、右部、底部和左部。
- TilePane 将组件放在矩形格子结构的同等大小的单元格中，每个单元格只能容纳一个组件。
- 如果一个复杂的窗口中有很多组件，你可能希望通过在其他容器中嵌入容器来划分它们。
- Pane 是一堆节点，这些节点的相对位置没有被 Pane 容器设定；取而代之，它们需要被代码显式定位。
- 鉴于 Group 会收缩以紧密包围它的内容，Pane 会扩展自身来填充满包围它的容器。

复习题

§18.2　布局面板

1. 在用户调整布局面板的窗口大小，或者使用代码调整布局面板的组件大小时，JavaFX 布局面板被设计成可以调整它们的组件位置。（对/错）

2. 布局面板类属于哪个包？

§18.3　FlowPane 和 GridPane：竞争性布局理念

3. FlowPane 如何放置它的组件？

4. 假设实例化一个 FLowPane 或 GridPane 容器，并赋值给名为 pane 的变量。写出语句，使 pane 使用居中靠右对齐方式排列组件。

5. 在 GridPane 版本的 Greeting 程序中，写出一条语句，使问候在姓名文本框下面开始，并且分配足够的单元格，避免姓名太长时重新调整文本框的尺寸。

§18.4　使用两个 Stage 以及一个图片文件的 VBox 程序

6. 写出一条语句，声明一个名为 stage2 的舞台，并将它初始化为一个新的可用舞台。

§18.5　BorderPane

7. 在使用五个参数的构造器时，BorderPane 布局中五个区域的顺序是什么，以及哪些区域占据四角？

8. BorderPane 中五个区域的大小由运行时四个靠外的区域内容决定。（对/错）

9. 默认情况下，BorderPane 中每个区域可以放置多少个组件？

10. 有以下引用，BorderPane pane = new BorderPane();，写出一条语句，添加一个文本为 Stop 的标签到 BorderPane 的中部区域。该标签需要在中部区域居中排列。

§18.6　TilePane 和 TextFlow 容器

11. 当实例化一个 TilePane 时，无论何时都需要设定行数和列数。（对/错）

12. 在 TilePane 中，所有单元格大小一致。（对/错）

§18.7　TicTacToe 程序

13. 在 TicTacToe 程序中，如果单击同一个单元格两次，xTurn 变量会发生什么变化？

§18.8　嵌入式面板：HBox 和 MathCalculator 程序

14. 为什么在 BorderPane、TitlePane 和 GridPane（相比 FlowPane、VBox 和 HBox 等其他容器）中使用嵌入式面板非常有用？

§18.9　简单的 Pane 容器与组件定位

15. 如果想在一个简单的 Pane 容器中添加一个 Circle，并且没有设定 Circle 的位置，Circle 会位于哪里，它的可见部分有多少？

练习题

1. [§18.3] 在 FlowPane 中，按钮控件会扩展，从而使它完全填充所在的区域。（对/错）

2. [§18.3] 假设你已经把一个 GridPane 容器的对象赋值给一个 pane 引用变量。写出一段代码，将此容器的第二列宽度设定为 200 像素，但是使 GridPane 自身设定所有其他列的宽度。

3. [§18.4] 重写 Recital 程序，不使用第二个舞台来获取用于 data 数组的字符串，而是使用 System.out.println 在控制台窗口输出每句提示，并且使用 Scanner 的 nextLine 方法获取响应的用户输入。

4. [§18.5] 提供一个完整的程序，它是第 17 章中 Greeting 程序的 lambda 表达式版本的改进版。新程序应该使用一个 BorderPane（而不是 FlowPane），并且它应该在输入姓名后生成如下图的展示。在代码中使用默认条件，并使 CSS 文件尽量简单。

©JavaFX

5. [§18.5] 在 BorderPane 中，如果右部区域是空的，会发生什么？换句话说，如果右部区域是空的，则哪个（些）区域会扩展它（们）自身。

6. [§18.5] 在图 18.10 的 AfricanCountries 程序中，假设没有 setMaxSize 方法调用，窗口会是什么样的？

7. [§18.5] 设想有以下程序：

```
import javafx.application.Application;
import javafx.stage.Stage;
import javafx.scene.Scene;
import javafx.scene.layout.BorderPane;
import javafx.scene.control.Label;

public class BorderPaneExercise extends Application
{
  public void start(Stage stage)
  {
    BorderPane pane = new BorderPane();

    stage.setTitle("Border Layout Exercise");
    stage.setScene(new Scene(pane, 300, 100));
    pane.setTop(new Label("Lisa the label"));
    pane.setCenter(new Label("LaToya the label"));
    pane.setBottom(new Label("Lemmy the label"));
    stage.show();
  } // start 结束
} // BorderPaneExercise 结束
```

（1）修改上面代码以生成如下输出。

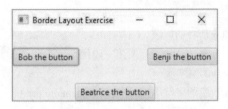

©JavaFX

（2）修改上面代码以生成如下输出。

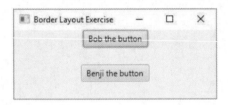

©JavaFX

在（1）和（2）中都调用 setAlignment(组件, Pos.CENTER)。

8. [§18.6] 如果 Button 组件直接被添加到一个 TilePane 单元格中，它会扩展自身，所以它会完全填充单元的尺寸。（对/错）

9. [§18.6] 设想一个 TilePane 被构建时没有设定方向。现有如下代码段，绘制一张图片，说明按钮在此程序窗口中的位置。

```java
public void start(Stage stage)
{
  TilePane pane = new TilePane();

  stage.setScene(new Scene(pane));
  pane.setPrefColumns(3);
  // 这将在最小的窗口中居中展示所需内容
  pane.setStyle("-fx-padding: 20; -fx-font-size: 16");
  for (int i=0; i<7; i++)
  {
    pane.getChildren().add(new Button(Integer.toString(i+1)));
  } // i 的 for 循环结束
  stage.show();
} // start 结束
```

10. [§18.8] 修改图 18.10 中的 AfricanCountries 程序，以生成如下的初始展示。

创建一个宽 400、高 200 的场景。在每个 BorderPane 组件中嵌入一个 StackPane，并且把按钮放在这些嵌入的 StackPane 中。将这些按钮在它们各自的区域中自动居中排列。把所有样式都设定在 CSS 样式表中。此样式表提供三个样式类：root、child 和 center。把 center 样式类（用于设定中心区域的绿色背景）注册到中心区域的 StackPane，使用如下语句：

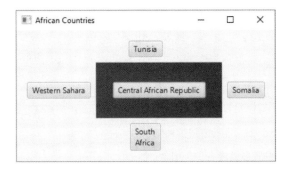

©JavaFX

```
pane.getCenter().getStyleClass().add("center");
```

11. [§18.8] 写一个程序，生成图 17.18 展示的 CSS 颜色名称窗口。在程序中，使用 setPrefColumns(4)、setHgap(5)、setVgap(2)和 setStyle("-fx-padding: 5, 0, 0, 5")，实现一个名为 table 的 TilePane 容器。对于 table 中的每一个图块，使用 setPrefWidth(183)和 setStyle("-fx-font-size: 10;")，嵌入一个名为 panel 的 FlowPane 容器。每个面板应该容纳两个组件：①一个称为 swatch 的四格 Label，用于展示使用 CSS 颜色名的颜色；②一个匿名 Label，用于描述它左边的色卡。设置色卡的颜色使用 setStyle("-fx-background-color: " + names[i])，这里的 names 是一个数组，在下面的程序中有展示。

```
public class ColorTable extends Application
{
    private final int TABLE_WIDTH = 768;
    private final int TABLE_HEIGHT = 640;
    private String[] names = {
        <颜色名写在这里, from https://docs.oracle.com/javafx/2/api/javafx/scene/
        doc-files/cssref.html>
    };
    private String[] numbers = {
        <颜色号码写在这里, from https://docs.oracle.com/javafx/2/api/javafx/scene/
        doc-files/cssref.html>
    };
    <start 方法写在这里>
    <createContents 方法写在这里>
} // ColorTable 类结束
```

12. [§18.9] 写一个程序，使用 setTranslateX 和 setTranslateY 将一个亮蓝色、半径为 50 的圆形定位在简单 Pane 容器的中心，Pane 所属的 Scene 的宽度为 200、高度为 150。

复习题答案

1. 对。

2. javafx.scene.layout 包中包括了所有布局面板类。

3. FlowPane 按照从左到右的顺序把组件放在一行中，直到要放置的组件超出空间，然后会把这个组件放在下一行，以此类推。

4. 要么使用：

```
       pane.setAlignment(Pos.CENTER_RIGHT);
```
或者使用：
```
       pane.setStyle("-fx-alignment: center-right");
```
5. `pane.add(greeting, 1, 1, 2, 1);`

6. `Stage stage2 = new Stage(StageStyle.UTILITY);`

7. BorderPane 布局的五参数构造器中的五个区域按照顺序分别是中部、顶部、右部、底部和左部。上面两个角在顶部区域，下面两个角在底部区域。

8. 对。

9. BorderPane、TilePane 和 GridPane 容器的每个区域中最多只能有一个组件。

10. `pane.setCenter(new Label("Stop"));`
    （居中是默认对齐方式）

11. 错。如果方向未指定或者是水平的，设定的是列。如果方向是垂直的，设定的是行。

12. 对。TilePane 中所有单元格大小相同。

13. 什么也不发生。它不会改变任何事。

14. 在 BorderPane、TitlePane 和 GridPane（相比 FlowPane、VBox 和 HBox 等其他容器）中使用嵌入式面板非常有效，原因是 BorderPane、TitlePane 或 GridPane 的每个单元格只能包含一个组件。

15. 如果你向一个简单 Pane 容器中添加一个 Circle，且没有设定 Circle 的位置，Circle 的中心会位于 Pane 的左上角。如果 Circle 是最后一个添加到 Pane 的组件，而且 Circle 的半径没有超过 Pane 容器的宽高，则右下四分之一圆是可见的。但是，之后添加的不透明组件可能会覆盖并隐藏 Circle 的部分或者全部可见部分。

第 19 章

GUI 编程：其他 GUI 组件、事件处理程序和动画

目标

- 学习用户界面设计的基础知识。
- 操作文本区 TextArea 控件实现多行文本输入。
- 操作复选框 CheckBox 控件实现"是/否"用户输入。
- 操作单选按钮 RadioButton 和下拉框 ComboBox 控件实现从预定义值列表中选取数值。
- 操作菜单系统。
- 操作滚动条 ScrollPane 以便用户可以浏览大于窗口的内容。
- 学习如何捕获鼠标事件并编写事件处理程序代码。
- 学习如何在 GUI 窗口中嵌入图像。
- 操作滚动条滑块 Slider，以便用户可以手动转换 GUI 组件。
- 了解如何在 GUI 窗口中插入动画组件。

纲要

19.1　引言

　　本章是关于 GUI 编程的三章中的第三部分。在第 17 章中，介绍了一些提供基本输入/输出功能的 GUI 控件，即 Label、TextField 和 Button。在第 18 章中，描述了使用不同的布局面板来组织这些控件的不同方法。在本章中，将通过介绍提供更高级输入/输出功能的 GUI 控制，即 TextArea、CheckBox、RadioButton、ComboBox 和 Slider 来完善 GUI 工具包。此外，还将了解有关滚动条、菜单系统和动画。

　　图 19.1 描述了一些控件的功能，请注意 ComboBox、RadioButton 和 CheckBox 控件。还要注意中间的 RadioButton 分组、右侧的 CheckBox 按钮组，以及底部中心的 Next 按钮和 Cancel 按钮分组。在本章中，将学习如何创建这些组件和其他组件。此外，你将练习使用上一章中了解到的布局面板，将组件分组并在窗口中适当地定位组件群组。

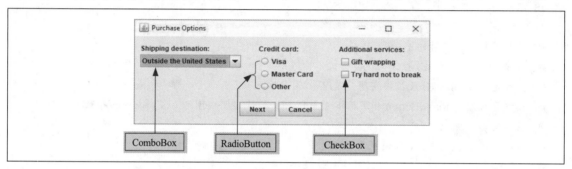

图 19.1　使用 ComboBox、RadioButton 和 CheckBox 的示例窗口

©JavaFX

19.2　用户界面设计

　　使用基于文本的程序，告知用户做什么是相对容易的。作为程序员，只需提供文本说明，当提示输入时，用户就会输入。使用 GUI 程序，告知用户该做什么会更形象。可以显示一个包含各种组件的窗口，设置事件处理程序，然后等待用户执行操作。重要的是，你的显示要易于理解，否则用户可能会感到困惑。

　　一般来说，*用户界面设计*（UID）是制作易于使用和有趣的软件的过程。也许你很难让一个实例程序趣味化，但是你明白了方法。对于 GUI 程序，请尝试遵循以下原则：

- ● 选择正确的组件。
- ● 恰当地定位组件。
- ● 保持一致。

　　一个优秀的程序员能够预测用户的需求，并通过结合组件（文本、颜色、按钮、文本框、图片等），来创建一个满足这些需求的界面。你希望用户能够快速了解如何使用该窗口的内容。为了在这方面有所帮助，你应该尽量避免混乱，并将重点放在用清晰、简洁的词语（以及适当的图形）描述窗口内容上。

选择正确的交互式控件（按钮、文本框、复选框等）很重要，但控件的标签也很重要。对于每个标签，只需使用一个或几个精简且描述到位的词语。不要害怕删除不必要的文本和窗口中的空白，空白可以为压力过大的对技术厌倦的用户提供一个很好的喘息空间。

对于窗口的文本，应限制所使用的字体数量。为主要内容和辅助内容选择令人愉悦的字体。确保前景文本颜色与背景色形成对比，从而使文本易于阅读。通常，这意味着对比鲜明的颜色在亮度和灰暗度上应该有所不同。应该为你的文本、背景和图形选择一组效果很好的颜色。

在图 19.1 所示的采购表单中，采用 RadioButtun 组件用于选择信用卡，对其他服务的选择采用 CheckBox 组件。这是一个选择正确组件的示例。RadioButtun 组件向用户提供如何继续操作的暗示。大多数用户把小圆圈看作 RadioButtun 组件，并应该用鼠标单击选择其中一个。同样地，大多数用户把小的灰色方块看作复选框，并且可以用鼠标单击选择其中一个或多个。

注意窗口底部中心的 Next 和 Cancel 按钮组件。假设该窗口是采购应用程序中的几个窗口之一，并且应用程序中的其他窗口也在底部中心位置显示 Next 和 Cancel 按钮组件，则在相同的位置放置 Next 和 Cancel 按钮就是一个保持一致性的例子。一致性很重要，因为用户会对他们之前看到的东西更熟悉。请保持字体和配色方案的一致性。在一个给定的应用程序中，如果为警告信息选择红色，则应对所有的警告信息都使用红色。

在图 19.1 中，请注意三个 RadioButtun 组件（Visa、MaterCard 和 Other）和 "Credit card:" 标签是如何作为一个组组合在一起的。更具体地说，它们是在一个垂直列中对齐的，在物理上是紧挨着的。这是一个恰当定位组件的示例。将它们作为一个群组放置在一起并提供了一个可视化提示，以显示它们在逻辑上是相关的。作为另一个适当的定位的示例，请注意分离左、中、右群组之间有一定的距离。最后，请注意 "Shipping:" "Credit card:" 和 "Additional services:" 标签是如何在同一行中对齐的。这种对齐、上述的距离和上述的构成组件群组都决定了显示的美观和可理解性。

19.3　TextArea 控件

19.3.1　用户界面

对于本章的 GUI 组件的首次深入，我们从 TextArea 控件开始。TextField 控件用于单行文本输入，而 TextArea 控件可容纳多行文本输入。请注意图 19.2 中的示例。

默认情况下，TextArea 控件的输入区域相当大。在生成图 19.2 的程序中，通过指定列数为 40 和行数为 6 来减小 TextArea 的默认大小（是的，我们知道，列和行值并不都接近实际显示的值）。如果用户输入的内容超出了控件一行，则默认的行为是将先前的文本向左滚动，因此它是不可见的，并且将自动生成水平滚动条。在图 19.2 的 TextArea 控件中没有水平滚动条，因为我们调用了 TextArea 类的 setWrapText 方法，其参数值为 true，但是存在一个垂直滚动条。当用户输入的内容超出 TextArea 中的所有行时，会自动生成垂直滚动条。

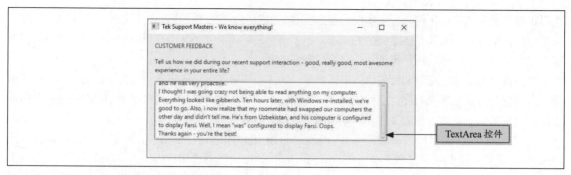

图 19.2　使用 TextArea 控件的客户反馈表单

©JavaFX

19.3.2　实施情况

若要创建 TextArea 控件，请这样调用 TextArea 构造器：

TextArea　*文本区域参考* = new TextArea(*显示文本*);

显示文本是最初出现在 TextArea 控件中的文本。如果省略了该参数，那么 TextArea 控件将不显示初始文本。

19.3.3　方法

TextArea 类是 TextInputControl 类的子类。TextField 类也是如此。因此，TextArea 和 TextField 对象继承相同的方法。以下是在第 17 章中了解到的继承 TextInputControl 的方法：

appendText, getLength, getText, setEditable, setPromptText, setText

除了这些方法之外，这里还有一些在 TextArea 类中定义的更流行的方法：

```
public String getSelectedText()
```
返回 TextArea 框中文本的选定部分
```
public void setPrefColumnCount(int value)
```
以文本列数指定 TextArea 框的宽度
```
public void setPrefRowCount(int value)
```
以文本行数指定 TextArea 框的高度
```
public void setWrapText(boolean flag)
```
开启或关闭自动换行。换行只发生在单词尾部

无论是否将 TextArea 控件设置为只读（通过调用 setEditable(false)），用户始终可以使用鼠标在 TextArea 框中选择文本。有两种方法可以处理这些选定的文本：getSelectedText 方法（如上所示）可以检索所选文本；在 TextInputControl 类中定义的 replaceSelection 方法将所选文本替换为由 replaceSelection 方法调用提供的字符串。如果没有选定文本，则将字符串参数插入 TextArea 框中的光标位置。以下是 replaceSelection 方法的 API 标题：

```
public void replaceSelection(String replacement)
```

19.3.4　软件许可协议程序

图 19.3 显示了在安装之前需阅读的免责声明表单。左上角的小框是一个 CheckBox 控件。我们将在下一小节中描述 CheckBox 控件，但现在，将重点关注底部的 TextArea 控件。

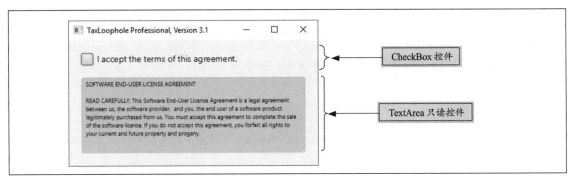

图 19.3　带有 TextArea 控件和 CheckBox 控件的窗口

©JavaFX

　　我们使用许可协议程序生成了图 19.3 的窗口，其代码见图 19.4。可以看到，使用一个 VBox 面板来保持这两个控件。免责声明文本用于读取，而不是用于用户输入，因此我们通过调用 setEditable(false) 使 TextArea 控件只读。在结果窗口中，请注意，TextArea 的文本为灰色。灰色是告诉用户某些内容不可编辑的标准 GUI 方式。为了模仿这种行为，我们必须做一些额外的工作。

```
/*********************************************************
 * License.java
 * Dean & Dean
 *
 * 该程序演示了一个 CheckBox 和一个样式化的 TextArea
 *********************************************************/

import javafx.application.Application;
import javafx.stage.Stage;
import javafx.scene.Scene;
import javafx.scene.layout.VBox;
import javafx.scene.control.*; // CheckBox、TextArea
public class License extends Application
{
  public void start(Stage stage)
  {
    VBox pane = new VBox();
    Scene scene = new Scene(pane);
    CheckBox confirmBox = new CheckBox(
      "I accept the terms of this agreement.");
    TextArea license = new TextArea(
      "SOFTWARE END-USER LICENSE AGREEMENT\n\n" +
      "READ CAREFULLY: This Software End-User License Agreement" +
      " is a legal agreement between us, the software provider, " +
      " and you, the end user of a software product legitimately" +
      " purchased from us. You must accept this agreement to" +
      " complete the sale of the software license. If you do not" +
```

图 19.4　在 VBox 容器中带有 CheckBox 和 TextArea 控件的许可协议程序

```
            " accept this agreement, you forfeit all rights to your" +
            " current and future property and progeny.");

        scene.getStylesheets().add("license.css");
        license.getStyleClass().add("agreementText");
        license.setWrapText(true);
        license.setEditable(false);
        pane.getChildren().addAll(confirmBox, license);
        stage.setTitle("TaxLoophole Professional, Version 3.1");
        stage.setScene(scene);
        stage.show();
        license.lookup(".content").getStyleClass().add("background");
    } // start 结束
} // License 结束
```

检索 TextArea 控件的 content 子结构

图 19.4 （续）

在许可协议程序中，验证 License 是 TextArea 控件的名称。在程序的样式表（见图 19.5）中，验证 background 是应用背景颜色值#cdcdcd 的选择器的名称，即为灰色。因此，你可能会认为下面的语句会将许可协议控件连接到灰色背景选择器：

```
license.getStyleClass().add("background");
```

```
/**************************************************
 * license.css
 * Dean & Dean
 *
 * 为许可协议程序提供 CSS 规则
 **************************************************/

.root {
  -fx-pref-width: 400;
  -fx-pref-height: 200;
  -fx-padding: 20;
  -fx-spacing: 20;
  -fx-font-size: 14;
}
.agreementText {-fx-font-size: 9;}
.background {-fx-background-color: #cdcdcd;}
```

复选框的相关设置

TextArea 控件的相关设置

TextArea 控件的 content 子结构的相关设置

图 19.5 许可协议程序的样式表

不是的。很遗憾——一些 CSS 规则需要应用于控件的子结构，而不是控件本身。如果在 JavaFX CSS API 库中查找 TextArea，将看到 TextArea 控件有两个子结构：scrollbar 和 content。当然，scrollbar 子结构用于控件的滚动条；content 子结构用于控件内部的内容。对于许可协议程序，我们需要先检索 content 子结构，然后调用 getStyleClass 和 add 方法，正如你在过去所做的那样。下面显示如何使用 lookup 方法：

```
license.lookup(".content").getStyleClass().add("background");
```

lookup 方法会在调用对象中搜索指定的子结构（在本例中是 content 子结构），并在找到后返回它。请注意，lookup 方法调用位于许可协议程序中的底部，这是因为 JVM 只能在 stage.show 方法发生后才能访问子结构对象（使用 lookup 方法）。

除了希望 TextArea 的文本变灰色，我们还希望它变小。毕竟，该文本是一个许可协议的免责声明。在许可协议程序的样式表中，请注意小文本 .agreementText 规则与背景颜色.background 规则是分开的。这是因为-fx-font-size 的属性必须应用于 TextArea 控件，而不是 content 子结构。因此没有 lookup 方法调用，只有以下普通标准代码：

```
license.getStyleClass().add("agreementText");
```

样式表的.root 规则非常简单。宽度、高度、填充和间距属性都适用于 VBox 面板。字体大小属性向下流向并应用于 CheckBox 控件。更具体地说，它适用于复选框的标签。它通常也会流向 TextArea 控件，但是 TextArea 控件有自己的.agreementText 规则，该规则会重写其他规则。

19.4 CheckBox 和 RadioButtun 控件

19.4.1 CheckBox 控件

CheckBox 控件显示一个右侧带有标签的小方框。该标签描述了用户可以通过单击该复选框来选择的一个选项。当方框包含一个复选标记时，将选中该复选框。当方框为空时，该复选框未被选中。默认情况下，初始复选框未被选中，当用户单击复选框时，它将在未选中和选中之间切换。一个未被选中的复选框的示例，请参见图 19.3 顶部的"I accept..."复选框。

若要创建复选框控件，需要调用 CheckBox 构造器：

CheckBox *复选框参考* = new CheckBox(*标签*);

"标签"参数指定显示在复选框方框右侧的文本。如果省略该参数，则复选框方框右侧不会出现任何文本。下面是如何在图 19.3 的"I accept..."复选框中创建复选框的语句：

```
CheckBox confirmBox = new CheckBox(
"I accept the terms of this agreement.");
```

以下是一些更流行的 CheckBox 方法的 API 标题和说明：

public boolean isSelected()
如果选中该复选框，则返回 true*，否则返回* false

public void setDisable(boolean flag)
如果该参数为 true*，则禁用复选框*

public void setOnAction(*事件处理程序*)
注册方法引用或 lambda *表达式*

public void setSelected(Boolean flag)
使该复选框被选中或未选中

public void setVisible(Boolean flag)
使该复选框可见或不可见

isSelected 和 setVisible 方法很简单，setOnAction 方法与 Buttun 控件的工作方式相同，但 setSelected 和 setDisable 值得注意。为什么要调用 setSelected 并调整复选框的选择状态？因为你可能希望让程序控制一个控件的用户输入影响另一个控件。例如，在图 19.6 中，选择 Standard 或 Custom 单选按钮（我们将在下一小节中描述单选按钮）会影响复选框的选择。更具体地说，如果用户选择 Standard 选项，复选框选择项应进入它们的"标准"设置，如图 19.6 的左窗口，复选框的标准设置是选中顶部的两个和未选中底部的两个。若要程序选中顶部的两个复选框，需让这两个复选框调用 setSelected(true)；要使程序取消选中底部的两个复选框，需让这两个复选框调用 setSelected(false)。

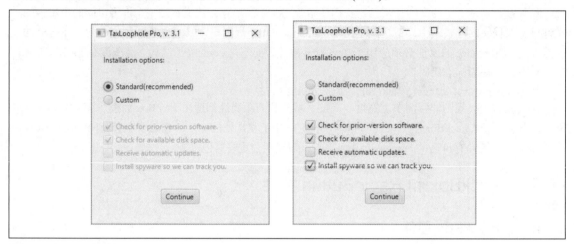

图 19.6　软件安装窗口在用户选择标准模式后再进行自定义模式

©JavaFX

若要让程序禁用复选框，需让复选框调用 setDisable(true)。为什么要禁用复选框？因为你可能希望阻止用户修改该复选框的值。例如，如果用户选择如图 19.6 左窗口所示的 Standard 选项，程序不仅应选中顶部两个复选框（如前所述），而且应通过让每个复选框调用 setDisable(true) 来禁用所有的四个复选框。这样，用户就无法更改标准配置复选框的值。在如图 19.6 的左窗口中，请注意，该复选框的标签为浅灰色。当禁用一个复选框时，这种显示会自动出现。如果用户选择如图 19.6 右窗口所示的 Custom 选项，则程序应通过设置每个 CheckBox 调用 setDisable(false) 来启用所有四个复选框。

使用 Buttun 控件，几乎总是需要去关联事件处理。但是使用 CheckBox 控件，可能需要也可能不需要去关联事件处理。无事件处理的复选框仅用作输入实体。在这种情况下，当用户单击按钮时，程序会读取并处理该复选框的值（选中或未选中）。此外，如果你希望立即发生一些事件（当用户选中复选框时），则为该复选框控件添加一个事件处理程序。假设有一个绿色的背景复选框，如果希望在用户单击该复选框时，窗口的背景颜色刚好变为绿色，可以将事件处理程序添加到复选框并将绿色赋值给面板的-fx-background-color 属性。将事件处理程序添加到复选框的语句与添加到按钮的相同，让该复选框控件使用 lambda 表达式参数或方法引用参数调用其 setOnAction 方法即可。

19.4.2　RadioButton 控件

现在回到图 19.6，看一看窗口顶部的单选按钮。RadioButton 控件显示一个小圆圈，右边有一个标签。当圆圈中包含一个点时，单选按钮被选中；当圆圈为空时，单选按钮未被选中。

根据到目前为止的描述，单选按钮听起来很像复选框。它们都显示一个形状和一个标签，并跟踪某物是打开还是关闭。它们之间的关键区别是，单选按钮几乎总是出现在单选按钮组中。在单选按钮切换组中，每次只能选择一个单选按钮。如果用户单击未选中的单选按钮，则单击的按钮将被选中，如果先前在该组中选择了另一个按钮，则该按钮将未被选中。如果用户单击一个被选中的单选按钮，则不会发生任何更改（即单击的按钮仍然被选中）。相反，如果用户单击被选中的复选框，则该复选框的状态将从被选中更改为未被选中。

要创建 RadioButton 控件，需要调用 RadioButton 构造器：

```
RadioButton 单选按钮参考 = new RadioButton(标签);
```

标签参数指定出现在单选按钮圆圈右侧的文本。如果省略该参数，则单选按钮圆圈右侧不会出现任何文本。默认情况下，单选按钮是未被选中的。

下面的语句显示了我们如何为图 19.6 所示的窗口创建 Standard 和 Custom 单选按钮：

```
private RadioButton standard =
    new RadioButton("Standard (recommended)");
private RadioButton custom = new RadioButton("Custom");
```

若要启用一次只选择一个按钮的单选按钮组功能，请创建 ToggleGroup 对象，并向其添加单独的单选按钮控件。操作方法如下：

```
组中第一个按钮.setToggleGroup(单选按钮组参考);
...
组中最后一个按钮.setToggleGroup(单选按钮组参考);
```

以下语句说明了如何为 Standard 和 Custom 的单选按钮创建单选按钮切换组：

```
ToggleGroup radioGroup = new ToggleGroup();
...
standard.setToggleGroup(radioGroup);
custom.setToggleGroup(radioGroup);
```

除了向单选按钮组添加单选按钮外，还必须将它们添加到容器中。就将它们添加到容器而言，单选按钮与其他组件的工作方式是相同的。可以单独添加它们，也可以与其他组件一起添加，例如：

```
VBox panel = new VBox();
...
panel.getChildren().addAll(
    new Label("Installation options:"), new Label(),
    standard, custom, new Label(),
    prior, diskSpace, updates, spyware);
```

需要将每个单选按钮添加两次；一次添加到单选按钮组中，另一次添加到容器中。如果你喜欢快捷方式，可能会想：为什么 Java 会需要把单个的单选按钮添加到容器中？为什么不能将 ToggleGroup 对象（单选按钮组合在一起）添加到容器中？技术上的答案是，ToggleGroup 实际上并不"包含"单选按钮，因为它不是 Parent 类的子类。事实上，它甚至不是一个节点，所以它不能成为场景的一部分。此外，ToggleGroup 会让它们去哪里？单独添加这些按钮可以让用户自由地把它们放在用户想要的地方，甚至可以把它们放在不同的面板中。

按照预期，RadioButton 类将在 javafx.scene.control 包中被定义。至于 ToggleGroup 类，它也在 javafx.scene.control 包中被定义，尽管它不是 Node 类的子类（非常奇怪）。

以下是一些更为流行的 RadioButton 的方法：

```
isSelected, setDisable, setOnAction, setSelected, setVisible
```

我们对 CheckBox 控件描述了这些相同的方法。其中只有一个需要进一步关注，即 setSelected 方法。要了解 setSelected 方法的工作方式，首先需要充分了解用户如何与单选按钮组进行交互。若要选中一个单选按钮，用户会单击它，使得一个单选按钮被选中，组中所有其他单选按钮未被选中。要以编程方式选中单选按钮，可以调用 setSelected(true)，使得一个单选按钮被选中，组中所有其他单选按钮未被选中。如上所述，用户无法取消选中按钮。同样地，一个程序也无法取消选中按钮。这就是为什么调用 setSelected(false)而不做任何操作的原因。它会编译并运行，但不会使得任何按钮更改其所选定状态。

19.4.3　安装程序

请查看图 19.7a、图 19.7b 和图 19.7c 中的程序。这是安装程序，可以生成图 19.6 中的窗口。图 19.7 显示了导入、实例变量和 start 方法。我们为 CheckBox 和 RadioButton 控件使用实例变量，是因为要在程序的两个事件处理程序中访问这些实体。这意味着它们的值需要持续存在，因此，需要实例变量。

```java
/**********************************************************************
 * Installation.java
 * Dean & Dean
 *
 * 该程序为软件安装提供用户输入选项
 **********************************************************************/

import javafx.application.Application;
import javafx.stage.Stage;
import javafx.scene.Scene;
import javafx.scene.layout.*;    // BorderPane、VBox
import javafx.scene.control.*;   // CheckBox、RadioButton、ToggleGroup
import javafx.event.ActionEvent;

public class Installation extends Application
{
  private RadioButton standard =
    new RadioButton("Standard(recommended)");
  private RadioButton custom = new RadioButton("Custom");
  private CheckBox prior =
    new CheckBox("Check for prior-version software.");
  private CheckBox diskSpace =
    new CheckBox("Check for available disk space.");
  private CheckBox updates =
    new CheckBox("Receive automatic updates.");
  private CheckBox spyware =
    new CheckBox("Install spyware so we can track you.");
  private Button continueButton = new Button("Continue");

  //*****************************************************************

  public void start(Stage stage)
  {
    BorderPane pane = new BorderPane();
    Scene scene = new Scene(pane);
```

图 19.7a　Installation 程序——A 部分

```
        scene.getStylesheets().add("installation.css");
        createContents(pane);
        stage.setTitle("TaxLoophole Pro, v. 3.1");
        stage.setScene(scene);
        stage.show();
    } // start 结束
```

图 19.7a　（续）

图 19.7b 的代码包括 createContents 方法（用于向窗口添加组件），以及一个 setStandard 方法（实现了当用户单击 Standard 按钮时的事件处理程序）。在 createContents 方法中，使用了两个容器，即 BorderPane 和 VBox。我们希望 Continue 按钮显示在底部中部，为了实现这个位置，我们使用 BorderPane 布局的中心区域，并不使用底部区域。对于其他组件（标签、单选按钮和复选框控件），希望它们垂直排列并左对齐，对于该位置，使用 VBox 布局。请注意，我们是如何在 createContents 方法中将 VBox 面板添加到 BorderPane 的顶部区域，然后将控件添加到 VBox 中的。

继续检查 createContents 方法，可以看到实例化了一个名为 radioGroup 的 ToggleGroup 对象。然后，通过调用 setToggleGroup，将单选按钮分配给 radioGroup：

```
    standard.setToggleGroup(radioGroup);
    custom.setToggleGroup(radioGroup);
```

```
    //*************************************************************
    private void createContents(BorderPane pane)
    {
      VBox panel = new VBox();          // 除了继续按钮之外的所有按钮
      ToggleGroup radioGroup = new ToggleGroup();

      pane.setTop(panel);
      pane.setCenter(continueButton);
      panel.getChildren().addAll(
        new Label("Installation options:"), new Label(),
        standard, custom, new Label(),
        prior, diskSpace, updates, spyware);
      panel.getStyleClass().add("panel");
      standard.setToggleGroup(radioGroup);
      custom.setToggleGroup(radioGroup);

      standard.setOnAction(this::setStandard);
      setStandard(new ActionEvent()); // 初始显示
      standard.setSelected(true);     // 初始显示

      custom.setOnAction(e -> {
        prior.setDisable(false);
        diskSpace.setDisable(false);
        updates.setDisable(false);
```

图 19.7b　Installation 程序——B 部分

```
    spyware.setDisable(false);
  });
} // createContents 结束

//*****************************************************************

// 标准安装选项的事件处理程序

private void setStandard(ActionEvent e)
{
  prior.setDisable(true);
  diskSpace.setDisable(true);
  updates.setDisable(true);
  spyware.setDisable(true);
  prior.setSelected(true);
  diskSpace.setSelected(true);
  updates.setSelected(false);
  spyware.setSelected(false);
} // setStandard 结束
} // Installation 结束
```

图 19.7b （续）

```
/**********************************************
* installation.css
* Dean & Dean
*
* 为安装程序提供 CSS 规则
**********************************************/

.root {
  -fx-pref-width: 300;
  -fx-pref-height: 300;
  -fx-padding: 20;
}
.panel {
  -fx-padding: 0 0 15 0;
  -fx-spacing: 5;
}
```

图 19.7c Installation 程序样式表

之后，Standard 和 Custom 的单选按钮分别调用 setOnAction 以注册它们的两个事件处理程序。对于 Standard 按钮，使用方法引用；对于 Custom 按钮，使用 lambda 表达式。为什么会不同？Custom 按钮的事件处理程序相对较短，因此非常适合 lambda 表达式，它只是启用了这些复选框。Standard 按钮的事件处理程序有点长，更重要的是，需要从多个地方调用它，所以它是一个方法引用的很好的候选对象。当然，每次用户单击 Standard 按钮时，我们都会调用它，但当窗口第一次显示时，我们会调用它并初始化最初调用 Standard 按钮的事件处理程序，以便选中前两个复选框，并禁用所有四个复选框。

图 19.7c 显示了安装程序的样式表。CSS 规则的宽度、高度、填充和间距属性值对应不言自明。不需要使用面向对齐的属性值，因为这些对齐来自于 BorderPane 的默认设置。具体来说，由于 Label、CheckBox 和 RadioButtun 控件位于 BorderPane 的顶部区域中，因此会保持左对齐。按钮位于 BorderPane 的中心区域，因此会居中对齐。

19.5　ComboBox 控件

19.5.1　用户界面

ComboBox 允许用户从项目列表中选择项目。ComboBox 有时被称为下拉列表，因为如果用户单击控件的向下箭头，将从原始框中向下弹出一个项目列表。图 19.8 显示了存储在 HBox 中的标签和下拉框。已经了解了 Label 控件和 HBox 容器，因此我们将专注于下拉框。

首次显示下拉框时，默认为空，这意味着没有初始选择。在用户单击向下箭头并从项目列表中进行选择后，列表会收缩且选定的项目会显示在下拉框中。下拉框类似于单击按钮组，因为它们都允许用户从项目列表中选择一个项目。但是一个下拉框在窗口中占用的空间更少。因此，如果有一长串的项目可供选择，并且想要节省空间，则应该使用一个下拉框，而不是一组单选按钮。默认情况下，下拉框的项目列表一次显示不超过 10 项。

如果列表包含超过 10 项，则将出现垂直滚动条。这使得用户可以在一个长长的列表中找到任何项目。

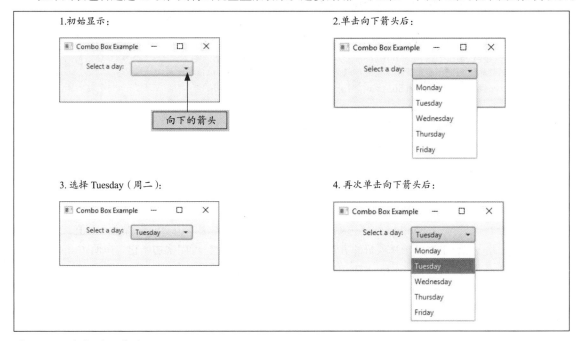

图 19.8　下拉框的工作原理

19.5.2 执行情况

与其他控件一样，ComboBox 的类在 javafx.scene.control 包中定义。创建一个下拉框有两个步骤。首先，使用下面这个语法实例化它：

```
ComboBox<参考类型> 下拉框参考 = new ComboBox<>();
```

请注意上述语法中的<参考类型>。你可能还记得尖括号（<>）是泛型类的指示符。因此，在声明 ComboBox 时，需要指定包含 ComboBox 的项目列表的项目的类型。该类型必须是引用类型，而不是基本类型。对于下拉框，该引用类型几乎始终是 String 类。

若要用项目列表填充框，请使用此语法：

```
下拉框参考.getItems().addAll(用半角逗号分隔的项目列表);
```

项目列表中的项目必须是下拉框声明所指定的类型的引用（大部分表示字符串）。请注意以下示例中的字符串，其中显示了图 19.8 中用于生成下拉框的代码：

```
ComboBox<String> daysBox = new ComboBox<>();
...
daysBox.getItems().addAll(
  "Monday", "Tuesday", "Wednesday", "Thursday", "Friday");
```

19.5.3 方法

以下是一些比较流行的 ComboBox 方法：

```
getValue, setDisable, setEditable, setOnAction, setValue, setVisible
```

setDisable、setOnAction 和 setVisible 应该看起来很熟悉，它们对 ComboBox 控件的工作方式与对其他控件的工作方式相同。以下是其他三种方法的 API 标题和说明：

```
public T getValue()
```
返回下拉框的选定项。如果下拉框是可编辑的，用户输入一个值，那么该值就是返回的选定项

```
public void setEditable(boolean flag)
```
使下拉框的顶部可编辑或不可编辑

```
public void setValue(T item)
```
从下拉框的项目列表中选择指定的项目，并在下拉框的顶部显示所选项目

getValue 方法为程序从下拉框中检索所选项目提供了一种方法。通常，会从负责处理用户输入值的按钮事件处理程序中调用 getValue 方法。

默认情况下，用户无法修改下拉框的项目列表。但是，setEditable(true)方法调用允许用户在下拉框的顶部创建条目。在这种情况下，顶部的外观和行为就像一个 TextField 控件。可编辑的 ComboBox 中的用户条目会自动成为 ComboBox 的所选项目。后续的 getValue 方法调用会检索所输入的值。

setValue 方法提供了程序选择项目的方法。当程序首次加载时，可用来初始化。声明 ComboBox 时，该项目的类型必须与声明 ComboBox 时的项目类型相匹配。如果传递给 setValue 方法的参数不在项目列表中，也没有问题；它会自动添加到列表中，并成为所选项目。

19.5.4 编程操作下拉框

假设允许用户在图 19.8 中显示的 Select a day 下拉框中添加一周中的某一天。参见图 19.9，用户输入 Saturday 并按 Enter 键后，Saturday 被添加到下拉框的项目列表中。

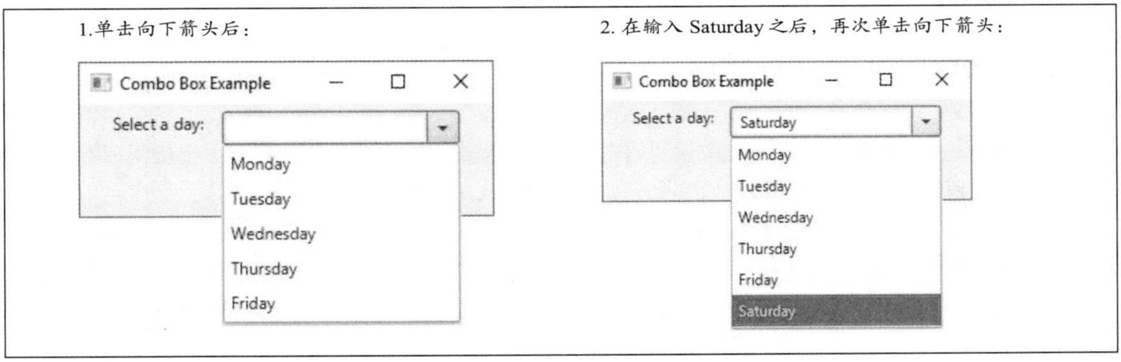

图 19.9　可编辑的 Combo Box 的工作原理

©JavaFX

要实现该功能，需要使下拉框可编辑并使用下拉框注册事件处理器。当用户在下拉框中可编辑区域按 Enter 键后，事件处理器会被触发。它会检索用户的条目，并将该条目分配给下拉框的项目列表。假设 dayBox 是下拉框的名称，下面是我们要说的代码：

```
daysBox.setEditable(true);
daysBox.setOnAction(e -> {
  String selection = daysBox.getValue();

  if (!daysBox.getItems().contains(selection)) // 避免重复
  {
    daysBox.getItems().add(selection);
  }
});
```

在代码片段中，注意 if 语句的标题。它调用 getItems 和 contains 方法来确定用户条目是否已在列表中。如果没有，则通过调用 getItems 和 add 方法将条目添加到列表中。

ComboBox 的 getItems 方法返回下拉框的项目列表，更正式地说，该列表是一个 ObservableList 接口。ObservableList 是一个列表，它允许事件处理器在发生更改时监视列表中的变化。已经从 ObservableList 界面了解了两种方法——contians 和 add 方法。

如果要从 dayBox 的项目列表中删除一个项目，如 Tuesday，请使用以下语句：

```
daysBox.getItems().remove("Tuesday");
```

如果要从 dayBox 项目列表中删除所有项目并重新开始，请使用以下语句：

```
daysBox.getItems().clear();
```

ObservableList 的 indexOf 方法接收一个项目，并返回该项目在项目列表中的位置索引。get 方法则相反，它接收索引值，并返回项目列表中的该索引位置的项目。例如，你可能想要查找紧跟在当前选定项目之后的项目。为此，可以使用以下代码片段：

```
String selection = daysBox.getValue();
int index = daysBox.getItems().indexOf(selection);
String item = daysBox.getItems().get(index + 1);
```

19.6 JobApplication 程序

在本节中，我们将实践在上两节中学到的内容。我们提供了一个使用复选框、单选按钮和下拉框的完整程序。该程序实现了一个工作申请表单。如果用户输入的内容是优秀员工的信息，程序将生成一个辅助窗口并显示一条鼓励信息（"Thank you for your application submission. We'll contact you after we process your information.（感谢读者提交的申请，我们处理了你的消息后，会与你联系。）"）。如果用户输入的内容是不良员工的信息，程序将生成一个辅助窗口并显示一条劝阻消息，如图 19.10 所示。

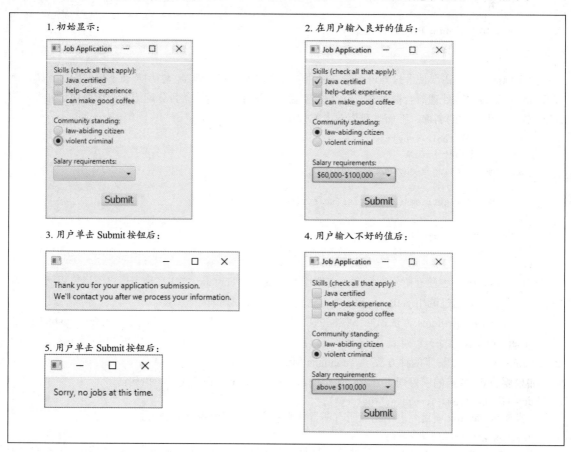

图 19.10　JobApplication 程序的示例会话

©JavaFX

JobApplication 程序有点长，它涉及了图 19.11a、图 19.11b 和图 19.11c。在图 19.11a 中，说程序在开始时提供所有 7 个活动组件的完整说明。这些都是实例变量，因为程序需要在设置阶段以及稍后在事件处理方法中再次访问每个实例变量。在一开始就完全定义这些组件也提供了很好的解释文档，并使程序更容易理解。

```
/****************************************************************
 * JobApplication.java
 * Dean & Dean
 *
 * 该程序使用复选框，单选按钮和组合框实现工作申请问题，并作出响应
 ****************************************************************/

import javafx.application.Application;
import javafx.stage.Stage;
import javafx.scene.Scene;
import javafx.scene.layout.*;  // BorderPane、VBox
import javafx.scene.control.*; // CheckBox、RadioButton、ToggleGroup

public class JobApplication extends Application
{
  private CheckBox java = new CheckBox("Java certified");
  private CheckBox helpDesk = new CheckBox("help-desk experience");
  private CheckBox coffee = new CheckBox("can make good coffee");
  private RadioButton goodCitizen = new RadioButton("law-abiding citizen");
  private RadioButton criminal = new RadioButton("violent criminal");
  private ComboBox<String> salary = new ComboBox<>();
  private Button submit = new Button("Submit");

  //****************************************************************

  public void start(Stage stage)
  {
  BorderPane pane = new BorderPane();
  Scene scene = new Scene(pane);

  scene.getStylesheets().add("jobApplication.css");
  createContents(pane);
  stage.setTitle("Job Application");
  stage.setScene(scene);
  stage.show();
  } // start 结束
```

图 19.11a　JobApplication 程序——A 部分

　　对于窗口的布局，我们使用了一个 BorderPane，并在顶部区域嵌入了 VBox，在中心区域嵌入了 Submit 按钮。VBox 保存除按钮之外的所有组件。默认情况下，BorderPane 左对齐其顶部区域的内容，并将其中心区域的内容居中。默认情况下，VBox 左对齐其内容。因此，如图 19.10 所示，Job Application 窗口左对齐显示所有 VBox 组件。至于 Submit 按钮，它位于中心区域，因此 JobApplication 程序将其显示为中心对齐。

　　图 19.11b 显示了 createContents 方法。首先，它将名为 pane 的 JavaFX CSS 规则连接到主窗口的 BorderPane，也称为 pane。然后，它分别用 VBox 和 Submit 按钮填充 BorderPane 的顶部和中心区域。接着，它将所有其他组件添加到 VBox 中，使用两个空白的 Label 组件在三种不同类型的信息之间创建空行。然后，它将两个单选按钮连接到一个 ToggleGroup，并将三个薪资范围添加到 ComboBox 中。接下

来的两条语句将 JavaFX CSS 规则连接到 VBox 面板和 Submit 按钮。在最后增加了一些规则，使布局看起来更舒适。要习惯这类事情，因为在 GUI 编程中有很多界面调整。createContents 方法中的最后一条语句是一组 setOnAction 方法调用，该方法使用 Submit 按钮来注册一个 lambda 表达式事件处理器。

```java
//*********************************************************
private void createContents(BorderPane pane)
{
  VBox panel = new VBox(); // 除了 Submit 按钮
  ToggleGroup radioGroup = new ToggleGroup();

  pane.getStyleClass().add("pane");
  pane.setTop(panel);
  pane.setCenter(submit);
  panel.getChildren().addAll(
    new Label("Skills (check all that apply):"),
    java, helpDesk, coffee, new Label(),
    new Label("Community standing:"), goodCitizen, criminal,
    new Label(), new Label("Salary requirements:"), salary);
  goodCitizen.setToggleGroup(radioGroup);
  criminal.setToggleGroup(radioGroup);
  salary.getItems().addAll(
    "$20,000-$59,000", "$60,000-$100,000", "above $100,000");
  panel.getStyleClass().add("panel");
  submit.getStyleClass().add("submit");

  submit.setOnAction(e -> {
    if ((!goodCitizen.isSelected() && !criminal.isSelected()) ||
      salary.getSelectionModel().getSelectedItem() == null)
    {
      showResponse("Information incomplete.");
    }
    else if (goodCitizen.isSelected() &&
      !salary.getSelectionModel().
      getSelectedItem().equals("above $100,000") )
    {
      showResponse(
        "Thank you for your application submission.\n" +
        "We'll contact you after we process your information.");
    }
    else
    {
      showResponse("Sorry, no jobs at this time.");
    }
  });
} // createContents 结束
```

图 19.11b　JobApplication 程序——B 部分

　　现在让我们检查 Submit 按钮的事件处理器。它首先验证了用户在上面两个类别中进行了某种选择——社区地位和工资要求。然后决定是发出有利的响应还是不利的响应。为了得到积极的响应，用户必须选中 law-abiding citizen 单选按钮，并且必须选择低于 10 万美元的工资。对于这三种可能性中的每一种（缺乏足够的信息、有利的响应或不利的响应）lambda 表达式中的代码调用另一个辅助方法 showResponse。每个方法调用传递一个字符串参数，指定显示响应的消息。

图 19.11c 包含了 showResponse 方法。首先，该方法为显示响应的辅助窗口实例化一个新的 Stage 对象。然后，它实例化一个 Scene 对象，带有包含传入 message 参数的 Label。接下来，它注册用于主窗口的相同样式表。使用相同的样式表有助于保持视觉一致性。

```
//**************************************************
private void showResponse(String message)
{
  Stage responseStage = new Stage();
  Scene scene = new Scene(new Label(message));

  scene.getStylesheets().add("jobApplication.css");
  responseStage.setScene(scene);
  responseStage.show();
} // showResponse 结束
} // JobApplication 类结束
```

图 19.11c　JobApplication 程序——C 部分

图 19.12 显示了为 JobApplication 程序指定 Java FX CSS 规则的样式表。.root 规则适用于使用样式表的每个场景图，因此两个窗口都显示 12 像素的填充。将.pane 应用于主窗口（如可以在程序的 createContents 方法中验证的那样），因此主窗口显示指定的 250 像素×270 像素尺寸。辅助窗口没有明确的 JavaFX CSS 宽度和高度规则，显示的尺寸由其内容决定。.panel 规则被应用到主窗口的 VBox 面板中，它包含除按钮以外的所有组件。它的-fx-padding: 0 0 10 0;属性-值对沿 VBox 的底部边缘分配 10 个像素的填充，以便在 VBox 的组件和按钮之间提供额外的间隔。.submit 规则将应用于主窗口的 Submit 按钮。它的字体属性-值对很简单。它的-fx-background-insets: 5;属性-值对在按钮之外插入空格，这会导致按钮的边框缩小，这样它就更接近按钮的标签了。

```
/**************************************************
 * jobApplication.css
 * Dean & Dean
 *
 * 为 JobApplication 程序提供 CSS 规则
 **************************************************/

.root {-fx-padding: 12;}
.pane {-fx-pref-width: 250; -fx-pref-height: 270;}
.panel {-fx-padding: 0 0 10 0;}
```

图 19.12　JobApplication 程序的样式表

```
    .submit {
      -fx-background-insets: 5;
      -fx-font-family: tahoma;
      -fx-font-size: 16;
    }
```

图 19.12　（续）

19.7　ScrollPane 和菜单类

在本节中，将描述 ScrollPane 组件和组成菜单系统的各种组件。我们使用这些组件作为程序的一部分，使用户能够为程序的窗口选择定制的格式，通过在更新 JavaFX CSS 属性的事件处理器中调用方法来执行程序。

图 19.13 显示了接下来的 AdjustableReader 程序生成的窗口。程序实现了一个简单的阅读器应用程序。在读取窗口的文本时，用户可以水平滚动和垂直滚动窗口并可以使用 Font Size 和 Brightness 菜单分别调整显示的文本大小和亮度。

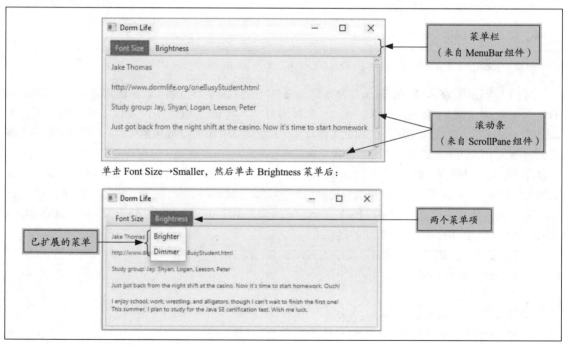

图 19.13　使用滚动面板和菜单栏的 AdjustableReader 程序窗口

©JavaFX

请注意 AdjustableReader 窗口有两个滚动条。它们允许用户进行垂直滚动和水平滚动窗口，以显示当前视图之外的内容。用户还可以通过使用鼠标平移来移动面板的内容（通过按住鼠标按钮并拖动来实现平移）。滚动和平移功能来自窗口的 ScrollPane 组件。ScrollPane 是一个可在容器中显示节点的可滚动容器。在 AdjustableReader 程序中，ScrollPane 包含的节点是一个文本 Text 对象，除了作为 Node 组件中的文本的简单存储库外，它没什么作用。默认情况下，ScrollPane 会根据内容的需要提供零、一个或两个滚动条。或者一个程序可以显式地显示一个或两个滚动条。作为程序员，可以以各种方式配置 ScrollPane，如启用或禁用 ScrollPane。

AdjustableReader 窗口的菜单（针对字体大小和亮度）通过 MenuBar、Menu 和 MenuItem 类来实现。当我们查看 AdjustableReader 代码时会发现，要创建菜单，需要将 MenuBar 对象添加到窗口的 ScrollPane，然后将 Menu 对象添加到 MenuBar 对象，最后将 MenuItem 对象添加到每个 Menu 对象中。

19.7.1 AdjustableReader 程序实施详细信息

图 19.14a 显示了 AdjustableReader 程序的第一部分。可以跳过很熟悉的代码，更多地关注新的内容。请注意如何用 Text 类声明文本实例变量，并使用一个较大的字符串对其进行初始化，以作为构造函数调用的一部分。我们本来可以使用 Label 组件而不是 Text 组件，但是 Label 组件被认为是控件（Label 类是 Control 类的子类），文本对象被认为是形状（Text 类是 Shape 类的子类）。因此，Label 组件应该作为用户输入的一部分使用（如作为文本框的提示），而 Text 组件不应该作为用户输入的一部分使用。对于 AdjustableReader 程序，滚动面板显示文本，并且没有用户输入，因此使用 Text 组件是合适的。

注意 fontSize 实例变量，我们将它初始化为 12，字体大小为 12 磅。稍后，介绍到事件处理器代码时，当用户选择较大的字体大小选项时，我们将 FONT_ADDEND 添加到 fontSize；当用户选择较小的字体大小选项时，我们将从 fontSize 中移除 FONT_ADDEND。请注意我们是如何将 FONT_ADDEND 声明为值为 2 的实例常量的。

调整文本亮度的逻辑与调整文本字体大小的逻辑类似。同样，我们有一个实例变量、一个实例常量和事件处理器。唯一棘手的部分是理解亮度的含义。我们使用"亮度"一词，因为这是菜单的名称，一般用户都能理解这个词。但是没有亮度的 JavaFX CSS 属性。正如在第 17 章中学到的，不透明度指的是一种颜色的不透明程度。我们使用不透明度属性（通过从 Node 类继承的 setOpacity 方法）来调整文本的亮度——更大的不透明度会导致更大的亮度，因为文本的自然深色与窗口的自然白色背景形成对比。请注意，我们如何将 opacity 实例变量初始化为 0.6，其中 1 是最大不透明度，而 0 是完全透明的。在稍后介绍到事件处理器代码时，当用户选择 Brighter 选项时，我们会将 OPACITY_ADDEND 添加到 opacity 中；当用户选择 Dimmer 选项时，我们会从 opacity 中移除 OPACITY_ADDEND。请注意，我们是如何将 OPACITY_ADDEND 声明为一个值为 0.2 的实例常量的。

图 19.14b 包含程序的其余部分——createContents 方法。在 createContents 方法的顶部实例化了一个 ScrollPane 对象和一个 MenuBar 对象，以及构成菜单系统的所有组件部分。我们将这两个菜单添加到菜单栏中，然后将添加菜单项到每个菜单中。createContents 方法中有一个参数，一个 BoarderPane 容器，作为程序场景图的根。我们将菜单栏添加到 BorderPane 的顶部区域，把滚动面板添加到 BorderPane 的中心区域。接下来，设置滚动面板的可平移性（不是一个单词，但它应该是），并设置 Text 组件的字体大小和不透明度。

createContents 方法的下半部分用于向这四个菜单项注册事件处理器。对于较小的字体大小选项，只有在当前的字体大小大于 2 时，才会减小字体大小，从而防止将字体大小降至 0 或负值。类似的逻辑被用于实现不透明度，以保持该值在 0 ~ 1 之间。请注意，可以通过调用 setFont 方法来调整文本组件的字体大小。同样地，通过调用 setOpacity 方法来调整文本组件的不透明度。

　　对于其初始格式，AdjustableReader 程序使用图 19.15 所示的样式表。样式表的规则非常简单——它们设置了窗口的尺寸，并为窗口和滚动面板设置了填充层。还记得 CSS 的层叠部分吗？如果重新参考图 17.14，将看到样式表规则比组件属性方法调用具有更高的优先级。setFont 和 setOpacity 方法调用是组件属性方法调用，因此 AdjustableReader 程序使用了这两种技术。那么，这是否意味着 setFont 和 setOpacity 方法调用会被忽略呢？没有。样式表的规则在首次显示窗口时负责显示，但当它们作为事件处理器的一部分执行时，setFont 和 setOpacity 方法调用获胜。如果你感到好奇，请将这些方法调用复制到程序的其他地方（事件处理程序之外），可以看到它们会被忽略，因为它们的优先级低于样式表的规则。

```
/***************************************************************
 * AdjustableReader.java
 * Dean & Dean
 *
 * 使用基于菜单的查看选项实现可滚动阅读器
 ***************************************************************/

import javafx.application.Application;
import javafx.stage.Stage;
import javafx.scene.Scene;
import javafx.scene.layout.BorderPane;
import javafx.scene.text.*;      // Text、Font
import javafx.scene.control.*; // ScrollPane、MenuBar、Menu、MenuItem

public class AdjustableReader extends Application
{
  private static final int FONT_ADDEND = 2;
  private static final double OPACITY_ADDEND = .2;
  private Text text = new Text("Jake Thomas\n\n" +
    "http://www.dormlife.org/oneBusyStudent.html\n\n" +
    "Study group: Jay, Shyan, Logan, Leeson, Peter\n\n" +
    "Just got back from the night shift at the casino." +
    " Now it's time to start homework. Ouch!\n\n" +
    "I enjoy school, work, wrestling, and alligators, though I" +
    " can't wait to finish the first one!\n" +
    "This summer, I plan to study for the Java SE certification test."
    + " Wish me luck.");
  private int fontSize = 12;
  private double opacity = .6; // invisible = 0, max = 1


  //***************************************************************

  public void start(Stage stage)
  {
```

图 19.14a　AdjustableReader 程序——A 部分

```
        BorderPane pane = new BorderPane();
        Scene scene = new Scene(pane);

        scene.getStylesheets().add("adjustableReader.css");
        createContents(pane);
        stage.setTitle("Dorm Life");
        stage.setScene(scene);
        stage.show();
    } // start 结束
    //**********************************************************
```

图 19.14a　（续）

```
        private void createContents(BorderPane pane)
        {
          ScrollPane scroll = new ScrollPane();
          MenuBar mBar = new MenuBar();
          Menu menu1 = new Menu("Font Size");
          Menu menu2 = new Menu("Brightness");
          MenuItem mi1 = new MenuItem("Larger");
          MenuItem mi2 = new MenuItem("Smaller");
          MenuItem mi3 = new MenuItem("Brighter");
          MenuItem mi4 = new MenuItem("Dimmer");

          scroll.getStyleClass().add("scroll");
          mBar.getMenus().addAll(menu1, menu2);
          menu1.getItems().addAll(mi1, mi2);
          menu2.getItems().addAll(mi3, mi4);
          pane.setTop(mBar);
          pane.setCenter(scroll);
          scroll.setContent(text);
          scroll.setPannable(true);
          text.setFont(new Font(fontSize));
          text.setOpacity(opacity);

          mi1.setOnAction(e -> { // larger
            this.fontSize += FONT_ADDEND;
            text.setFont(new Font(this.fontSize));
          });
          mi2.setOnAction(e -> { // smaller
            if (this.fontSize > 2)
            {
              this.fontSize -= FONT_ADDEND;
              text.setFont(new Font(this.fontSize));
            }
          });
          mi3.setOnAction(e -> { // brighter
            if (this.opacity < 1.0)
            {
```

图 19.14b　AdjustableReader 程序——B 部分

```
          this.opacity += OPACITY_ADDEND;
          text.setOpacity(this.opacity);
        }
      });
      mi4.setOnAction(e -> { // dimmer
        if (this.opacity > 0.0)
        {
          this.opacity -= OPACITY_ADDEND;
          text.setOpacity(this.opacity);
        }
      });
    } // createContents 结束
  } // AdjustableReader 类结束
```

图 19.14b　（续）

```
/*****************************************************************
 * adjustableReader.css
 * Dean & Dean
 *
 * 为 AdjustableReader 程序提供 CSS 规则
 *****************************************************************/

.root {
  -fx-pref-width: 465;
  -fx-pref-height: 200;
  -fx-padding: 5;
}
.scroll {-fx-padding: 10;}
```

图 19.15　AdjustableReader 程序的样式表

19.8　图像和鼠标事件

用户期望 GUI 程序看起来不错，比基于控制台的程序要好。之前，我们讨论了如何用颜色和各样式的控件实现这一点；现在我们讨论如何用图像实现这一点。具体来说，我们描述如何使用 Image 类以及如何使用事件处理器操作图像。

Image 类不是 Node 类的子类。因此，Image 实例不能是场景图中的节点。解决方法是将 Image 对象存储在 ImageView 对象中，然后将 ImageView 对象分配给场景图。这确实可行，因为 ImageView 类是 Node 类的一个子类。通过让 ImageView 对象以 Image 对象为参数调用其 setImage 方法，可以将 View 对象存储在 ImageView 对象中。

我们将在 DragSmiley 程序的帮助下说明这个 ImageView/Image 机制。它使用两个图像，一个笑脸图像和一个哭脸图像。如图 19.16 的示例会话所示，程序最初在窗口的左上角显示一个笑脸。如果用户在笑脸上单击，则笑脸像将更改为悲伤的图像（可能是因为笑脸图像担心用户可能会对它做什么）。如果用户试图用鼠标拖动图像，则拖动生效，图像显示为哭脸。当用户释放鼠标时，图像又会变成笑脸。

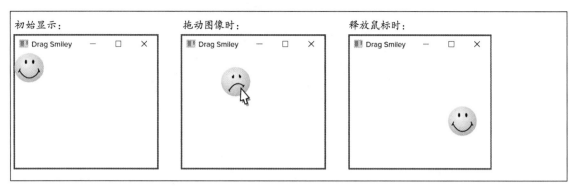

图 19.16　DragSmiley 程序的示例会话

©JavaFX

19.8.1　实现拖动笑脸图像

图 19.17a 显示了 DragSmiley 程序的第一部分。让我们先从图像代码开始分析程序。以下是 Image 对象的命名常量：

```
private final Image SMILEY = new Image("smiley.gif");
private final Image SCARED = new Image("scared.gif");
```

Image 构造函数从传入的文件名参数创建 Image 对象。因此，在上面的代码片段中，分别从 smiley.gif 和 scared.gif 文件中创建了两个 Image 对象。[①]

Image 对象最终会被存储在一个名为 face 的 ImageView 对象中。以下是实例化 face 对象的代码：

```
private ImageView face = new ImageView();
```

```
/*****************************************************
 * DragSmiley.java
 * Dean & Dean
 *
 * 这个程序显示一个笑脸图像。当用户单击鼠标时，图像会变成一个哭脸图像。用户可以拖动图像
 *****************************************************/

import javafx.application.Application;
import javafx.stage.Stage;
import javafx.scene.Scene;
import javafx.scene.layout.Pane;
import javafx.scene.image.*;      // Image、ImageView
import javafx.scene.input.MouseEvent;

public class DragSmiley extends Application
```

图 19.17a　DragSmiley 程序——A 部分

[①] GIF 格式代表图形交换格式。通常，GIF 文件格式用于简单的绘制图像。GIF 文件往往很小，通过无损数据压缩技术可以更进一步缩小。GIF 的一个替代方案是联合图像专家组（JPEG）格式，它使用.jpg 扩展名。通常，JPEG 文件格式用于存储更复杂的图像，如照片。使用数据压缩技术可以减小 JPEG 文件的尺寸，但这种压缩可能会导致信息丢失。

```
{
    private static final int WIDTH = 250;
    private static final int HEIGHT = 200;
    private final Image SMILEY = new Image("smiley.gif");
    private final Image SCARED = new Image("scared.gif");
    private ImageView face = new ImageView();
    private double oldMouseX;
    private double oldMouseY;


    //*****************************************************
```

图 19.17a　（续）

下面的代码将 face 对象添加到场景图中：

```
pane.getChildren().add(face);
```

最后，下面的代码将最初的笑脸图像添加到 face 对象中：

```
face.setImage(SMILEY);
```

19.8.2　用 getEventType 的拖动笑脸事件处理

图 19.17b 显示了 DragSmiley 程序的其余部分——它的事件处理器代码。在之前的程序中，我们使用 ActionEvent 参数来检索负责触发事件的组件（例如，当按 Enter 键时，我们使用它检索文本框；当单击按钮时，我们使用它检索按钮）。在提供事件细节方面，ActionEvent 类并没有那么细致。对于 DragSmiley 程序，我们需要更多的细节，如获取用户单击鼠标时鼠标的位置。幸运的是，还有许多其他事件类对不同的活动有用，而且它们往往比 ActionEvent 类更有鉴别性。对于 DragSmiley 程序，我们使用 MouseEvent 类，它需要导入 javafx.scene.input 包。我们可以通过三个鼠标事件（按下、释放、拖动）注册面部 ImageView 对象来利用鼠标事件。具体来说，我们使用 face 对象调用这三个 setOn 鼠标事件方法：

```
face.setOnMousePressed(this::handle);
face.setOnMouseReleased(this::handle);
face.setOnMouseDragged(this::handle);
```

这三个方法调用都使用相同的方法引用参数，即 this::handle，因此，这三个鼠标事件都依赖于单个事件处理器。

```
public void start(Stage stage)
{
    Pane pane = new Pane();
    Scene scene = new Scene(pane, WIDTH, HEIGHT);

    pane.getChildren().add(face);
    face.setImage(SMILEY);
    face.setOnMousePressed(this::handle);
    face.setOnMouseDragged(this::handle);
    face.setOnMouseReleased(this::handle);
```

图 19.17b　DragSmiley 程序——B 部分

```
      stage.setTitle("Drag Smiley");
      stage.setScene(scene);
      stage.show();
   } // start 结束


   //******************************************************

   private void handle(MouseEvent e)
   {
      switch (e.getEventType().toString())
      {
        case "MOUSE_PRESSED" ->
        {
           face.setImage(SCARED);
           oldMouseX = e.getX();
           oldMouseY = e.getY();
        }
        case "MOUSE_DRAGGED" ->
        {
           double deltaX = e.getX() - oldMouseX;
           double deltaY = e.getY() - oldMouseY;
           face.setX(face.getX() + deltaX);
           face.setY(face.getY() + deltaY);
           oldMouseX += deltaX;
           oldMouseY += deltaY;
        }
        case "MOUSE_RELEASED" -> face.setImage(SMILEY);
      } // switch 结束
   } // handle 结束
} // DragSmiley 类结束
```

图 19.17b　（续）

　　由于上面显示的 face 对象的注册代码，当鼠标位于 face 对象上并且用户按下鼠标按钮、释放鼠标按钮或按下按钮拖动鼠标时，handle 事件处理器自动接收 MouseEvent 对象。在事件处理器中，注意 MouseEvent 类型的参数 e：

```
   private void handle(MouseEvent e)
   {
      switch (e.getEventType().toString())
      {
        case "MOUSE_PRESSED" ->
        ...
        case "MOUSE_DRAGGED" ->
        ...
        case "MOUSE_RELEASED" ->
        ...
      ) // switch 结束
   } // handle 结束
```

注意如何使用 e 调用 getEventType 和 toString 方法，然后将结果与三种事件类型进行比较。

现在让我们考虑一下拖动鼠标的过程。当用户拖动图像时，需要一种追踪拖动路径的方法。我们通过保存和更新场景中的当前鼠标光标所在位置来实现这一点。第一次保存这个位置是当用户按下鼠标按钮时，然后每当一个鼠标拖动操作触发一个鼠标事件时，我们就会从之前的鼠标光标所以位置开始计算鼠标光标位置的变化，然后移动图像，并按更改的数量更新保存的鼠标光标所在位置。

让我们深入了解并检查这三种情况下的代码。以下是按下鼠标事件的代码：

```
case "MOUSE_PRESSED" ->
{
  face.setImage(SCARED);
  oldMouseX = e.getX();
  oldMouseY = e.getY();
}
```

OldMouseX 和 OldMouseY 实例变量是保存的鼠标光标所在的水平位置和垂直位置。每当用户在鼠标光标位于图像的范围内时按下鼠标，程序就会将图像变为哭脸图像，并将 OldMouseX 和 OldMouseY 变量设置为当前鼠标光标所在位置，其位置是相对于事件源左上角的 face 图像。

以下是拖动鼠标事件的代码：

```
case "MOUSE_DRAGGED" ->
{
  double deltaX = e.getX() - oldMouseX;
  double deltaY = e.getY() - oldMouseY;
  face.setX(face.getX() + deltaX);
  face.setY(face.getY() + deltaY);
  oldMouseX += deltaX;
  oldMouseY += deltaY;
}
```

当用户拖动鼠标时，程序捕捉鼠标光标所在位置的变化，并等量改变图像位置。

以下是释放鼠标事件的代码：

```
case "MOUSE_RELEASED" -> face.setImage(SMILEY);
```

当用户释放鼠标时，程序会将图像重置为笑脸。

19.8.3　用 lambda 表达式的 DragSmiley 事件处理

作为使用方法引用的替代方法，如上一小节所述，我们可以通过使用 lambda 表达式来缩短 DragSmiley 程序，如图 19.18 所示。它显示了一个修改后的 start 方法；这一次，方法调用的三个 setOn 方法包括参数的 lambda 表达式，而不是方法引用。没有方法引用，就不需要单独的事件处理器。

用 lambda 表达式解决方案，除了消除事件处理器外，还消除了对 javafx.scene.input.Mouse Event import 语句的需要。注意第三个 lambda 表达式。因为它只有一条语句，所以我们省略了大括号和那条语句的最后一个分号，将整个释放鼠标事件处理方法简化为：

```
e -> face.setImage(SMILEY)
```

```
public void start(Stage stage)
{
  Pane pane = new Pane();
  Scene scene = new Scene(pane, WIDTH, HEIGHT);

  pane.getChildren().add(face);
  face.setImage(SMILEY);
  face.setOnMousePressed(e -> {
    face.setImage(SCARED);
    oldMouseX = e.getX();
    oldMouseY = e.getY();
  });
  face.setOnMouseDragged(e -> {
    double deltaX = e.getX() - oldMouseX;
    double deltaY = e.getY() - oldMouseY;
    face.setX(face.getX() + deltaX);
    face.setY(face.getY() + deltaY);
    oldMouseX += deltaX;
    oldMouseY += deltaY;
  });
  face.setOnMouseReleased(e -> face.setImage(SMILEY));
  stage.setTitle("Drag Smiley");
  stage.setScene(scene);
  stage.show();
} // start 结束
```

图 19.18　使用 lambda 表达式的 DragSmiley 启动方法

19.9　用 Circle、RadialGradient 和 Slider 实现 LunarEclipse 程序

在上一节中，我们实现了一个程序，允许用户用鼠标拖动一个笑脸。这不是很有趣吗？在本节中，我们实现了一个程序，使用户能够使用 Slider 控件拖动圆形。甚至更有趣了！图 19.19 显示了 LunarEclipse 程序的输出结果——模拟月食现象。在第一个窗口中，地球的阴影在左边，不与月亮重叠。你看不到阴影，因为它显示的颜色与背景的颜色相同。在第二个窗口中，地球的阴影已经向右移动，因此它部分覆盖了月球。在第三和第四个窗口中，地球的阴影完全覆盖了月球，然后又部分覆盖了月球的右侧。

在程序中，场景图的根是 BorderPane。BorderPane 的底部区域是 Slider 控件。它的中心区域有一个 Pane 容器。你可能还记得第 18 章末尾的 Pane 部分，Pane 类没有为其组件提供自动布局。因此，在 LunarEclipse 程序中，显式地定位了 pane 容器的两个组件：表示月亮的 Circle 形状和表示地球阴影的另一个 Circle 形状。

19.9.1　Circle、RadialGradient 和 Slider 类

请注意，在图 19.19 中月球的中心是白色的，并且其周围逐渐过渡到深灰色。我们通过将 RadialGradient 对象应用于月球的 Circle 形状来实现这一效果。当检查代码时，你将看到 RadialGradient

对象沿着从圆的中心到其周长的一条线在三个 Stop 位置指定了三种颜色。在 30%的位置上，指定为白色；在 70%的位置上，指定为浅灰色；在周边上，指定为深灰色。使用这种颜色分级方案可以使月亮看起来是球形的。

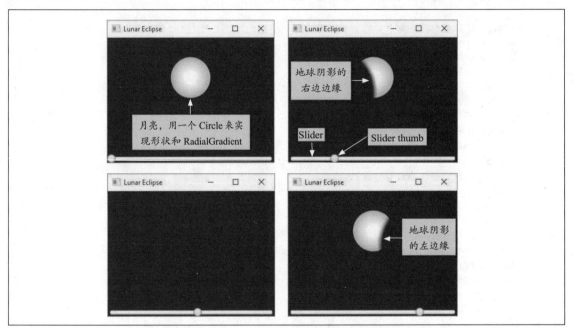

图 19.19　使用 LunarEclipse 程序的滑块来显示不同的月食位置
©JavaFX

请注意每个窗口底部的滑块。滑块允许用户从一系列值范围中选择一个值。要选择一个值，用户可以沿着圆条拖动滑块的 thumb。虽然我们在这里不这样做，但也有可能将刻度线与那个圆条联系起来。沿着圆条的位置对应一系列值范围。在 LunarEclipse 程序中，这些值是沿 x 轴的像素位置用于形成地球阴影的圆心。当用户向右滑动滑块的 thumb 时，地球的阴影就会向右移动。正如我们在检查代码时看到的，通过使用滑块的 setOnMouseDragged 方法注册事件处理器来建立连接。

19.9.2　LunarEclipse 样式表

LunarEclipse 程序使用图 19.20 所示的样式表。它规定了窗口的尺寸和背景颜色。.earth 规则用于地球的阴影，阴影通常是与窗口相同的颜色，即深蓝色（midnightblue）。正如前面所解释的，月球显示的渐变色从其中心的白色过渡到其周边的深灰色。我们使用 Java 源代码中的方法调用来实现这种花哨的格式，而不是使用 JavaFX CSS 规则。

在样式表中，注意.earth 规则右边的注释。作为该程序的一部分，如果地球的阴影是可见的，就更容易理解发生了什么。要使阴影可见，只需编辑.earth 规则，使用不同的颜色替换 midnightblue 即可。图 19.21 显示了当使用颜色#3040A0 用于地球阴影时产生的窗口。

```
/****************************************************
 * lunarEclipse.css
 * Dean & Dean
 *
 * 为 LunarEclipse 程序提供 CSS 规则
 ****************************************************/

.root {
  -fx-pref-width: 300;
  -fx-pref-height: 220;
  -fx-background-color: midnightblue;
}
.earth {-fx-fill: midnightblue;} // 用不同颜色测试
```

图 19.20　LunarEclipse 程序的样式表

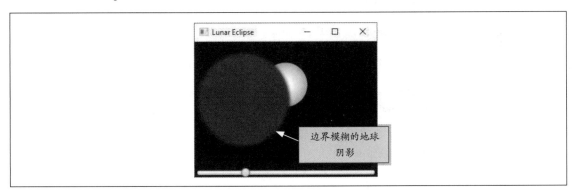

图 19.21　当地球阴影使用不同颜色时，LunarEclipse 程序的显示效果

©JavaFX

19.9.3　LunarEclipse 程序演练

图 19.22a 显示了 LunarEclipse 程序的第一部分。start 方法非常简单，它的语句现在看起来应该很熟悉。但是有一个新的问题：createContents 方法调用是在 stage.show 方法调用之后进行的，这允许在 createContents 方法中的程序代码能够检索样式表值（如.root 规则中的-fx-pref-Width 值），这些值已作为 show 方法执行的一部分应用。例如，在 createContent 方法中，使用以下代码将月球的宽度指定为程序窗口宽度的 12%：

```
double width = primaryPane.getWidth();
double moonR = .12 * width;          // 月亮半径
```

图 19.22b 显示了 createContents 方法。首先检索显示窗口的宽度和高度，然后使用这些值作为月亮半径和中心点位置以及地球阴影半径和中心点位置的初始化语句的一部分。通过使用窗口的形状尺寸，如果稍后使用更大或更小的窗口更新程序，形状也会变大或变小。

```
/*********************************************************
 * LunarEclipse.java
 * Dean & Dean
 *
 * 该程序模拟了地球造成的月食
 * 滑块用于移动地球在月球上的阴影
 *********************************************************/

import javafx.application.Application;
import javafx.stage.Stage;
import javafx.scene.Scene;
import javafx.scene.layout.*;   // BorderPane、Pane
import javafx.scene.paint.*;     // Color、RadialGradient、CycleMethod、and Stop
import javafx.scene.control.Slider;
import javafx.scene.shape.Circle;
import javafx.scene.effect.BoxBlur;

public class LunarEclipse extends Application
{
  public void start(Stage stage)
  {
    BorderPane primaryPane = new BorderPane();
    Scene scene = new Scene(primaryPane);

    scene.getStylesheets().add("lunarEclipse.css");
    stage.setTitle("Lunar Eclipse");
    stage.setScene(scene);
    stage.show();
    createContents(primaryPane);
  } // start 结束
```

图 19.22a　LunarEclipse 程序——A 部分

请注意，调用 Circle 构造器以实现月球和地球的阴影。Circle 构造器的前 3 个参数是圆的 x 和 y 中心点值和圆的半径。月亮的 Circle 构造器使用 RadialGradient 对象的第 4 个参数。正如前面所解释的，月球使用渐变在其中心显示白色，到其周边逐渐过渡到深灰色。以下是相关的代码：

```
RadialGradient gradient = new RadialGradient(0, 0, .5, .5, .5,
  true, CycleMethod.NO_CYCLE, new Stop(.3, Color.WHITE),
  new Stop(.7, Color.LIGHTGRAY), new Stop(1, Color.DARKGRAY));
Circle moon = new Circle(moonX, moonY, moonR, gradient);
```

以下是 JavaFX API 库中的 RadialGradient 构造器的正式定义：

```
RadialGradient(double focusAngle, double focusDistance, double centerX,
double centerY, double radius, boolean proportional, CycleMethod cycleMethod,
Stop... stops)
```

创建一个 RadialGradient 的新实例。

```
//***************************************************************

private void createContents(BorderPane primaryPane)
{
  double width = primaryPane.getWidth();
  double height = primaryPane.getHeight();
  double moonR = .12 * width;      // 月球半径
  double moonX = .5 * width;       // 月球中心点 X 轴坐标
  double moonY = .32 * height;     // 月球中心点 Y 轴坐标
  double earthR = .25 * width;     // 地球半径
  double earthX = 0;               // 地球中心点 X 轴坐标
  double earthY = .43 * height;    // 地球中心点 Y 轴坐标
  RadialGradient gradient = new RadialGradient(0, 0, .5, .5, .5,
    true, CycleMethod.NO_CYCLE, new Stop(.3, Color.WHITE),
    new Stop(.7, Color.LIGHTGRAY), new Stop(1, Color.DARKGRAY));
  Circle moon = new Circle(moonX, moonY, moonR, gradient);
  Circle earth = new Circle(earthX, earthY, earthR);
  Pane pane = new Pane();          // 对于月球和地球

  earth.getStyleClass().add("earth");
  earth.setEffect(new BoxBlur(10, 10, 1));
  pane.getChildren().addAll(moon, earth);
  primaryPane.setCenter(pane);

  Slider slider = new Slider(0, 1, 0); // min、max、init
  primaryPane.setBottom(slider);
  slider.setOnMouseDragged(e -> {
    earth.setCenterX(pane.getWidth() * slider.getValue());
  });
} // createContents 结束
} // LunarEclipse 类结束
```

图 19.22b　LunarEclipse 程序——B 部分

　　上面的描述在一定程度上缺乏特殊性。如果深入阅读 API 网页，可以获得更多细节，但它们非常令人困惑。底线：使用上面所示的前 7 个参数（0, 0, .5, .5, .5, true, CycleMethod.NO_ CYCLE）用于正常渐变，渐变的中心点与应用渐变的圆的中心点相匹配的位置，渐变的指定颜色从中心开始到以圆的周长结束的位置。

　　继续讨论 RadiaGradient 构造器参数，后续参数是 Stop 对象，每个对象都指定一种颜色和该颜色沿从渐变中心向外延伸的径向线出现的位置。例如，下面是第一个 Stop 对象：

```
new Stop(.3, Color.WHITE)
```

该 Stop 对象意味着白色从中心点开始，并以延伸 30%的方式到 Circle 对象梯度的周边。从 30%到70%，颜色从白色过渡过浅灰色（第二个 Stop 对象的颜色）。从 70%到圆的周边处，它从浅灰色过渡到深灰色。

　　回顾图 19.21，注意地球阴影的模糊边缘。由于太阳不是点源，因此在现实世界中会出现这种模糊。我们使用 BoxBlur 对象来设计这种特殊效果。下面是相关的代码：

```
earth.setEffect(new BoxBlur(10, 10, 1));
```

BoxBlur 类使用图像滤波技术，使图像的每个像素转换为新颜色，它等于其相邻像素的平均颜色值。构造器的前两个参数指定进行平均的像素矩形（方框）的宽度和高度。第三个参数指定对图像执行模糊过程的次数。

接下来，让我们测试一下 Slider 控件的代码。具体地说，是测试 createContents 方法底部的这些语句：

```
Slider slider = new Slider(0, 1, 0); // min、max、init
slider.setOnMouseDragged(e -> {
    earth.setCenterX(pane.getWidth() * slider.getValue());
```

slider.getValue() 方法调用可检索滑块的值，即与滑块的 thumb 的当前位置相称的数字。slider 构造器的前两个参数指定了 slider 的最小值和最大值。因此，在上面的构造器的调用中，参数值为 0 和 1，如果 thumb 是左边的四分之一，滑块的值将为 0.25。构造函数的第三个参数指定了 thumb 的初始位置。

在 slider 控件代码中，请注意当鼠标拖动滑块的 thumb 时，如何用 slider 注册事件处理器。可以调用 setOnMouseDraged 方法，并对方法调用的参数使用 lambda 表达式。lambda 表达式检索滑块的值（0～1 的数字），将其乘以用于显示月食的面板的宽度，并使用该值作为 earth 调用 setCenterX 的参数。最终的结果是地球的阴影被定位，以致它与滑块对齐。

19.10 动画

在前两节程序中，用户参与了一些操作，即通过拖动图像移动笑脸图像，通过拖动滑块 thumb 移动地球的阴影。在本节中，我们通过用动画替换滑块修改 LunarEclipse 程序，其中地球的影子在月球上自动从左向右移动。

新的 LunarEclipse 动画程序与最初的 LunarEclipse 程序非常相似。唯一的区别是没有滑块，earth 是一个实例变量而不是一个局部变量，并且有一个可以执行该动画的 animate 辅助方法。图 19.23a 显示了 LunarEclipse 动画程序的第一部分。正如所承诺的那样，earth（Circle 形状表示地球的阴影）现在是一个实例变量。我们使用一个实例变量来促进 createContents 和 animate 方法之间的共享。请注意，在 start 方法的底部，在调用 createContents 之后，我们调用了 animate，它在 earth 图形上执行动画。

```
/**************************************************
 * LunarEclipseAnimate.java
 * Dean & Dean
 *
 * 该程序使地球自动发生月食
 **************************************************/

import javafx.application.Application;
import javafx.stage.Stage;
import javafx.scene.Scene;
import javafx.scene.layout.Pane;
import javafx.scene.paint.*;   // Color、RadialGradient、CycleMethod、Stop
import javafx.scene.shape.Circle;
```

图 19.23a　LunarEclipseAnimate 程序——A 部分

```
import javafx.scene.effect.BoxBlur;
import javafx.animation.*;      // Timeline、KeyFrame、KeyValue
import javafx.util.Duration;
public class LunarEclipseAnimate extends Application
{
  private Circle earth;      // 地球的阴影  ◄——— earth 是一个实例变量

  public void start(Stage stage)
  {
    Pane pane = new Pane();
    Scene scene = new Scene(pane);
    scene.getStylesheets().add("lunarEclipse.css");
    stage.setTitle("Animated Lunar Eclipse");
    stage.setScene(scene);
    stage.show();
    createContents(pane);
    animate(pane);  ◄——— 调用 animate 方法
  } // start 结束
```

图 19.23a　（续）

图 19.23b 显示了 createContents 方法，它实现了所有的形状。它与原始程序相同，只是没有滑块的相关代码。

```
//*******************************************************************

private void createContents(Pane pane)
{
  double width = pane.getWidth();
  double height = pane.getHeight();
  double moonR = .12 * width;    // 月球半径
  double moonX = .5 * width;     // 月球中心点 X 轴坐标
  double moonY = .32 * height;   // 月球中心点 Y 轴坐标
  double earthR = .25 * width;   // 地球半径
  double earthX = 0;             // 地球中心点 X 轴坐标
  double earthY = .43 * height;  // 地球中心点 Y 轴坐标
  RadialGradient gradient = new RadialGradient(0, 0, .5, .5, .5,
    true, CycleMethod.NO_CYCLE, new Stop(.3, Color.WHITE),
    new Stop(.7, Color.LIGHTGRAY), new Stop(1, Color.DARKGRAY));
  Circle moon = new Circle(moonX, moonY, moonR, gradient);

  this.earth = new Circle(earthX, earthY, earthR);
  this.earth.getStyleClass().add("earth");
  this.earth.setEffect(new BoxBlur(10, 10, 1));
  pane.getChildren().addAll(moon, this.earth);
} // createContents 结束
```

图 19.23b　LunarEclipseAnimate 程序——B 部分

图 19.23c 显示了 animate 方法。使用 TimeLine 对象来设置和执行动画。第一步是定义动画将持续多长时间，使用 Duration 类的 seconds 方法来定义以秒为单位的长度。下面的代码将持续时间设置为 5 秒：

```
Duration duration = Duration.seconds(5);
```

接下来，实例化一个 KeyValue 对象以定义在该时间间隔内发生什么。更具体地说，用两个参数调用 KeyValue 构造器——一个对象的属性和该属性应该在动画结尾获得的值。以下是 LunarEclipseAnimate 程序中的相关代码：

```
KeyValue keyValue =
  new KeyValue(this.earth.centerXProperty(), pane.getWidth());
```

想要沿着 X 轴移动地球阴影的圆，因此对于构造器调用的第一个参数，调用圆的 centerXProperty 方法来检索保持圆的中心点的 X 位置的属性。程序加载时，地球阴影的圆位于 x=0（x 和 y 值指远离封闭容器左上角的像素数，其中左上角位于 x=0 和 y=0 的位置）。对于构造器调用的第二个参数，调用 pane 的 getWidth 方法（pane 是封闭容器）以检索 pane 右边的 x 值。

接下来，将 duration 和 keyValue 变量捆绑到 KeyFrame 对象中，代码如下：

```
KeyFrame frame = new KeyFrame(duration, keyValue);
```

```
//**********************************************************

// 使用一个时间轴来从左向右移动地球的阴影

private void animate(Pane pane)
{
  Duration duration = Duration.seconds(5);
  KeyValue keyValue =
    new KeyValue(this.earth.centerXProperty(), pane.getWidth());
  KeyFrame frame = new KeyFrame(duration, keyValue);
  Timeline timeline = new Timeline(frame);
  timeline.play();
} // animate 结束
} // LunarEclipseAnimate 类结束
```

图 19.23c　LunarEclipseAnimate 程序——C 部分

然后，使用构造器调用实例化一个 TimeLine 对象，该构造器使用 frame 变量作为其参数，并调用 TimeLine 类的 play 方法来执行 TimeLine 对象的动画。

如果你需要一帧以上的时间线动画，没有问题。可以调用 getKeyFrames 方法来检索 Timeline 的帧集，然后调用 setAll 方法添加多个帧。代码如下：

```
timeline.getKeyFrames().setAll(frame1, frame2);
```

除了 play 方法外，Timeline 类还有 pause 和 stop 方法。pause 方法可以停止动画，且保留动画停止的位置。所以当播放执行时，它从暂停位置开始。stop 方法将动画的位置重置为开始。如果你正在练习阶段，不如就练习添加播放、暂停和停止按钮到 LunarEclipseAnimate 程序中。

总结

- TextArea 控件显示用于用户输入的多行框。
- CheckBox 控件将显示一个带有标识标签的小方框。用户单击该复选框, 可以在选中和未选中之间进行切换。
- RadioButton 控件显示一个小圆圈, 右边有一个标签。如果单击未选中按钮, 则单击该按钮将被选中, 并且假设单选按钮位于 ToggleGroup 中, 则该组中先前选中的按钮将被取消。
- ComboBox 控件允许用户从项目列表中选择项目。ComboBox 组件称为 ComboBox, 因为它们是文本框 (通常看起来就像文本框) 和列表 (单击向下箭头时, 它们看起来像列表) 的组合。
- MenuBar 包含 Menu, 而 Menu 又包含 MenuItems。
- 若要在 JavaFX 程序中显示图像, 需要将 Image 对象存储在 ImageView 对象中, 然后将 ImageView 对象分配给场景图。
- 若要处理鼠标事件, 需要注册一个能调用与特定事件对应的 setOn 方法。
- Slider 控件允许用户通过沿条拖动滑块的 thumb 输入变量值。
- 若要实现动画, 可以使用 Timeline 类在指定的持续时间内将对象的属性值转换为目标值。

复习题

§19.2　用户界面设计

1. 为 GUI 程序提供 3 种用户界面设计指南。

§19.3　TextArea 控件

2. 默认情况下, TextArea 组件是可编辑的。(对/错)

3. 默认情况下, TextArea 组件使用行包装。(对/错)

§19.4　CheckBox 和 RadioButtun 控件

4. 如果单击已选中的复选框会怎么样?

5. 编写一个代码片段, 创建一个名为 attendance 带有 I will attend 标签的复选框, 然后将其置为选中状态。

6. 如果单击已选中的单选按钮会发生什么?

7. 如果单击最初未被选中的单选按钮, 该按钮是 Toggle Group 的成员, 会发生什么?

§19.5　ComboBox 控件

8. ComboBox 和 RadioButton 组有何相似之处?

9. 什么方法调用检索 ComboBox 中的当前选择?

§19.6　JobApplication 程序

10. 在 Jobapplication 程序中, 如果省略了下列代码会发生什么?

```
ToggleGroup radioGroup = new ToggleGroup();
...
good.setToggleGroup(radioGroup);
bad.setToggleGroup(radioGroup);
```

§19.7　ScrollPane 和菜单类

11. MenuBar、Menu 和 MenuItem 对象如何相关?

§19.8 图像和鼠标事件

12. Image 对象是否可以是场景图中的节点？

13. 提供一条语句，该语句注册一个 lambda 表达式，当用户单击 face 时，该表达式将一个名为 SCARED 的 Image 对象分配给一个 ImageView 对象并命名为 face。

§19.9 用 Circle、RadialGradient 和 Slider 实现 Lunar Eclipse

14. 提供最小值为 0、最大值为 50、初始值为 10 的 Slider 构造器调用。

§19.10 动画

15. 在下面的代码片段中，将*<此处插入代码>*部分替换为实现动画的代码，该动画在 10 秒的时间内将传入的 circle 参数从其 pane 容器的左侧移动到该容器的右侧。

```
private void move(Circle circle, Pane pane)
{
    <此处插入代码>
} // end move
```

练习题

1. [§19.3] 假设有一个窗口和两个 TextArea 组件（名为 msg1 和 msg2），以及一个按钮组件。单击按钮时，将交换这两个 TextArea 的内容。提供执行交换操作的代码。也就是说，提供按钮的 setOnAction lambda 表达式的主体代码或引用事件处理方法主体的代码。

2. [§19.3] 给定以下程序框架。将*<此处插入代码>*替换为 createContents 方法，使生成的窗口与本章前面在 TextArea 控件部分中显示的客户反馈窗口相匹配。实例化两个 Label 控件和一个 TextArea 控件，并将它们添加到 VBox 面板中。运行完成的程序，以确保生成的表单看起来与书中的内容相同。特别注意以下情况：

- 该面板应该有 15 个像素的填充物。
- 通常，TextArea 框将默认跨越 VBox 的整个宽度。防止该默认行为。
- 当用户输入碰到框的右边时，用户输入应换行到下一行。

```
import javafx.application.Application;
import javafx.stage.Stage;
import javafx.scene.Scene;
import javafx.scene.layout.*;
import javafx.scene.control.*; // Label、TextArea

public class CustomerFeedback extends Application
{
    private static final int WIDTH = 550;
    private static final int HEIGHT = 250;

    //*********************************************************

    public void start(Stage stage)
    {
        VBox pane = new VBox(15);
        Scene scene = new Scene(pane, WIDTH, HEIGHT);
```

```
      createContents(pane);
      stage.setTitle("Tek Support Masters - We know everything!");
      stage.setScene(scene);
      stage.show();
    } // start 类


    //******************************************************

    〈此处插入代码〉
    } // CustomerFeedback 类结束
```

3. [§19.4] 编写一条语句创建名为 bold 的复选框。复选框应取消选中，并且应该有 boldface type 的标签。

4. [§19.4] 编程中应如何确定是否选中了复选框？

5. [§19.4] 给定一个具有以下内容的 gender.css 文件：

```
.root {
  -fx-padding: 10 20 20 20;
  -fx-min-width: 300;
}
```

以及如下所需要的初始显示：

©JavaFX

完成下面的程序，使 female 和 male 单选按钮以正常的方式运行——当一个被选中时，另一个被取消选中。注意，在窗口初始化的显示时 female 按钮是被选中的。下面是程序起始框架：

```
    public class Gender extends Application
    {
      public void start(Stage stage)
      {
        Label gender = new Label("Gender:");
        RadioButton female = new RadioButton("female");
        RadioButton male = new RadioButton("male");
        ToggleGroup group = new ToggleGroup();
        VBox pane = new VBox(10);
        Scene scene = new Scene(pane);

        stage.setTitle("Gender Identification");
        stage.setScene(scene);
        stage.show();
      } // start 结束
    } // Gender 类结束
```

6. [§19.5] CheckBox、RadioButton 和 ComboBox 组件是在哪包中定义的？

7. [§19.6] 为最初显示此窗口的程序提供 createContents 方法和样式表：

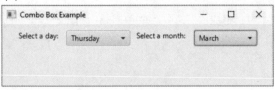

©JavaFX

用户单击 select a day 向下箭头并选择 Thursday 后，单击 select a month 向下箭头并选择 March 后，程序显示如下：

©JavaFX

createContents 方法必须与以下程序框架一起工作：

```java
import javafx.application.Application;
import javafx.stage.Stage;
import javafx.scene.Scene;
import javafx.scene.layout.HBox;
import javafx.scene.control.*;          // Label、ComboBox
public class ComboBoxExample extends Application
{
  private ComboBox<String> daysBox = new ComboBox<>();
  private ComboBox<String> monthsBox = new ComboBox<>();
  private String[] days =
    {"Monday", "Tuesday", "Wednesday", "Thursday", "Friday"};
  private String[] months = {"January", "February", "March",
    "April", "May", "June", "July", "August", "September",
    "October", "November", "December"};
  public void start(Stage stage)
  {
    HBox pane = new HBox(10);
    Scene scene = new Scene(pane);
    scene.getStylesheets().add("comboBox.css");
    createContents(pane);
    stage.setTitle("Combo Box Example");
    stage.setScene(scene);
    stage.show();
  } // end start
    <此处插入 createContents 方法>
  } // ComboBoxExample 类结束
```

8. [§19.8] 使用 JavaFX 的 API 网站，查找鼠标事件类并列出其所有静态常量事件类型的值。

9. [§19.9] 修改文本的 Slider 驱动的 LunarEclipse 程序，使其模拟日食。主要的变化将是在太阳形状的顶部增加一个日冕形状。日冕是围绕太阳表面的大气。通常，人们不能直接看到它（或太阳）。但是在日食期间，它变得更加明显。下面是输出结果：

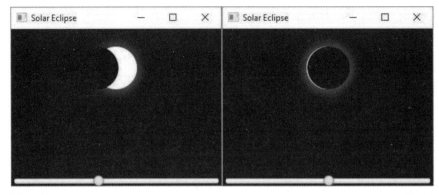

©JavaFX

使太阳的半径等于主面板宽度的 0.1 倍，并将其放在 LunarEclipse 程序的月球所在的位置。使新程序中的月球具有与太阳具有相同的直径，使月球的垂直位置与太阳的垂直位置匹配。使用 Slider 控件调整新程序中月球的水平位置。太阳、日冕和月球使用以下构造器：

```
Circle sun = new Circle(sunX, sunY, sunR, Color.WHITE);
Circle corona = new Circle(
    sunX, sunY, 1.3 * sunR, new Color(1.0, 1.0, 1.0, 0.3));
Circle moon = new Circle(
    moonX, moonY, moonR, new Color(0.16, 0.16, 0.4, 1.0));
```

调用下面这个方法模糊化太阳的光环：

```
corona.setEffect(new BoxBlur(sunR, sunR, 1));
```

10. [§19.10] 实现一个程序，使练习题 9 中描述的日食动画中省略滑块的显示。

复习题答案

1. 针对 GUI 程序的 3 个用户界面设计指南：
● 选择正确的组件。
● 适当地定位组件。
● 保持一致。

2. 对。默认情况下，TextArea 组件是可编辑的。

3. 错。默认情况下，TextArea 组件不使用行包装。

4. 如果单击已选中的复选框，则该复选框将变为未被选中。

5. 以下代码创建一个带有 I will attend 标签的 attendance 的复选框，然后将其置为选中状态：

```
CheckBox attendance = new CheckBox("I will attend");
attendance.setSelected(true);
```

6. 都没有。它将保持选中状态。

7. 单击的按钮将被选中，组中的所有其他按钮将被取消选中。

8. ComboBox 和 RadioButton 组很相似，因为它们都允许用户从项目列表中选择一个项目。

9. 若要在 ComboBox 中检索当前选择，请调用 getValue 方法。

10. 如果 JobApplication 程序中省略了单选按钮的代码，则该程序仍然可以编译和运行，但单选按钮将会变成独立操作。换句话说，单击一个单选按钮不会导致另一个被取消选中。

11. MenuBar 对象包含 Menu 对象，Menu 对象包含 MenuItem 对象。

12. 否，Image 对象不能是场景图中的节点。用户必须将图像嵌入 ImageView 对象中并将 ImageView 对象添加到场景图中。

13. `face.setOnMousePressed(e -> face.setImage(SCARED));`

14. Slider 构造器调用语句如下：

```
new Slider(0, 50, 10);
```

15. 实现一个 move 方法。

```
private void move(Circle circle, Pane pane)
{
    Duration duration = Duration.seconds(10.0);
    KeyValue keyValue =
        new KeyValue(circle.centerXProperty(), pane.getWidth());
    KeyFrame frame = new KeyFrame(duration, keyValue);
    Timeline timeline = new Timeline(frame);
    timeline.play();
} // move 结束
```

ASCII 字符集

Java 使用 Unicode 标准定义 Java 程序可以处理的所有字符。Unicode 标准可以定义多达 1112064 个字符。有关 Unicode 的概述，请参见第 12.16 节。Unicode 字符集的前 128 个字符尤其重要，因为它们包括拉丁字母中的字符 A ~ Z，以及其他常见的字符，如数字和标点符号。这 128 个字符一直是大多数编程语言中唯一可用的字符，它们形成了美国信息互换标准代码字符集。图 A1.1 和图 A1.2 显示了 ASCII 字符及其相关的十进制和十六进制值。

20 世纪 60 年代，ASCII 字符集诞生，字符的位置被仔细选择，以满足大多数人的需求，并建立对共同标准的支持，#、$和%。

十进制	十六进制	字　符	十进制	十六进制	字　符
0	0	空字符	16	10	数据链路转义
1	1	标题开始	17	11	设备控制 1
2	2	正文开始	18	12	设备控制 2
3	3	正文结束	19	13	设备控制 3
4	4	传输结束	20	14	设备控制 4
5	5	请求	21	15	拒绝接收
6	6	收到通知、响应	22	16	同步空闲
7	7	响铃	23	17	结束传输块
8	8	退格键	24	18	取消
9	9	水平制表符（\t）	25	19	媒体结束符
10	A	换行符（\n）	26	1A	替代字符
11	B	垂直制表符	27	1B	转义字符
12	C	换页符	28	1C	文件分隔符
13	D	回车符(\r)	29	1D	分组符
14	E	不用切换	30	1E	记录分隔符
15	F	启用切换	31	1F	单元分隔符

图 A1.1　ASCII 字符集中的前 32 个字符

十进制	十六进制	字　　符	十进制	十六进制	字　　符	十进制	十六进制	字　　符
32	20	空格键	64	40	@	96	60	'
33	21	!	65	41	A	97	61	a
34	22	"	66	42	B	98	62	b
35	23	#	67	43	C	99	63	c
36	24	$	68	44	D	100	64	d
37	25	%	69	45	E	101	65	e
38	26	&	70	46	F	102	66	f
39	27	'	71	47	G	103	67	g
40	28	(	72	48	H	104	68	h
41	29	)	73	49	I	105	69	i
42	2A	*	74	4A	J	106	6A	j
43	2B	+	75	4B	K	107	6B	k
44	2C	,	76	4C	L	108	6C	l
45	2D	−	77	4D	M	109	6D	m
46	2E	.	78	4E	N	110	6E	n
47	2F	/	79	4F	O	111	6F	o
48	30	0	80	50	P	112	70	p
49	31	1	81	51	Q	113	71	q
50	32	2	82	52	R	114	72	r
51	33	3	83	53	S	115	73	s
52	34	4	84	54	T	116	74	t
53	35	5	85	55	U	117	75	u
54	36	6	86	56	V	118	76	v
55	37	7	87	57	W	119	77	w
56	38	8	88	58	X	120	78	x
57	39	9	89	59	Y	121	79	y
58	3A	:	90	5A	Z	122	7A	z
59	3B	;	91	5B	[	123	7B	{
60	3C	<	92	5C	\	124	7C		
61	3D	=	93	5D	]	125	7D	}
62	3E	>	94	5E	^	126	7E	~
63	3F	?	95	5F	_	127	7F	删除键

图 A1.2　ASCII 字符集中的其他字符

　　字符被选择为相邻，因为它们在大多数打字机上都是相邻的。在图 A1.2 中，注意，#、$和%分别位于十进制位置 35、36 和 37。此外，第一个大写字母 A 位于十六进制位置 41，而第一个小写字母 a 位于十六进制位置 61。要改变字母的大小写，可以简单地加上或减去十六进制 20。创造 ASCII 字符集的人当时用十六进制思考！

运算符的优先级

图 A2.1 和图 A2.2 显示了运算符的优先级。顶部的运算符组比底部的运算符组具有更高的优先级。一个特定优先级组中的所有运算符都具有相同的优先级。如果一个表达式有两个或多个相同优先级的操作符，那么在该表达式中，这些运算符从左到右或从右到左执行，如以下标题中的内容。

```
1. 分组、访问和后缀表达式模型（从左向右）：
   (expression)                              表达式
   (list)                                    形参和实参
   [expression]                              索引
   reference-variable-or-class-name.member   成员访问
   x++                                       自增，后缀模式
   x--                                       自减，后缀模式
2. 一元运算符（从右向左）：
   ++x                                       自增，前缀模式
   --x                                       自减，前缀模式
   +x                                        前缀模式，加
   -x                                        前缀模式，减
   !x                                        逻辑取反
   ~                                         位取反
   new classname()                           对象实例化
   (type) x                                  类型转换
3. 乘、除和求余运算符（从左向右）：
   x * y                                     乘法
   x / y                                     除法
   x % y                                     求余
4. 加、减和连接运算符（从左向右）：
   x + y                                     加法
   x - y                                     减法
   s1 + s2                                   字符连接
```

图 A2.1　运算符优先级——A 部分

使用第 8～10 组中的无条件运算符可以计算所有操作数，即使最终的条件可以在计算所有操作数之前确定。第 11～13 组中的条件运算符一旦确定最终条件，就立即停止评估。第 8～12 组根据运算符的类型来描述具有两种不同操作类型的表达式。如果表达式是 boolean 类型，则这些操作是合乎逻辑的，每种情况都有 true 或 false 的结果。如果表达式是整数或字符，则每个位分别计算。

---

5. 位移运算符（从左向右）：

x << n	左移(将 x 位左移 n 位，右加 0)
x >> n	有符号右移(将 x 位右移 n 位，左加 0 或 1 以 匹配最初的最左边位)
x >>> n	无符号右移(将 x 位右移 n 位，左加 0)

6. 关系运算符（从左向右）：

x < y	小于
x <= y	小于或等于
x >= y	大于或等于
x > y	大于
object instanceof *class*	符合

7. 等式运算符（从左向右）：

x == y	等于
x != y	不等于

8. 按位与（AND）运算符（从左向右）：

x & y

9. 按位异或（XOR）运算符（从左向右）：

x ^ y

10. 按位或（OR）运算符（从左向右）：

x | y

11. &&（与）（AND）逻辑运算符（从左向右）：

x && y

12. ||（或）（OR）逻辑运算符（从左向右）：

x || y

13. 三元条件运算符（从右向左）：

x ? y : z	如果 x 为 true，则为 y；否则为 z

14. 赋值运算符（从右向左）：

y = x	y ← x
y += x	y ← y + x
y −= x	y ← y − x
y *= x	y ← y * x
y /= x	y ← y / x
y %= x	y ← y % x
y <<= n	y ← y << n
y >>= n	y ← y >> n
y >>> x	y ← y >>> n
y %= x	y ← y % x
y ^= x	y ← y ^ x
y |= x	y ← y	x

15. 转换或 lambda 表达式估值：

constant(s) -> *expression-or-statement(s)*	常数是大小写标签
object(s) -> *statement(s)*	对象是匿名方法的参数

图 A2.2　运算符优先级——B 部分

Java 关键字和其他保留字

图 A3.1～图 A3.4 显示了 Java 关键字。一般来说，Java 关键字不能在程序中作为标识符，因为它们在 Java 语言中具有特殊的含义。例如，if、while 和 public 是标准的 Java 关键字。Java 的两个关键字 const 和 goto 非常特殊，因为它们不允许在 Java 程序中的任何地方使用，既不能作为 Java 语法，也不能作为标识符。在讨论限制读者使用的单词时，我们说这些词是"保留字"。除了 Java 的关键字，还有一些其他的单词是被保留的。true、false 和 null 被保留（不能使用它们作为标识符），但它们被归类为文字，而不是关键字。var 是保留字（不能将它用作枚举类型），但它被归类为保留类型名称，而不是关键字。

---

abstract：抽象。这是类和方法的修饰符，也是接口的隐式修饰符。未定义 abstract 方法。abstract 类包含一个或多个 abstract 方法。一个接口的所有方法都是抽象的。不能实例化一个接口或 abstract 类。

assert：声明某件事是真实的。在程序的任何地方都可以插入表示 assert 布尔表达式的语句；然后，如果运行带有声明选项 enableassertions 的程序，则 JVM 在遇到计算值为 false 的 assert 时会抛出 AssertionError 异常。

boolean：逻辑值。此原始数据类型的计算结果为 true 或 false。

break：跳出循环。此命令导致 switch 语句或循环中的执行在该 switch 语句或循环结束后跳转到第一个语句。

byte：8 位。这是最小的原始整数数据类型。它是存储在二进制文件中的类型。

case：一个特殊的选择。紧跟在 case 关键字后面的 byte、char、short 或 int 值，标识了 switch 备选方案之一。

catch：处理异常。当前面的 try 代码块中的代码被 Unicode 标准中定义的任何其他符号执行时，catch 代码块中的代码就会被执行。

char：字符。这是一种原始数据类型，它包含文本字符或在 Unicode 标准中定义的任何其他符号的整数代码号。

class：一种复杂的类型。此 Java 代码块定义了特定类型对象的属性和行为。因此，它定义了一种比原始数据类型更复杂的数据类型。

const：已命名的常量。它不是 Java 语法的一部分，所以不要使用它。

图 A3.1　Java 关键字——A 部分

---

continue：跳出本次循环。此命令会导致循环中的执行会跳过循环代码中的其余语句，并直接转到循环的延续条件。

default：否则。这通常是分支结构中的最后一个子句。它代表所有其他（先前案例条款中未确定的）。

do：正在执行。这是 do-while 循环中的第一个关键字。延续条件出现在循环结束时 while 关键字后面的括号中。

double：双精度。这种原始的浮点数据类型需要的存储量是旧的浮点数据类型存储量的两倍，后者只需要 4 个字节。

else：否则。此关键字可以在复合 if 语句中使用，作为代码块的标题（或标题的一部分），如果前面的 if 条件不满足，则会执行。

enum：枚举。这种特殊类型的类定义了一组已命名的常量，它们是隐式静态的和最终的。

exports：在模块化 Java 中用于导出软件包或模块。

extends：继承，扩展。此类标题扩展指定要定义的类将继承以扩展关键字命名的类的所有成员。

final：最终的，不可被改变的。这个修饰符防止类和方法被重新定义，它说一个指定的值是一个常量。

finally：最后一次操作。这可以在 try-catch 结构后使用，以指定在捕获处理异常后需要执行的操作。

float：浮点数。这是一种较旧的浮点数据类型，需要 4 个字节。

for：循环类型。此关键字引入一个循环，其标题指定和控制迭代范围。

goto：跳转到一个显式命名的代码行。它不是 Java 语法的一部分，所以不要使用它。如果是有条件的执行且满足相关条件，此关键字将启动代码块的执行。

implements：定义。此类标题扩展指定要定义的类将定义以 implements 关键字命名的接口声明的所有方法。

import：导入。告诉编译器随后识别的类可在当前程序中使用。

图 A3.2　Java 关键字——B 部分

---

instanceof：符合相关要求。这个布尔运算符测试左边的对象是否是右边类的实例，或者左边的对象是否是作为右边类的子类的实例。

int：整型。这是标准的整数数据类型，需要 4 个字节。

interface：用于外部链接的接口。Java 接口声明了一组方法，但不定义它们。实现接口的类必须定义在该接口中声明的所有方法中。接口还可以定义静态常数。另一种接口只是向编译器传递一条特定的消息。

long：长整型。这是最长的整数数据类型，需要 8 个字节。

module：用于在 Java 应用程序中声明模块。

native：本地语言。本机代码是已编译成本地处理器的（低级）语言的代码。有时也称为机器代码。

new：新实例。用于调用类构造函数以在运行时创建新对象。

package：包。在 Java 中，这是程序员可以导入的一组相关类的容器。

private：当前类可用。这个方法和变量的修饰符使它们只能从声明它们的类中进行访问。

protected：只在当前包内可用。这是方法和变量的修饰符，只能在声明它们的类、该类的子类或同一个包中的其他类中访问。

public：可跨包访问。这个对类、方法和变量的修饰符使它们可以从任何地方访问。Java 接口是隐式公开的。

requires：用于指定模块内部所必需的库。

return：有返回值。此命令导致程序控制离开当前方法，并返回到立即调用当前方法的点后面的点。一个值或引用也可以被发送回调用者。

short：短整型。此整数数据类型只需 2 个字节。

static：静态。这个方法和变量的修饰符给了它们类范围和连续存在性。

图 A3.3　Java 关键字——C 部分

strictfp：严格的浮点数。类或方法的修饰符将浮点精度限制在 Java 规范中，并防止计算使用本地处理器可能提供的额外精度位。

super：调用父类的方法。这是对构造函数或方法的引用，如果对象的类中没有被新定义覆盖，该类将继承该方法。

switch：选择一个其他方案。这将导致程序控制向前跳转到代码后的、与 switch 关键字之后提供的条件相匹配的情况。

synchronized：方法的修饰符防止不同线程同时执行特定方法。它避免了在多线程操作中对共享数据的破坏。

this：当前类的父类的对象。this 引用将实例变量与局部变量或参数区分开来，或者表示调用另一个方法的对象与调用该方法的对象相同，或者它生成同一类中的另一个（重载）构造函数的对象构造启动。

throw：抛出异常。此命令后面跟异常类型的名称会引发异常。它允许程序显式地抛出异常。

throws：声明异常可能被抛出。此关键字后跟特定类型异常的名称，该名称可以附加到方法标题中，以将 catch 责任转移到调用当前方法的方法中。

transient：可能会被放弃。此变量修饰符告诉 Java 序列化软件，修改后的变量中的值不应保存到对象文件中。

try：捕获异常。try 块包含可能抛出异常的代码，以及抛出异常将跳过的代码。

void：无返回。描述了不返回任何内容的方法的类型。

volatile：不稳定的。这个关键字防止编译器试图优化可能异步更改的变量。

while：只要满足条件就执行。此关键字加上一个 boolean 条件会引发一个 while 循环，或者终止一个 do-while 循环。

yield：生成由交换表达式生成的值。

图 A3.4　Java 关键字——D 部分

软件包和模块

如你所知，一个软件包是一组相关的类。模块提供了额外的分组功能，它对相关的软件包进行分组。在实现模块时，可以指定依赖关系。具体来说，可以指定新模块依赖的其他模块以及向其他模块提供的软件包。

在本附录中，首先更深入地查看软件包，描述模块是如何工作的。然后，在 Java 的新 GUI 平台 JavaFX 中使用软件包和模块。JavaFX 不是标准 Java 安装软件包的一部分。要使用 JavaFX 编写程序，首先需要从 OpenJFX 下载。模块化分离使编译和执行变得有些复杂，本附录解释了如何在新环境中执行这些操作。然后，它解释了如何打包和模块化创建的代码以供他人使用。模块使 Java 更加通用，提高了安全性，但也增加了编程的复杂性。

Java API 软件包

在 Java 11 之前，当从像 Oracle 这样的供应商下载 Java 版本时，作为 Java 开发工具包（JDK）的一部分，读者就会得到大约 300 个不同的软件包。该安装会自动使这些软件包成为 Java 环境的一部分，每个软件包都包含一个 Java API 接口和类的集合。

图 A4.1 仅显示了根目录下 7 个文件目录中的部分 Java API 软件包（com、java、javafx、javax、jdk、netscape 和 org）。这些根目录（在虚线框中）本身不实现包，因为它们不包含任何 Java 接口或类，只包含实现软件包的从属目录。每个子框中的软件包名称类似于包含该软件包内容的子目录的完整路径，区别是包名称使用的是句点，而路径使用的则是斜杠。

图 A4.1 中的软件包是本书及其网站中讨论的一些软件包。层级结构的包装可以帮助人们找到他们需要使用的特定类。如果它们位于不同的软件包中，它们可以具有相同的类名。因此，将小群类封装到单独的软件包中，使我们能够在不同的环境中重用给定的类名。此外，每个软件包都可以防止对其类的所有受保护成员的外部访问。

要使特定软件包中的类可用于正在处理的程序，必须导入该软件包，如使用以下语句导入 java.util 和 javafx.scene 软件包：

```
import java.util.*; import javafx.scene.*;
```

图 A4.1 显示了从顶部向下的 3 个层的部分软件包。例如，在 javafx 树中，在 javafx.scene 下会考虑使用 javafx.scene.layout 软件包。上面导入 javafx.scene 软件包的语句提供了对 javafx.scene 软件包本身中所有类的访问，但不提供对该软件包下的软件包的访问。换句话说，它不导入 javafx.scene.layout 软件包。如果需要访问 javafx.scene.layout 软件包中的类，还必须通过添加第三条导入语句显式导入该软件包：

```
import javafx.scene.layout.*;
```

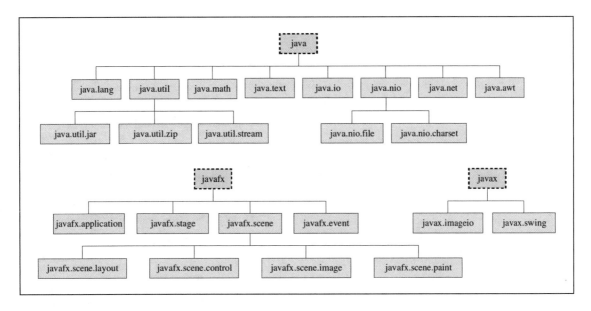

图 A4.1 Java API 软件包层级结构的简短示例

Java API 模块

在项目 Jigsaw 中，Java SE 9 和 Java JDK 9 引入了另一层被称为模块的封装。每个 Java 模块都可以包含任意数量的 Java 软件包。模块通过提供强大的封装来提高安全性。为此，每个模块都包含一个特殊的*模块指令*（module descriptor），它是一个称为 module-info.java 的小程序的编译版本：

```
module 模块名称
{
  零个或多个模块指令
}
```

用标题的模块名称建立模块的名称，使用与软件包相同的约定（使用句点而不是斜杠）来描述模块在 Java 模块目录结构中的位置。

可选的模块指令包括：

```
exports 软件包名称;
```

使所有其他模块都可以访问特定包含的软件包：

```
exports 软件包名称 to 逗号分隔的模块名称列表;
```

使特定包含的软件包可以被特定的其他模块访问：

```
requires 模块名称;
```

标识包含此模块需要使用的可访问软件包的另一个模块。

模块化组织可以将应用软件与不同的标准代码和自定义代码组合捆绑成为可行。这增强了 Java 的通用功能性。它使不同的操作系统能够将适当的应用程序代码的压缩版本下载到不同的硬件上——从大型超级计算机到小型移动设备和可编程控制器。

请访问 Oracle 的 Java API 网站。在标题中，单击概述 OVERVIEW，可以在 Java SE（Java）中看到大约 22 个模块的列表，以及 JDK（jdk.）中的大约 37 个模块。本书及其网站中讨论的大部分类（除了

JavaFX GUI 类）都包含在这些模块中，如 java.base。单击 java.base 模块链接可以进入一个网页，其中说明 java.base 软件包含 Java SE 平台的基础 API。java.base 模块导出大约 52 个软件包，包括 java.io、java.lang、java.math 和 java.util。读者可以自行访问此模块。

对于 JavaFX APIs，打开 https://openjfx.io，在 Documentation 下面的 Reference Documentation 中单击 API documentation，将显示一个列出 7 个模块的网页，包括 javafx.base、javafx.graphics 和 javafx.controls。javafx.base 模块定义 JavaFX GUI 工具包的基本 API，包括针对绑定、属性、集合和事件的 API。它也包含了 javafx.event 软件包，其中包括 ActionEvent 类。

javafx.graphics 模块定义 JavaFX GUI 工具包的核心场景图 API（如布局容器、应用程序生命周期、形状、转换、画布、输入、绘画、图像处理和效果），以及动画、CSS、并发性、几何图形、输出和窗口的 API。它包含 javafx.application、javafx.stage、javafx.scene、javafx.geometry、javafx.scene.layout、javafx.scene.paint、javafx.scene.image 和 javafx.scene.shape 等软件包。javafx.graphics 模块需要 javafx.base，并专门导出所有 javafx.base 的所谓的间接输出包。因此，如果另一个模块需要 javafx.graphics，那么它可以间接地访问 javafx.base 中的所有软件包。

javafx.controls 模块定义可用于 JavaFX GUI 工具包的 UI 控件、图表和外观。它只定义了 4 个软件包，其中一个是重要的 javafx.scene.control 包，该软件包本身包含 100 多个类，包括警告、按钮、复选框、选择对话框、组合框、标签、单选按钮、文本字段和标记组。此模块需要 javafx.base 和 javafx.graphics，并提供对其所有软件包的间接导出。因此，如果另一个模块需要 javafx.controls，那么它可以间接地访问 javafx.base 和 javafx.graphics 中的所有软件包。

JavaFX 的安装和使用

安装 JavaFX 之前，需要安装核心 Java JDK，可以从 https://www.oracle.com/technetwork/java/javase/downloads/下载。如果使用 Windows 10，则单击 Start 按钮并输入 "高级系统设置"。单击环境变量，添加或编辑 JAVA_HOME 变量，使其等于包含 Java JDK 软件的目录；也可以编辑计算机的路径变量，使其包含新 JAVA_HOME 目录的 bin 子目录的路径。[①]

还可以从像 https://openjfx.io 这样的网站下载 JavaFX JDK。可以将此 JavaFX JDK 添加到包含 Java JDK 的目录中，也可以将其放到其他任何地方。在任何一种情况下，都必须记住 JavaFX SDK 的路径，因为每次编译或执行任何使用 Java 11（或更高版本）和一个或多个 JavaFX 模块的程序时，都必须显式地提供到其 lib 子目录的路径。

执行此工作的一种方法是创建像 PATH_TO_FX 这样的环境变量，并将其设置为指向包含 JavaFX SDK 的目录下 lib 子目录的路径。然后，如果你想编译一个需要 JavaFX 图形模块的程序，可以转到包含源代码的目录，不要输入类似 javacHelloFX.java 的东西，而是输入：

```
>javac -p %PATH_TO_FX% --add-modules javafx.graphics HelloFX.java
```
其中，-p 是 module-path 的缩写，而 PATH_TO_FX 是保存 JavaFX 文件位置的环境变量。可以再次使用相同的环境变量来执行如下的编译程序：

```
>java -p %PATH_TO_FX% --add-modules javafx.graphics HelloFX
```

---

① 　或者，读者也不需要解压缩已下载的核心 Java JDK。在这个替代方案中，读者的新路径条目应该是扩展名为.zip 的解压缩文件的路径。

-p %PATH_TO_FX%是一种特殊类型的命令选项[①]，称为路径指令。该指令告诉编译器在哪里可以找到编译器需要完成工作的模块。如果需要在不同路径上使用多个模块，在后续路径规范之前有分号，分号后面没有空格，在后续模块规范之前有逗号，逗号后面没有空格。--add-modules javafx.graphics 是一个*添加模块指令*。它确定了具有核心 Java 软件的模块，除了标识具有核心 Java 软件之外，还标识了编译器需要的特定模块。

如果程序还需要使用 javafx.controls 模块，而不是使用：

```
--add-modules javafx.graphics
```

可以使用：

```
--add-modules javafx.graphics,javafx.controls
```

但是因为 javafx.controls 模块会自动提供 javafx.graphics 模块中的所有内容，单独指定 javafx.controls 模块更容易。

另一种完成工作的方法是将所有的-p 和--add-modules 信息放在一个单独的文本文件中，可能称为 fx.txt，并将此文本文件保存在一个方便的位置。如果该位置是包含源代码的目录，则可以从该目录编译：

```
>javac @fx.txt HelloFX.java
```

默认情况下，编译的代码进入当前目录，因此可以使用以下操作在同一目录执行：

```
>java @fx.txt HelloFX
```

fx.txt 文件的@前缀告诉 javac 和 javafx 使用文本文件的内容作为指令。

使用像 fx.txt 这样的文件提供一个或多个附加模块时，不需要 PATH_TO_FX 系统变量，因为可以保存该 fx.txt 文件中指定的路径。如果计算机中 JavaFX 软件的路径是 C:\Java11\javafx-sdk-11.0.1\lib，并且程序需要访问 javafx.graphics 和 javafx.controls，则 fx.txt 文件的内容如下：

```
-p C:\Java11\javafx-sdk-11.0.1\lib --add-modules javafx.controls
```

这个文件的内容必须全部在一行上，并且不能有回车符！

与其在每个本地目录中提供单独的 fx.txt 副本，不如将它的一个副本放在一个中心位置，如包含所有源代码和对象代码的驱动器的根目录。然后，可以使用以下命令从任何次级目录中进行编译和执行：

```
>javac @\fx.txt HelloFX.java
>java @\fx.txt HelloFX
```

软件包规范和自定义模块的创建和使用

Java 允许打包一个新创建的类，将用本书的 Java 代码的例子来说明这一点。我们所有的软件包都将有一个名为 ipwj 的公共根目录，它代表了这本书的标题《*Introduction to Programming with Java*》。在这个根目录下是本书 19 章的子目录——ch01, ch02, …, ch19。每个不是可选的章节结尾 GUI 程序的代码将直接进入其相应的章节目录。当特定章节包含一个或多个可选的 GUI 部分时，这些部分中的代码将进入一个名为 gui 的子目录中。

包含所有源代码的 ipwj 结构将是一个名为 src 的父目录的子级，该父目录也可能包含其他书籍的源代码结构。与 src 目录并行的将是另一个称为 mods 的目录。此 mods 目录将包含 java 模块，其中的子目录在 src 目录树中包含程序的编译版本。

在每个类的源代码中，我们将插入（作为第一条语句），该类所属软件包的规范。然后，自动将编

[①]　可以通过输入 javac-help 或 java-help 来查看所有的命令选项。

译后的代码放到指定的软件包中，并将该软件包放到 mods 目录下的一个模块中。

第 1 章包含 3 个程序，即图 1.6 中的 Hello.java，图 1.12 中的 TitleHello.java 和图 1.13 中的 LabelHello.java。Hello.java 程序是一个非 GUI 程序，要为其指定软件包，在其源代码的开头插入以下语句：

```
package ipwj.ch01;
```

第 1 章的 3 个程序中的第二和第三部分是第 1.10 节中的 GUI 程序：HelloWorld（可选）。由于这两个程序都需要 JavaFX，因此通过在每个源代码的开头插入下面语句来为它们指定另一个软件包：

```
package ipwj.ch01.gui;
```

图 A4.2 显示了一个目录树，其中包含第 1 章的目录源代码，并反映了将插入本章的每个程序中的初始包语句所指定的软件包。ch01 子目录包含第 1 章中唯一的非 GUI 程序 Hello.java。次级 gui 子目录中包含两个第 1 章的 GUI 程序，LabelHello.java 和 TitleHello.java。

```
src
    ipwj
        ch01
            Hello.java
            module-info.java
            gui
                LabelHello.java
                TitleHello.java
    fx.txt
```

图 A4.2　所有第 1 章中程序的源代码的目录结构

除了第 1 章中唯一的非 GUI 程序 Hello.java 外，ch01 子目录还包含一个名为 module-info.java 的特殊程序，其内容如图 A4.3 所示。在初始化 module 之后出现的 ipwj.ch01m 是所需的模块名称。与软件包名称一样，此模块名称也使用区间来表示一个下降的层级结构[①]。对于模块名称，将 m 附加到 ch01 目录名称，因为模块名称不应该以数字结尾，同时也能帮助我们区分模块名称和软件包名称。

```
module ipwj.ch01m
{
  requires javafx.controls;
  exports ipwj.ch01.gui to javafx.graphics;
}
```

图 A4.3　module-info.java 针对包括 JavaFX GUI 程序的模块的程序

在图 A4.3 的模块信息程序中，ipwj.ch01.gui 标识一个（本地）软件包，而 javafx.controls 和 javafx.graphics 标识一个（远程）模块。如果模块的程序都没有使用 JavaFX GUI（与 ipwj.ch04m 一样），或者模块在版本 11 之前仅使用 Java 版本，则该模块的 module-info.java 程序不需要指定的要求和导出语句。它可以简单地宣布模块名称，例如：

```
module ipwj.ch04m { }
```

图 A4.2 显示了与层级结构根目录中的 src 目录并行的 fx.txt 文件。由于几乎所有需要 fx.txt 文件的程序都可以使用完全相同的程序，因此最好将一个副本放在一个易于访问的位置，即包含书籍源代码的驱

---

① 　如果想分发这个模块，而不是只使用 ipwj.ch01m，将使用一个更长的制度化名称，如 com.mheducation.ipwj.ch01m。

动器的根目录。然后，假设当前位于像 src\ipwj\ch01\gui 这样的子目录中，可以使用命令编译 TitleHello.java 程序，使用斜杠指定 fx.txt 文件的驱动器根位置：

```
>javac @\fx.txt -d \mods\ipwj.ch01m TitleHello.java
```

在此命令中，-d \mods\ipwj.ch01m 是一个目标指令。它告诉计算机要将编译后的文件放在哪里。①

现在打开 ch01 目录，其中包含文本、module-info.java 和第 1 章的所有非 GUI 源代码。然后，编译此目录树中的所有 java 程序，使用除了在需要的模块名和源代码文件名中使用斜杠或反斜杠的命令。例如：

示例会话：

```
E:\src\ipwj\ch01>javac -d \mods\ipwj.ch01m Hello.java
E:\src\ipwj\ch01>javac @\fx.txt -d \mods\ipwj.ch01m gui\TitleHello.java
E:\src\ipwj\ch01>javac @\fx.txt -d \mods\ipwj.ch01m gui\LabelHello.java
E:\src\ipwj\ch01>javac @\fx.txt -d \mods\ipwj.ch01m module-info.java
```

如果特定命令的指定目标结构尚未存在，则其-d 目标指令将自动创建该结构，然后将命令源代码的编译形式放入其中。随后的命令将其源代码的编译形式添加到匹配的现有结构中。

编译操作会自动在模块下创建一个名称与模块名称 ipwj.ch01m 相同的子目录。源代码目录结构在其 ipwj 目录下有一个单独的 ch01 子目录，而相应的模块结构只将它们组合在一个称为 ipwj.ch01m 的目录中。这是因为编译命令的目标指令在其 ipwj.ch01m 中使用了一个句点，而不是一个斜杠。前面的示例会话的最终 javac 命令将模块信息程序的编译代码放到这个新的 ipwj.ch01m 目录中，如图 A4.4 所示。

```
mods
        ipwj.ch01m
                module-info.class
                ipwj
                        ch01
                                Hello.class
                                gui
                                        LabelHello.class
                                        TitleHello.class
```

图 A4.4　已编译的 Hello 程序的模块化版本的目录结构

前面示例会话中的其他 javac 命令将所有其他程序的编译代码放在符合这些程序的软件包语句的次级目录结构中，即程序的 Hello 程序的 package ipwj.ch01 和 TitleHello 与 LabelHello 程序的 package ipwj.ch01.gui。请注意源代码中的包语句是如何与编译代码中的子目录对应的。

编译序列对依赖关系很敏感。如果在编译两个 GUI 程序中的一个创建了完整模块结构之前尝试对 module-info.java 进行编译，则编译器会这样报错：

```
error: package is empty or does not exist: ipwj.ch01.gui
```

一旦之前编译的模块信息建立了一个需求条件，如果尝试重新编译不带@\fx.txt 的非 GUI 代码 Hello.java（与前面的示例会话一样），编译器会这样报错：

```
error: module not found: javafx.controls
```

---

① 在我们的示例中，将@\fx.txt 放在目标和其他指令之前，但它可以位于初始命令和最终文件名之间的任何位置。

现在，拥有图 A4.4 中编译结构的副本的任何用户都可以导航到 ipwj.ch01m 模块目录①中，并且运行 Hello 程序。

示例会话：

```
E:\mods\ipwj.ch01m>java ipwj.ch01.Hello
Hello, world!
```

请注意，执行命令是如何使用句点而不是斜杠来指定模块的包层级结构中的类位置。②

假设同一用户创建类似图 A4.2 中的 fx.txt 文件，则使用其-p 指令指定该用户计算机上的 JavaFX 模块的路径。如果该 fx.txt 文件位于图 A4.4 中包含目录结构的驱动器的根目录，用户可以按照模块的两个 GUI 程序运行该程序。

示例会话：

```
E:\mods\ipwj.ch01m>java @\fx.txt ipwj.ch01.gui.TitleHello
```

```
E:\mods\ipwj.ch01m>java @\fx.txt ipwj.ch01.gui.LabelHello
```

图 A4.5　HelloTitle 和 HelloLabel 程序的执行情况

此外，请注意执行命令是如何使用句点而不是斜杠指定模块包层级结构中的类位置。

访问外部资源

接下来，假设有一个需要访问外部资源的程序（如图 5.14 中的 GraphicsDemoC 程序）访问 dolphinsC.jpg。为了使这个程序进入一个模块，它必须在一个包中，所以通过在其源代码的开头插入这个附加的语句来指定这个包：package ipwj.ch05.gui；然后为一个模块信息程序创建源代码，如图 A4.6 所示。这与图 A4.3 的区别是使用两个 ch05 代替 ch01。

```
module ipwj.ch05m
{
  requires javafx.controls;
  exports ipwj.ch05.gui to javafx.graphics;
}
```

图 A4.6　module-info.java 程序包括 JavaFX GUI 程序的模块

---

① 如果尝试从模块目录下面的任何目录中执行，例如：
　　`E:\mods\ipwj.ch01m\ipwj\ch01>java Hello`
　编译器会这样报错：
　　`Error: Could not find or load main class Hello`
　　`Caused by: java.lang.NoClassDefFoundError: ipwj\ch01\Hello (wrong name: Hello)`

② 在非 GUI 程序中，可以在包层级结构中使用斜杠执行，但如果在 GUI 程序中使用任何斜杠，编译器会这样报错：
　　`Missing JavaFX application class ipwj.ch01.gui\TitleHello`

同样，在包含源代码的驱动器根目录中有适当的 fx.txt 文件，在包含源代码的目录下，然后这样编译：

示例会话：

```
E:\src\ipwj\ch05>javac @\fx.txt -d \mods\ipwj.ch05m gui\GraphicsDemoC.java
E:\src\ipwj\ch05>javac @\fx.txt -d \mods\ipwj.ch05m module-info.java
```

现在，除了模块目录 ipwj.ch05m 中的 module-info.class 之外，还粘贴了一个副本 dolphinsC.jpg 资源文件。然后从同一目录执行下面的编译代码：[①]

示例会话：

```
E:\mods\ipwj.ch05m>java @\fx.txt ipwj.ch05.gui.GraphicsDemoC
```

将常规的驱动程序和驱动程序类放在同一个软件包中

接下来，看看如何将常规（而不是 JavaFX）驱动程序和驱动程序类放在同一个软件包中。从第 6 章中的一个示例——图 6.4 中的 Mouse 类和图 6.5 中的 MouseDriver 类开始。在这两个程序的源代码的最顶部插入以下附加语句：package ipwj.ch06；在图 A4.2 的源代码层级结构中的 ipwj 下添加子目录 ch06，并将修改后的 Mouse.java 和 MouseDriver.java 程序插入这个新的子目录中。

在 E:\src\ipwj\ch06 子目录中，使用以下命令编译被驱动的类 Mouse.java：

```
>javac -d \mods\ipwj.ch06m Mouse.java
```

此命令增强图 A4.4 中的\mods 目录结构，以包含新路径\mods\ipwj.ch06m\ipwj\ch06。该命令显式创建 ipwj.ch06m 目录，Mouse 类的 package ipwj.ch06；语句隐式创建它下面的两个目录。然后，该命令编译 Mouse.class 并将其插入到最低的 ch06 子目录中。然后，再次从 E:\src\ipwj\ch06 子目录中编译驱动程序类 MouseDriver.java，并使用以下命令：

```
>javac -cp \mods\ipwj.ch06m -d \mods\ipwj.ch06m MouseDriver.java
```

其中，-cp 是-classpath 或-class-path 的缩写。它告诉编译器在哪里可以找到当前类需要访问的另一个类。此操作将 MouseDriver.class 与 Mouse.class 一起添加到以前创建的\mods\ipwj.ch06m\ipwj\ch06 目录中。

现在打开\mods\ipwj.ch06m 目录，并使用以下命令执行驱动程序：

```
>java ipwj.ch06.MouseDriver
```

执行的 MouseDriver 在同一包中调用以前编译的 Mouse 类。请注意，执行命令使用包规范的句点而不是斜杠从 ipwj.ch06m 目录调用驱动程序类，该目录位于与软件包规范对应的目录树部分之外。试图从包内子树执行却无法运行：

示例会话：

```
E:\mods\ipwj.ch06m\ipwj\ch06>java MouseDriver
Error: Could not find or load main class  MouseDriver
```

将 JavaFX 驱动程序和驱动程序类放在同一个软件包中

接下来，看看如何将 JavaFX 驱动程序和驱动程序类放在同一个包中。第 8 章的 GUI 跟踪（用 CRC 卡解决问题）介绍了 CRC_Card.java 和 CRCDriver.java 两个类的 Java 代码。在每个程序的源代码顶部插入以下语句：package ipwj.ch08.gui；然后，在图 A4.2 的源代码层级结构中的 ipwj 下添加子树 ch08\gui，并将修改后的 CRC_Card.java 和 CRCDriver.java 程序插入新的 gui 子目录中。

在这个新的 E:\src\ipwj\ch08\gui 子目录中，使用以下命令编译驱动程序类 CRC_Card.java：

---

① 　也可以在模块目录上方的目录中执行，但 dolphinsC.jpg 资源文件必须在执行目录中。

```
>javac @\fx.txt -d \mods\ipwj.ch08m CRC_Card.java
```

在图 A4.4 所示的树中，在插件下将创建一个新的子树 ipwj.ch08m\ipwj\ch08\gui，并在新的 gui 子目录中插入 CRC_Card.class。然后，在此 E:\src\ipwj\ch08\gui 子目录中，使用以下命令编译驱动程序类 CRCDriver.java：

```
>javac @\fx.txt -cp \mods\ipwj.ch08m -d \mods\ipwj.ch08m CRCDriver.java
```

此操作将添加 CRCDriver.class 和新 gui 子目录中的 guiCRC_Card.class。在\mods\ipwj.ch08m 目录下使用以下命令执行该驱动程序：

```
>java @\fx.txt ipwj.ch08.gui.CRCDriver
```

正在执行的 CRCDriver 会在同一软件包中调用以前编译的 CRC_Card。图 8.18 显示了 CRC 卡的空白版本，用户可以以图 8.18 所示的或其他方式填写。

上述操作创建了与之前为第 1 章和第 5 章中的 GUI 程序创建的结构相同的模块化目录结构。但是创建的还不是一个真正的模块，因为它没有自己的模块信息程序。要完成模块化，请在\src\ipwj\ch08 目录中，插入源代码，如图 4.7 所示。然后，从同一目录中，使用以下命令编译新的模块信息源代码：

```
>javac @\fx.txt -d \mods\ipwj.ch08m module-info.java
```

```
module ipwj.ch08m
{
  requires javafx.controls;
  exports ipwj.ch08.gui;          //到 javafx.graphics 和其他
}
```

图 A4.7　module-info.java 程序包括 JavaFX GUI 程序的模块

此模块信息程序与图 A4.6 中的程序有两点不同：第一，模块名称已从 ipwj.ch05m 更改为 ipwj.ch08m。第二，出口指令更为普遍。第 5 章中的模块只将其 ipwj.ch05.gui 包导出到 javafx.graphics 模块，而第 8 章中的模块则会将其 ipwj.ch08.gui 包导出到任何其他模块中。到目前为止，所做的任何事情都不需要从 ipwj.ch08m 中进行更一般的扩展，而是需要下一步要做的事情。

使用位于不同模块中的驱动程序

最后，看看如何在不同的模块中实现和使用外部驱动程序。在第 10.12 节中的 GUI 跟踪：在用 CRC Cards 解决问题的第二次迭代（可选）的结尾，有第二个 CRC_Card 驱动程序 CRCDriver2。这个驱动程序还需要访问 ipwj.ch08m 模块中的 CRC_Card 类。但是 CRCDriver2 将会出现在一个不同的模块中。这就是为什么概括了图 A4.7 中的 exports 指令。

在第 10 章的 CRCDriver2 程序源代码顶部插入以下两条语句：

```
package ipwj.ch10.gui;
import ipwj.ch08.gui.CRC_Card;
```

然后，在图 A4.2 所示的源代码层级结构中，在 ipwj 下添加子树 ch10\gui，并将修改后的 CRCDriver2.java 程序插入新的 gui 子目录中。

因为驱动程序类现在位于不同的模块中，所以需要除通用 fx.txt 文件之外的其他命令选项。图 A4.8 显示了所需的新命令选项文件 fx10.txt 的内容。它通过附加到上一个路径来指定附加模块路径，并通过附加到上一个模块的 ipwj.ch08 来指定附加模块。在这些附加规范之前的分号和逗号后面不能有空格，尽管该文件的内容出现在图 A4.8 中的两行中，但也不能有回车符。

```
-p C:\Java11\javafx-sdk-11.0.1\lib;E:\mods
                    --add-modules=javafx.controls,ipwj.ch08m
```

图 A4.8　fx10.txt 文件的内容

虽然在一个内部空间中显示为分割的两行，但该分割必须是一个空间，而不是一个回车符。也就是说，该文件的内容必须全部放在一行上，没有回车符。

为了避免使驱动器的根目录混淆了专门的命令选项文件，请将此特殊化的 fx10.txt 文件放入 E:\src\ipwj\ch10\gui 目录中。然后，在此目录中，使用以下命令编译修订后的第二个驱动程序：

```
>javac @fx10.txt -cp \mods\ipwj.ch08m -d \mods\ipwj.ch10m CRCDriver2.java
```

在图 A4.4 所示的树中，在插件下，此操作将创建另一个新的子树 ipwj.ch10m\ipwj\ch10\gui，并且插入 CRCDriver2.class 到它的最终 gui 目录中。

接下来，将 fx10.txt 文件的副本粘贴到新创建的\mods\ipwj.ch10m 目录中。在此目录中，使用以下命令执行新的驱动程序：

```
>java @fx10.txt ipwj.ch10.gui.CRCDriver2 Class1 Class2
```

这应该在左上角显示 1 类和 2 类的空白卡，在屏幕中心显示一个对话窗口。

虽然当前目录的名称 ipwj.ch10m 看起来是模块名称，但它还不是模块，因为它没有编译的模块信息文件。若要完成模块化操作，请返回到\src\ipwj\ch10 目录中，创建如图 A4.9 所示的模块信息文件，当仍然在该目录中时，会给出以下命令：

```
>javac @gui\fx10.txt -d \mods\ipwj.ch10m module-info.java
```

这会将新的 module-info.class 文件与以前复制的 fx10.txt 文件一起放到\mods\ipwj.ch10m 目录中，而 CRCDriver2 之前的执行仍然有效。

```
module ipwj.ch10m
{
  requires javafx.controls;
  requires ipwj.ch08m;
  exports ipwj.ch10.gui to javafx.graphics;
}
```

图 A4.9　module-info.java 程序为第 10 章的模块

Java 编码风格惯例

本附录介绍了 Java 编码风格的约定。这些约定中大多数被广泛接受。然而，在某些领域中确实存在替代的约定。本附录中介绍的编码约定大部分是 Java 代码约定网页上介绍的存档编码约定的简化子集。

　http://www.oracle.com/technetwork/java/codeconventions-150003.pdf

　如果本附录中没有解决的样式问题，请参阅 Oracle 的编码约定文档或访问 https://google.github.io/styleguide/javaguide.html.的谷歌 Java 样式指南。

　在阅读以下内容时，请参阅本章的示例程序。可以在例子中模仿这个样式。

序言

（1）将此序言部分放在文件的顶部：

```
/***********************************************
* 〈文件名〉
* 〈程序员的名字〉
*
* 〈文件描述〉
***********************************************/
```

（2）在序言部分下面添加一个空行。

节界

（1）在状态变量定义之后，以及在构造函数和方法定义之间，输入一行星号，例如：

```
//**********************************************************
```

在这条星号线的上下各有一个空行。

（2）在大型构造函数或方法中，在代码的逻辑部分之间插入空行。对于检查过程，除非循环很小且密切相关，否则请在一个循环的结束和另一个循环的开始之间插入一个空行。

嵌入式的注释

（1）为那些可能会让第一次阅读程序的人感到困惑的代码提供注释。假设阅读者理解 Java 语法。

（2）不要注释那些意义很明显的代码。例如，这个注释是不必要的，会体现糟糕的风格。

这个注释使代码杂乱

```
for (int i=0; i<10; i++)    //for 循环标题
```

（3）用清晰的、自我文档化的代码编写程序，以减少对注释的需求。例如，使用助记符（描述性）标识符名称。

（4）总是在//和注释文本之间包含一个空格。

（5）注释的长度决定了其格式。

● 如果注释将占用多个行，请使用完整的行，例如：

```
// This is a block comment. Use it for comments  that
// occupy more than one line. Note the alignment for  /'s
// and words.
```

● 如果注释要单独留在一行上，请将其放置在它所描述的代码行上方，缩进//也与该代码行相同。在注释行上方保留一个空行。例如：

```
// Blank lines generate p tags.
if (line.isEmpty())
{
  fileOut.println("<p>");
}
```

● 许多注释都足够小，可以放置在其所描述的代码右侧。只要有可能，所有这些注释都应该从同一列开始，尽可能地向右放置。下面的示例演示了对简短注释的正确定位：

```
double testScores = new double[80]; // 一个班级的考试成绩
int student;

...
while (testScores[student] >= 0)     // 分数为负值时退出
{
  testScores[student] = score;
  ...
```

（6）为右大括号提供结束注释。右大括号在一些有意义的行数（五行或者更多行）下面，并同与其匹配的左大括号对齐。例如，请注意以下方法定义中的行的//end 和//end getSum 注释：

```
public double getSum(double table[][], int rows, int cols)
{
  double sum = 0.0;

  for (int row=0; row<rows; row++)
  {
    for (int col=0; col<cols; col++)
    {
      sum += table[row][col];
    } // for col 结束
  } // for row 结束

  return sum;
} // getSum 结束
```

变量声明

（1）通常，每行只声明一个变量。例如：

```
double avgScore;    // 考试的平均分
int numOfStudents; // 班级人数
```

例外情况：

如果有几个变量密切相关，则可以在同一行上同时声明。例如：

```
int x, y, z;        // 点坐标
```

（2）通常，应该为每个变量声明行包含一个注释。

例外情况：

不要对明显的名称（即 studentId）或标准名称（即 i 表示 for 循环索引变量，ch 表示字符变量）添加注释。

一个语句外部的括号

（1）因为 if-else、for、while 结构只执行一条语句，最好将该语句当作复合语句，并用大括号封装。例如：

```
for (int i=0; i<scores.length; i++)
{
  sumOfSquares += scores[i] * scores[i];
}
```

（2）例外情况：

如果以后向该结构中添加的另一条语句不合逻辑，在省略大括号能够提高可读性时则可以省略大括号。例如，一个有经验的程序员可能会这样写：

```
for (; num>=2; num--)
factorial *= num;
```

括号的位置

（1）分别将左、右大括号单独放在两行上，使左大括号与其上面的行对齐。对于 do 循环，将 while 条件与右大括号放在同一行上。

（2）例如：

```
public class Counter
{
  字段和方法声明
}

if (...)
{
  语句
}
else if (...)
{
  语句
}
else
{
  语句
```

```
}

for/while (...)
{
  语句
}

do
{
  语句
} while (...);

switch (...)
{
  case ... ->
    语句
  case ... ->
    语句
  default->
    语句
}

int doIt()
{
  语句
}
```

（3）括号对齐是一个有争议的问题。Oracle 的 Java 代码约定网站建议将左大括号放在前一行的末尾。这是我们与 Oracle 的约定不同的地方。建议你把左大括号单独一行，这样会使复合语句结构更明晰。

（4）对于空体构造函数，将左、右大括号放在同一行，然后用空格隔开。例如：

```
public Counter()
{ }
```

else if 构造

如果另一个 else 的主体只是另一个 if，则形成一个 else if 构造（将 else 和 if 放在同一行上）。请参见上面的大括号的位置，理解一个适当的其他结构的例子。

对齐和插入信息

（1）对齐逻辑上处于同一级别的所有代码。有关正确对齐的例子，请参见上面的大括号的位置。

（2）缩进其他代码中逻辑上的所有代码。也就是说，对于嵌套逻辑，请使用嵌套缩进。例如：

```
for (...)
{
  while (...)
  {
    声明
```

```
    }
  }
```

（3）可以使用两到五个空格的缩进宽度。一旦选择了一种缩进的宽度，就应该坚持使用它。在整个程序中使用相同的缩进宽度。

（4）如果语句太长，请将其写入多行，以便延续行适当地缩进。如果长语句后面跟着长语句内部的单个语句，使用大括号括起来封装单个语句。使用以下方法缩进延续行。

● 缩进到列位置，以便类似的实体对齐。在下面的示例中，对齐的实体是三个方法调用：

```
while (bucklingTest(expectedLoad, testWidth, height) &&
       stressTest(expectedLoad, testWidth) &&
       slendernessTest(testWidth, height))
{
  numOfSafeColumns++;
}
```

● 缩进与所有其他缩进相同数量的空格。例如：

```
while (bucklingTest(expectedLoad, testWidth, height) &&
  stressTest(expectedLoad, testWidth) &&
  slendernessTest(testWidth, height))
{
  numOfSafeColumns++;
}
```

一行上的多条语句

（1）通常，每条语句都应该放在单独的一行上。

例外情况：

如果语句间逻辑关系密切且非常短，则将可以接受（但不需要）它们放在一行。例如：

```
a++; b++; c++;
```

（2）对于密切相关且使用相同分配值的分配语句，可以将它们组合成一个分配语句（但不需要）。例如：

```
x = y = z = 0;
```

在一个代码行内的空格

（1）永远不要在分号的左边放一个空格。

（2）括号：

● 永远不要在括号的内部输入空格。

● 如果左括号左边的实体是一个运算符或一个构造关键字，如 if、switch 等，则在括号前面加上一个空格。

● 如果左括号左侧的实体是一个方法名称，则不要在括号前面加空格。

例如：

```
if ((a == 10) && (b == 10))
{
  printIt(x);
}
```

（3）操作符：

① 通常，操作符应该放在空格内部。例如：

```
if (x >= 3 && x <= 7)
{
  y = (a + b) / 2;
}
```

② 特殊情况：

● 复杂的表达式：

➢ 在复杂表达式的内部组件中，不要用空格包围内部组件的运算符。

➢ 复杂表达式的两个常见情况是条件表达式和循环标题。请参见下面的例子。

● 点运算符：在其左边或右边没有空格。

● 一元运算符：一元运算符与其关联的操作数之间没有空格。例如：

```
if (zeroMinimum)
{
  x = (x<0 ? 0 : x);
}

while (list1.row != list2.row)
{
  语句
}

for (int i=0,j=0; i<=bigI; i++,j++)
{
  语句
}
```

快捷方式操作符

（1）使用自增和自减运算符，而不是它们等效的较长形式。例如：

不要使用以下：	使用以下：
x = x + 1	x++ or ++x（取绝于上下文）
x = x - 1	x-- or --x（取绝于上下文）

（2）使用复合赋值运算符，而不是它们等效的较长的形式。例如：

不要使用以下：	使用以下：
x = x + 5	x += 5
x = x * (3 + y)	x *= 3 + y

命名惯例

（1）对标识符使用有意义的名称。

（2）对于已命名的常量，使用所有的大写字母。如果有多个单词，请使用下划线来分隔这些单词。

例如：

```
public static final int SECONDS_IN_DAY = 86400;
private final int ARRAY_SIZE;
```

（3）对于类名（及其关联的构造函数），第一个字母使用大写，所有其他字母使用小写。如果类名中有多个单词，则对所有单词的第一个字母使用大写。例如：

```
public class InnerCircle
{
  public InnerCircle(radius)
  {
    语句
  }
```

（4）对于除常量和构造函数以外的所有标识符，请使用所有小写字母。如果标识符中有多个单词，请使用大写字母表示第一个单词后面的所有单词的第一个字母。例如：

```
double avgScore;    // 考试的平均分
int numOfStudents; // 班级人数
```

方法和构造函数的组织

（1）通常，每个方法定义之前应有以下项目：

- 一个空行
- 一行星号（*）
- 一个空行
- 对该方法目的的描述
- 一个空行
- 参数描述（对于不明显的参数）
- 一个空行

理想情况下，所有的方法参数都应该使用足够的描述性名称，这样每个参数的目的本身都是明显的。但是，如果不是这样，那么请在方法标题上方的方法序言中包含一个参数列表及其描述。例如，在技术图中，处理玩家移动的方法相对复杂，需要这样的方法序言：

```
//********************************************************
//This method prompts the user to enter a move, validates  the
//entry, and then assigns that move to the board. It also  checks
//whether that move is a winning  move.
//
//Parameters: board - the tic-tac-toe board/array
//            player - holds the current player ('X' or  'O')

public void handleMove(char[][] board, char player)
{
```

假设在声明实例和静态变量时描述了它们，那么不应该为"琐碎的"访问器、刚刚读取或写实例和静态变量的修改器和构造函数提供序言。另一方面，如果修改器在将参数分配给与它关联的实例变量之前对其执行验证，那么它不是小事，应该包含一个说明文件。同样的推理也适用于构造函数，简单赋值构造函数不应该有序言。验证构造函数应该有一个说明。

（2）为了将类似的东西组合在一起，应该忽略普通的反构造器之间的星号行，并且应该忽略修改器和访问器之间的星号行。

假设一个类包含两个普通的构造函数、几个修改器和访问器方法，以及另外两个简单的方法。下面是此类的框架。

```
<class heading>
{
  <实例变量声明>

  //****************************************************

  <简单的构造函数声明>

  <简单的构造函数声明>

  //****************************************************

  <修改器声明>

  <修改器声明>

  <访问器声明>

  <访问器声明>

  //****************************************************

  <简单方法声明>

  //****************************************************

  <简单方法声明>
}
```

在上面的框架中，请注意，没有对普通的构造函数、访问器、元件或简单方法的描述。还要注意，在第一个修改器上面有一行星号，但不在后面的修改器和访问器上面。通过将类似的东西组合在一起，使程序更具可读性。另外，请注意，在类底部的两个简单方法上面都没有注释，但是有星号行。

（3）将局部变量声明在方法标题的正下方，不要在可执行代码中放置局部变量声明。

异常：在其 for 循环标题中声明一个 for 循环索引变量。

类组织

（1）每个类都可能包含以下项目（按以下顺序排列）。

- 类序言
- 导入声明
- 静态常量
- 实例常量
- 静态变量
- 实例变量

- 抽象方法
- 构造函数
- 实例方法
- 静态方法

（2）通常，应该将一个 main 方法及其任何辅助方法放在单独的驱动程序类中。但是有时适合在类中包含它驱动的一个简短的 main 方法作为嵌入式测试工具。将这样的方法放在类定义的末尾。

Java 程序示例

例如，查看图 A5.1a、图 A5.1b 和图 A5.2 中的 Student 程序中的编码样式。

```
/***************************************************************
* Student.java
* Dean & Dean
*
* 处理学生姓名的类
***************************************************************/

import java.util.Scanner;

public class Student
{
  private String first = ""; // 学生的名字
  private String last = "";  // 学生的姓氏


  //***********************************************************


  public Student()
  { }

  // 此构造函数验证传入的名称
  // 是否以大写字母开头，后面用小写字母

  public Student(String first, String last)
  {
    setFirst(first);
    setLast(last);
  }
```

图 A5.1a　一个 Student 类，用于说明编码惯例——A 部分

```
  //***********************************************************

  // 此方法验证第一个以大写字母开头，其后包含小写字母的对象
```

图 A5.1b　Student 类，用于说明编码惯例——B 部分

```java
public void setFirst(String first)
{
  // [A-Z][a-z]* 是一个正则表达式。请参阅 API Pattern 类
  if (first.matches("[A-Z][a-z]*"))
  {
    this.first = first;
  }
  else
  {
    System.out.println(first + " is an invalid name.\n" +
      "Names must start with an uppercase letter and have" +
      " lowercase letters thereafter.");
  }
} // setFirst 结束

//*************************************************************

// 验证最后一个以大写字母开头
// 其后包含小写字母的对象

public void setLast(String last)
{
  // [A-Z][a-z]* 是一个正则表达式。请参阅 API Pattern 类
  if (last.matches("[A-Z][a-z]*"))
  {
    this.last = last;
  }
  else
  {
    System.out.println(last + " is an invalid name.\n" +
      "Names must start with an uppercase letter and have" +
      " lowercase letters thereafter.");
  }
} // setLast 结束

//*************************************************************

// 输出学生的名字和姓氏

public void printFullName()
{
  System.out.println(first + " " + last);
} // printFullName 结束
} // Student 类结束
```

图 A5.1b （续）

```
/**********************************************
* StudentDriver.java
* Dean & Dean
*
* StudentDriver class.
**********************************************/

public class StudentDriver
{
  public static void main(String[] args)
  {
    Student s1;  // 第一个学生
    Student s2;  // 第二个学生

    s1 = new Student();
    s1.setFirst("Adeeb");
    s1.setLast("Jarrah");
    s2 = new Student("Heejoo", "Chun");
    s2.printFullName();
  } // main 结束
} // StudentDriver 类结束
```

图 A5.2　StudentDriver 类，与图 A5.1a 和图 A5.1b 中的 Student 类一起使用

带有标签的 Javadoc

第8.2节和附录5描述了一种针对文本中的代码演示和学生编写相对简单的程序的编程风格的优化。大部分的建议都会延续到专业的编程实践中。但是，在专业编程中，应该为类提供接口文档，这看起来与 Oracle 为其 Java 应用程序编程接口（API）类提供的文档一样。

如第 8.3 节所述，可以运行 Java 开发工具包（JDK）附带的 javadoc 可执行文件，并自动生成此文档。要运行 javadoc，请在命令提示符下输入以下命令：

```
javadoc -d output-directory source-files
```

其中，-d output-directory选项①会导致输出转到另一个目录中。如果省略这个-d选项符号，默认情况下，输出将转到当前目录中，但这不是一个好主意，因为 javadoc 创建了许多会混淆当前目录的文件。通过在源文件名之间放置空格，可以将多个类的文档放在同一个目录中。

如第 8.3 节所述，要出现在 javadoc 网页上，注释必须位于类标题上方（导入语句之后）或方法标题上方。此外，它必须在一个以/**开头和以*/结束的特殊（javadoc）注释块中。/**和*/符号可以与注释内容放在同一行上，例如：

```
import java.util.Scanner;

/** This class handles processing of a student's name. */

public class Student_jd
{
```

也可以放在不同的行上。例如：

```
/**
Precondition: Each passed-in name must start with an uppercase
letter and all subsequent letters must be lowercase.
*/
public Student_jd(String first, String last)
{
```

在这两种情况下，在 javadoc 注释上方留下空行。当结束符*/与注释文本在同一行时，注释后面也应该有一条空行。当结束符*/在单独一行时，通常会省略以下空行。

在/**...注释块中，javadoc 还可以识别一些特殊的标签，这使它能够提取其他类型的信息。有关完整的说明，请参见 https://www.oracle.com/java/technologies/javase/javadoc-tool.html。图 A6.1 包含 javadoc 标签的缩写列表。

---

① 对于其他选项和参数，请输入 javadoc-help。

```
对构造函数或方法参数的说明：
  @param parameter-name explanation

对一个返回值的说明：
  @return explanation

对可能引发的异常的说明：
  @throws exception-type explanation

对其他文档项目的超链接引用：
  @see package-name.class-name
  @see package-name.class-name#variable-name
  @see package-name.class-name#method-name(type1, ...)
```

图 A6.1　javadoc 标签的缩写列表

最重要的标签是@param 和@retern 标签。图 A6.2 显示了类似图 14.11 中定义的类，但已为 javadoc 修改了注释。此类的功能与图 14.11 中定义的功能完全相同。但是这个版本启用了一些 javadoc 的功能。注意一般类描述是如何从序言移动到类标题上方的单独 javadoc 注释块的。在构造函数上方的 javadoc 注释块中，有两个带标记的参数描述。在该方法上面的 javadoc 注释块中，有一个带标记的返回值描述。@Override 不是 javadoc 标记。它是一个编译器标记。

```
/*****************************************************
 * Salaried_jd.java
 * Dean & Dean
 *****************************************************/


/**
这个类实现了一个受薪的员工                    ← 从序言移除
它与第 14 章中的 Salaried 类具有相同的功能
*/

public class Salaried_jd extends Employee
{
  private double salary;

  //*************************************************


  /**
  @param name     人名
  @param salary   以美元计算的年薪            ← 标记注释
  */

  public Salaried_jd(String name, double salary)
```

图 A6.2　图 14.11 的修改

```
  {
    super(name);
    this.salary = salary;
  } // constructor 结束


  //*******************************************************


  /** @return    half month's pay in dollars  */  ◀──────  标记注释


  @Override
  public double getPay()
  {
    return this.salary / 24;
  } // getPay 结束
} // Salaried_jd 类结束
```

图 A6.2　（续）

假设当前目录包含从图 14.10 复制的 Employee 类的源代码，并且还包含图 A6.2 中的 Salaried_jd 类的源代码，然后假设打开一个命令提示符窗口并输入以下命令：

　　javadoc -d docs Employee.java Salaried_jd.java

这将为同时将文档组合到文档子目录中的类和输出创建接口文档。图 A6.3a 显示了如果打开网页浏览器，浏览文档目录，单击 index.html，然后在左面板的 All Classess 下选择 Salaried_jd。

在图 A6.3a 的右面板中，可以看到 Salaried_jd 从 Employee 继承的文档。在 Salaried_jd 文档中，员工会在多个地方涂上颜色并加上下划线。这些是链接，如果单击其中任何一个，显示器将立即切换到 Employee 类的文档。在图 A6.2 中，一般注释有两个句子，这两个句子都出现在图 A6.3a 的一般注释中。请注意，构造函数和方法摘要块不包含任何注释。@param 和@return 标签不会生成任何摘要块输出。如果笔者在图 A6.2 中的构造函数或方法标题上方的 javadoc 注释块中包含文本，则只有该文本的第一句（Summary 句）会出现在图 A6.3a 中相应的摘要块中。

现在假设使用右边的滚动条来向下滚动。这会显示在图 A6.3b 中所看到的内容。请注意，在图 A6.2 中的构造函数和方法标题上方的 javadoc 注释块中提供的 Detail 块确实显示已标记的参数并返回信息。

如果在图 A6.2 中的构造函数或方法标题之前的 javadoc 注释块中包含文本，则所有这些文本都将出现在图 A6.3b 中相应的 Detail 块中。最后，请注意，javadoc 还告诉你，在 Salaried_id 中定义的 getPay 方法会覆盖在 Employee 中定义的 getPay 方法。

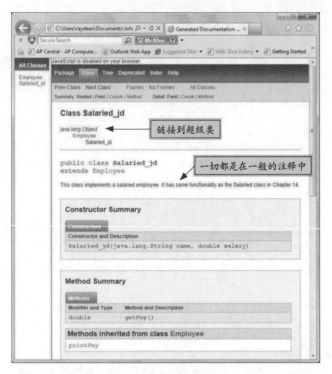

图 A6.3a　由 javadoc 注释的 Salaried 类的
javadoc 输出——A 部分

©Oracle/Java

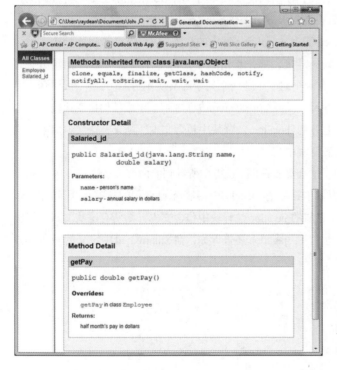

图 A6.3b　针对 javadoc 注释的 Salaried 类的
javadoc 输出—B 部分

©Oracle Corporation

UML 图

统一建模语言（UML）是一种描述性语言，它帮助程序设计者组织潜在的面向对象程序的主题，并提供结构和行为的高级文档。它独立于任何特定的编程语言，并且不会编译成可执行程序，只是一个组织性的工具。它是由 Rational Software 公司的 James Rumbaugh 和 Ivar Jacobson 开发的，该公司现在是 IBM 的一部分。目前，它是由非营利性的对象管理集团（OMG）联盟来维护的。

UML 指定了许多不同类型的可视化图。[①]在本附录中，将只关注其中两个可视化图：流程图（描述行为）和类图（描述结构）。当 UML 描述行为时，箭头指向接下来会发生什么。当 UML 描述结构时，箭头指向提供支持的东西，这与"信息流"的方向相反。所以在下面的讨论中，当从流程图移动到类图时，要为箭头方向上的切换做好准备。

UML 流程图

图 A7.1 显示了图 2.9 中显示的"生日快乐"算法的 UML 流程图的示例，描绘了一个算法的控制流程。实黑圆表示初始状态，白色圆中的黑点表示最终状态。椭圆框表示动作状态或活动，它们包含了对连贯行动的非正式描述。箭头表示过渡。在一些转换旁边的方括号中的标签是称为 *guards* 的布尔条件，当且仅当条件值为真时，才会发生一个特殊的转换。图 A7.1 所示的操作或活动表示低级或原始操作。

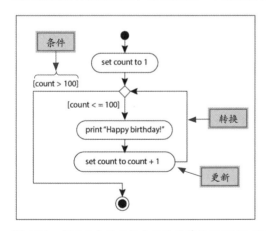

图 A7.1　图 2.9 中显示的生日快乐算法的 UML 流程图

[①]　https://omg.org/spec/UML/2.5.1/PDF 上有完整的 UML 规范，有将近 800 页。更多有关 UML 2.0 的可读性介绍，请转到 https://www.omg.org/news/meetings/workshops/MDA-SOA-WS_Manual/00-T4_Matthews.pdf，并查看第 21 页的"流程图"部分。

在更高的层次上，在单个椭圆框中描述的活动可以代表一整套动作。例如，可以使用单个活动符号来表示图 A7.1 中的整个循环操作。例如：

```
print "appy birthday!"
100 times
```

也可以使用单个更新符号来表示由完整方法执行的所有操作。更新符号不应该表示代码本身而是表示代码的"激活"。因此，当多次调用该方法时，重复表示一个完整方法的更新符号是适当的。

当存在多个类且可能还有多个对象时，UML 建议将活动组织为列，以便任何一个类或对象的所有活动都放在指向该类或对象的单独的通道中。UML 调用这些单独的通道，垂直的虚线分隔了相邻的通道，并在其上方写上对应的类名。在每个类名前面加上一个冒号，并将其放入一个单独的矩形框中。要实例化对象时，在该对象的名称后面跟冒号及其类名。突出显示它并将它放入一个位于创建它的事件之后的单独矩形框中。

图 A7.2 显示了图 6.13 和图 6.14 中定义的 Mouse2 程序的 UML 流程图。注意每个活动（椭圆框）如何在其类和（如果适用）对象下对齐。针对最低级别对象的活动通常表示完整的方法。针对更高级别对象的活动通常表示代码片段。纯黑色箭头表示控制流程。它们总是从一个活动转移到另一个活动。请注意，控制流是如何持续向下移动的。

虚线黑色箭头表示与每个活动关联的数据流。它们从一个活动转到一个对象，或者从一个对象转到一个活动，但绝不从一个活动转到另一个活动。这些虚线通常被省略以减少杂乱，但可以看到它们如何辅助体现活动的作用。例如，请注意从 mickey:Mouse2 对象到 print mickey's attributes 活动的虚线如何解释发生了什么，并允许抑制隐藏在输出语句中的两个 get 方法调用。

```
System.out.printf("Age = %d, weight = %.3f\n",
    mickey.getAge(), mickey.getWeight());
```

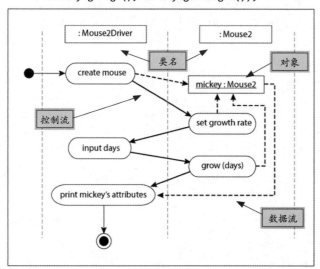

图 A7.2　图 6.13 和图 6.14 中的 Mouse 2 程序的 UML 流程图

椭圆框是一种活动。矩形是类或对象，对象带有下划线。垂直的虚线将相邻的通道分开，每个类或对象都有一条通道。纯黑色箭头表示控制流程。虚线黑色箭头表示数据流。

第 7 章中引入构造函数，可以在 Create mouse 活动中包括 set growth rate 活动。这将通过从 "create mouse" 事件到同一左侧通道的 input days 事件，取代前两个通道交叉过渡。最小限度地减少通道交叉点是一个很好的设计目标。

UML 类和对象图

从第 6 章开始逐步介绍 UML 类图的各种特性。与 UML 对象图相似，但标题（对象名后跟冒号）被凸显，如图 A7.2 所示。对象块不包括方法分区，只有那些当前感兴趣的变量应该列在属性分区中。对象图是与上下文相关的例子，属性值是当前值，而不是初始值。类图有更广泛的应用，从现在开始，将只关注它们。

下面将使用一个全面的示例来总结在本书的主要部分中预设的 UML 类图的大部分特性。将使用的例子是第 14.9 节中描述的 Payroll3 程序。图 A7.3 描绘了一个简化的类图，其中每个类都由一个简单的矩形表示，它只包含类名称。在相关类之间绘制的实线是简单的关联线。一个简单（朴素的）关联线意味着双向知识，即两端的类都知道另一端的类。因此，这条简单的线说明依赖是相互的，但它没有说明连接类之间关系的性质。

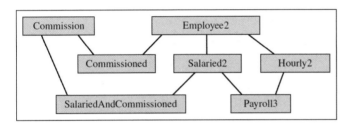

图 A7.3　第 14.9 节中 Payroll3 程序的第一个切割 UML 类图

随着设计思维的进行，将充实类描述，也许会决定将一些类进行抽象，或者将它们转换为接口。此外，还将通过添加描述特定类型关系的特殊符号来修改许多关联线。此外，还可以添加带方向的箭头来将关联从双向转换为单向，并使依赖性变为一个方向。单向依赖关系比双向依赖关系更好，因为它们简化了软件管理，这意味着对一个类的软件更改不太可能需要对其他类进行更改。

图 A7.4 包含图 A7.3 中的第一个切割 UML 类图的完整和修改版本。请注意，将 Commission 和 Employee2 的类名称用斜体表示。这意味着它们至少有一个抽象的方法，并且不能被实例化。我们还将它们所包含的所有抽象方法用斜体表示。接下来，查看空心箭头，它表示继承。实线上的继承箭头表示一个类的扩展，虚线上的继承箭头表示接口的实现。箭头指向一般化的方向，即指向更一般的实体。更具体的实体就知道更一般的实体并依赖它们。由于这个依赖性，对祖先类或接口的更改可以强制更改后代类或实现类。另外，由于祖先类或接口不知道其后代，因此后代或实现中的变化永远不会强制祖先或接口发生变化。继承是一种自动实现的单向关联。

现在就来看看组成指标[①]。我们选择将它们显示为（实心菱形）组合，而不是（空心菱形）聚合，因为实例化组件（Payroll3）的类会将匿名组件插入到其包含的数组中。所有的组成线都有多样性，这

[①]　在图 A7.4 中，注意 Payroll3 和 Commissioned 弧之间的关联线越过 SalariedAndCommissioned 和 Salaried2 之间的关联线。此 UML 详细信息有助于区分交叉和相交。

表明总是只有一个工资单，而且可能有四种类型中的任意数量的员工。由于 Hourly2、Salaried2、Commissioned 和 SalariedAndCommissioned 都是来自 Employee2 的类，可以将所有四个类的实例放入一个通用的 Employee2 数组中，就像图 14.17 中的 Payroll3 类定义中所做的那样。

最后，看看添加到构图关联线中的带方向箭头。正如我们所说的，所有的关联线在默认情况下都是双向的，其中一个设计目标是将双向关联转换为单向关联。这四条带方向的箭头做到了这一点，即表示成分的组件不知道它们的容器。在这种情况下是合适的，因为这个容器只是一个驱动程序，而且许多驱动程序都是暂时的。

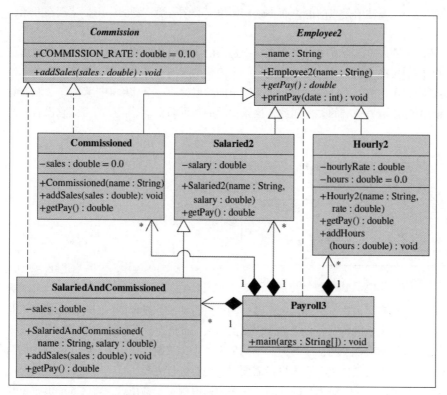

图 A7.4　Payroll3 程序的 UML 类图

这既显示了来自类的继承和接口的实现，还显示了构图。因为这个图中的每条关联线都有某种箭头，所以所有的关联都是单向的。Payroll3 和 Employee2 之间的虚线关联是一个简单的依赖关系。这意味着 Employee2 类型出现在 Payroll3 代码中的参数或局部变量的声明中。

图 A7.4 还包括一条虚线关联线，带方向箭头指向抽象类 Employee2。这承认 main 的本地变量员工依赖于类 Employee2，因为其元素的类型是 Employee2。此虚线关联线的 Employee2 末端的方向箭头表示该关联是单向的。Payroll3 知道 Employee2，但 Employee2 不知道 Payroll3。因此，更改 Employee2 可能需要更改 Payroll3，但更改 Payroll3 永远不需要更改 Employee2。UML 对参数和局部变量依赖关系使用虚线关联线，例如，它使用实体关联线和静态变量依赖关系。

如第 13.12 节所述，UML 还使用虚线关联线将关联类连接到其他类之间或其他类之间的关联。

图 13.25 显示了连接三个类：SalesPerson2、Customer 和 Car 的实线关联。虽然在第 13 章中没有讨论这个细节，但这个关联线是实线的，末端没有方向箭头，事实表明这三个类都有实例变量，引用其他两个类的特定实例。

名为 Sale 的关联类使得这种额外的引用不必要，因为 Sale 类可以在一个地方保存所有这些引用本身。因此，这个额外的关联类减少了参考变量的数量。更重要的是，当向项目中添加Customer类和Sale关联时，不需要更改 SalesPerson2 和 Car 类的定义。为了反映 SalesPerson2、Car 和 Customer 不需要引用一般连接中其他类的实例，在连接它们的关联线的两端放置了带方向的箭头。这将图 13.25 更改为图 A7.5 中显示的内容[①]。

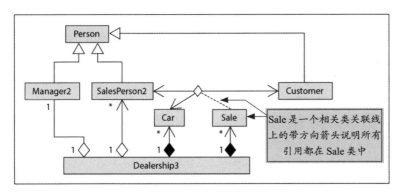

图 A7.5   图 13.25 中的类图的改进版本
关联线上的箭头表示相邻的类没有引用该关联中的其他类。

请注意，图 A7.5 还包括 Dealership3 和 Sale 之间的组成关联。对于 Sale 的箭头、各自的组成线和 SalesPerson2 端的箭头来说，Dealership3 取决于这些其他类别。换句话说，Dealership3 是指 Sale、Car 和 SalesPerson2 类的实例，但反过来是不成立的。相比之下，Dealership3 和 Manager2 之间的聚合关联没有任何箭头。这就是说，彼此都有一个参照。

---

①   注意 Sale 关联线交叉处小的菱形。此 UML 详细信息有助于区分交叉和相交。

附录 8

数字系统及其转换

可能是因为人有十根手指，普通人使用以 10 为基数的数字系统。在十进制系统中，最小的组成是一位数字。每个数字都有十个不同的值，即 0、1、2、3、4、5、6、7、8 和 9。计算机程序员还使用另外两个数字系统，即二进制和十六进制。在第 1.2 节中，简要介绍了以 2 为基数的数字系统，称为二进制。在二进制系统中，最小的组成是位。位只有两个不同的值：0 和 1。在第 12.2 节中，使用位描述所需的内存来存储不同类型的 Java 数字。

在第 12.15 节中，使用二进制数描述以 16 为基数的数字系统，称为十六进制。在十六进制系统中，最小的组成是一个 hexit。hexit 具有 16 个不同的值，即 0、1、2、3、4、5、6、6、7、8、9、A、B、C、C、D、E、F。在十六进制中，A、B、C、D、E 和 F 分别对应于十进制的 10、11、12、13、14 和 15。Java 不使用大写字母 A、B、C、D、E、F，而允许替换为小写字母 a、b、c、d、e、f。计算机通常使用十六进制进行内存寻址，正如第 12.16 节和第 17.15 节及附录 1 中描述的，它们还使用十六进制来表示字符和颜色。

有时人们使用以 8 为基数的数字系统，称为八进制。原则上，基数可以是任何一个正整数。

要表示大于其基数的数字，一个数字系统将使用多个组成部分。它将每个组成部分放在一个不同的位置，并给每个位置分配一个独特的权重。在任何一个数字系统中，权重都是该系统基数的不同整数幂，幂按降序排列[①]。例如，当我们写一个像 1609.34 这样的小数数字时，实际的意思是：

$$1 \times 10^{+3} + 6 \times 10^{+2} + 0 \times 10^{+1} + 9 \times 10^{0} \ . + 3 \times 10^{-1} + 4 \times 10^{-2}$$

> 小数点

小数点将左边数字的整数部分与右边的小数部分分开，小数点的位置决定了每个分量位置的权重。

推广这个十进制的示例很容易。对于更一般的情况，我们使用 N_3、N_2、N_1、N_0、N_{-1}、N_{-2} 和 N_{-3}（如 1、6、0、9、3、4 和后面的 0）重写此数字。基的数学项是基数，所以我们使用 R 来表示基值。

表达式 1：

$$N_{+3} \times R^{+3} + N_{+2} \times R^{+2} + N_{+1} \times R^{+1} + N_0 \times R^{0} \ . + N_{-1} \times R^{-1} + N_{-2} \times R^{-2} + N_{-3} \times R^{-3}$$

> 小数点

[①] 当最高次幂先出现时，它称为大序法。因为加、减和乘等数学运算从最不重要的元素开始，计算机硬件有时会首先以最低的次幂排列位。这称为小序法。

"进入"转换：从另一个进制到十进制

现在，假设有一个十六进制的内存位置，如 A34C，其十进制数是多少？因为它是十六进制的，R 是 16。因为它没有小数点，它是一个整数。识别十六进制 A 是十进制 10，十六进制 C 是十进制 12，N_3 是 10，N_2 是 3，N_1 是 4，N_0 是 12。所以对于表达式 1 中的 A34C，求值看起来是这样的。

$10 \times (16)^{+3} + 3 \times (16)^{+2} + 4 \times (16)^{+1} + 12 \times (16)^0 \Rightarrow$

$10 \times 4096 + 3 \times 256 + 4 \times 16 + 12 \times 1 \Rightarrow$

$40960 + 768 + 64 + 12 \Rightarrow 41804$

因此，十六进制 A34C 与十进制 41804 相等。

这个评估需要三次添加和 6 次乘法（假设去掉不必要的最终乘法）。表达式 1 是一个多项式。当我们使用这个算法来评估一个多项式时，乘法的数量会随着项数的平方而增加。如果我们关心效率，无论是在计算机中，还是在手工计算中，评估一个多项式，都不应该做刚才做的事情，还有更好的方法，即用括号分组。例如：

表达式 2：

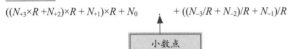

$$((N_{+3} \times R + N_{+2}) \times R + N_{+1}) \times R + N_0 \qquad + ((N_{-3}/R + N_{-2})/R + N_{-1})/R$$

小数点

请注意，表达式 2 的小数部分与整数部分的相似程度。如果知道整数部分并且想要小数部分，只需复制没有 N_0 的整数部分，然后将每个加下标替换为一个减下标，并用一个除法替换每个乘法。表达式 2 说明如何以最好的效率将整数和小数从另一个基数转换为十进制。很快就会看到，这个表达式还说明了如何将整数和小数从十进制转换为另一个基数。对于从另一个基础转换 "in"，计算从外部组件 N_3 和 N_{-3} "in" 向小数点移动。对于将 "输出" 转换为另一个基数，很快就会看到计算从小数点 "输出" 移动到外部组件 N_3 和 N_{-3}。每当写这个表达式时，请记住，R 始终是另一个基数，它从来没有十个。

现在再次使用表达式 2 而不是表达式 1 重复先前对十六进制整数的十进制等价的计算。在表达式 2 中，对于相同的十六进制整数 A34C，求值如下：

$((10 \times 16 + 3) \times 16 + 4) \times 16 + 12 \Rightarrow$

$(163 \times 16 + 4) \times 16 + 12 \Rightarrow 41804$

当然，得到的结果和以前一样。但这一次，乘法的数量与项的数量呈线性增加，所以只有三个乘法，而不是 6 个。使用一个典型的手工计算器，只需按照数字和运算符出现的顺序输入，并在每个结束括号处更新评估。

用表达式 2 比用表达式 1 转换小数部分更容易。假设有十六进制的小数 0.5B7。十进制中的数字是多少？

因为它是十六进制的，R 是 16。因为它确实有一个浮点，它是一个小数。识别十六进制 B 为十进制 11，N_{-3} 为 7，N_{-2} 为 11，N_{-1} 为 5。所以对于表达式 2 中的 0.5B7，评估结果是这样的：

$((7 / 16 + 11) / 16 + 5) / 16 \Rightarrow$

$(11.4375 / 16 + 5) / 16 \Rightarrow$

$5.71484375 / 16 \Rightarrow 0.357177734$

因此，十六进制 0.5B7 与十进制 0.357177734 相同。

"退出"转换：从十进制到另一个进制

表达式 2 还很容易记住如何在另一个方向执行转换，即从小进制数到另一个进制中的相同数。要了解如何工作，从整数或浮点数的整数部分开始。这就是表达式 2 中的浮点的左边：

表达式 2 中的整数部分：

可以把这看作一种股息

$$((N_{+3} \times R + N_{+2}) \times R + N_{+1}) \times R + N_0$$

可以把这个表达式看作一个分割问题中的红利。如果把这个股息除以基数 R，商是：

$$(N_{+3} \times R + N_{+2}) \times R + N_{+1}$$

其余的部分为 N_0。这个余数是另一个基元中意义最小的整数分量。

现在，考虑这个商是一个股息，并除以基数 R。这次，其余的是 N_1。再次这样做，其余的是 N_2。继续操作，一直持续到商为 0。该算法生成的其余部分是其他基数的整数分量，从最不重要到最重要。

如果是手工操作的，需要存储中间的结果，如果像我们一样，即使手工计算器有存储空间，也需要使用铅笔和纸来记录进度。假设你想扭转我们之前导致十进制 41804 的转换。下面的图片说明了你在继续操作时可能写的内容。下图显示了新基值 16 的划分序列，从底部开始并向上移动。结果是其余数序列取反。完成后，转换后的数字垂直显示在右侧，从上到下读取。

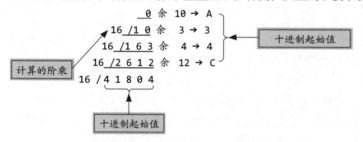

现在，通过查看表达式 2 中浮点右侧的内容来考虑浮点数的小数部分。

表达式 2 中的小数部分：

把它看作被乘数

$$((N_{-3}/R + N_{-2})/R + N_{-1})/R$$

请将这个表达式看作乘法问题中的乘法式。将该乘法乘以基数 R，得到浮点值。

$$(N_{-3}/R + N_{-2})/R + N_{-1}$$

最后一项 N_{-1} 是这个浮点的整数部分。它是原始部分中最重要的组成部分。现在看看这个浮点数的小数部分：

$$(N_{-3}/R + N_{-2})/R$$

认为这是另一个多重数。将其乘以基数 R，得到另一个小数，然后是整数 N_{-2}，这是原始小数的第二重要的组成部分。继续，直到小数部分等于 0 或到你想要的精度。

为了说明这个过程，我们将从之前生成的十进制小数的整数版本 0.357178 开始，并从另一个方向进行转换，从十进制转换为十六进制。使用一个简单的手工计算器，这种转换比整数转换更容易。它不需要任何存储，只需用铅笔和纸写下所产生的值。下图显示了计算的进行方式。

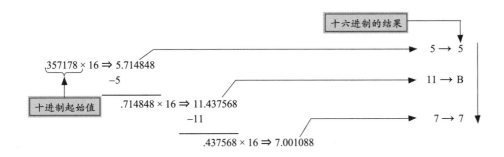

十六进制的结果

$.357178 \times 16 \Rightarrow 5.714848$

$\qquad -5$

十进制起始值

$.714848 \times 16 \Rightarrow 11.437568$

$\qquad -11$

$.437568 \times 16 \Rightarrow 7.001088$

$5 \rightarrow 5$

$11 \rightarrow B$

$7 \rightarrow 7$